よくわかる最新

機械工学の基本と仕組み

ものつくりの広範な分野の概略を案内

小峯龍男　著

秀和システム

はじめに

本書は2005年に初版の後、幾度かの重刷をさせていただいた拙著の改訂版です。初版を基に全面的に見直し、まったく新しい内容となっています。初版本では、広範な機械工学の概略を"ニュアンス"として伝える案内書として、「機械工学ってこんなものかな」と感じていただき、飽きることなく読み進めていただけることを目的としました。

機械工学は、ものつくりに関する広範な分野を横断的にカバーする代表的な実学です。また、機械工学の概念は、時代や技術水準と共に拡大し、現在は、エレクトロニクスをはじめとして、情報の加工までをも含めています。これらの理解を深めるには、可能な限り実体験を経ることが大切です。しかし、多くの事柄を一朝一夕に経験することは難しいことです。

本書の執筆にあたって、初版本と同様に一般の自然科学知識で読み進めることができるよう心がけました。しかし、突然訳のわからない工学専門用語や考え方が飛び出すことがあると思います。そのような箇所は、冒頭にお断りしたようにニュアンスとして読んでいただければ十分です。

2021年の現在、未曾有の事態と言われる世界的なウイルス感染が日常化し、機械工学関連では、脱炭素化への対応に迫られています。機械工学初学者の方にとっては、実体験の難しい状況にあります。

本書は、専門的な実体験の前に知識として理解できる事象を採り上げるよう注意しました。読者の皆さまが、本書で機械工学のイメージをつかんでいただき、後に専攻とする分野にチャレンジされるよう期待いたします。

専門に携わる方には、あまりに大雑把に過ぎ、厳密性に欠けるとご指摘される点もあると承知しております。本書の目的をご理解いただき、明らかな誤りについてはご叱咤いただければ幸いです。

末筆になりますが、改訂版の機会を与えてくださり、雑駁な原稿を読みやすくまとめ上げていただいた株式会社 秀和システム編集本部の皆さま、誠にありがとうございました。心より感謝申し上げます。

2021年9月

小峯　龍男

よくわかる最新
機械工学の基本と仕組み

CONTENTS

第2章 イメージを伝えるには

第3章 材料と機械工学

第4章 機械で扱う力と運動

第5章 材料の強さとかたち

第6章 加工の方法

第7章 機械のしくみ

第8章 機械と制御

第9章 流れと機械

第10章 熱と機械

NOTE

第1章

初めての機械工学

本書を手にした皆さんは、何らかの理由から「機械工学」に興味と必要性をもたれたものと思います。皆さんは「機械工学」という言葉にどのようなイメージをおもちでしょうか。「なんとなくカタそう」と思われる方が多いのではないでしょうか。本章では、「機械や機械工学はこんなものかな」というニュアンスをつかんでもらえればよいと考えています。

1-1

機械の始まり

人類の歴史の始まりとともに、人間は簡単な道具を使い始め、やがて部品を組み合わせてそれぞれの部品が複雑に動くような仕組みとなりました。それが機械の始まりです。

知恵を使って岩を運ぶ

図1-1-1の「**てこ**」と「**天秤**」は、力点と作用点の中間に支点がある、**第1種てこ**です。図ⓐは、力を増幅する目的、図ⓑは、つり合いを取って空間内を移動させる目的に使用した例です。図ⓒは、**ころ**のころがりを利用して、重い荷物を移動させる例です。

知恵を使って岩を運ぶ　図1-1-1

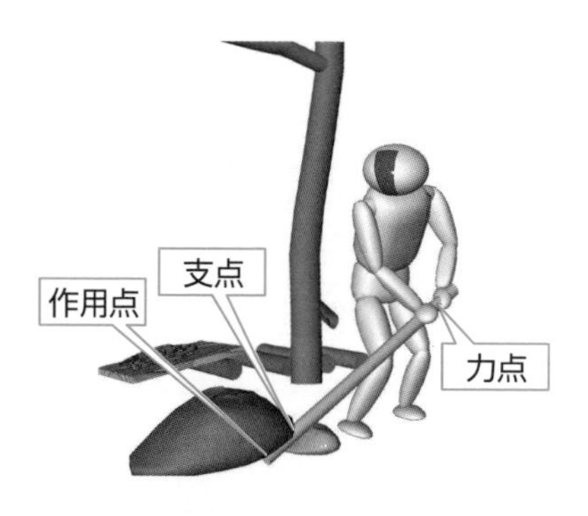

ⓐてこで岩を浮かして

定滑車の働き
支点
作用点
力点

ⓑ天秤で自由に動かして

ⓒころで運ぶ

身近にある「てこ」と「ころ」

図1-1-2ⓐのショベルカーの**アーム**は、**第1種てこ**です。**ブーム**は、支点と作用点の間に力点をもつ**第3種てこ**です。図ⓑの缶つぶし器は、支点と力点の間に作用点がある**第2種てこ**です。図ⓒは二輪車の前輪の例です。ころを発展させた**車輪**は、路面と転がる運動を行い、車輪は、**ころがり軸受**（**ベアリング**）で支持されます。

身近にある「てこ」と「ころ」　図1-1-2

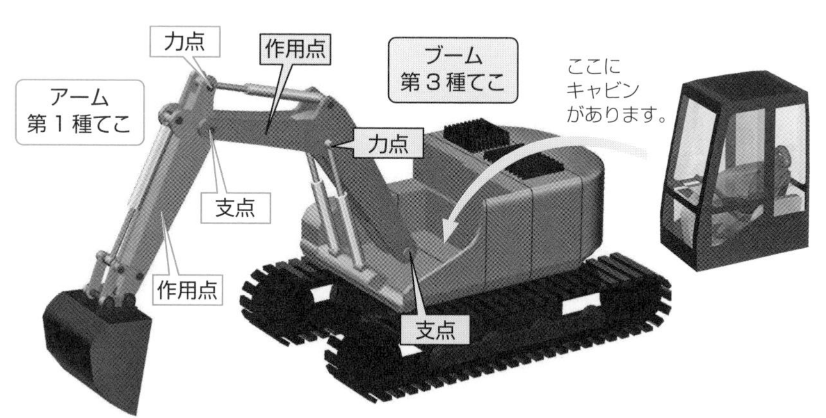

ⓐショベルカー（第１種てこ、第３種てこ）

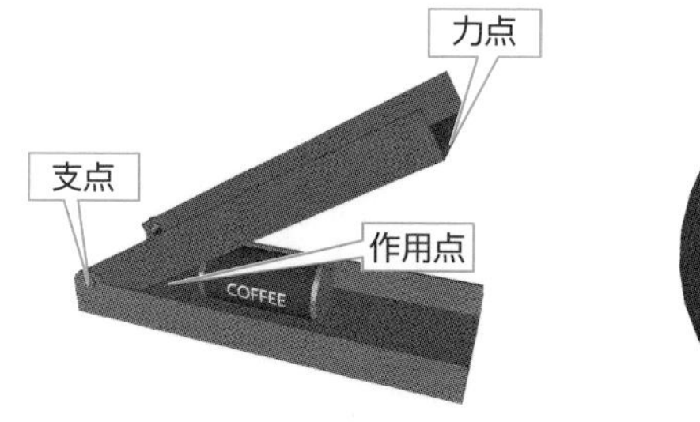

ⓑ缶つぶし器（第２種てこ）

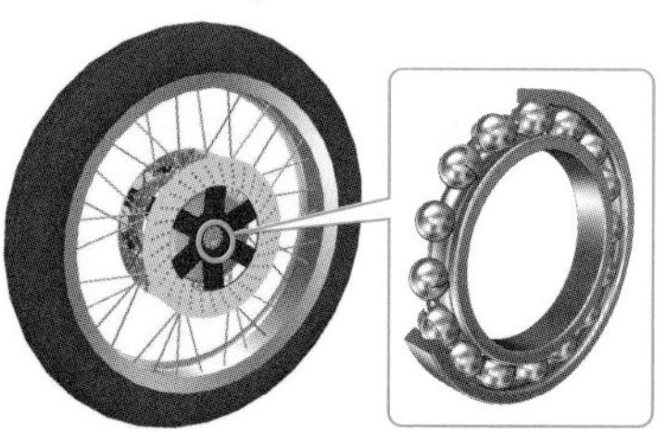

ⓒ車輪ところがり軸受（ベアリング）

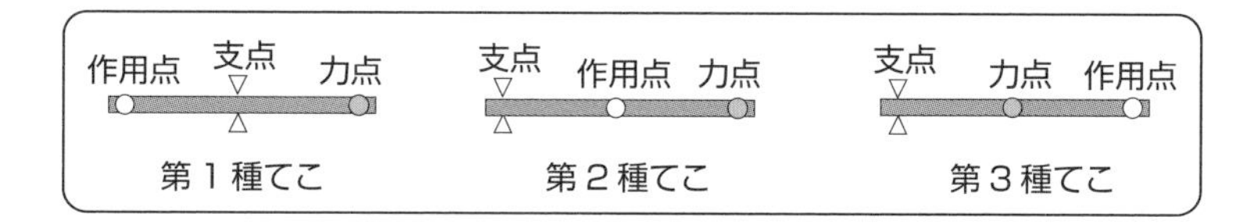

1-2 身の回りの「モノ」から機械を考える

私たちの周りの「モノ」を題材として、「何を、どうして、どうする」程度の簡単な観察から、機械のイメージを考えてみましょう。

いろいろな「モノ」

図1-2-1ⓐのスマートフォンやパソコンは、私たちの情報の**加工**や通信に欠かすことのできない**機器・機械**です。図ⓑのはさみやホッチキスなどの**用具**は、簡単な**仕組み**を使った代表的な文房具です。図ⓒの冷蔵庫と洗濯機は、電気のエネルギーを受けて内部の**機構**で仕事を行う、家電と呼ばれる機械の代表例です。図ⓓの家庭用電動工具とキッチン調理器具は、モータの回転を**減速装置**で**変換**するという、ほとんど同一の機構を内部にもった機械です。図ⓔの電動アシスト付き自転車は、人間が自転車をこぐ労力を**検知**して、モータの**動力**で補助してくれる機械です。自動車は、燃料のエネルギーをタイヤの回転運動に変換して移動する、私たちの生活に最も浸透した代表的な機械です。

身の回りの「モノ」 図1-2-1

ⓐスマートフォンとパソコン

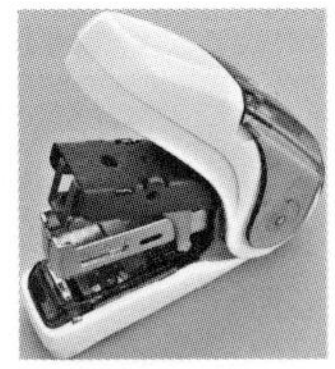

ⓑはさみとホッチキス

ⓒ冷蔵庫と洗濯機

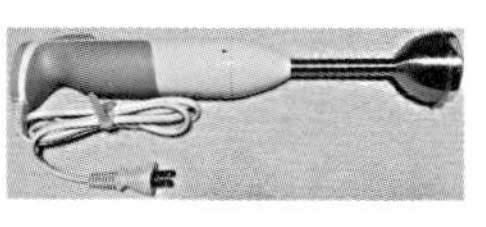

ⓓドライバドリルとハンドブレンダ

ⓔ電動アシスト付き自転車と自動車

仕組みと変換

図1-2-2は、この節の概略を図示したものです。機械は外部から受けたエネルギー・運動・情報等の**入力**を機械内部の仕組み・機構で**加工・変換**して**出力**します。

仕組みと変換　図1-2-2

1-3

典型的な機械を考える

誰がどう見ても「これは機械に違いない」という数点のモノの共通点から、機械の概念を考えてみましょう。

典型的な機械

図1-3-1ⓐ**汎用旋盤**は、円筒状の製品の加工を基本とする代表的な**工作機械**です。加工に必要な装置や部品が組み合わされ、いかにも**頑丈**そうに見えます。図ⓑ**歯車ポンプ**は、**歯車**のかみ合いを利用して、おもに液体を送るのに使用されます。歯車、**ケーシング**、**継手**(つぎて)などの**機械要素**を組み合わせた流体機械です。図ⓒパワーショベルの腕やバケットの動きは、複雑に見えます。しかし、これらは、駆動源となる**油圧シリンダ**の動きと一対一に対応する**限定された運動**を行います。

典型的な機械　図1-3-1

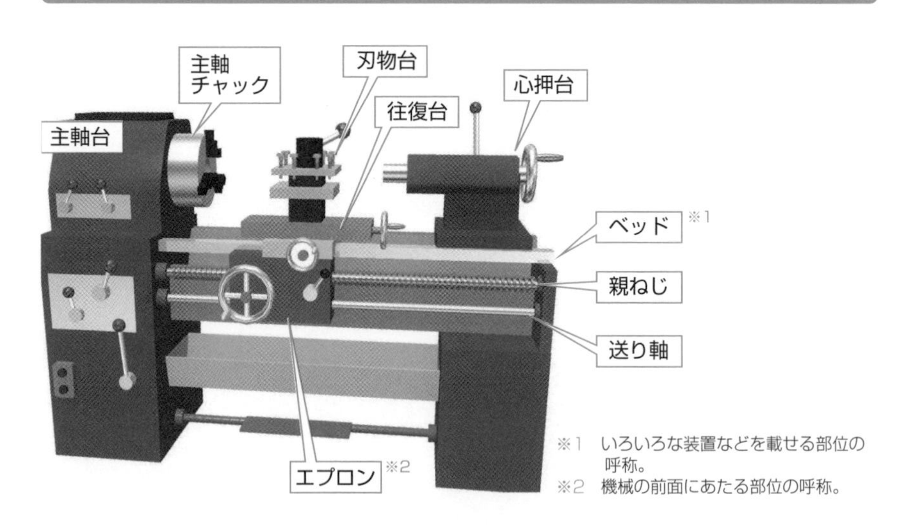

ⓐ汎用旋盤

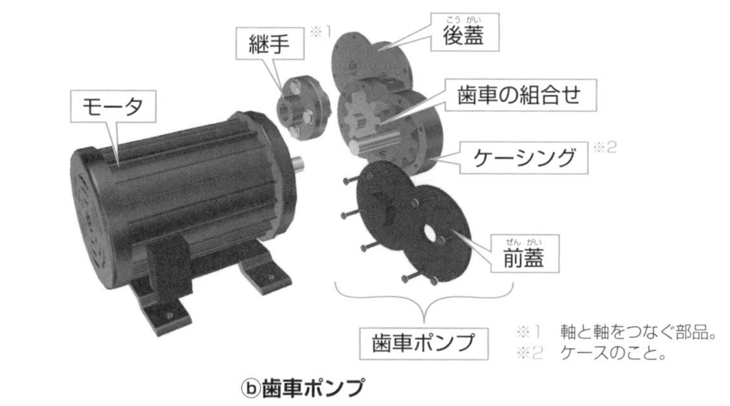

ⓑ歯車ポンプ

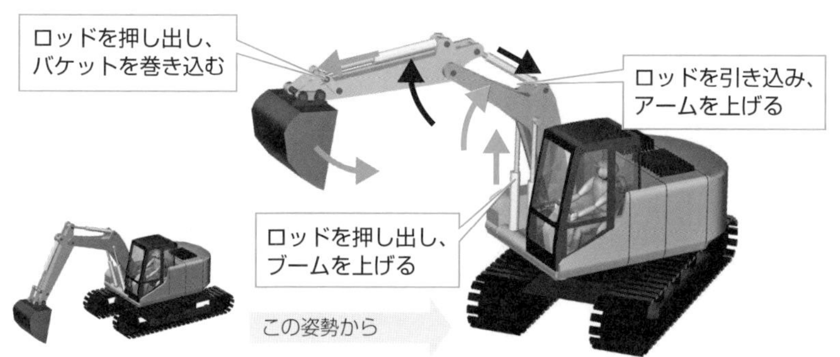

ⓒパワーショベルの動き

組合せと運動

機械は、機械要素等を組み合わせた頑丈なモノで、**原動側**と**従動側**で限定された運動をします。

組合せと運動　図1-3-2

原動側（機械の入力側）
の運動を
u
とすると…

入力 →

機械
頑丈であること
いろいろな装置
機械要素

出力 →

従動側（機械の出力側）
の運動は、限定された
u の関数 f(u)
と考えられる。

1-4

現代の機械を考える

「機械とは何か」という、機械の定義は、その時代の技術と社会のあり方によって変わります。いろいろなモノに囲まれた、現代の機械を考えます。

運動部分のない機械

パソコンは**知能機械**に分類される情報を加工する機械です。これまで、パソコン内部に運動を行う機械部品を見つけることができました。現在では、図1-4-1ⓐのノートパソコンで、図ⓑのモータを使った**冷却ファン**を取り去り、ボディのアルミケースなどから放熱する機種があります。大容量を必要とする記憶装置は、図ⓒの機械的に高速回転する部品をもったHDDから、図ⓓの半導体メモリによるSSDに移行しています。その結果、モータによる機械的な運動部分をまったくもたないスマートフォンなどと同様の機械が広く利用されています。

運動部分のない機械　図1-4-1

※1　Hard Disk Drive　高速回転する磁気ディスクを使った補助記憶装置。
※2　Solid State Drive　大容量半導体メモリを使った補助記憶装置。

AI家電、IoT家電

家電量販店に並ぶ多くのAI*家電の特徴は、機械が**自律的**に仕事をしてくれる「おまかせ」です。図1-4-2の製品では、現状を知る**センサ**と情報を処理するコンピュータシステムが、モータやヒータなどの**制御対象**を制御します。図ⓓのロボット掃除機では、機械自体が移動することにより、部屋の間取り図を作り出し、記憶するという**機械学習**を行う機種もあります。さらに、インターネットとモノをつなげるIoT*という技術を組み込み、スマートフォンとつなげた**スマート家電**が広まっています。

AI家電、IoT家電　図1-4-2

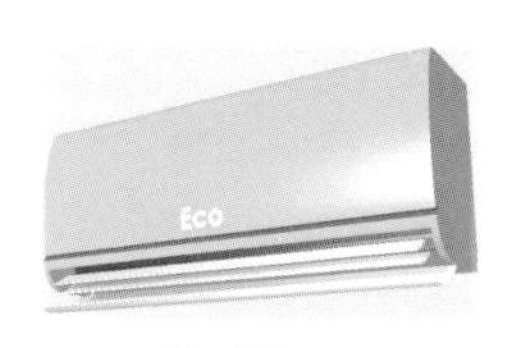

温度
湿度
風量
風向き
人感
空気清浄
…

ⓐエアコン

温度
炊飯量
…

ⓑ炊飯器

洗濯物の量
生地の質
汚れ具合
水量
洗濯の順番
…

ⓒ洗濯機

部屋のマッピング
障害物回避
吸込み強さ
自動充電
…

ⓓロボット掃除機

知能と機械

この節で扱った身近な家電製品を例としたAIやIoTなどの技術は、機械の設計、製作、操作などのあらゆる局面で普及しつつあります。

知能と機械　図1-4-3

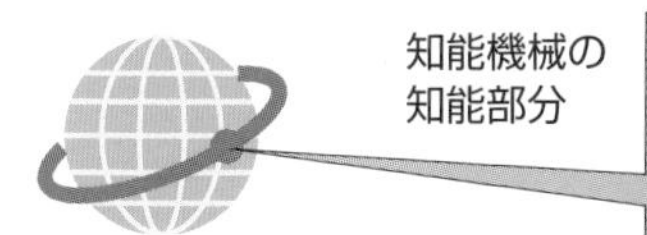

---

* AI　Artificial Intelligenceの略。検知、学習、推論、判断、自律等をキーワードとして、人間の知能の機能をもつ思考法とコンピュータシステム。解釈はいろいろ。
* IoT　Internet of Thingsの略。インターネットとモノをつなげる技術。

1-5

機械工学のあらまし

「機械工学」は、「ものつくり」に関連するいろいろな分野の科学と技術を調和させる工学である——という考え方をベースに、機械工学のあらましを考えます。

領域を越えたものつくり

現在のものつくりは、多種の技術が融合されています。その中で、最も多くの分野と協調できる学問の1つが**機械工学**です。図1-5-1は、エネルギー、地球環境、情報が、現在のものつくりに欠かせないものとしてまとめました。機械工学に直接関係の深い**メカトロニクス**（mechatronics）は、**メカニズム**（mechanism）と**エレクトロニクス**（electronics）からできた、もともとは和製の造語で、1970年代初頭に電気、機械、電子、制御、情報などを融合した技術として発展しました。センサ、**マイクロプロセッサ**、**アクチュエータ**（運動機器）などとともに、**ファジー**、**ニューロ**などの思考法が従前の機械制御の方向を大きく変え、現在の知能機械の基礎となったと考えられます。

領域を越えたものつくり　図1-5-1

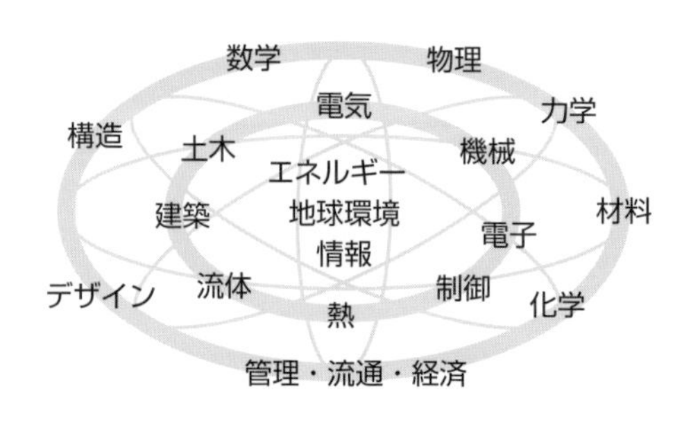

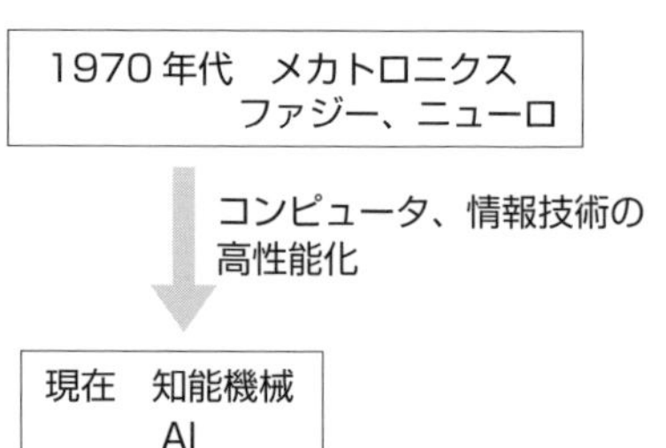

機械工学の関連する分野の例

私たちが利用するモノの多くは、機械によって作られています。図1-5-2に例示するように、機械工学は、直接的あるいは間接的に、広い範囲に関連しています。

機械工学の関連する分野の例　図1-5-2

ⓐ船舶

ⓑ航空・宇宙

ⓒ陸上運輸

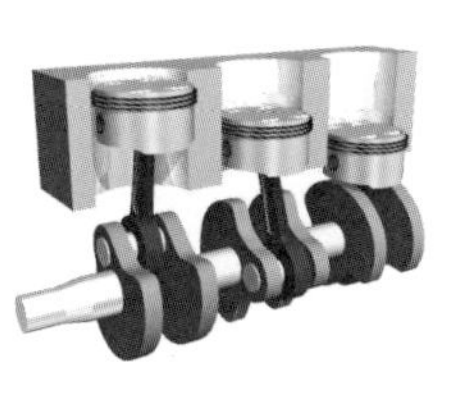

ⓓ原動機

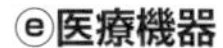

ⓔ医療機器

ⓕ生産システム

ⓖエネルギー

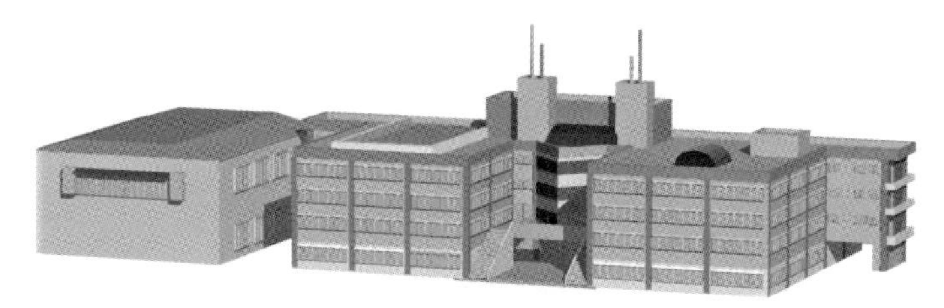

ⓗ建築・土木

1-6

機械の動きと機構学

機械の動きは、基本的な部品の組合せによる定型的な運動に細分化できます。機械を動かす仕組みを体系的に扱う分野を**機構学**と呼びます。

機械の要素（機素）の例

図1-6-1のように、機械を構成する最小単位の部品を**機械要素**、**機素**、**節**と呼びます。機素の多くは、**標準化・規格化**され、多くの機械で使用できる汎用性をもちます。

機素の例　図1-6-1

ⓐ歯車（平歯車対）　ⓑチェーンとスプロケット　ⓒねじ（ボルトとナット）

ⓓ滑車とてこ（輪軸と釘抜き）　ⓔ軸と軸受（すべり軸受ところがり軸受）

ⓕ軸継手　ⓖベルト車（Vベルト）　ⓗピンとキー（テーパピンと平行ピン）

機構

図1-6-2のように、機素を組み合わせて動く仕組みを**機構**、**メカニズム**と呼び、図ⓓ、ⓔのように、機構の運動源となる機素を**原動節**、運動を受けて出力する機素を**従動節**と呼びます。**リンク**は、部材の機能を棒状に表すことのできる機素の呼称です。

機構の例（カム機構とリンク機構）　図1-6-2

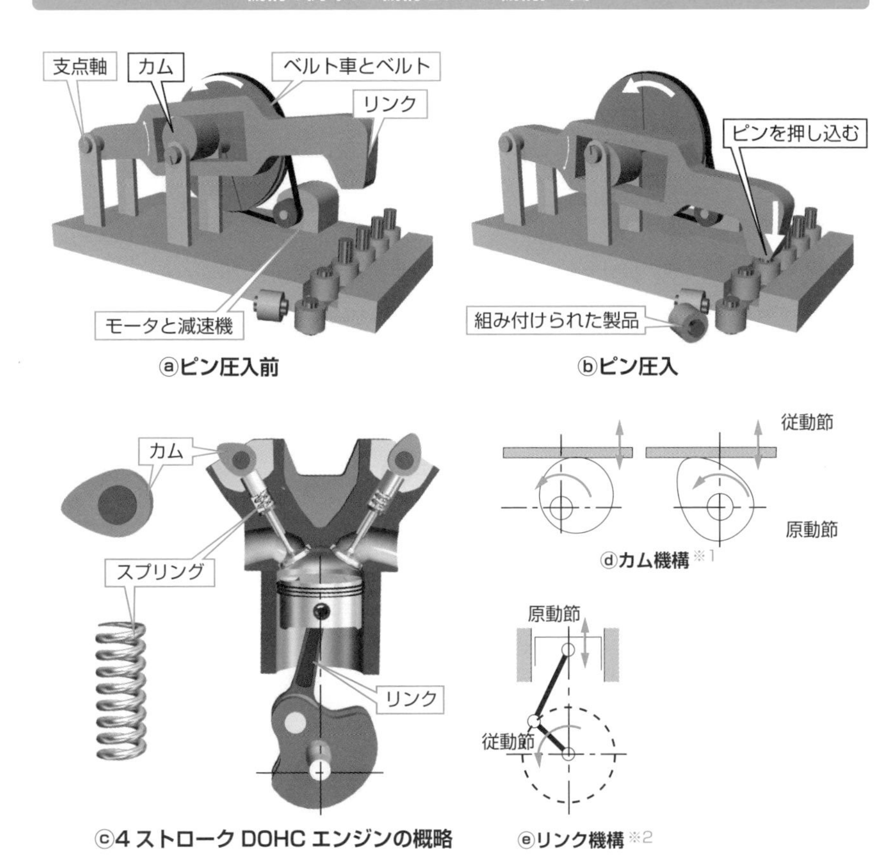

※1　原動節の回転運動を従動節の直線変位に変換するカム機構の例。
※2　原動節の直線変位を従動節の回転運動に変換するリンク機構の例。

1-7

力と機械工学

力をどのように扱うかが、機械工学の基本ともいえます。本書では、力を次のような観点から考えます。

力と運動

図1-7-1ⓐは**油圧エレベータ**の概略図で、**シーブ**は滑車、**カゴ**は人の乗る部屋を表す昇降機関連の呼称です。シーブは、**動滑車**の働きをするので、カゴの移動量がhのとき、油圧シリンダのロッドの移動量は、h/2で済みます。一方、カゴの**重量**wとのつり合いに、油圧シリンダはF=2wの力を必要とします。図ⓑは、コーナーを走行する自動車に働く力のつり合いを表したものです。路面の外側が高くなるようにした水平面との傾きθの**横断こう配**を**カント**と呼びます。カントを設けることで、走行車両は、路面を垂直に押す安定した走行ができます。鉄道では、内側と外側のレールの高さの差でカントを表しています。自転車で水平な路面でカーブするときに、内側に傾く角度も図ⓑのθです。このような力や運動を扱う分野を**機械力学**と呼びます。

力と運動　図1-7-1

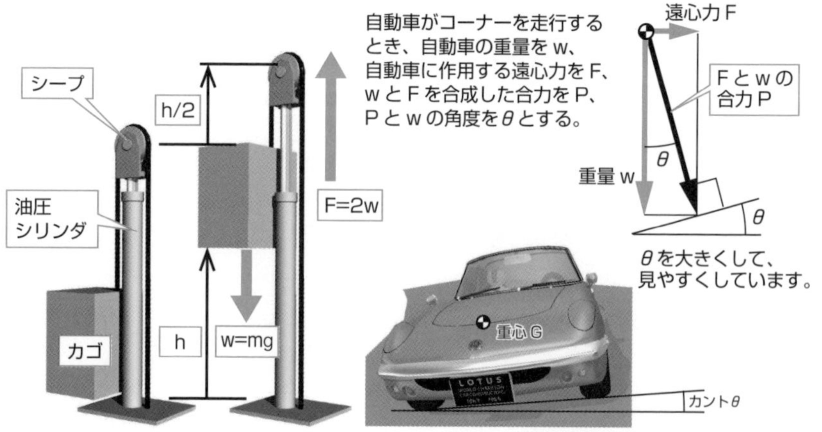

ⓐ 油圧エレベータ

ⓑ コーナーを走行する自動車

強さとかたち

図1-7-2ⓐの鉄道のレールと**H形鋼**、および図ⓑのパイプ椅子は、図中に薄い色で示す部分がなくても、材料を曲げようとする**荷重**Fに対して、十分な強さをもちます。荷重とは、材料などに外部から作用する力のことです。このような材料の強さを扱う分野を**材料力学**と呼びます。図ⓒは、東京タワーの塔脚部分です。東京タワーは、部材をリベットやねじで三角形に組み立てた、変形に強い**トラス**構造の集合体です。立体的な構造物に使うトラスを**立体トラス**と呼びます。立体トラスは、図ⓓのように平面上で考えた**平面トラス**を基本として考えます。このような構造体の強度と形状を扱う分野を**構造力学**と呼びます。

強さとかたち 図1-7-2

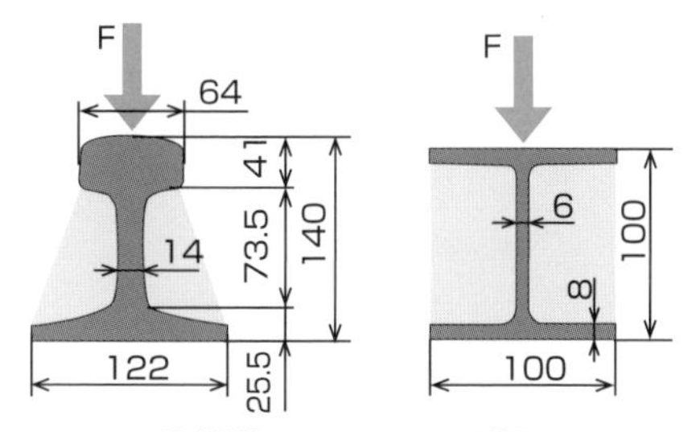

ⓐ 鉄道のレールとH形鋼

ⓑ 携帯パイプ椅子

ⓒ 東京タワーの塔脚部分の立体トラス

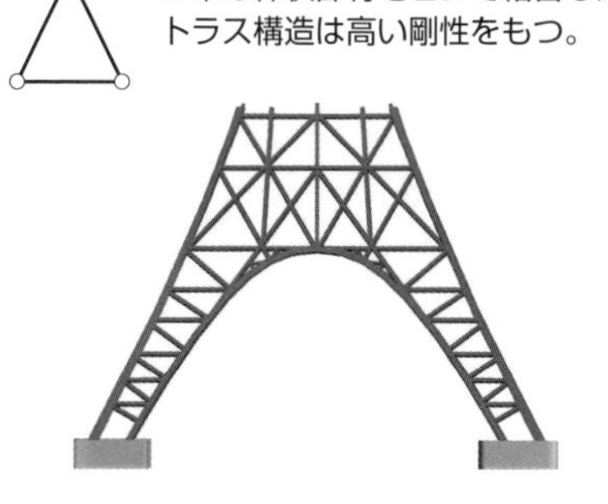

ⓓ 図ⓒの平面トラス

1-8

材料と機械工学

機械や日用品で、以前は金属でなければダメと考えられていた部分にも、現在では金属以外の材料が使われているものがたくさんあります。機械材料は常に進歩しています。

台所は金属の宝庫

図1-8-1ⓐのフォークとスプーンの材質は、**鋼**を素材とした錆(さび)に強い**ステンレス鋼**としてよく知られています。図ⓑのアルミ缶は、**軽金属**の代表の**アルミニウム**の軽くて薄く延ばせて強いという性質を利用しています。図ⓒの鉄瓶は、鉄に多めの炭素を含有させて高温で溶かした**鋳鉄**(ちゅうてつ)という材料を型に流して作る**鋳造**という加工法で作られます。図ⓓは、熱伝導率の高い銅製のミルクパンです。**銅**の軟らかい性質を利用して、プレス加工や叩(たた)き出しや絞りという成型法で作られます。図ⓔのセラミックスは元来、陶磁器などの焼き物の呼称で、**非金属複合材料**に分類されます。金属の粉を焼き固めて機械的強度を高めた**ファインセラミックス**という材料が、いろいろなところで使われています。

台所で見る金属　図1-8-1

ⓐフォークとスプーン：ステンレス鋼

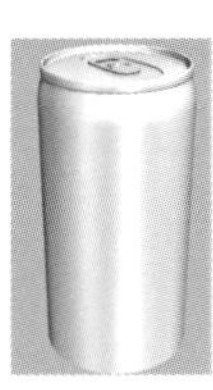

ⓑアルミ缶

ⓒ鉄瓶：鋳鉄

ⓓミルクパン：銅

ⓔ包丁：セラミックス（複合材料）

自動車に見る機械材料

機械を作るために使用する材料や、作られた機械に使用されている材料全般を**機械材料**と呼びます。身近な機械である自動車に使われている材料を考えてみましょう。大分類は、**金属**か**非金属**かです。次に金属を**鉄鋼系**と**非鉄鋼系**に分けます。近年の鉄鋼系材料では、高い強度をもつ**高張力鋼**が広い分野で使用されています。自動車でも強度要素部分やボディなどに使われ、軽量化に寄与しています。ガラスやセラミックス、油脂類、ゴムなども自動車に必要な**非金属材料**です。耐熱性をもった強度の高いプラスチックを**エンジニアリングプラスチック**と呼びます。エンプラ、スーパーエンプラなどの略称で、歯車やばねなどにも使用されています。

自動車に見る機械材料　図1-8-2

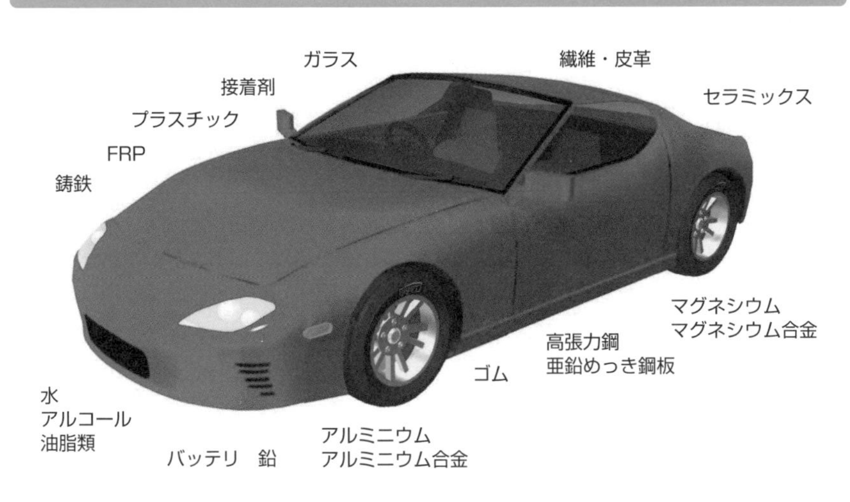

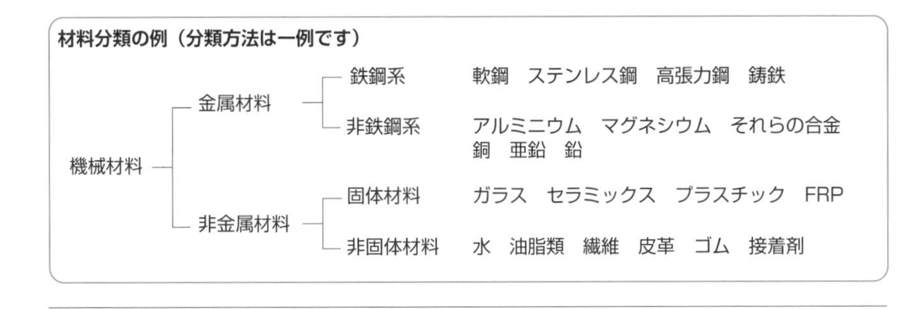

1-9

制御と機械工学

ある事柄が目的とする状態になるように操作することを制御といいます。人が行う制御を手動制御、人を介さず回路や機器が行う制御を自動制御といいます。位置、速さ、温度、力、流量、電圧、電流など、あらゆる事柄が制御の対象となります。

身近な制御の例

図1-9-1ⓐの洗濯機はドアを閉めなければ、洗濯を始めることができません。ドアを閉めた結果を合図とする**条件制御**です。図ⓑでドアを閉めると順序に従って、一連の動作を行います。**順序制御**といいます。図ⓒの電気ポットは、設定温度を目標値としてヒータを制御する**定値制御**です。図ⓓのトースタは、温度の定値制御と、タイマで一定時間後にヒータをOFFにする**時限制御**の組合せです。図ⓔの電動アシスト付き自転車は、クランク軸に付けた**トルクセンサ**で踏力(とうりょく)が軸に与えるトルクを検出し、**踏力に比例**した動力をモータからクランク軸へ与え人力を補助します。人間が自転車を走らせる場合、常にバランスを取り、カーブを回る場合には、図ⓕのように自然と体を内側へ傾け、バランスを取ります。このように、常に変化する目標値に合わせる動作を**追値制御**または**追従制御**といいます。これらの分類方法は一例で、制御の方法や使用する回路や機器によっていろいろな分類方法があります。

身近な制御の例　図1-9-1

ⓐ洗濯機　ⓑ洗濯中の洗濯機

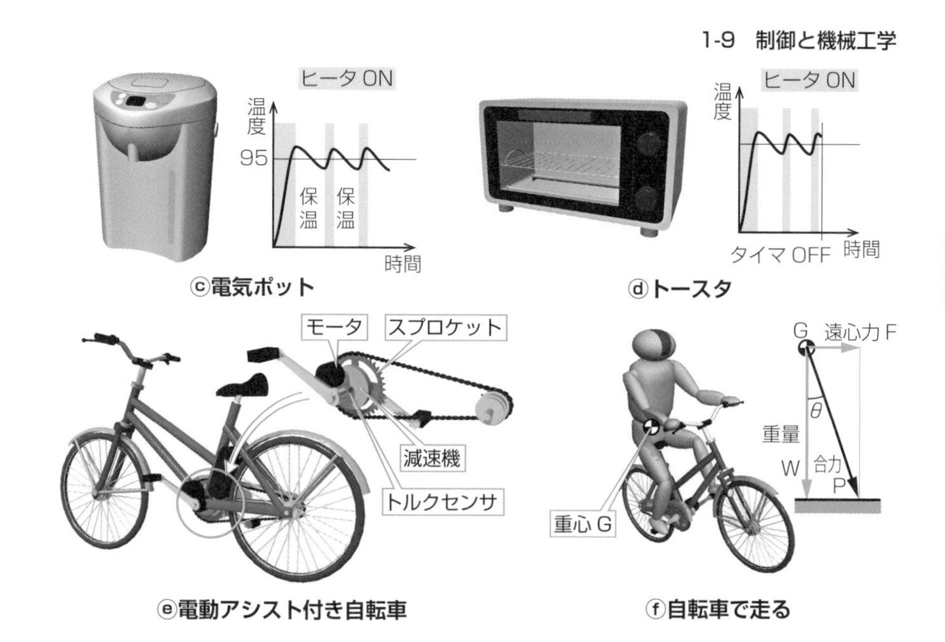

ⓒ電気ポット　ⓓトースタ

ⓔ電動アシスト付き自転車　ⓕ自転車で走る

自動車の速度制御の例

自動車を50km/hで走らせようとして、現在の速度が45km/h。あと5km/hだけ速度を上げるには、燃料供給量を調節して、エンジン回転数を上昇させればいいはずです。登坂や強風など速度増加を邪魔するものがあれば、それらを加味して燃料供給量を調整します。この操作を運転者が目視と手動で行えば**手動制御**、自動車に搭載のコンピュータ、速度センサ、燃料制御装置などが行えば**自動制御**です。

自動車の速度制御の例　図 1-9-2

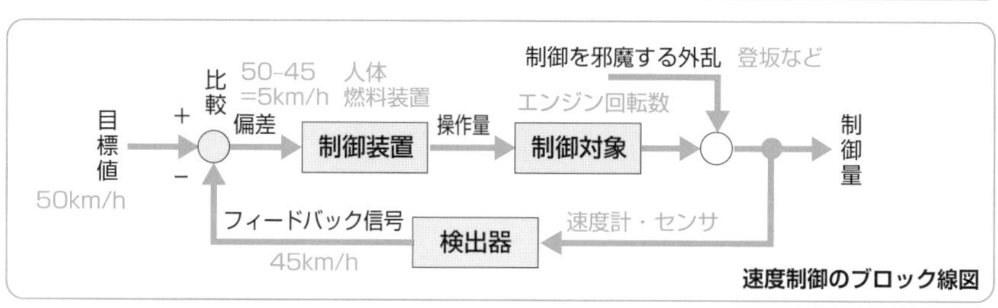

	手動制御	自動制御
検出器	速度計・目	速度センサ
比較	人間の脳	マイクロプロセッサ
制御装置	人体	燃料装置
制御対象	エンジン回転数	

1-10

流れと機械工学

水は生命の源であり、空気は生命活動に不可欠なものです。人間は古来から、多くの器具や装置に水や空気などの流体を利用しています。飛行機が空を飛び、船が水に浮く。流体の作用がこれらを可能にしています。

流体と機械

図1-10-1ⓐの飛行機は、エンジンの**推力**によって機体に生ずる**揚力**で飛行を続けます。図ⓑの船は、押し出した水の重量と等しい大きさの上向きに働く**浮力**で浮かんでいます。これらは流体の性質を利用した機械です。図ⓒは、1960年代の速度記録車の外観です。図ⓓは、大深度有人潜水調査船の外観です。これらは空気の抵抗や深海の高圧に耐えるように作られた機械です。

流体と機械　図1-10-1

ⓐ飛行機の揚力

ⓑ船の浮力

ⓒスピードレコードカーの外観

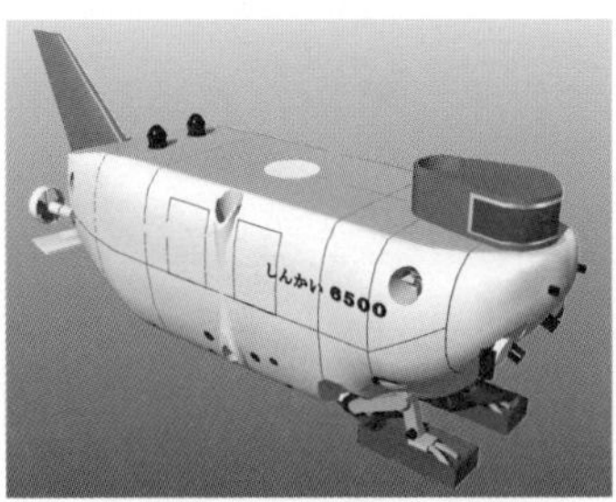

ⓓ深海潜水調査船の外観

生活の中の流体機械

電気、水道、ガスを作り、生活圏に供給するには、**タービン**と**ポンプ**が必要です。私たちがこれらの**流体機械**を直接見る機会はあまりありません。図1-10-2ⓐは、標準的な電気ポットのポンプ経路です。ポンプの筐体（きょうたい）を**ケーシング**と呼びます。図ⓑはポンプを取り出した概観です。図ⓒの**インペラ**（回転羽根）をモータで回転させ、羽根に付いた水に遠心力を与えて外側へ押しやり、ケーシング内で圧力を高めて吐き出すもので、**遠心ポンプ**といいます。図ⓓの**隔壁**は、モータとポンプ部分を区切る防水対策です。モータとインペラの両方に付けた永久磁石の吸引力で、隔壁の中心のピンを中心としてインペラを回転させます。このような防水方法は、冷蔵庫の自動製氷ポンプ、洗浄便座のポンプなどにも使われます。

電気ポットのポンプ　図1-10-2

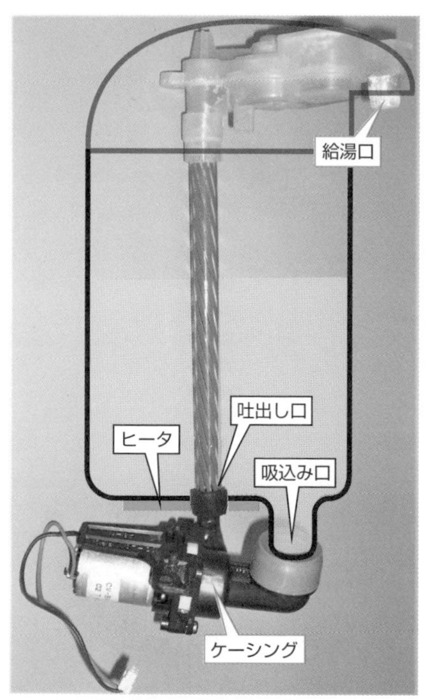

ⓐ電気ポットのポンプ経路

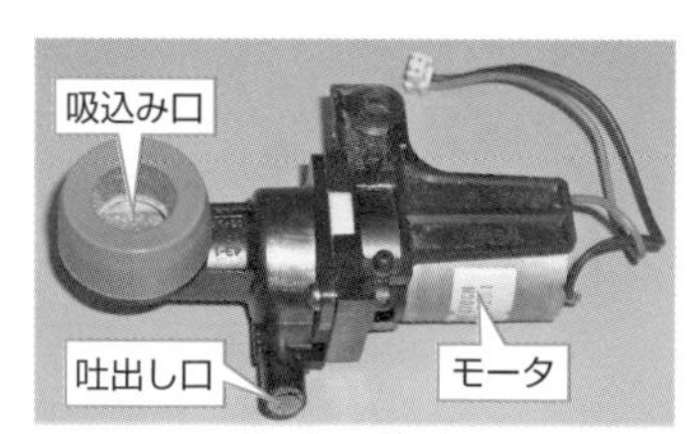

ⓑポンプ概観

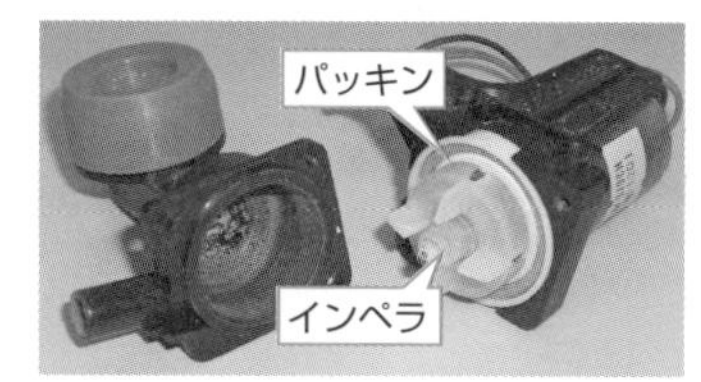

ⓒ遠心ポンプ

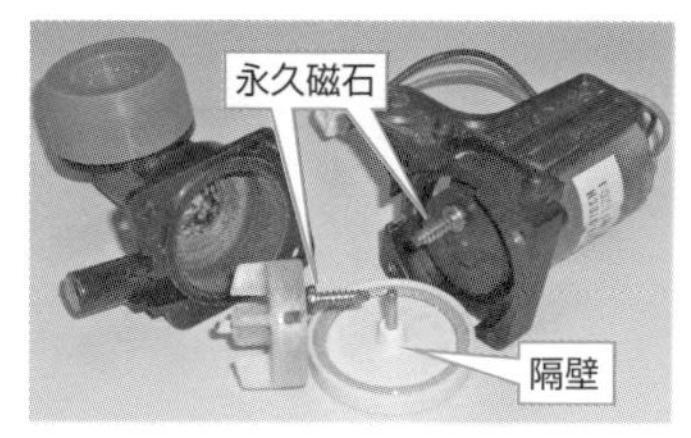

ⓓモータの防水対策

1-11

熱と機械工学

産業革命の原動力となったものは蒸気機関です。蒸気機関は、熱エネルギーを利用して水から蒸気の流体エネルギーを作り出し、それを機械の運動に変換するメカニズムです。現代のエンジンは熱力学の機械工学への応用です。

熱機関

図1-11-1ⓐの**4サイクルエンジン**は、シリンダとピストンが作る**密閉空間**で**燃焼燃料**の作る**容積変化**を利用して、**クランクシャフト**から**回転動力**を取り出します。図ⓑの**ターボファンエンジン**は、ファンが後方へ押しやる**空気の流れ**と燃焼室が作る**ジェット流**の合計で**推力**を発生させます。これらは、機関内部で燃料を燃焼させたエネルギーを利用する**内燃機関**です。図ⓒは**蒸気機関車**の熱機関部で、**ボイラ**で作った高エネルギーの**過熱蒸気**がピストンの**往復直線運動**を作り、**リンク機構**を介して**動輪**を回転させます。図ⓓは、**蒸気タービン発電**の概略で、ボイラで作った過熱蒸気を**蒸気タービン**に供給してタービン中心軸に取り付けた**発電機**を回転させ、電力を発生させます。蒸気タービンを回転させて電力を得る発電方法を**汽力発電**と呼び、**火力発電**、**地熱発電**、**原子力発電**などがあります。これらは、機関の外部で発生した熱エネルギーを利用するので、**外燃機関**と呼びます。

熱機関　図1-11-1

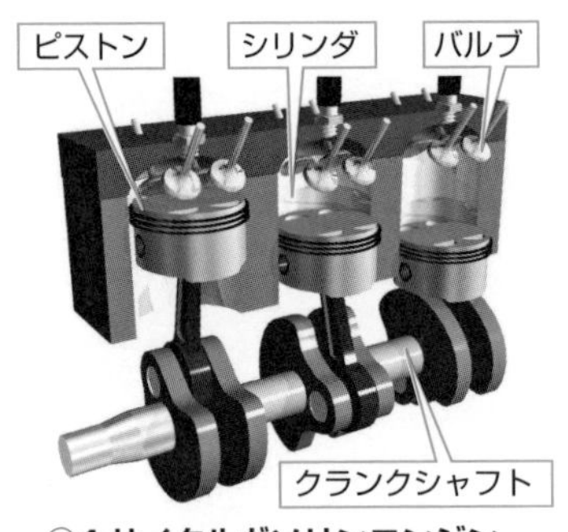

ⓐ4 サイクルガソリンエンジン

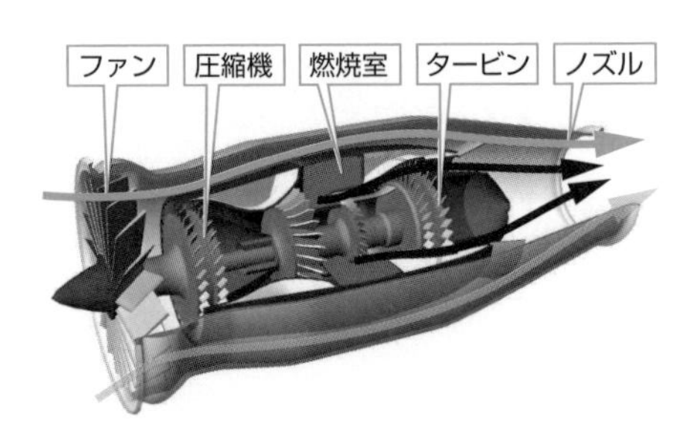

ⓑターボファンジェットエンジン

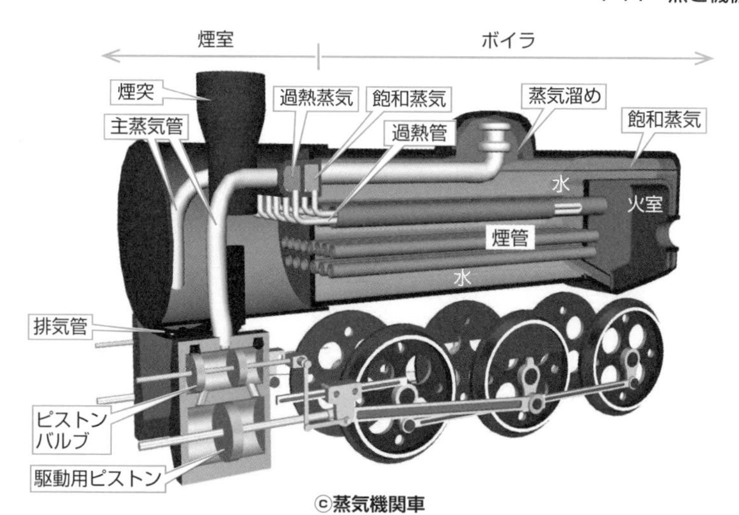

ⓒ蒸気機関車

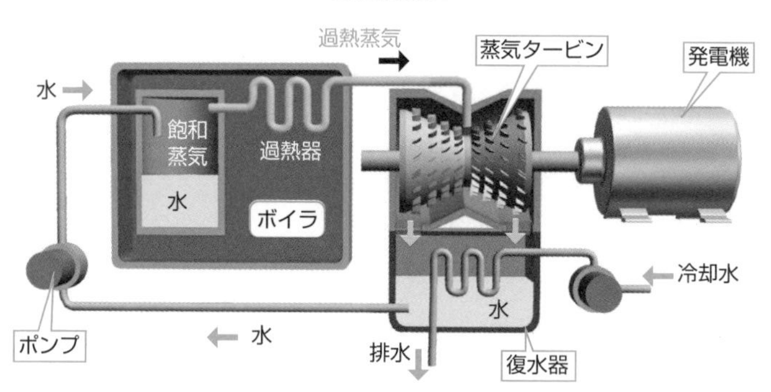

ⓓ蒸気タービン発電

熱機関の表し方

図1-11-2は、図1-11-1ⓓの蒸気タービン発電を示す概略図です。タービンは台形図記号の**短辺が高圧**側、**長辺が低圧**側を示します。ボイラと過熱器に外部からの熱エネルギー、ポンプには外部からの電力を供給します。

熱機関の表し方　図1-11-2

過熱器
S
B
ボイラ
P
ポンプ
タービン
T
高圧
低圧
C
復水器
冷却水

1-12

rad（弧度法）と三角関数

本書では、演習問題や数式解析は行いませんが、説明上、必要な計算や数式は使用します。ここでは、radと三角関数の初歩をまとめておきます。

rad（弧度法）

回転運動の角度や三角関数の角度を**rad**（ラジアン）という単位で表すことがあります。radは、**弧度法**と呼ぶ角度の表し方で、図1-12-1のように、半径rと等しい円弧の長さrをもつ扇形の中心角を1 radと定義します。半径rの円の円周は2πrなので、度数法で表す円の中心角**360°**は、2πrをrで割って**2π rad**です。

rad（弧度法）　図1-12-1

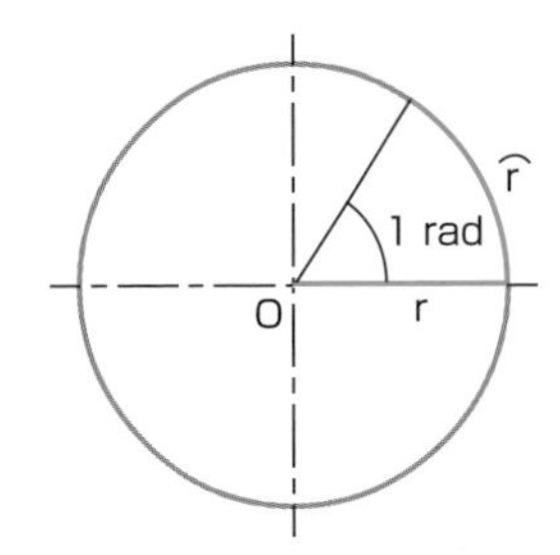

1 radの定義

$$1\ \text{rad} = \frac{\overset{\frown}{r}}{r}$$

度数法➡弧度法

$$1^\circ = \frac{\pi}{180}\ \text{rad}$$

円の中心角

$$360^\circ = \frac{2\pi r}{r} = 2\pi\ \text{rad}$$

弧度法➡度数法

$$1\ \text{rad} = \frac{180^\circ}{\pi} (\fallingdotseq 57.3^\circ)$$

三角関数と逆三角関数

図1-12-2ⓐは、3つの**三角関数**、sin（サイン：正弦）、cos（コサイン：余弦）、tan（タンジェント：正接）の覚え方として、sin、cos、tanの頭文字を各頂点に当てはめるというもので、sinのsは小文字筆記体です。三角関数では、角度から三角比を知ることができます。これと逆に、図ⓑの**逆三角関数**は、三角比から角度を知るものです。$\sin^{-1}$はアークサインと読み、同様に$\cos^{-1}$はアークコサイン、$\tan^{-1}$はアークタンジェントと読みます。

三角関数と逆三角関数　図 1-12-2

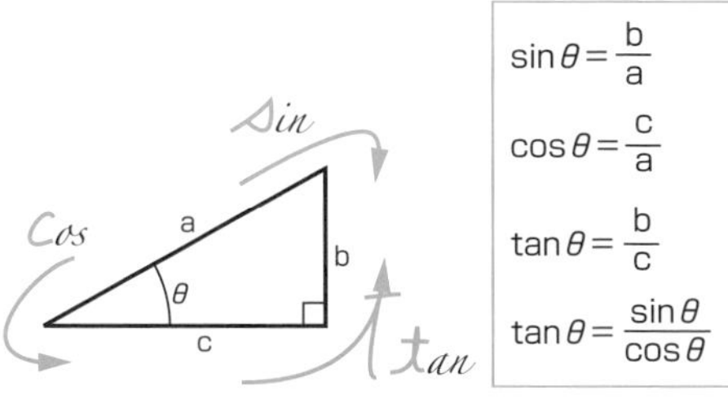

$\sin\theta = \dfrac{b}{a}$

$\cos\theta = \dfrac{c}{a}$

$\tan\theta = \dfrac{b}{c}$

$\tan\theta = \dfrac{\sin\theta}{\cos\theta}$

ⓐ三角関数の覚え方

（直角三角形：斜辺 2、対辺 1、底辺 $\sqrt{3}$、角 30°）

$\sin^{-1} 0.5 = 30°$

$\cos^{-1} \dfrac{\sqrt{3}}{2} = 30°$

$\sin^{-1} 0.5 = 30°$ は、
$\sin\theta = 0.5$ になるときの θ は 30°
という意味です。

ⓑ逆三角関数

三角関数のrad表記法

三角関数の角度を度数法で表すときは、sin 60°のように単位を付けますが、rad単位で三角関数を表すには、角度の大きさだけを書いてradは付けません。

$\sin\dfrac{\pi}{6}$ と書く、rad は付けない。　$\cos 1.5$ は、角度 1.5 rad の cos。

微小角の三角関数

radで表すと、半径rと中心角θの扇形の**円弧の長さは、rθ**になります。図1-12-3の微小角の直角三角形では、**対辺と円弧の長さがほぼ等しく**なるため、radで表記した微小角の三角関数は、図のような近似値計算ができます。

微小角の三角関数　図 1-12-3

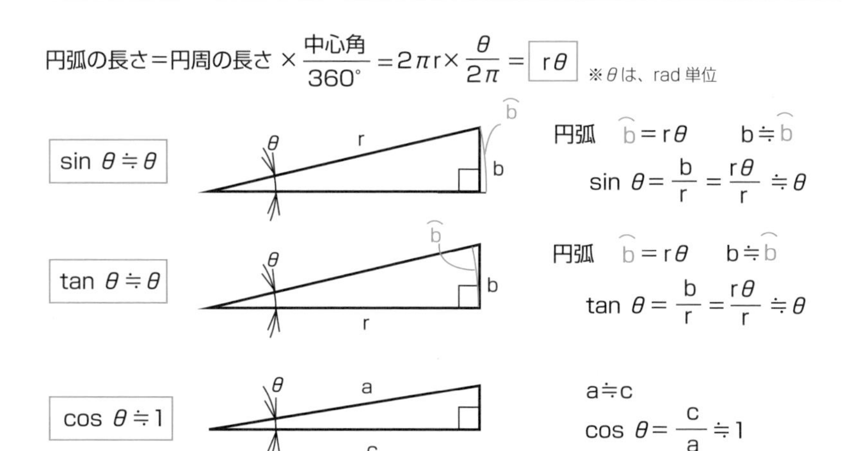

1-13

SI単位

SI単位またはSIは、「国際単位系」という世界共通の単位で、各分野、各国で異なる単位を使っていたものを統一したものです。機械工学でもSIに準じます。

SI基本単位とSI組立単位

SI基本単位は、表1に示す7つの基本量について、それぞれの記号を決めたものです。本書で使用するおもな単位は、**長さ**、**質量**、**時間**です。SIで、長さの基本単位はmですが、機械工学ではmmを使うことが多く、注意が必要です。質量の記号kgのkは小文字、熱力学温度の記号Kは大文字です。

表2に示した例のように、いろいろな現象を表すための計算式や定義から、基本単位を組み合せてできた組立量の単位を**SI組立単位**と呼びます。

固有の名称をもつSI組立単位

表3に示した、力学で頻繁に使われる**力**や**応力**など、特別の現象を表す組立量は、それぞれに固有の名称をもち、**固有の名称をもつSI組立単位**と呼ばれる記号で表します。

他のSI単位による表し方は、それぞれの組立量の定義から導かれた単位です。

SI基本単位による表し方は、組立量を、基本量の記号として使われるSI基本単位だけで表したものです。

表4は、固有の名称をもつSI組立単位やSI基本単位と組み合わされた組立量を表す、**単位の中に固有の名称と記号を含むSI組立単位**の例です。

SI接頭語

大きな数値や小さな数値は、表5に示す10の指数表示で表す**SI接頭語**を単位の前に付けて表します。1000倍を表す10^3（キロ）の記号kは、小文字です。本書で使うおもな記号は、k、M、G、m、μなどです。

SI基本単位 表1

基本量	名称	記号
長さ	メートル	m
質量	キログラム	kg
時間	秒	s
電流	アンペア	A
熱力学温度	ケルビン	K
物質量	モル	mol
光度	カンデラ	cd

SI組立単位の例 表2

組立量	名称	記号
面積	平方メートル	m^2
体積	立方メートル	m^3
速さ、速度	メートル毎秒	m/s
加速度	メートル毎秒毎秒	m/s^2

熱力学温度　T[K] = 273.1 + t[℃]

※それぞれの表に記載した内容には、本章で説明していないものが含まれています。

固有の名称をもつSI 組立単位の例 表3

組立量	名称	記号	他のSI単位による表し方	SI基本単位による表し方
平面角	ラジアン	rad		m/m
力	ニュートン	N		$m\ kg\ s^{-2}$
圧力、応力	パスカル	Pa	N/m^2	$m^{-1}\ kg\ s^{-2}$
エネルギー、仕事	ジュール	J	N m	$m^2\ kg\ s^2$
仕事率、工率	ワット	W	J/s	$m^2\ kg\ s^{-3}$

このように見ます

力 = 質量 × 加速度

F = m a

$$kg \quad m\ s^{-2}$$

$$= kg \quad m\ \frac{1}{s^2}$$

$$= kg \quad m/s^2$$

単位の中に固有の名称と記号を含むSI 組立単位の例 表4

組立量	名称	記号
力のモーメント	ニュートンメートル	N m
角速度	ラジアン毎秒	rad/s

SI接頭語の例 表5

乗数	名称	記号
10^1	デカ	da
10^2	ヘクト	h
10^3	キロ	k
10^6	メガ	M
10^9	ギガ	G

乗数	名称	記号
10^{-1}	デシ	d
10^{-2}	センチ	c
10^{-3}	ミリ	m
10^{-6}	マイクロ	μ
10^{-9}	ナノ	n

(例1)　200 kPaをMPaへ

$= 0.2 \times 10^3 \times 10^3$ Pa

$= 0.2 \times 10^6$ Pa

= 0.2 MPa

(例2)　20000 mmをmへ

$= 2 \times 10^4 \times 10^{-3}$ m

$= 2 \times 10$ m

= 20 m

自転車と機械

1章を読んでいただき、機械のニュアンスをつかんでいただけたでしょうか。

それでは、「自転車は機械ですか？」と質問されたとき、皆さんは、どのように考えますか。1章の本文中では、「電動アシスト付き自転車」を機械としましたが、人力でこぐ自転車を機械として採り上げていません。

折しも、現在取り沙汰されている問題に「電動キックボード」があります。モータを動力源とする電動キックボードは、明らかに機械です。まったく同じ形状でモータを持たないキックボードは、機械とはいえません。

1章の本文中で、機械は次のようなものと考えました。

・外部からエネルギーや運動や情報を受けて、
・仕組みや機構で加工・変換して、外部へ出力する。
・機械要素を組み合わせた頑丈なモノで、
・入力と出力は、限定された関係を持つ。

遠い昔、私の学生時代に「人間を機械の動力源とみなすことは是か非か」という問題を提起された先生がおられました。日本機械学会の部会委員長を務められ、絵画を描くことを好まれ、105歳でご逝去された、私が恩師と慕う人間味あふれた先生です。機械と道具の違いが、この設問にあると思います。先生に、「諸君で考えなさい。」と断じられて以来、筆者はこの是非論に明確な答えを出せぬまま、自転車を機械とするかどうかは、ケースバイケースで、人間を機械の動力源とみなすことの是非を断った上で、自転車は、機械と断定できないまでも、機械といっても間違いではない。と考えています。

第2章

イメージを伝えるには

「機械工学」の目的の1つである「ものつくり」では、一番はじめに「どのようなモノを作るのか」ということを明らかにしなければなりません。そのために必要となる事柄が、イメージを誰の目にもわかる図面にすることです。現代では、図面の意識もツールも大きく変わり、紙に描かれた図面は必ずしも必要とされない場面も少なくありません。本章では、「図学」とJIS機械製図をもとにイメージを伝える方法を紹介します。

2-1

イメージを図にする

機械工学の目的は、「モノをつくる」ことです。モノをつくるには、必要な手順があります、その第一歩が、イメージを図にすることです。ひとりですべてを作るのにも、多人数で作り上げるにも、イメージを具象化することが必要です。

正投影図と透視投影図

図2-1-1ⓐを**正投影図**と呼びます。**平行光線**で物体を**正面から投影**した図で、実際の寸法と輪郭形状を知ることができます。図は2つの投影面を一葉にした**二面図**です。図ⓑは、**点光源**からの**放射光線**上に物体の形状を表すもので、**透視図**と呼びます。自動車、船舶、建物など大きな物体を視覚的に表すのに適しています。図は2点からの放射光線に沿って投影した**二点透視図**です。透視図の点光源にあたる位置を**消点**あるいは**消失点**と呼び、二点透視図の2つの消点は、図ⓒに示すように**地平線上**、**水平線上**に取ります。

正投影図と透視投影図　図2-1-1

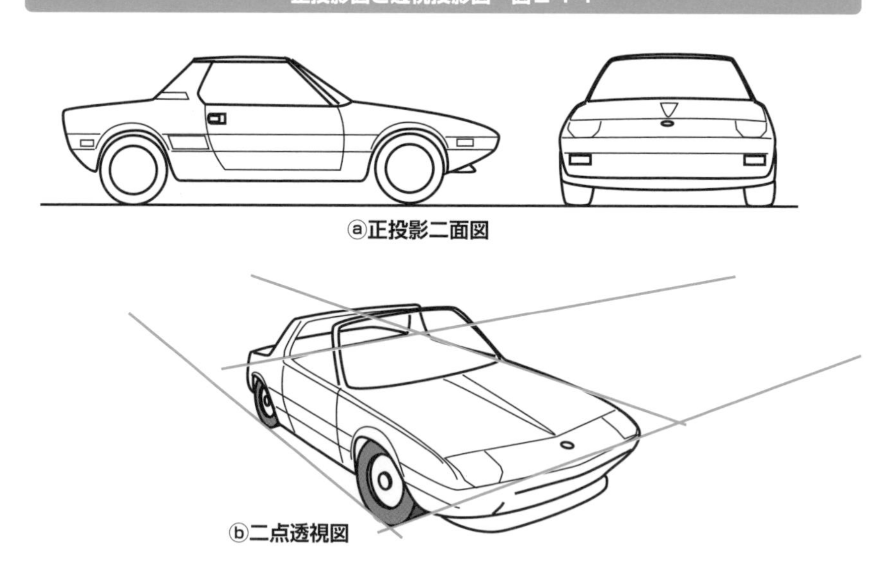

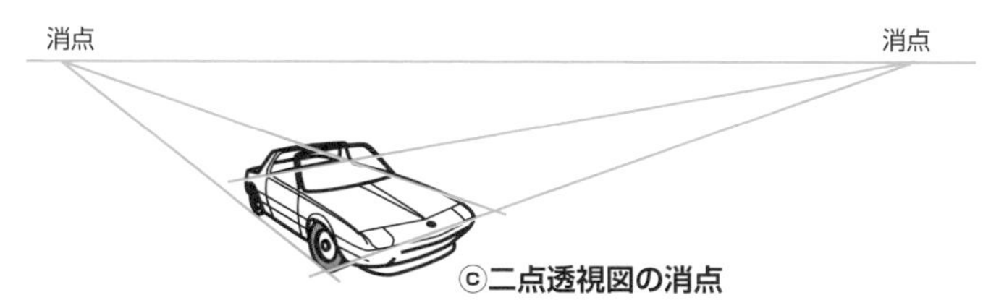

ⓒ二点透視図の消点

第三角法

　図2-1-2は、**第三角法**による正投影図で、**JIS 機械製図**で「投影図は第三角法による」と定められています。第三角法は、物体を透明な箱の中に置き、箱の外から観察した形状を観察者と物体の中間にある**投影面**（箱の面）に投影し、投影面を平面上に展開したものです。物体の特徴を最もよく表すと考える面を**正面図**とします。

第三角法（三面図）　図2-1-2

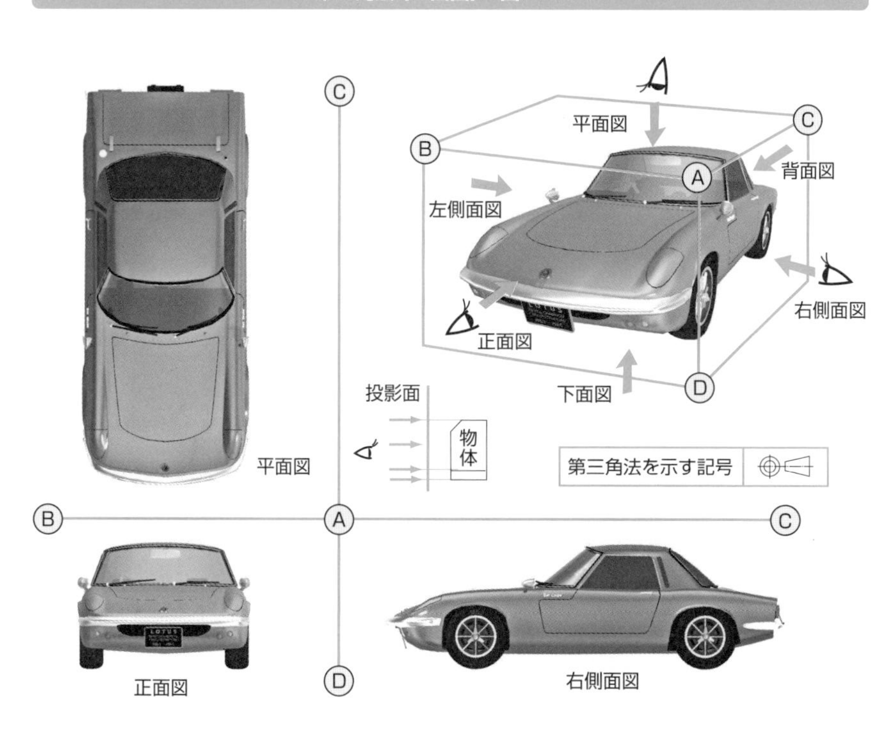

2-2

正投影法

現在の機械製図にコンピュータは不可欠です。紙と鉛筆と烏口（からすぐち）で図面を覚えた筆者は、パソコンの台頭とともに、すぐにCADに飛び付きました。そこで改めて確認したことは、正投影法の基本をしっかりと理解することの重要性でした。

第三角法　一面図と二面図

図2-2-1ⓐのような円筒形軸物の部品は、軸の長手方向中心線を正面図投影面と平行に取ると、平面図、裏側にできる**背面図**、下側にできる**下面図**のすべてが正面図と等しくなり、左右側面図は、同心円を描くだけになります。このような部品は正面図だけの**一面図**で物体形状と寸法を表すことができます。手描き図面では、物体の**稜線**（りょうせん）を忘れずに描きましょう。**ねじ**は、一つひとつのねじ山を描くことはせず、簡略図法で示します。45°面取りを表す「C」、角の丸めを表す「R」、直径を表す「φ」などを**寸法補助記号**と呼びます。図ⓑのVプーリは、正面図だけでは**リブ抜き**の形状がわからないため、**二面図**で表しています。正面図は、**垂直切断面**と**水平切断面**で切り取った**片側断面図**で表しています。締付け用めねじを含む垂直切断面にはリブ抜きが出てこないので、この部分を**回転切断表示**しています。中心線から下で円形断面の取れない寸法線は、**端末記号**（矢）の片側を省略します。側面図は、中心線を含む垂直切断面で切り離した**全断面図**として、平行二本線（＝）で表す**対称図示記号**で、垂直中心線を対称軸とすることを表します。

第三角法　一面図と二面図　図2-2-1

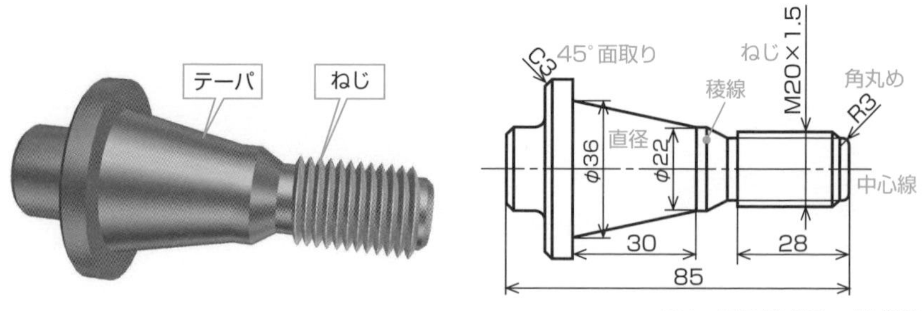

ⓐ円筒形軸物の一面図　（寸法表示は一例抜粋）

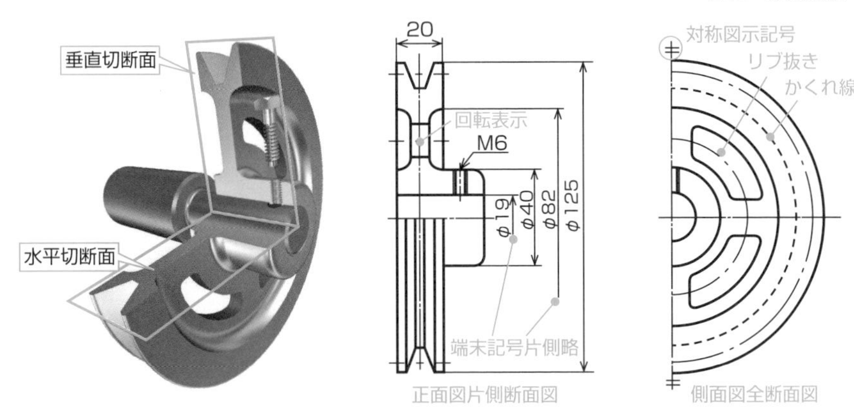

ⓑV プーリの二面図と断面図示法　（寸法表示は一例抜粋）

第一角法

図2-2-2の**第一角法**は、**ヨーロッパ圏**で使用されています。日本でも**建築**や**船舶**など大きな対象物に用いられます。正投影を物体の**奥の平面に投影**するので、投影図の位置が異なります。第三角法、第一角法ともに、図面には**製図法を示す記号**を描きます。

第一角法　図2-2-2

2-3

見取図

物体の形をわかりやすく視覚的に描いた概略図を一般に見取図と呼びますが、JISでは、見取図という用語は使用しません。見取図は実際の寸法を正しく伝えるより、イメージとして全体像を知らせる説明図の役割をもちます。

軸測投影図と斜投影図

図2-3-1ⓐとⓑは、立方体とその3つの面に内接した円の見取図です。ⓐを**軸測投影図**の**等角投影図**、ⓑを**キャビネット図**（**斜投影図**）と呼びます。円は見取図で重要なポイントになります。キャビネット図は、正面を実形状として、奥行きは45°傾けて、1/2の尺度で描きます。

図ⓒ、ⓓ、ⓔは、切欠き斜面のある立方体を、投影法を変えて比較したものです。図ⓓの**不等角投影図**でα、βの角度は任意で、尺度も軸によって任意に取れます。軸測投影法は、奥行きの長いものには不向きです。

軸測投影図と斜投影図　図2-3-1

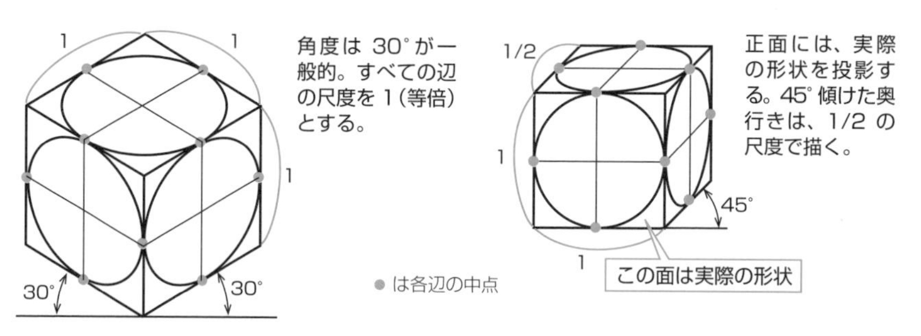

ⓐ立方体と円の等角投影図（軸測投影図）　ⓑ立方体と円のキャビネット図（斜投影図）

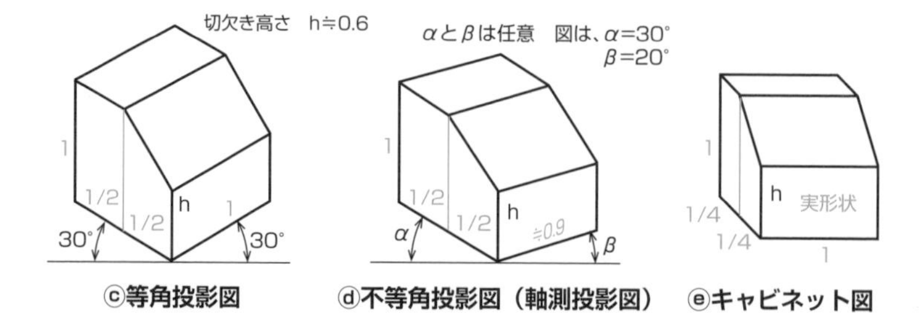

ⓒ等角投影図　ⓓ不等角投影図（軸測投影図）　ⓔキャビネット図

透視投影図

「図学」という手法を用いると、観察者の視点、物体の位置、実際の寸法から厳密に投影図が決定されます。図学を簡略化したこの図例では、投影図の輪郭は消点から放射される光線の角度によって決まります。

自動車、船舶、建造物など**大きな物体の見取図**として透視図が使われます。図ⓐの**一点透視図**で、正面投影面は実形状になります。透視図の基本は、「**図学**」と略される「**図法幾何学**」にありましたが、現在では3Dコンピュータグラフィックスにより、軸物回転体であれば一面図だけでも透視図が作られ、すべての物体は二面図、三面図から透視図が生成されます。2DCGや手描きで透視図を描く場合には、二点透視図の消点を水平線上に取るように注意しましょう。図ⓒの**三点透視図**は、物体を**俯瞰**(ふかん)、**仰観**(ぎょうかん)する場合に使用します。

透視投影図　図2-3-2

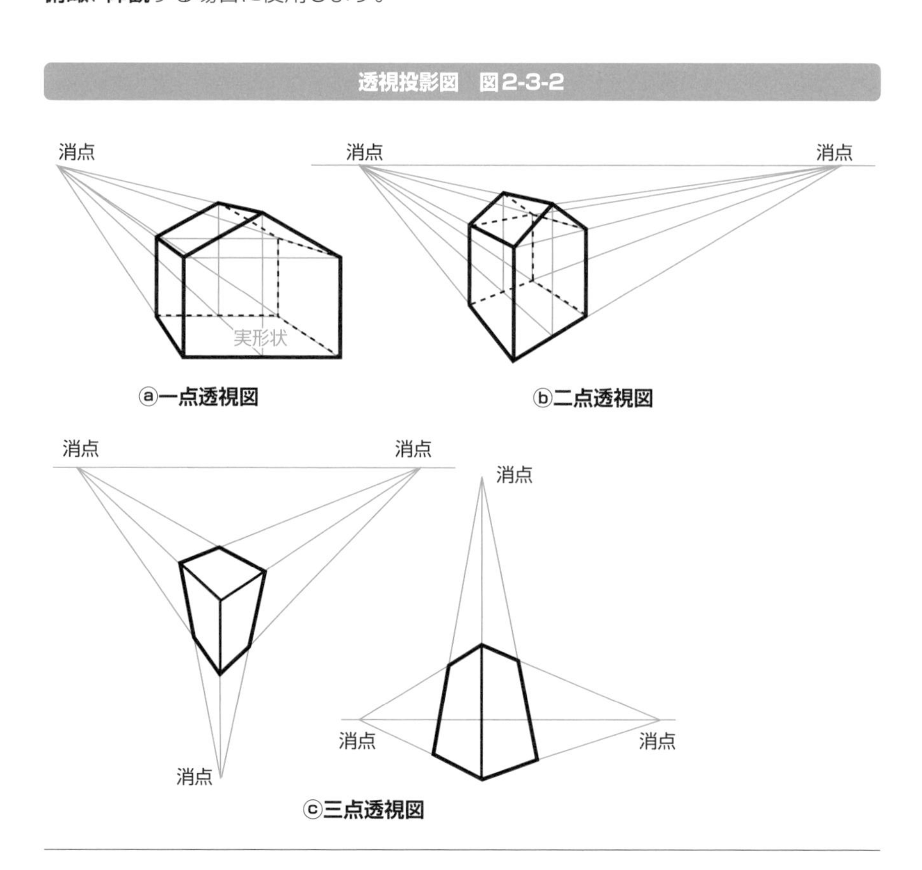

2-4

線と寸法記入

図面は基本的に単色の線図です。JIS機械製図では、どこにどのような線を使うかが、詳細に定められています。パソコンの汎用ドローイングソフトの使用なども含め、見やすい図面を描く要領を考えてみましょう。

線と寸法記入

一般的な図面では、**太い線**と**細い線**の２つを使い分け、**極太線**は**板断面**、**ガラス**等に使用できます。物体の形状は、**実線**、**破線**、**一点鎖線**を使い分けて表します。**寸法記入は細い実線**を基本とします。コンピュータの図面では、ソフトウェアの仕様によって線や寸法記入の実際が異なります。線の**太さ**や**破線**・**鎖線の長さ**は、**図面の大きさ**に合わせて決定し、１枚の図面で**統一性**を保つようにします。JIS機械製図では、線の色は、背景によって、**黒または白の単色**を基本とし、場合により、説明を付して、色付きの線を用いることも認めています。

線と寸法記入　図2-4

ⓐ部品の左側からの見取図

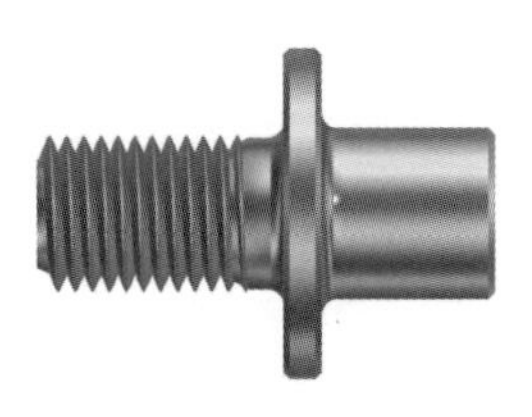

ⓑ部品の一面図（正面図）

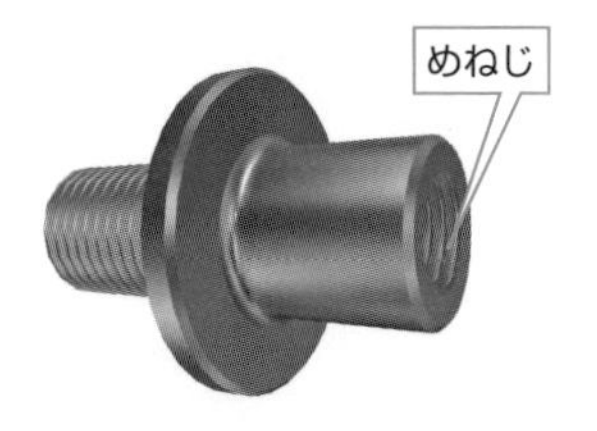

ⓒ部品の右側からの見取図

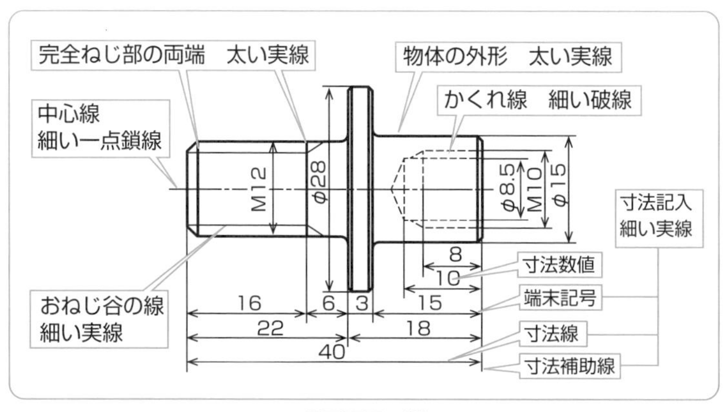

ⓓ正面図の例

種類	太さの比
太い線 ———	2
細い線 ———	1
極太線 ———	4
JISの線の太さ 0.18、0.25、0.35、0.5、0.7、1、1.4、2mm	

ⓔ線の太さ

	実線	破線	一点（二点）鎖線	
線の形	連続した線	3～5mmのダッシュを1mm間隔で並べる	10～20mm程度の線を3mm（5mm）間隔程度で繰り返し、隙間に1つ（2つ）の点を置く	
	———	- - - - - -	一点鎖線	二点鎖線
使用例	外形線、稜線	かくれ線	中心線	想像線

ⓕ線の形

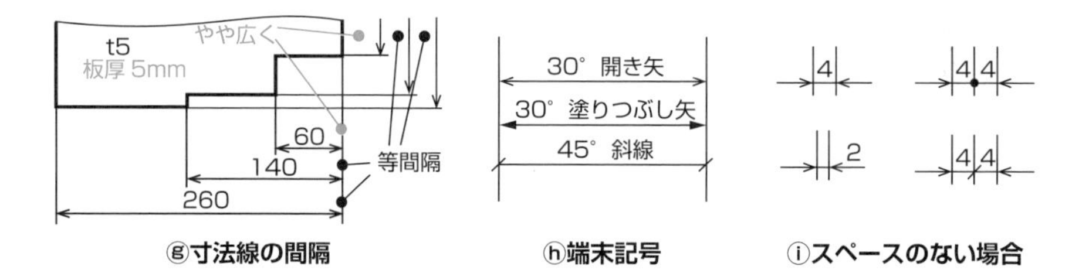

ⓖ寸法線の間隔　ⓗ端末記号　ⓘスペースのない場合

記号	意味	呼び方
φ	円の直径	まる、ふぁい
Sφ	球の直径	えすまる、えすふぁい
R	円の半径	あーる
SR	球の半径	えすあーる
□	正方形の一辺	かく
C	45°の面取り	しー
t	板材の厚さ	てぃー
⌒	円弧の長さ	えんこ

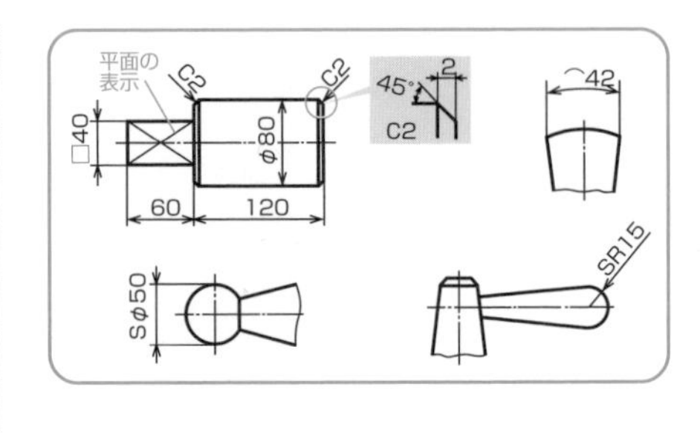

ⓙ寸法補助記号の一部と使用例

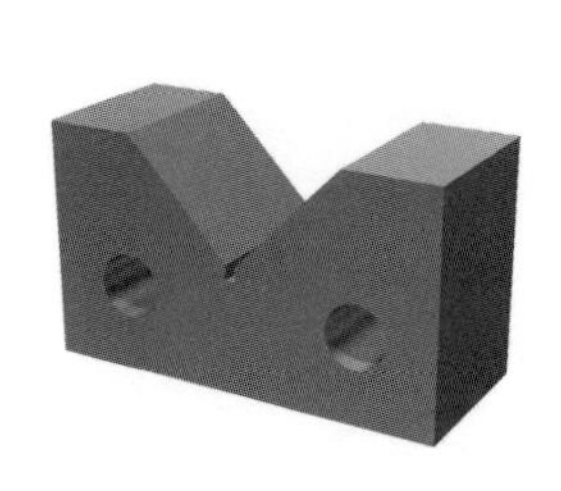

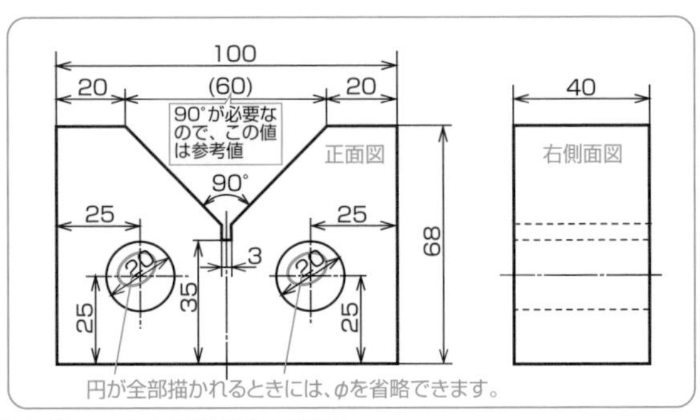

ⓚV ブロックの見取図と二面図

2-5

断面図

部品内部の見えない形状は、細い線や太い線による破線を使ったかくれ線で表します。かくれ線が多くなり図面が見にくくなる場合は、仮想の切断面で物体を切断したように表す断面図で描くことができます。

切断の有効な箇所

めねじをもつ図2-5-1ⓐの部品を図ⓑ**全断面**、図ⓒ**片側断面**のようにすると、おねじ部と軸部は平面になり、切断の効果が得られません。図ⓓは、**かくれ線の部分だけ**を切断したもので、図ⓔがその図面です。部品は、中心線を回転軸とする円筒回転体なので、中心線を対称軸として**対称図示**したものが図ⓕです。これらの図例は、慣例的に切断面として理解されますが、断面を明示する場合は、45°の斜線で**ハッチング**を施します。一般におねじ、軸、ピンなど断面にしても効果のない部分は、断面図示をしません。

切断の有効な箇所　図2-5-1

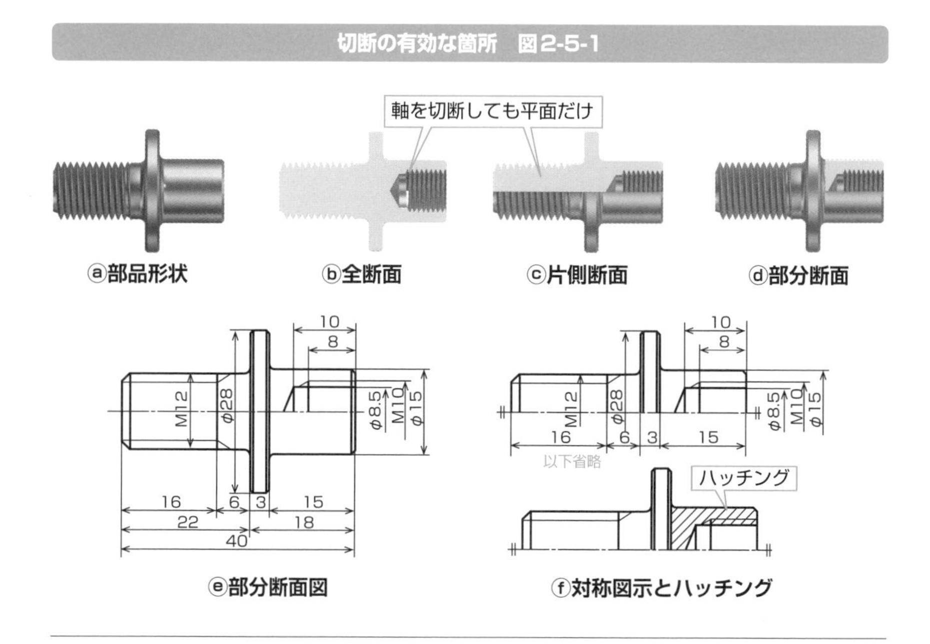

ⓔ部分断面図

ⓕ対称図示とハッチング

断面の回転表示

図2-5-2ⓐは、等分に配置された5個の**ざぐり**取付け穴をもつ蓋部品です。ざぐり穴をかくれ線で示すと見にくくなるので、図ⓑのように2枚の**組合せ仮想切断面**で穴を切断し、図ⓓの二面図で示しました。右側面図の**切断記号**と太い線の**切断面指示**を利用して、正面図で**切断面を回転**させています。図ⓓの正面図は全断面になり、部品外形の稜線が表れていません。図ⓒのように、任意切断面を取って、部分断面に表したものが、図ⓔの正面図の部分断面図です。細い実線で**不規則な波型**を描き、**破断線**とします。破断線には**ジグザグ線**も使われます。

断面の回転表示　図2-5-2

ⓐ蓋部品

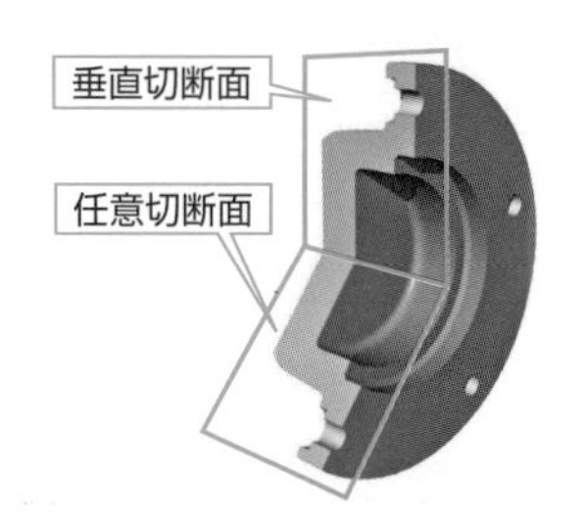

ⓑ2 枚の切断面の組合せ

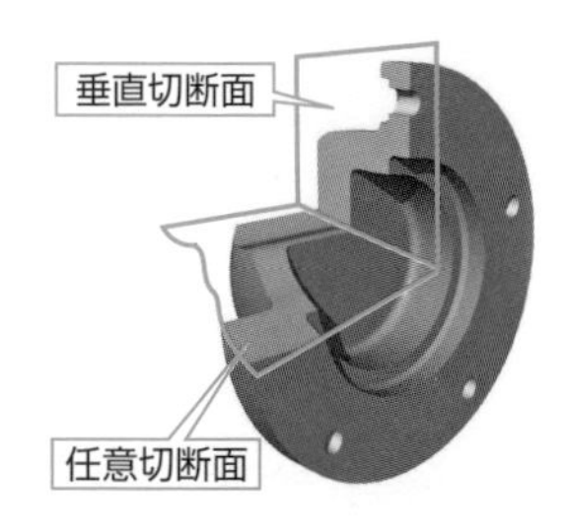

ⓒ任意の部分断面

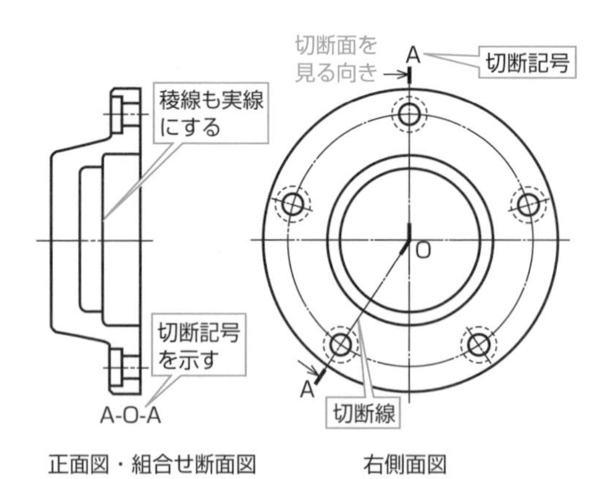

ⓓ断面図を二面図で表す

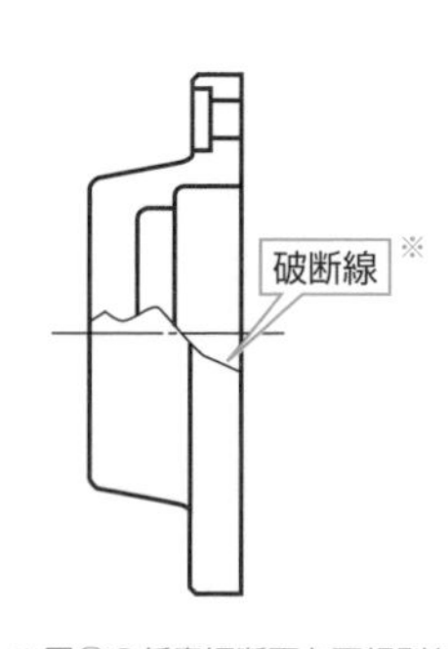

※図ⓒの任意切断面を不規則な波型の細い実線で表す。

ⓔ正面図の部分断面図

2-6

組立図と部品図

正投影法は、物体の正確な形状と寸法を表すので、機械や部品を作る場合の製作図として使われます。製作図には、機械・装置の全体の構成を示す組立図と、部品単体を作るための部品図などがあります。

ねじジャッキの例

図2-6-1ⓐは、部品の水平出しなどに使用される**ねじジャッキ**です。本体に切っためねじと、**送りねじ**となるおねじとのかみ合わせで微小変位を作り、組立てや**ケガキ***などの**ジグ***として使用します。４種類５点の回転体部品から構成されます。

ねじジャッキと部品　図2-6-1

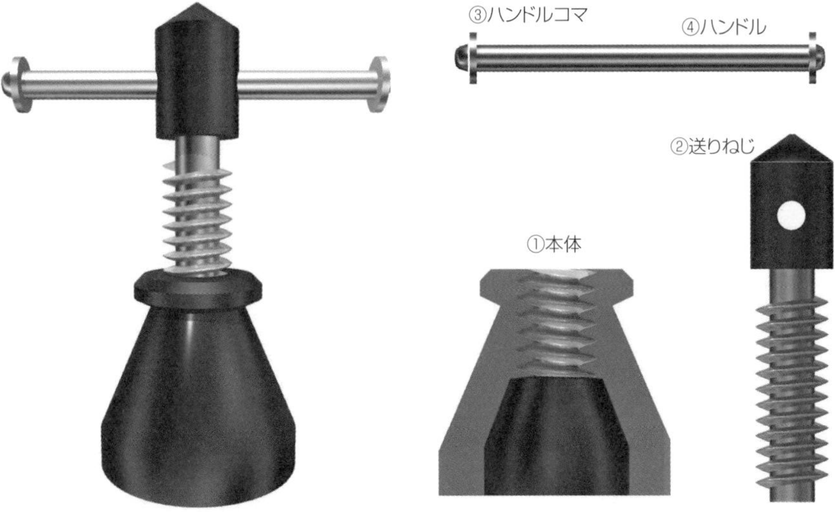

ⓐねじジャッキ全体　　ⓑ部品

*ケガキ　材料表面に加工目標となる線などを引く作業。
*ジグ　jig、治具。工作物の取付けや調整に使用する補助器具全般。

ねじジャッキの製図例

図2-6-2は、ねじジャッキの**組立図**と**部品図**を１枚の用紙に描き込んだもので、**多品一葉図面**と呼びます。図面の様式には、そのほかにも図面の大きさや用途によって、**一品一葉図面**、**一品多葉図面**があります。組立図では、部品を組み立てた様子と使用する際の**移動範囲**を示しています。②送りねじ先端は、**太い一点鎖線**で、切削加工後に**熱処理**を行うよう指定しています。③、④の部品は寸法が小さいため、見やすくするように図面の**尺度**を２倍にしています。**カシメ**は、③コマを④ハンドルに差し込んだのちにハンドルの先端を叩いて広げ、コマを取り付ける方法です。**寸法公差**は、加工時の**許容範囲**を指定する方法です。実際の図面では、A判規格の用紙に、材料の詳細、加工工程、製図法、図名などを示す**表題欄**や**部品表**も記載します。

ねじジャッキの製図例　図2-6-2

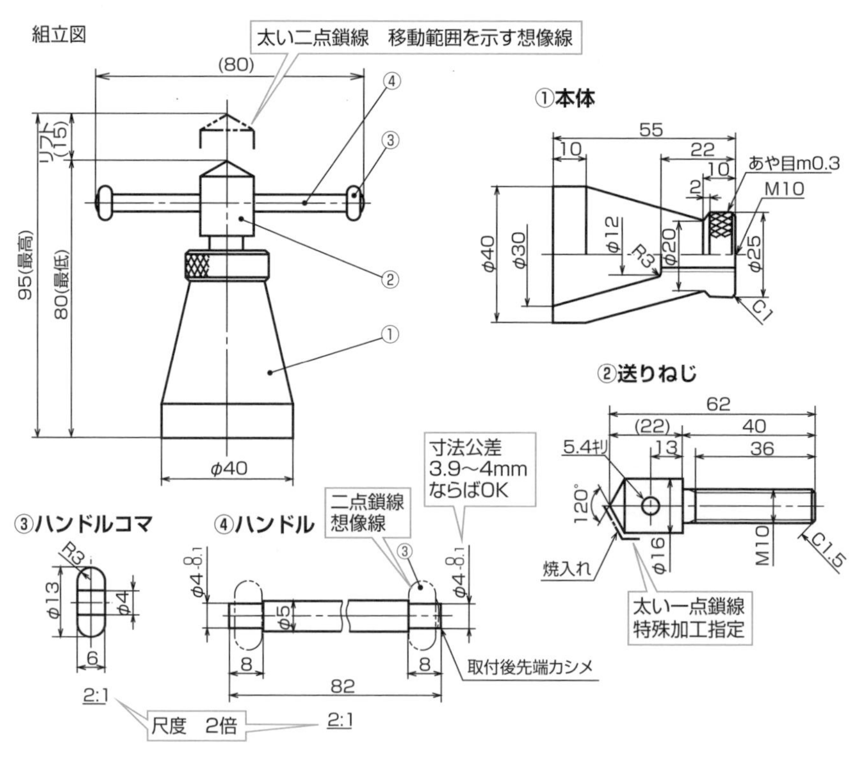

2-7

コンピュータと図面

現在では、2次元の図面を描かなくても、3D-CADで生成したデータから直接機械を制御して加工を行うことができます。しかし、多くの人の間で生産の全体像を共有したり、製造過程の記録を残すなどの必要上、図面は重要な意味をもっています。

CAD/CAM

CAD（キャド） *はコンピュータの支援による設計製図、**CAM（キャム）** *はコンピュータの支援による生産システムを指します。コンピュータに支援された生産システムは融通性に富むので、**FMS** *と呼ばれることもあります。図2-7-1は、パソコンの汎用ドローイングソフトで作成した図面の例です。2D-CAM専用ソフトでは、線の太さ、形状、標準部品、寸法記入などが定型化されていて、設計製図の支援を行います。図2-7-2は、汎用3Dソフトの表示例です。第三角法で三面図に2次元データを与えると、3D透視図を作成すると同時に、吐出し用の3次元データを生成します。生産現場の工作機械では、コンピュータグラフィックスから生成される物体の**形状データ**に、機械の回転、送り、工具交換等、機械加工を行うための**機能データ**を加えて作った**機械制御データ**を、コンピュータ制御された**NC工作機械**（NCはNumerical Control：数値制御）に与えて、NC加工が行われます。

* **CAD**　Computer Aided Designの略。
* **CAM**　Computer Aided Manufacturingの略。
* **FMS**　Flexible Manufacturing Systemの略。

汎用ドローイングソフトで作成した図面例　図2-7-1

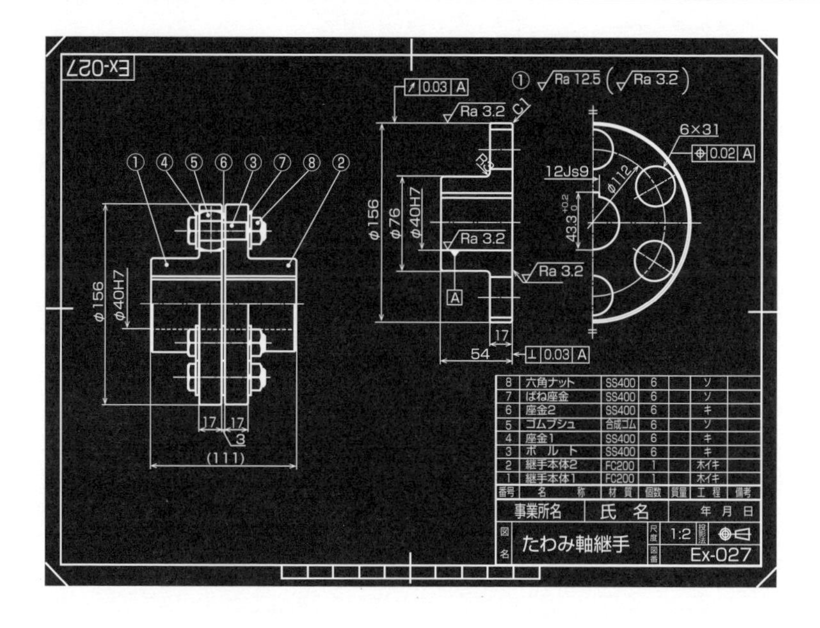

汎用3Dソフトの表示例　図2-7-2

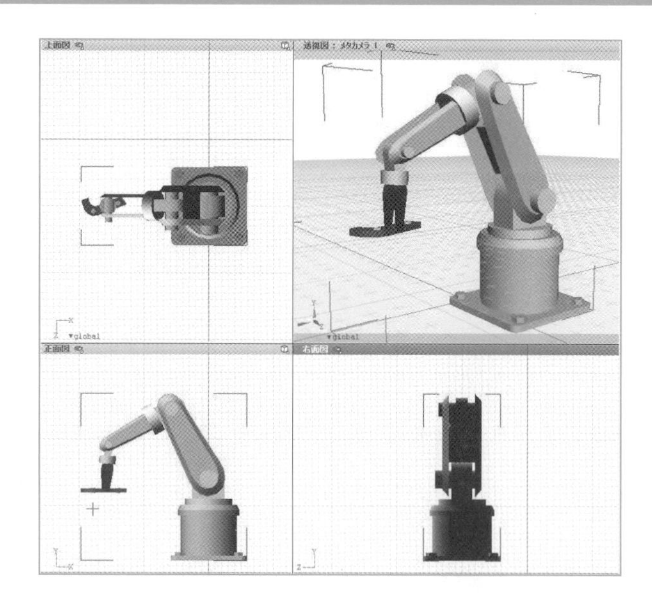

材料と機械工学

機械には金属、非金属を問わず、いろいろな材料が使われます。金属材料であればなんでもかんでも「鉄」と言ってしまうのではお粗末です。「コーヒー」の嗜好（しこう）は、コーヒーの銘柄にこだわる人、ストレート好きな人、砂糖やミルクを適量入れて飲む人……など十人十色です。コーヒーを自分の好みに合わせて味付けできるように、機械材料も目的に合わせていろいろなものを作ることができます。材料分野は機械工学の基本で，新材料の開発など変化の活発な分野です。

3-1

機械を作る材料

機械が壊れないためには丈夫な材料が必要です。また、人間と接することの多い機械では、軟らかな材料も必要です。固体ばかりでなく、潤滑や伝動といった目的で用いる液体や気体などの流体も機械材料と呼べます。

いろいろな材料

古典的、普遍的な機械の条件である「頑丈であること」(1-3節参照)から、材料には**硬いこと**が必要とされます。硬い材料といえば**金属材料**を思い浮かべますが、現在では、高い強度をもつ**非金属材料**としてプラスチックや繊維樹脂などの複合材料も、硬い機械材料として使用されています。図3-1-1でブレーキ装置に使うブレーキ液やショックアブソーバに使用する作動油、エンジンの潤滑油などの**液体**と、タイヤに充填された**気体**である空気は、**流体材料**として多くの機械に使用されます。機械を動かすためには、電気・電子設備も必要となるので、**電気材料**も機械を作るための材料となります。

いろいろな材料　図3-1-1

硬さを測る

材料の硬さは、代表的な**機械的性質**の１つです。図3-1-2に**硬さ試験**の原理を示します。図ⓐ～ⓓは、試料に**測定圧子**を押し付け、試料に残った**圧痕**の深さや大きさから硬さを測定する方法です。図ⓔは、自由落下させた圧子の**跳ね上がり高さ**から**硬さ**を測定する方法です。

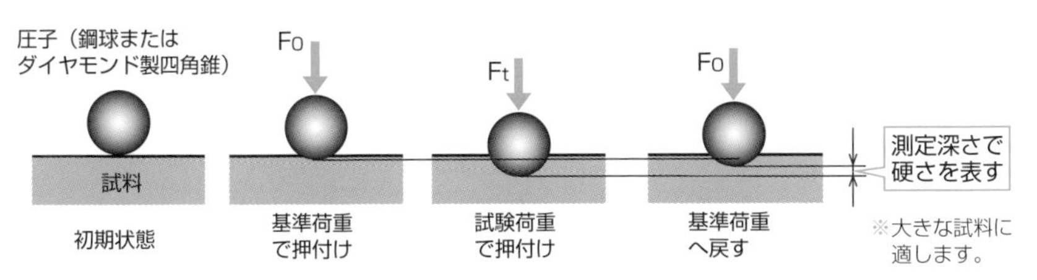

ⓐロックウェル硬さ（HR）試験

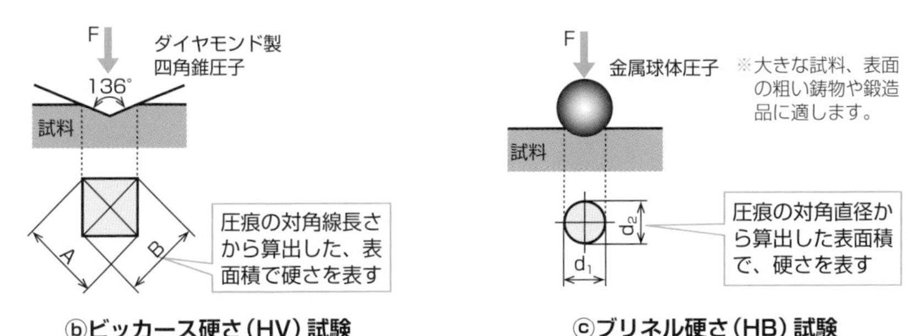

ⓑビッカース硬さ（HV）試験　ⓒブリネル硬さ（HB）試験

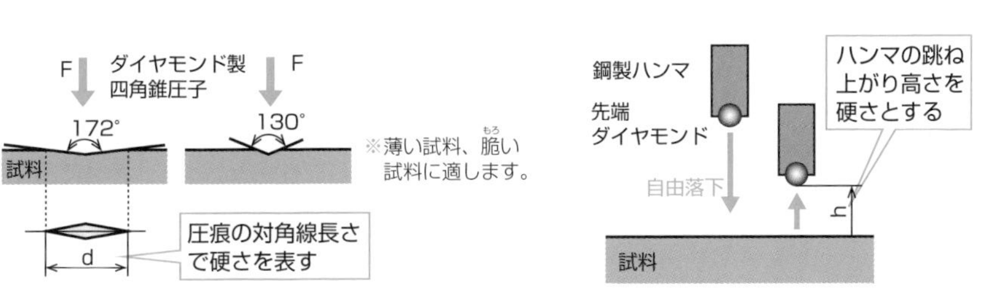

ⓓヌープ硬さ（HK）試験　ⓔショア硬さ（HS）試験

3-2

材料の性質

強い材料といっても、強さの種類がいろいろと考えられます。また、材料は加工のために変形しやすいことも必要とされます。ここではおもに固体材料の機械的な性質を考えてみます。

▶▶ 材料の機械的性質

材料に力が加えられた場合の変形に対する抵抗力の強さを**剛性**と呼びます。実際にはありませんが、どんな力を受けてもまったく変形しないと考える理想上の物体を**剛体**と呼びます。剛性は材質だけでなく、図3-2-1ⓐのように材料の形状によって高めることもできます。材料表面の硬さを**硬度**と呼びます。図ⓑの歯車は、常に接触している**歯面**に**熱処理**を行って硬度を高めています。図ⓒのスパナには、剛性に柔軟性や粘性を加えた**靭性**（じんせい）が必要とされます。図ⓓのばねに代表される、加えられた力に比例した変形を行い、力を取り除くと元へ戻る性質が**弾性**です。

材料の機械的性質　図3-2-1

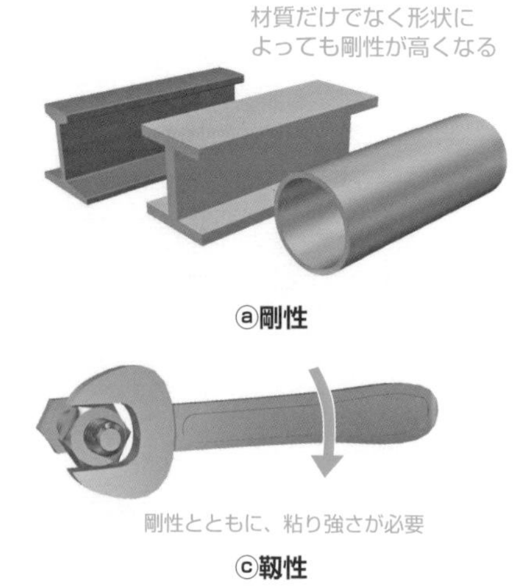

ⓐ剛性

ⓑ硬度

ⓒ靭性

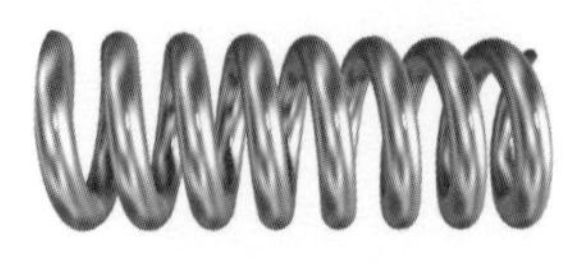

ⓓ弾性

材料の加工性

製品を作るには、材料を加工することが必要です。図3-2-2ⓐのアルミニウム缶は、**深絞り**というプレス方法で1枚の素材を押し込んで成形してから、蓋部分を取り付けます。材料の薄く広がる**展延性**を利用した加工法です。図ⓑのキャストホイールは、アルミニウムなどの**溶融金属**に圧力を加えて金型(かながた)に流し込む**ダイキャスト鋳造法**で製造します。金属材料の**溶融性**を利用した加工法です。図ⓒは、自動車の**モノコック構造**の例で、材料に力を加えて変形させ、弾性とは逆に、力を取り除いたあとも元の形状へ戻らない**塑性**を利用したものです。

材料の加工性　図3-2-2

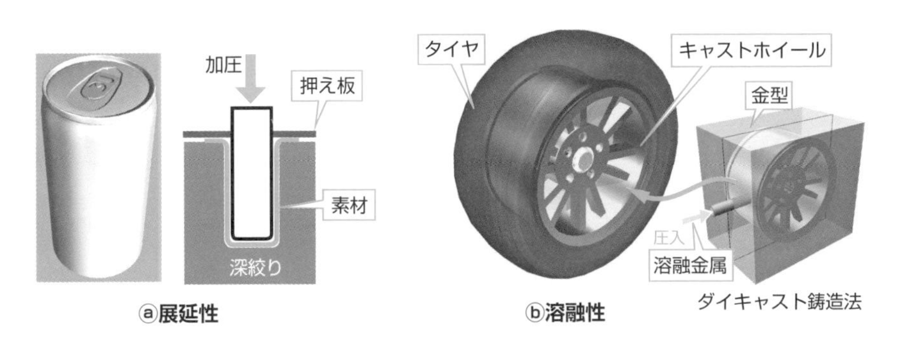

ⓐ展延性　ⓑ溶融性

※モノコック構造
素材に曲げ、丸め、凹凸などの加工を行った部品を組み合わせて、全体として強度をもたせ、フレームと外装を一体化した構造

ⓒ塑性

3-3

金属材料

金属は、私たちの生活に不可欠で、機械に欠かすことのできない材料です。しかし、厳密に簡単な定義で金属を表現することはできないといわれています。一般的には、金属がもつ性質を挙げて金属と非金属を区別しています。

金属がもつ性質

図3-3-1の例に共通する金属の性質として、以下の点が挙げられます。①**固体で不透明**（水銀を除く）。②**金属光沢**をもつ（図ⓐ）。③**展延性**をもつ（図ⓑ）。④**熱と電気の良導体**（図ⓒ）。⑤**溶融性**（図ⓓ）をもち、**結晶構造**をもつ。⑥**高比重**をもつ（比重4あるいは5以上を**重金属**、それ以下を**軽金属**と呼ぶ）。⑦打撃により**金属音**を発する。――これらの性質をもつ材料を**金属材料**として、これらの性質を満足しない材料を**非金属材料**として区別しています。

金属がもつ性質　図3-3-1

ⓐガラスとステンレスのコップ

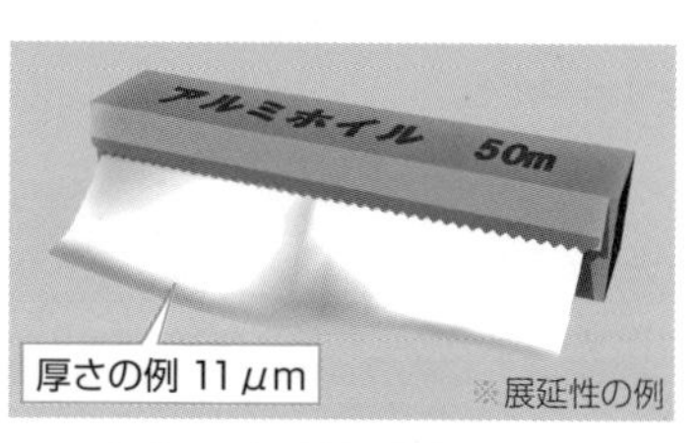

ⓑキッチン用アルミホイル

ⓒIH 加熱の金属鍋

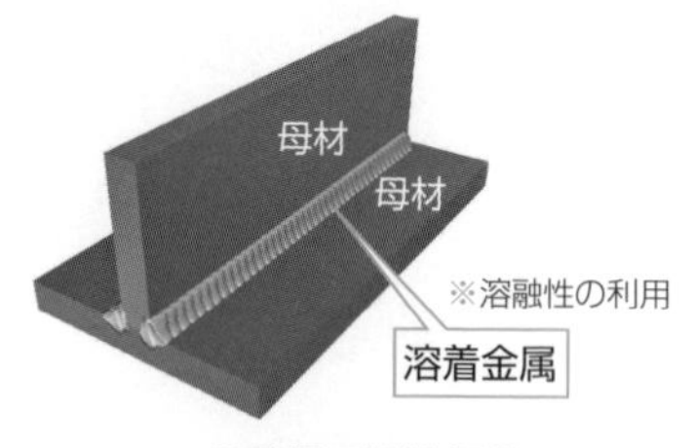

ⓓ鉄鋼の溶接部分

金属結合と金属の結晶格子

金属原子は、図3-3-2ⓐのように安定した**金属イオン**（**陽イオン**）となり、隣り合う金属原子の一番外側を回る**価電子**を共有して**金属結合**を行います。多くの金属結合によって作られた図ⓑの**金属結晶**では、外側の電子が金属イオンから離れて、他の電子軌道を自由に動くことができます。この電子を**自由電子**と呼び、金属の性質を決めるものになります。

図3-3-2　金属結合と金属結晶

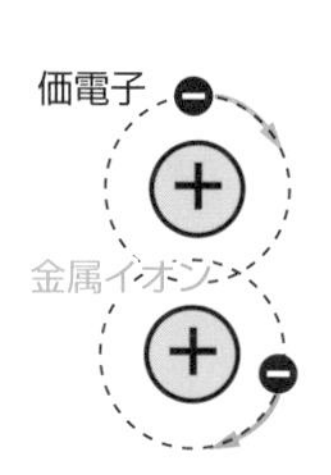

ⓐ金属結合

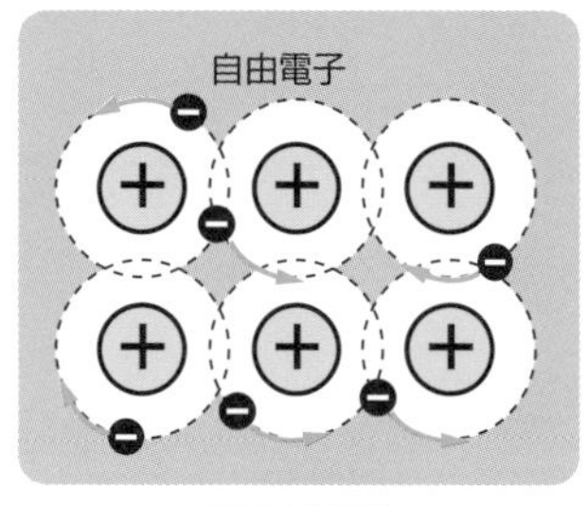

ⓑ金属結晶

金属を構成する原子は規則正しく整列して**結晶格子**を作ります。代表的な結晶格子に、図3-3-3ⓐ**体心立方格子**、図ⓑ**面心立方格子**、図ⓒ**ちゅう密六方格子**の3つがあります。これらの構造の違いが、熱特性、展延性、加工性、強度などを決定します。

金属の結晶格子　図3-3-3

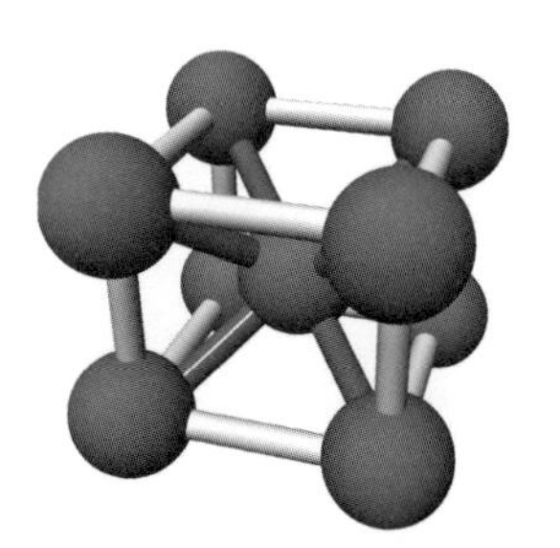

立方体の各隅と中心、9原子：鉄、タングステン、クロムなど

ⓐ体心立方格子

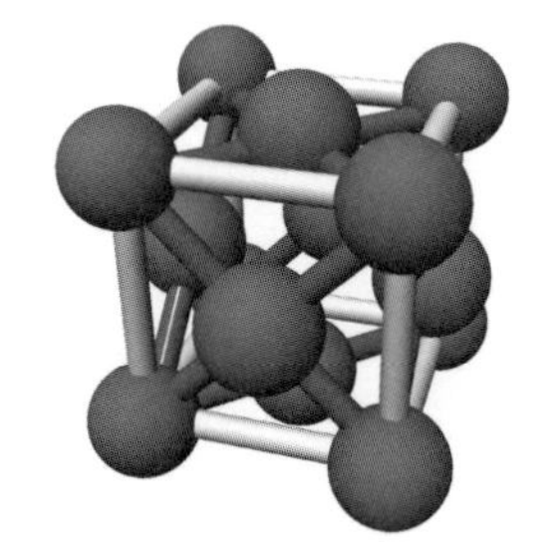

立方体の各隅と面の中心、14原子：鉄、金、銅、アルミニウムなど

ⓑ面心立方格子

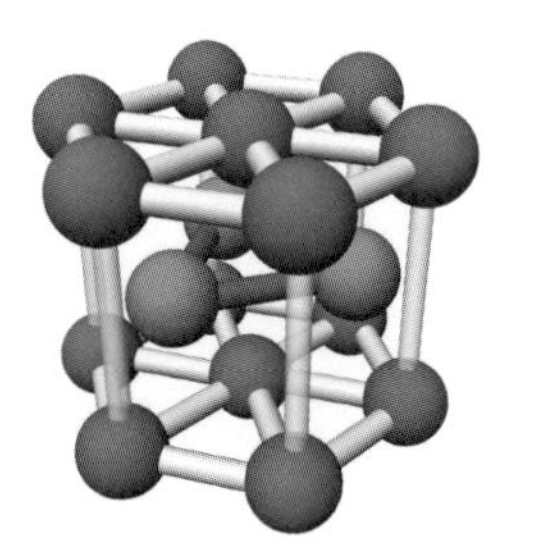

六角柱の上面と下面に7ずつ、中央に3、計17原子：チタン、亜鉛など

ⓒちゅう密六方格子

3-4

合金

自然界に存在する元素のうちおよそ75%が金属元素で、機械材料に適するものは限られています。1種類の元素記号で表される金属が純金属で，数種類の金属を結合させて作った金属が合金です。

結晶構造のイメージ

金属が液体から冷えて固体になるとき、**純金属**の結晶格子は、図3-4-1ⓐの**単体結晶**を作り、単体結晶が成長して**単結晶金属**を作ります。半導体で使われる**シリコン単結晶**は、代表的な単結晶金属です。単結晶金属の多くは機械的強度が低く、機械材料となる金属の大部分は、機械で必要とする性質を得るために作られた、図ⓑに示す**多結晶金属**の**合金**です。奈良東大寺の大仏は座高14m98cmのとても大きな銅像です。その材料は、銅100%ではなく、約2%のスズのほかに金、水銀などを混ぜた**青銅**に近い合金です。青銅は、純銅の融点（約1083℃）よりも低い温度で溶け、鋳造がしやすく、純銅よりも高い機械的強度をもっています。金属の結晶単位を**結晶粒**と呼びます。図ⓒの結晶の境界を**結晶粒界**と呼び、不純物が集まり**強度低下**の原因ともなります。

結晶構造のイメージ　図3-4-1

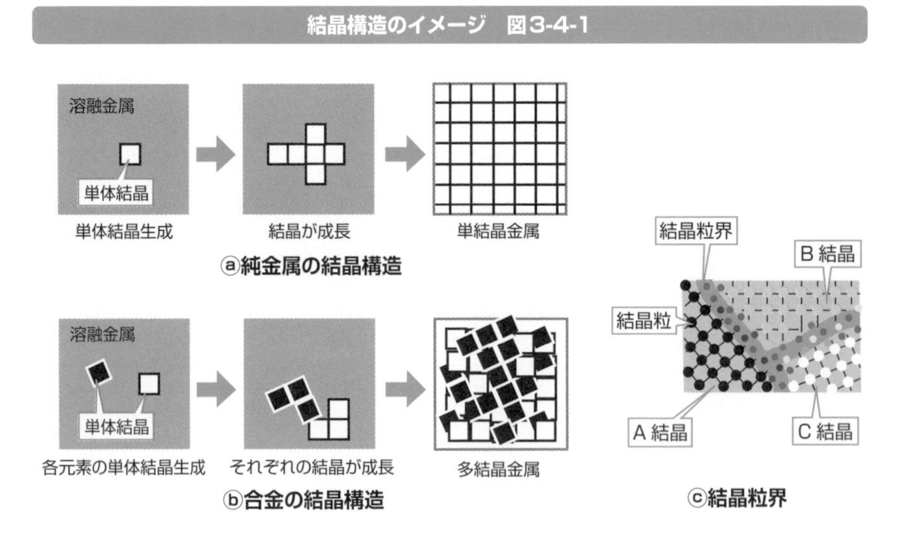

合金のイメージ

図3-4-2は、合金元素の結合を示します。ⓐ**固溶体**は、複数の合金元素が完全に溶け合ってできた結晶構造です。ⓑ**共晶体**は、複数の合金元素が混ざり合った結晶構造です。ⓒ**金属間化合物**では、元の合金元素とまったく異なる結晶構造をもつ化合物ができます。ⓓ**析出**は、固溶体を急冷したとき、固溶体の中から余分に溶け込みすぎた金属が押し出される現象です。

合金のイメージ　図3-4-2

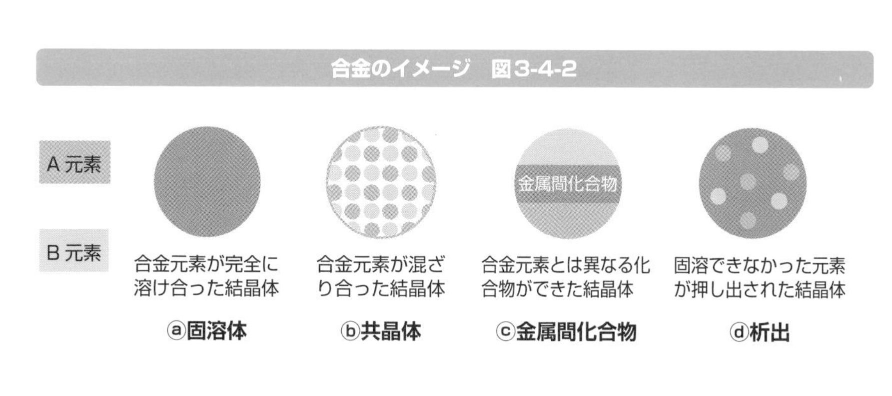

合金平衡状態図

図3-4-3は、2つの金属AとBを融点以上の高温で混ぜた合金の成分配分量、温度による結晶の状態を示したもので、**合金平衡状態図**と呼びます。高温で①にある■の元素含有量をもった金属の変化を見てみましょう。

二元合金の合金平衡状態図　図3-4-3

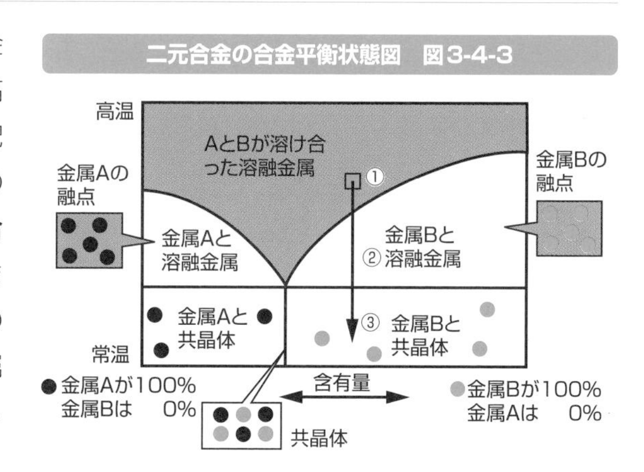

①A、Bが溶け合っている液相の**溶融金属**。

②温度が下がり溶融金属から**過飽和**の金属Bが析出する。

③常温で金属Bを多く含んだAとBの共晶体になる。

3-5

鉄鋼材料

最も代表的な機械材料が鉄です。鉄は強く硬いものと思っていませんか。実は、元素記号Feの鉄は軟らかく、機械的強度が低くて機械材料には向きません。一般に鉄と呼ばれる材料は、鉄と炭素の溶け合った鋼という合金です。

鉄-炭素系平衡状態図

図3-5-1は、**鉄材料**の基礎となる、**鉄**（Fe）と**炭素**（C）の2元素による合金平衡状態図です。ここでは概略のみ説明します。合金平衡状態図で、横軸左側成分の最も多い固溶体を総称して**α固溶体**と呼びます。**純鉄Fe**は、自然界には存在せず、工業的に作られる物質で、厳密な成分は特定されず、融点は**1534～1538℃**程度です。炭素含有量の低い**α鉄**を**フェライト**と呼びます。鉄に含有できる最大の炭素量は、**質量含有量**6.67%Cで、鉄と炭素の金属間化合物を**セメンタイト**と呼びます。図のα固溶体側では、高温の**融液相**（**L**）から温度低下によって**δ鉄**、**γ鉄**（**オーステナイト**）、と**相変化**して、α鉄のフェライトになるまでの状態が観察できます。

鉄-炭素系平衡状態図　図3-5-1

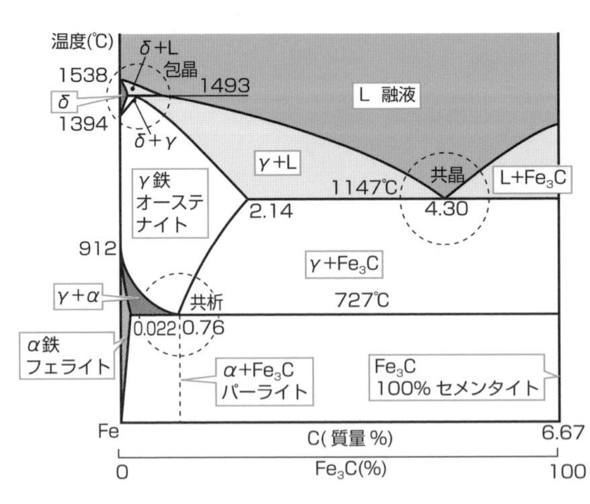

包晶
固相の周りを液相が包んで凝固した結晶組織。

共晶
融液から同時に2種以上の成分が混合してできた結晶組織。

共析
固溶体から2種の固体がある割合で析出した結晶組織。

δ鉄
溶融点以下で、A4変態点（1394℃）に至るまでの鉄（体心立方格子）。

γ鉄 オーステナイト
Feの結晶格子にC原子が侵入した侵入型固溶体（面心立方格子）。

α鉄 フェライト
A3変態点（912℃）以下で安定している固溶体（体心立方格子）。

Fe_3C セメンタイト
鉄-炭素の金属間化合物。最大含有量6.67%Cを100%セメンタイトと呼ぶ。

炭素鋼

鉄と炭素の合金を**炭素鋼**と呼び、セメンタイトが多いほど硬くなりますが、脆く なります。工業的には、0.035～2.14%Cを炭素鋼、2.14～6.67%Cを**鋳鉄**とします。図3-5-2は、鉄-炭素系平衡状態図の炭素鋼領域を抜粋したもので、軟鋼と硬鋼をオーステナイトから常温まで冷却したときの相変化を示します。実用上は、炭素含有量により、**極軟鋼**、**軟鋼**、**中硬鋼**、**硬鋼**、**最硬鋼**などに分類されます。

炭素鋼 図3-5-2

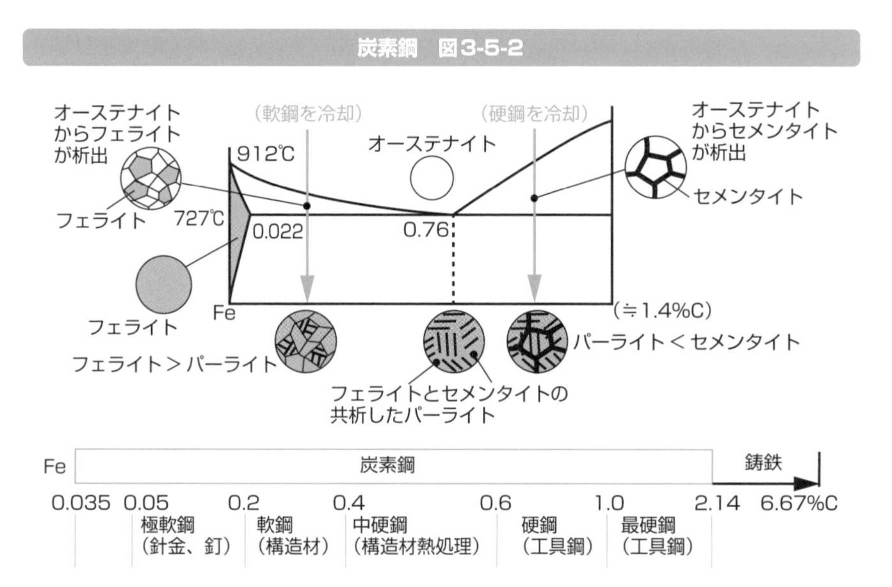

炭素鋼の用途例

図3-5-3ⓐのパイプ椅子は軟鋼の構造材、図ⓑの**切削工具**は硬鋼の工具鋼です。

炭素鋼の用途例 図3-5-3

ⓐパイプ椅子

ⓑ切削工具

3-6

特殊鋼

炭素鋼をベースとして、いろいろな目的のために炭素以外の元素を溶かし込んだ合金鋼を特殊鋼と呼びます。身近なものでは、ステンレスやスプリングなどがあります。

いろいろな特殊鋼

図3-6-1ⓐ**ばね鋼**は、Si、Mn、Crなどを主含有成分とします。図ⓑ**軸受鋼**は、Si、Cr、Mn、Moなどを含有し、**耐久性**と**耐摩耗性**に優れています。図ⓒ**耐熱鋼**は、Cr、Ni、Co、Wなどを含有し、優れた高温特性をもち、タービン、エンジン、原子炉などに利用されます。図ⓓの**ステンレス鋼**は、10.5%以上のCrを含有し、身近な**18-8**ステンレスは**18%Cr-8%Ni**の合金鋼です。図ⓔ**快削鋼**は、Pb、S、Caなどを含有した、**被削性**に優れた鋼です。図ⓕ**高張力鋼**は、Cu、Ni、Crなどを添加して、引張りにも圧縮にも強い高剛性をもち、**自重を軽く**したい橋梁(きょうりょう)や自動車などに利用されます。**ピアノ線材**は、高張力鋼を線材にしたもので、鉄筋コンクリート材やつり橋などに利用されます。そのほか、**炭素工具鋼**(最硬鋼)にW、Cr、Ni、Vなどを含有させた**合金工具鋼**や**高速度工具鋼**、そして**構造用鋼**(軟鋼、中硬鋼)にSi、Mnなどを含有させた**機械構造用炭素鋼**、Mn、Cr、Mo、Ni、Alなどを含有させた**構造用合金鋼**などがあります。

いろいろな特殊鋼　図3-6-1

ⓐばね鋼

ⓑ軸受鋼

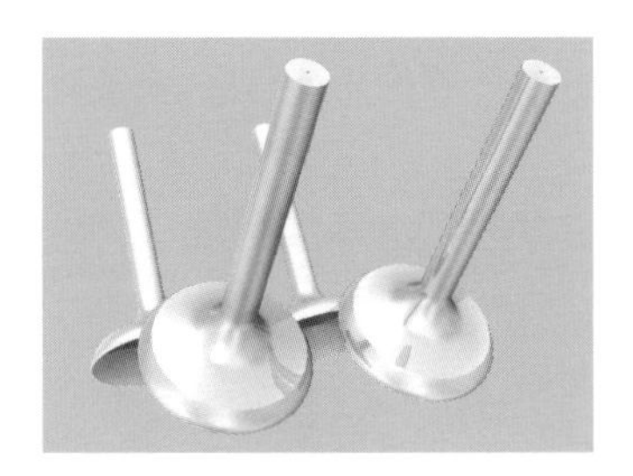

ⓒ耐熱鋼

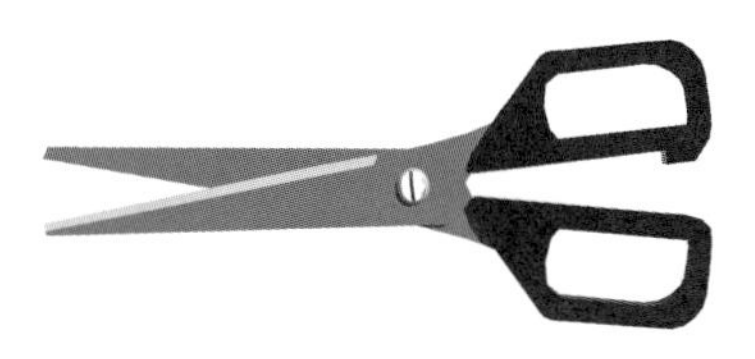

ⓓステンレス鋼

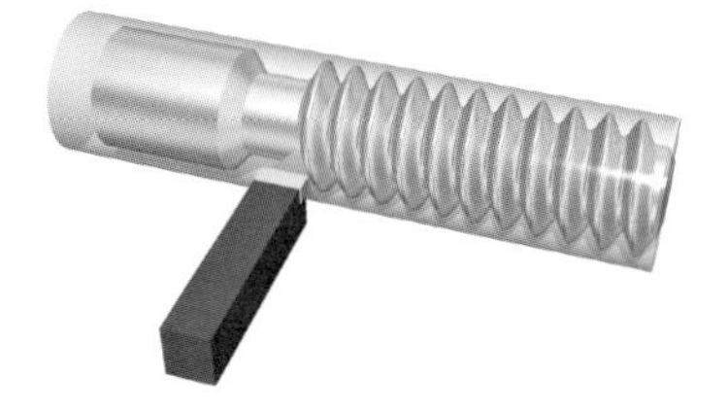

ⓔ快削鋼

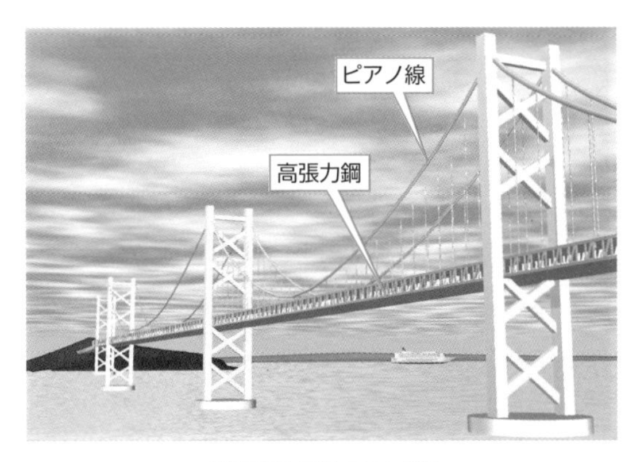

ⓕ高張力鋼とピアノ線

影響する性質	おもな元素名	元素記号
引張強さ	Mn、Mo、W、Ni、Co、Ti、Si	マンガンMn、モリブデンMo、タングステンW、 ニッケルNi、コバルトCo、チタンTi、 バナジウムV、クロムCr、 ボロンB、銅Cu、イオウS、鉛Pb、 カルシウムCa、ケイ素Si
粘性	Mo、W、Ni、Co	
耐摩耗性	Mo、W、V、Cr、Mn、Ti、B	
耐食性	Cr、Ni、Co、Mo、Cu	
耐熱性	Ni、Cr、Mo、W	
被削性	S、Pb、Ca	

ⓖ代表的な合金元素

ステンレス鋼

ステン（汚れる、錆びる）**レス**（…しない）**鋼**は、図3-6-2ⓐのように低炭素鋼の表面にCrが強い**酸化被膜**を作り、鉄と酸素の化合物である**酸化鉄**（錆）の発生を防ぐ、耐食性を高めた特殊鋼です。ステンレスは、完全に錆びないわけではなく、図ⓑの**もらい錆**が生じたり、酸化被膜が**塩分**や**塩素系漂白剤**によって破られることがあります。Niは被膜が破られた場合の錆の進行を防ぎ、Crによる**酸化被膜の再生**を助ける働きをします。

ステンレス鋼　図3-6-2

ⓐステンレス鋼表面の酸化被膜

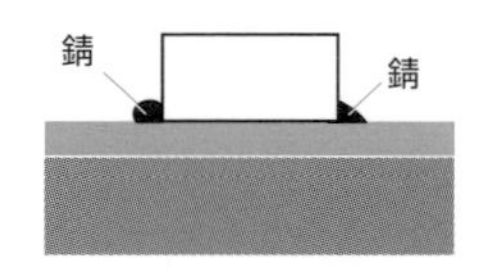

異種金属の錆を長時間放置すると、ステンレス鋼の表面に錆が付着することがある。

ⓑもらい錆

表面の酸化被膜が破れても、酸素に触れた表面に酸化被膜がすぐにでき、鋼材の酸化を防ぐ

ⓒ酸化被膜の再生

3-7

鋳鉄

炭素含有量2.14〜6.67%の鉄-炭素合金に1〜3%のケイ素を含んだ合金を鋳鉄(ちゅうてつ)、その製品を鋳物(いもの)と呼びます。鋼と比べて「圧縮に強い」、「振動をよく吸収する」、「鋼よりも低い温度で溶け、融液の流動性が高い」などの特徴をもちます。

鋳鉄の使用例

鋳鉄は、凝固時の**体積収縮率が小さい**ので、**鋳造**に適した材料です。図3-7-1ⓐ**ブレーキロータ**は鋳鉄の**耐摩耗性**を利用し、図ⓑの**鋳鉄キッチン製品**は**鋳物**の**熱容量**を利用した例です。図ⓒの**マンホールの蓋**は**鋳造性**の高さを利用し、図ⓓの工作機械は鋳造性、**吸振性**、**圧縮強さ**を筐体に利用しています。図ⓔは**鋳物砂**(いものすな)の中の空洞に溶融金属（**湯**(ゆ)）を流して鋳物を作る**砂型鋳造法**の概略です。

鋳鉄の使用例　図3-7-1

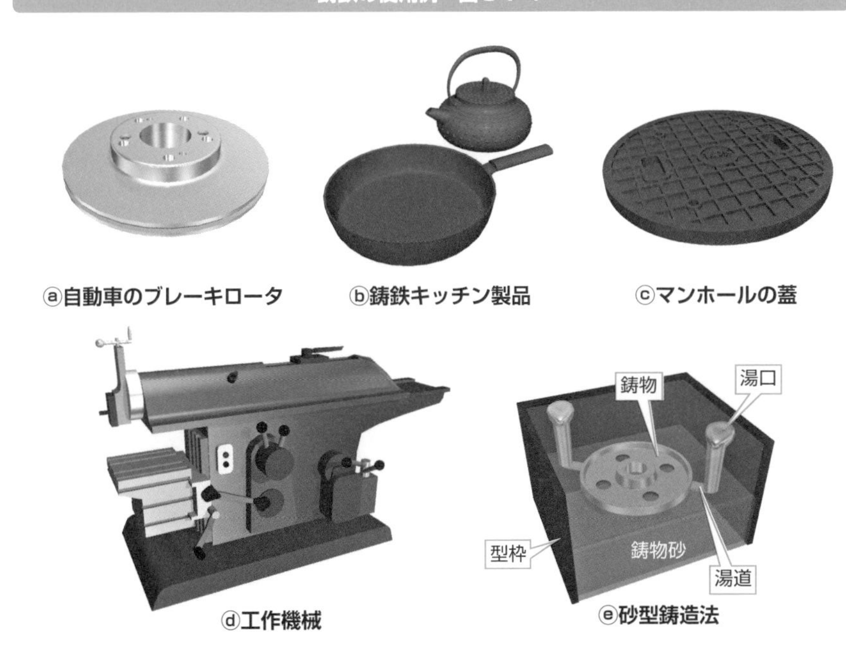

ⓐ自動車のブレーキロータ　ⓑ鋳鉄キッチン製品　ⓒマンホールの蓋　ⓓ工作機械　ⓔ砂型鋳造法

鋳鉄の種類

鋳鉄は、炭素含有量によって、図3-7-2のように3つの種類に大分類できます。

鋳鉄の大分類 図3-7-2

高 ↑ 炭素含有量 ↓ 低

黒鉛晶出

種類	説明
ねずみ鋳鉄	**冷却速度が低くて炭素含有量が高い**場合に、炭素が片状の黒鉛として晶出しやすい。断面がねずみ色で耐摩耗性、加工性、吸振性が高いが脆い。**普通鋳鉄**とも呼ばれる。
まだら鋳鉄	ねずみ鋳鉄と白鋳鉄の中間の鋳鉄。

片状黒鉛

セメンタイト晶出

種類	説明
白鋳鉄	**冷却速度が高くて炭素含有量が低く、Siが微量でCrを含む**ときに、炭素がセメンタイトとして晶出しやすい。断面が白色で硬いが脆い。

特殊鋳鉄

添加成分や熱処理で、脆性や機械的性質を調質し、図3-7-3に示す**圧延ローラ**や**管部品**などに用いられる鋳鉄を**特殊鋳鉄**と呼びます。Mg、Ce、Caなどを添加して靭性をもたせた鋳鉄を**球状黒鉛鋳鉄**、**ダクタイル鋳鉄**と呼びます。低C低Siの白鋳鉄に適当な熱処理を施してセメンタイトを黒鉛化し、靭性を与えた鋳鉄を**可鍛鋳鉄**と呼び、白鋳鉄を酸化鉄とともに加熱し、脱酸柔軟化したものを**白心可鍛鋳鉄**、白鋳鉄に焼きなましを行いセメンタイトを完全に分離して粒状の焼きなまし炭素に変化させたものを**黒心可鍛鋳鉄**と呼びます。製鉄時に鋼くずなどを加えて強固な黒鉛を分布させ、強度・硬度を与えた**ミーハナイト鋳鉄**は、**特殊可鍛鋳鉄**の一種です。Si、Ni、Alは黒鉛の生成を助長し、切削性と耐摩耗性を向上させます。Cr、Mo、Vはセメンタイトの生成を助長し、硬度を増します。これらを**合金鋳鉄**と呼びます。

特殊鋳鉄の使用例 図3-7-3

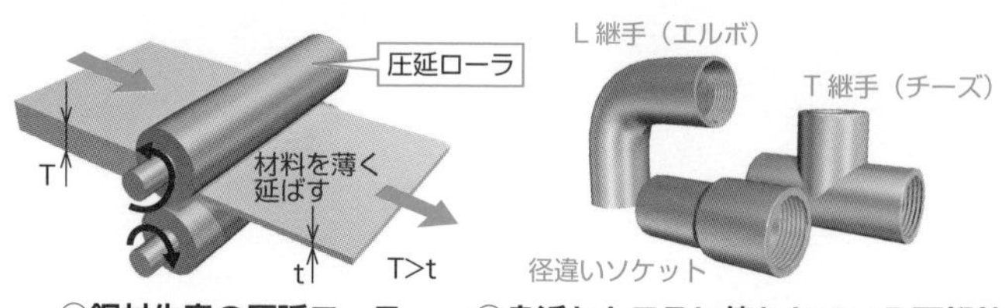

ⓐ鋼材生産の圧延ローラ　ⓑ身近なところに使われている可鍛鋳鉄

3-8

材料の強さと材料記号

機械に使われる金属材料の強さを表す代表的な値として引張強さが使われます。機械材料の種類を識別するには、材料の元素記号とは異なる材料記号が使われます。

引張強さ

図3-8-1ⓐで、試料の両端を把持し、油圧などで試料に**引張荷重**Fを与え、図ⓑ、ⓒ、ⓓのように、試料が破断するまでの荷重と試料の**伸び**λを示した次ページの図ⓔを**荷重-伸び線図**と呼びます。図中の点Pの**最大荷重**F_{max}を試料の**原断面積**Aで割った**最大強さ**、**極限強さ**を**引張強さ**と呼び、材料の強さの指標とします。この試験方法を**引張試験**と呼び、詳細は第５章で扱います。

引張強さ　図3-8-1

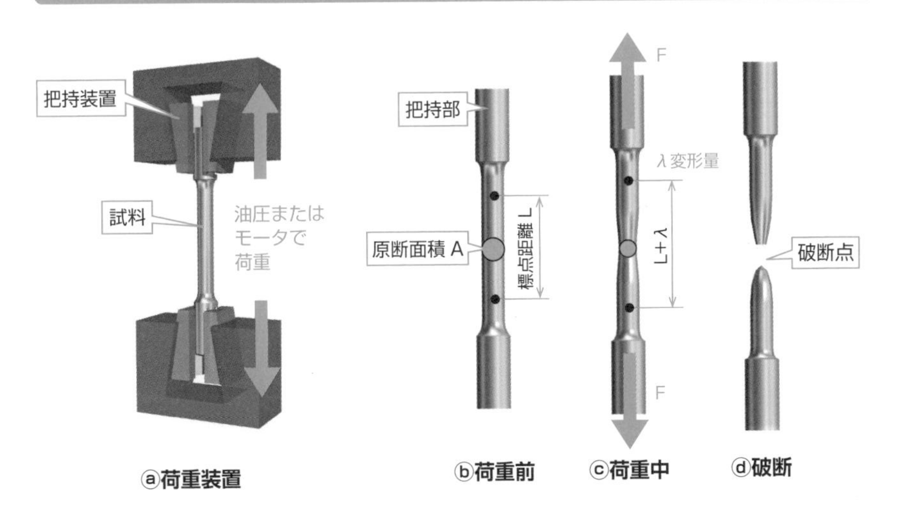

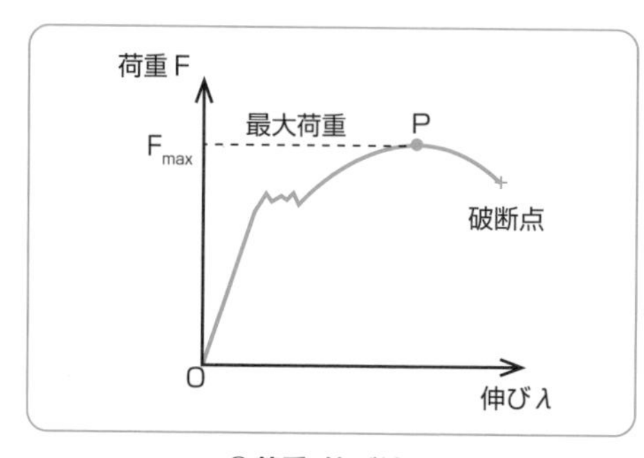

ⓔ荷重-伸び線図

図中点Pの最大荷重F_{max}を試料の原断面積Aで割った最大強さ、極限強さを引張強さと呼び、材料の強さの指標とします。

$$\text{引張強さ（最大強さ、極限強さ）} = \frac{\text{最大荷重 [N]}}{\text{原断面積 [mm}^2\text{]}} = \frac{F_{max}}{A}\ [\text{N/mm}^2]、[\text{MPa}]$$

引張強さの単位には、[N/mm²] と [MPa] が使われる。

※$1[\text{N/mm}^2]=1\times10^3\times10^3[\text{N/m}^2]=1\times10^6[\text{Pa}]=1[\text{MPa}]$

鉄鋼系の材料記号

図3-8-2に鉄鋼系材料記号の例を示します。**材料記号**は、材料の組成、用途、性質などを示します。融液から凝固して作られた材料の表面は、図ⓐの**黒皮**（くろかわ）と呼ばれる酸化被膜で覆われています。材料記号末尾のDは、図ⓑの**引抜加工材**を示します。引抜材は、**ダイス鋼**の材料記号SKDの末尾Dで示されるDie（ダイス）で**冷間摩擦加工**を受けるため、表面が**ミガキ**と呼ばれる滑らかな光沢面になります。

鉄鋼系の材料記号　図3-8-2

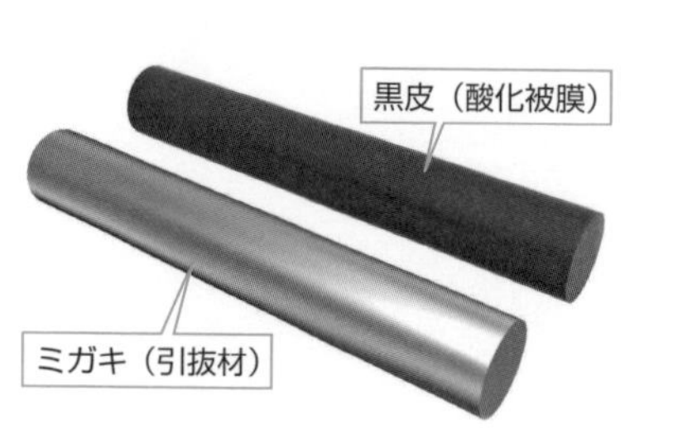

ⓐ黒皮材とミガキ材

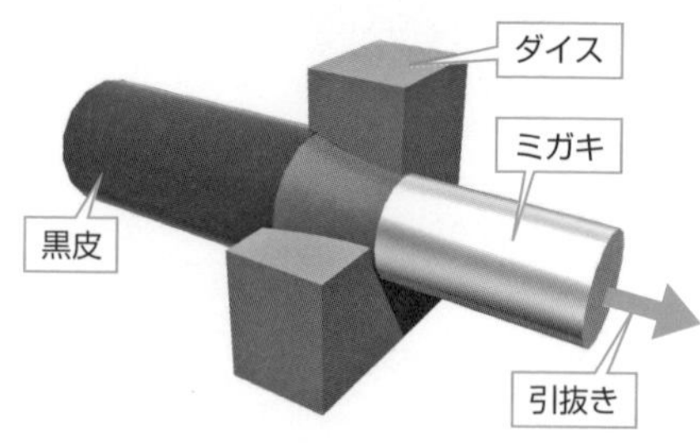

ⓑダイスと引抜加工

機械構造用炭素鋼

S：Steel（鋼）、C：Carbon（炭素）
S45C　炭素含有量0.45%
S45CD　Drawing materials（引抜材：ミガキ）

一般構造用圧延鋼

SS：Steel Structure（構造）
SS400　最低引張強さ400[N/mm^2]
SS400D　Drawing materials（引抜材：ミガキ）

炭素工具鋼

SK：Steel Kogu（工具）
SK120　炭素含有量1.15〜1.25%

合金工具鋼

SKS：SK Special
SKS120　炭素含有量1.15〜1.25%

合金工具鋼

SKT：SK Tanzou（鍛造型用鋼）
SKT4　4：熱間鍛造金型用（用途分類番号）

高速度工具鋼

SKH：SK High speed（高速度）
SKH51　51：ドリル等工具（用途分類番号）

合金工具鋼

SKD：SK Die（ダイス鋼）
SKD11　11：冷間金型用（用途分類番号）

ステンレス鋼

SUS：Steel Use Stainless
SUS430　430：フェライト系　磁性体
SUS304　304：オーステナイト系　非磁性体

ねずみ鋳鉄

F：Ferrum（ラテン語で鉄）、C：Casting（鋳鉄）（普通鋳鉄）
FC200　最低引張強さ200[N/mm^2]　※鉄の元素記号FeはFerrumの略

球状黒鉛鋳鉄

FCD：FC Ductile（ダクタイル鋳鉄）
FCD400-15　最低引張強さ400[N/mm^2]-伸び15%以上

ばね鋼

SUP：Steel Use Spring

硬鋼線

SW：Steel Wire

ピアノ線

SWP：Steel Wire Piano

3-9
アルミニウムとその合金

アルミニウムは、代表的な非鉄鋼系金属材料です。軽く、電気や熱の良導体で、耐食性、加工性に優れ、いろいろな元素を含有させた合金の主成分として適しています。

アルミニウムの特性

図3-9-1ⓐのエアコン**熱交換器**は、アルミニウムの**展延性**と**熱伝導率**の高いことを利用しています。図ⓑ**自動車用アルミホイール**は、MgやSiなどを加えた合金を使って**鋳造**や**鍛造**で製造します。図ⓒ**ジュラルミン**ケースは、Cu、Mg、亜鉛Znなどを添加したジュラルミンと呼ぶアルミニウム合金の機械的強度の高さを利用しています。表ⓓにアルミニウムと他の材料の機械的性質を示します。工業的には、**Al純度99.0%以上**のものを**純アルミニウム**と呼びます。

アルミニウム製品の例と機械的性質　図3-9-1

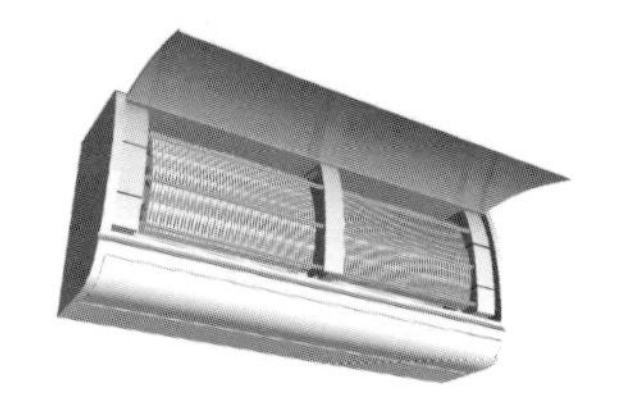

ⓐ熱交換器

ⓑアルミホイール

ⓒジュラルミンケース

材料名	比重	引張強さ (N/mm²)	ブリネル硬さ (HB)
純アルミニウム (A1100)	2.71	124	36
アルミニウム(A5052)	2.69	260	82
ジュラルミン(A2017)	2.79	425	130
超ジュラルミン(A2024)	2.77	490	145
超々ジュラルミン(A7075)	2.8	570	170
一般構造用圧延鋼 (SS400)	7.85	400	130
ステンレス (SUS304)	7.93	520	187
ねずみ鋳鉄 (FC200)	7.2	200	223

ⓓアルミニウムと他の材料の機械的性質

アルマイト加工

アルミニウムは、大気中で酸素と結合して表面に薄い**酸化アルミニウム被膜**を作り、アルミニウム内部を保護する**耐食性**をもちます。この酸化被膜は、ステンレス鋼表面の酸化被膜よりも薄い1nm（100万分の1mm）程度の厚さです。図3-9-2の**アルマイト加工**は、アルミニウム表面に人工的に強固な酸化被膜を作る**陽極酸化法**と呼ばれる方法です。アルマイト被膜の厚さは製造方法により異なり、10～50μmになります。

アルマイト加工（陽極酸化法）　図3-9-2

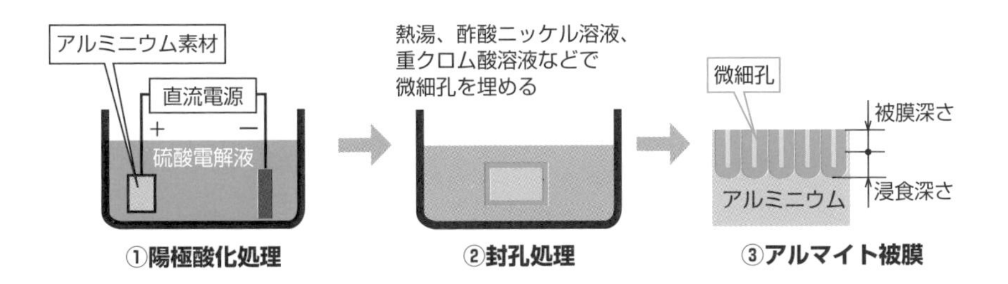

ジュラルミン

ジュラルミンは、図3-9-3に示すように、アルミニウム合金を高温から急冷してできた**過飽和固溶体**が、時間経過とともに微細な**析出物**を析出し、材質が硬化する**時効硬化**という現象を利用した合金です。ジュラルミン（A2017）と**超ジュラルミン**（A2024）はCu、Mn、Mgを合金元素とし、**超々ジュラルミン**（A7075）はZn、Mg、Cu、Crを合金元素とします。図3-9-1表ⓓで、SS400と比べると比重が約1/3で、同等以上の機械的強度をもちます。

ジュラルミンの時効硬化　図3-9-3

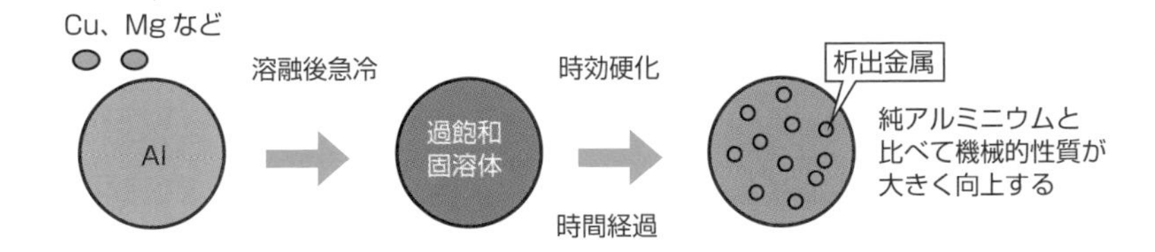

3-10

アルミニウム以外の非鉄金属

アルミニウム以外の非鉄金属の性質や用途を考えます。

マグネシウム、ニッケル、チタン

図3-10-1ⓐのカメラの筐体などに使用される**マグネシウム**は、**最も軽い**実用金属です。図ⓑのジェットエンジンでは、離陸時のタービン入り口温度がNiの融点を超える1600℃以上になります。**Ni合金**の**タービンブレード**は、内部を中空にして空冷し、融点以上での使用を可能にしています。図ⓒの二輪車マフラーは、**チタン**の高温での強度の高いことを利用しています。

マグネシウム、ニッケル、チタン　図3-10-1

ⓐカメラ筐体(Mg)

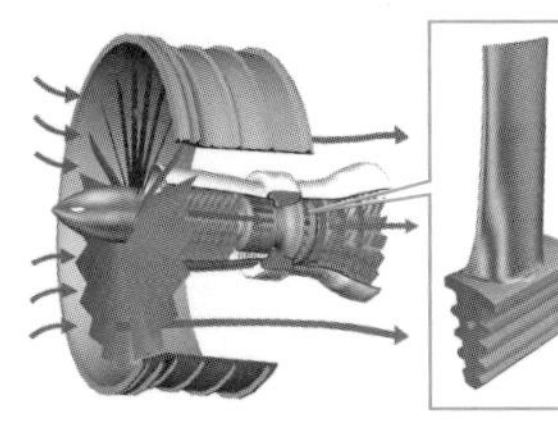

ⓑタービンブレード(Ni)

ⓒ二輪車マフラー(Ti)

材料名	比重	融点(℃)
一般構造用圧延鋼　SS400	7.85	1580
ジュラルミン　A2017	2.79	500～600
マグネシウム　Mg	1.74	650
ニッケル　Ni	8.9	1455
チタン　Ti	4.54	1668
銅　Cu	8.96	1083
亜鉛　Zn	7.14	419.58
鉛　Pb	11.34	327.4
スズ　Sn	7.3	231.96

ⓓ各種金属の性質

銅、亜鉛、鉛、スズ

図3-10-2は、エンジンの動力発生部分の**すべり軸受**の例です。上下に分割した**メインメタル**がクランク軸を支持し、**スラストワッシャ**でクランク軸の長手方向への移動を制限します。すべり軸受の軸受材を**メタル**と呼び、Sn-Pbを主成分とした**ホワイトメタル**、Cu-Pb合金（**鉛青銅**）、Cu-Sn合金（**青銅**）などが使われます。

銅合金には、Cu-Zn合金の**黄銅**（**真鍮**(しんちゅう)）、Cu-Alを主体としてFe、Ni、Mnを少量含有した**アルミニウム青銅**、Cu-Sn-P合金（**リン青銅**）などがあり、ばねや摺動(しょうどう)部分などに使用されます。亜鉛にAl、Cu、Mg、Snなどを加えた**亜鉛合金**は硬度が高く、海水などに対して高い**耐食性**をもつので、**船舶用軸受**などにも用いられます。鉛は、表面に安定した酸化被膜を作り、空気、水、海水、土などに高い抵抗力をもちます。スズは、耐食性に優れ、他金属との親和性が高いので、鉄板表面にめっき処理をした**スズめっき鋼板**（**ブリキ**）などがあります。代表的なPb-Sn合金に、**はんだ**があります。現在では、EUの**RoHS**(ローズ)（特定有害物質使用制限）指令により、電子機器では、Pbを含まない**無鉛はんだ**（**鉛フリーはんだ**）に移行しています。

エンジンのすべり軸受（メタル）　図3-10-2

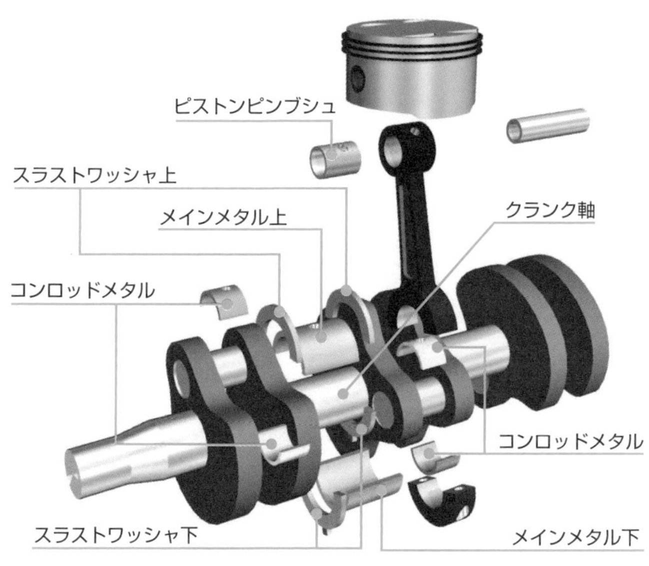

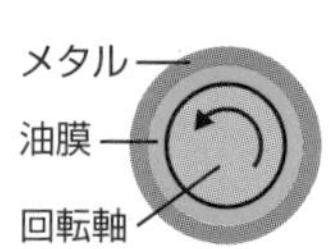

すべり軸受は、軸受材と回転軸の間に圧力油膜を作り、軸と軸受材を流体接触させて回転を支えます。一般にすべり軸受の軸受材をメタルと呼びます。

※スラストワッシャは、クランク軸の長手（中心線）方向の移動を制限します。

第3章　材料と機械工学

3-11

形状記憶合金と超弾性合金

ある条件下の形状を記憶している金属と、大きく変形しても元の形状に戻る合金が日常生活でのいろいろな場面で使われています。

形状記憶合金と超弾性合金

図3-11-1ⓐは、高温で成形した材料を低温で激しく変形させ、再び高温にすると元の形に戻るという**形状記憶合金**（Shape Memory Alloy）です。①50℃で平板を作り、②・③・④常温で曲げられ、⑤50℃以上に加熱され、①の形状に戻る。④➡⑤➡①の形状変化は、瞬時に行われ、高い温度差は必要としないので、小型のアクチュエータなどに使用されます。図ⓑは、材料に変形を与えたのちに力を除くと元の形に戻るという**超弾性合金**です。①常温の形状を、②外力で変形させ、③外力を除くと材料自体の弾性で、①の形状に戻ります。このような、性質を持つ合金にはいくつかありますが、最も安定した材料として、両者とも、特殊な熱処理を行った**Ni-Ti合金**が一般的です。

形状記憶合金と超弾性合金　図3-11-1

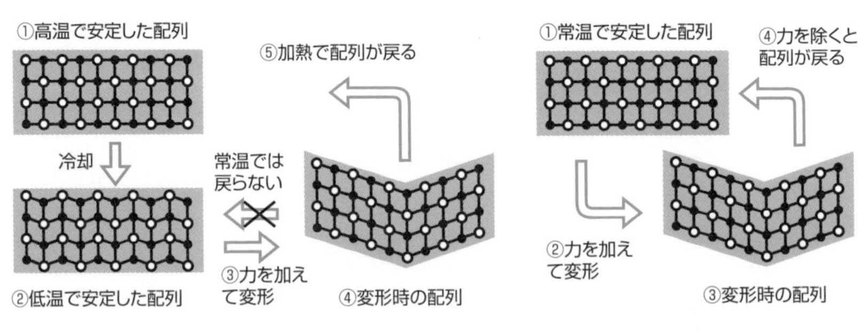

Ni-Ti合金の使用例

図3-11-2ⓐは、形状記憶合金を利用した**サーモスタット式混合栓**です。吐出し温度の高いとき、自由長に合わせて作った**SMAコイル**とバイアスばねとで、バルブを両側から押しておきます。温度設定ダイヤルでバイアスばねを押し込むと、吐出温度を高く、バイアスばねを緩めると、吐出温度を低く設定できます。①で吐出温度が設定値よりも低いとき、バイアスばねがバルブを右へ押して湯を多くし、吐出温度が上がり、設定値へ近づけます。②で吐出温度が設定値よりも高いとき、SMAコイルがバルブを左へ押して水を多くし、吐出温度が下がり、設定値へ近づけます。図ⓑは、**メガネフレーム**に使用した超弾性合金の例です。①通常の形状から、②外力を加えて、③大きく変形させても、④外力を除くと、①の形状へ戻ります。歯列矯正ワイヤ、医療器具などに使われています。

Ni-Ti合金の使用例　図3-11-2

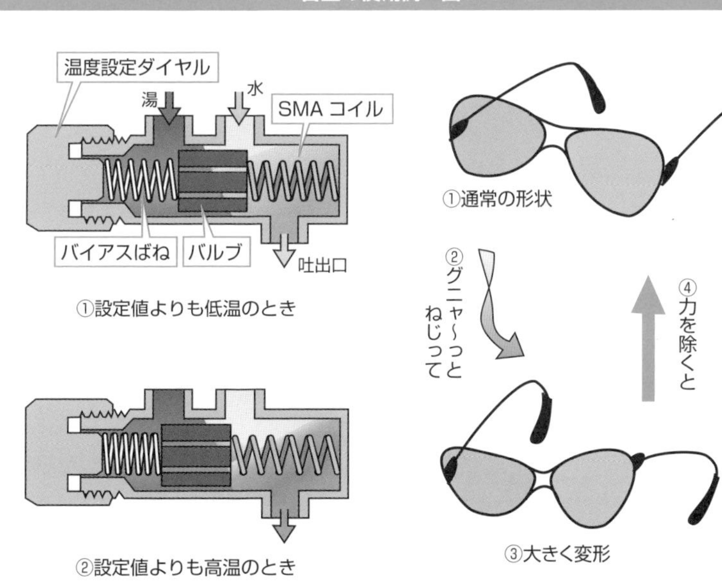

ⓐサーモスタット式混合栓　**ⓑメガネフレーム**

3-12

プラスチックとセラミックス

プラスチックというと熱に弱く変形しやすいもの、セラミックスというと陶磁器や焼き物をイメージするかもしれません。でもこれらは、工業材料として使用されています。

エンジニアリングプラスチック

プラスチックは熱や圧力で流動化する**高分子材料**の総称で、一般的には**合成樹脂**を意味します。**エンジニアリングプラスチック**（**エンプラ**）と呼ばれる100℃程度までの耐熱性と機械的強さをもつ材料が、工業用途だけでなく、電気製品やOA機器のケース類などにも採用され、軽量化に役立っています。150℃以上の高温で長時間使用できるものを、**スーパーエンプラ**とも呼びます。プラスチックは、加熱により流動化し、成形が可能となる**熱可塑性樹脂**と、加熱により高分子化し、再溶融しない**熱硬化性プラスチック**に分類できます。プラスチック製品は、**加熱溶融**した素材を**金型成形**し、**冷却凝固**させて作られます。図3-12-1ⓐは、溶融素材を**スクリューポンプ**などで金型へ圧入する**射出成形法**。図ⓑは、溶融素材を金型へ**押し出して通過**させ、金型断面と等しい断面形状をもつ**長尺製品**を作る**押出成形法**です。図ⓒは、**筒状加熱済み素材**の内部に**圧縮空気**を吹き込み、金型の内壁に押し付けて成形する**中空成形法**（**ブロー成形法**）です。図ⓓは、**シート状素材**を加熱して、金型表面に**真空吸引**させる**熱成形法**です。

プラスチックの成形法　図3-12-1

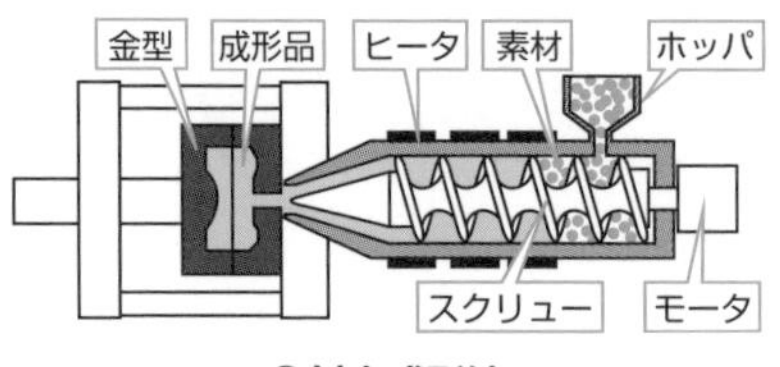

ⓐ射出成形法

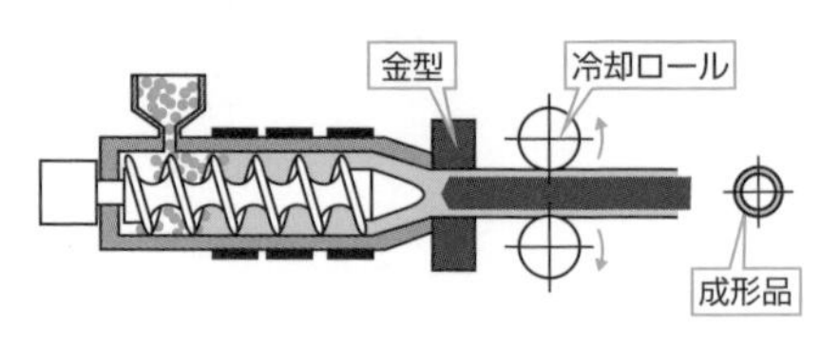

ⓑ押出成形法

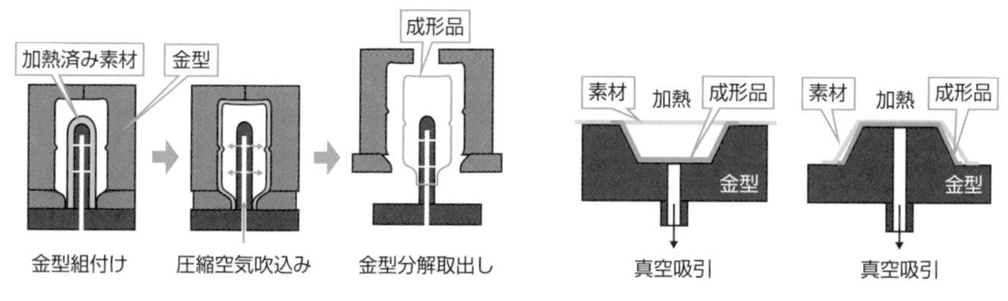

ⓒ中空成形（ブロー成形）法

ⓓ熱成形法

ファインセラミックス

セラミックの語源である陶磁器のように、**金属粒**を焼き固めていろいろな工業的性質をもたせた**粉末冶金**（やきん）、**焼結合金**を**ファインセラミックス**と呼びます。図3-12-2ⓐのように、原料となる**固体粉末**と**粘結剤**を型に入れ、圧力を加えて加熱することで、粘結剤が溶けて固体粉末を結合して**焼き固め**ます。原料とする固体粉末を調合して、いろいろな電気的・機械的特性を与えることができます。図ⓑのICパッケージ、図ⓒの切削工具、エンジン材料、タービン、ブレーキ、ヒータなど用途は広範です。ファインセラミックスの原料には、アルミナ、ジルコン、窒化アルミニウム、炭化ケイ素など、用途と目的によっていろいろな材料が使用されます。

ファインセラミックス　図3-12-2

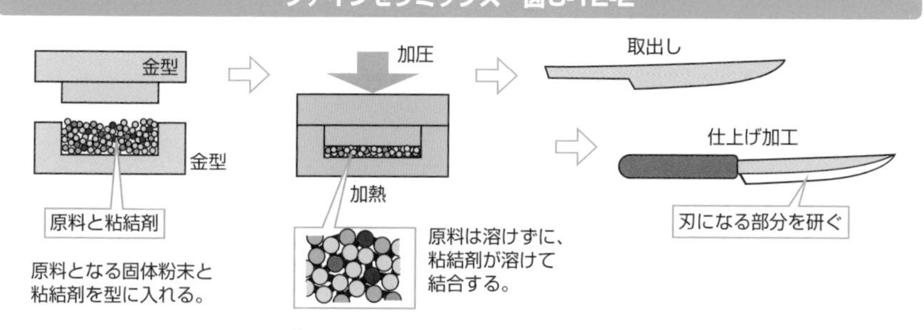

ⓐファインセラミックスのイメージ

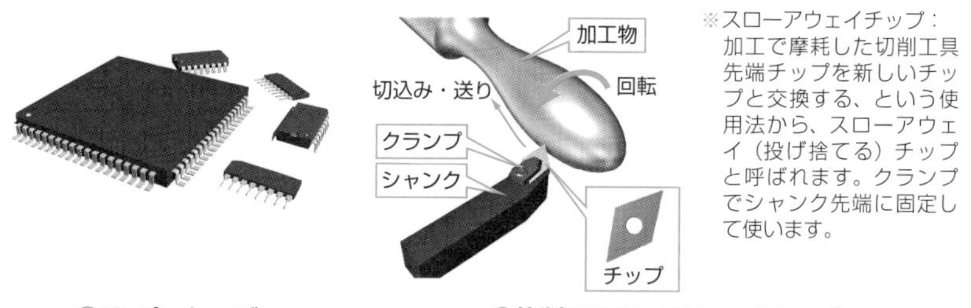

※スローアウェイチップ：
加工で摩耗した切削工具先端チップを新しいチップと交換する、という使用法から、スローアウェイ（投げ捨てる）チップと呼ばれます。クランプでシャンク先端に固定して使います。

ⓑIC パッケージ　　ⓒ旋削用スローアウェイチップ

3-13

FRPとFRM

しなやかなガラス繊維や炭素繊維などでベースとなる形状を作り、プラスチックや金属を浸み込ませた、軽くて丈夫な複合材料が広く用いられています。

繊維で材料を強化する

FRPはFiber Reinforced Plasticsの略で、**繊維強化プラスチック**といいます。**ガラス繊維・炭素繊維**などで作ったベースにプラスチックを**浸透固化**させたものです。**FRM**はFiber Reinforced Metalを略したもので，**繊維強化金属**と呼びます。**ボロン繊維**などと鉄、Al、Mg、Tiなどの金属との**複合材料**です。錆びず、軽く、強度・剛性・絶縁性に優れ、車両、航空機、宇宙材料、スプリングなど広い範囲に用いられます。図3-13-1ⓐは、繊維に樹脂液を浸み込ませ、ローラなどで気泡を取り除きながら必要な厚さまで層を重ねる**ハンドレイアップ成形**です。図ⓑは、樹脂液を浸み込ませたシートを型で挟み、圧力を加える**プレス成形**です。図ⓒは、老朽化した配管の内部を下処理したあと、樹脂を浸み込ませた筒状シートを挿入して、空気圧でシートを配管内部に密着させる施工例です。材料表面にFRPを固着させて強度と耐食性などを与えるもので、**ライニング工法**と呼ばれ、タンク内部などに使用されます。使用する繊維の種類を明示して、**GFRP**＊、**CFRP**＊、**BFRP**＊と表します。

FRPの加工法　図3-13-1

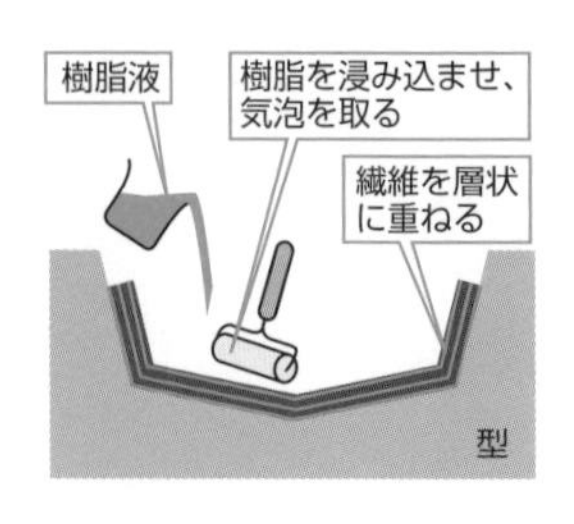

ⓐハンドレイアップ成形

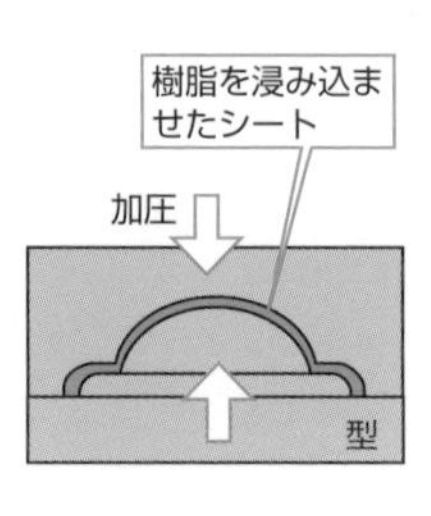

ⓑプレス成形

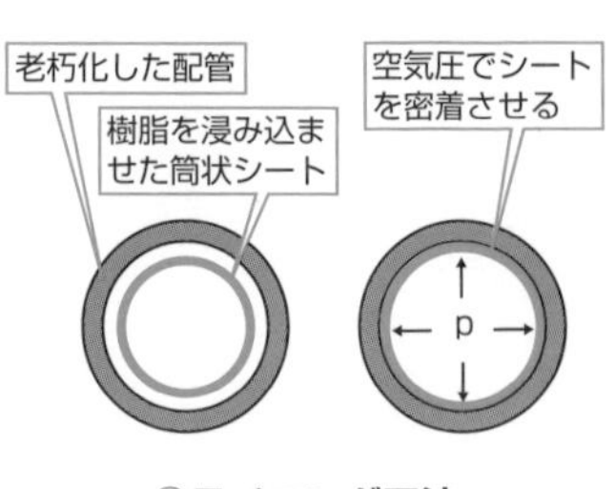

ⓒライニング工法

＊**GFRP**　Glass Fiber Reinforced Plasticsの略。
＊**CFRP**　Carbon Fiber Reinforced Plasticsの略。
＊**BFRP**　Boron Fiber Reinforced Plasticsの略。

FRPとFRMの自動車での例

図3-13-2ⓐは、軽量化を目的として、鉄鋼製フレームの上に**FRP製ボディ**を載せた自動車の例です。図ⓑは、エンジンの燃焼室でピストンとの摺動部として**シリンダブロック**に鋳込まれる**シリンダライナ**の材質を、一般的な鋳鉄からFRMに置き換える**FRMシリンダブロックエンジン**です。

FRPとFRMの自動車での例　図3-13-2

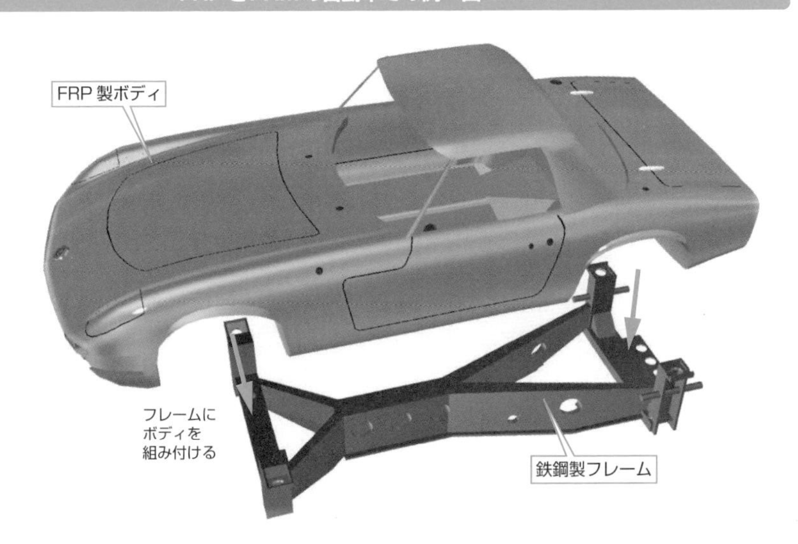

ⓐ鉄鋼フレームとFRPボディ

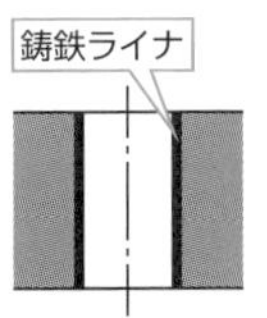

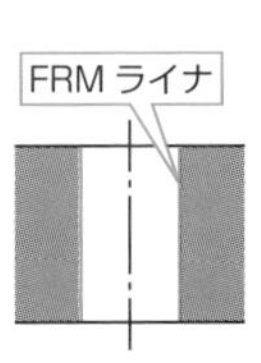

ピストンとの摺動部にあたるシリンダライナを鋳鉄からFRMにすることで、シリンダブロックの軽量化、排気量増加、強度向上、冷却性向上などの効果を得られる。

ⓑFRMシリンダライナ

3-14

アモルファス合金

金属は金属結晶を持ちます。ところが結晶構造を持たない、ガラスのような金属が作られています。非結晶という意味を持つアモルファス合金と呼ばれます。

アモルファス合金

アモルファス合金は、溶融金属を1秒間に10,000℃～1,000,000℃の速度で超急冷し、原子が整列しないうちに凝固させて生成します。機械的性質、耐食性、電磁気特性に優れ、電源トランスやモータの鉄心、磁気ヘッド、医療機器用センサや太陽電池などに使われています。図ⓐは、高速回転する冷却ロールの表面に、溶融金属を連続的に供給して超急冷し、箔状の長い素材をつくる**ロール法**と呼ばれる製造法で、大規模な設備を必要とします。図ⓑは、従来からある加工表面に溶融金属を噴射し、被膜を形成する**溶射**という加工法を応用した**フレーム（火炎）式溶射法**という方法で、溶射ガンノズルから火炎として噴出される溶融金属を冷却ガスで超急冷し、施工面にアモルファス被膜を生成します。耐食性、耐熱性を必要とするボイラチューブや長大橋や高速道路の伸縮継手など、表面の摩擦と硬度を必要とする箇所などで採用されています。ロール法と異なり、大規模な設備を必要としません。

アモルファス合金の製造法　図3-14-1

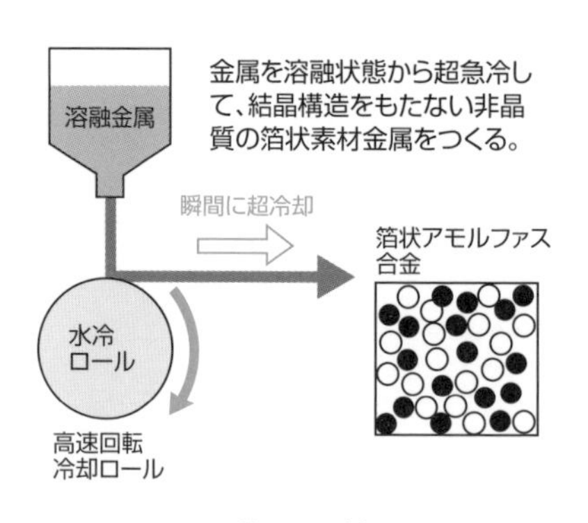

ⓐロール法

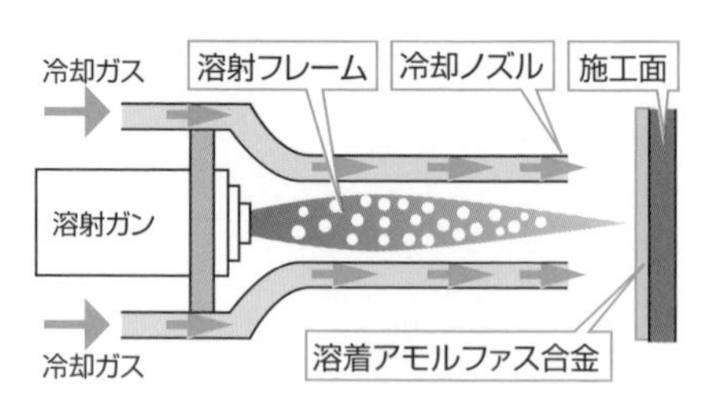

ⓑフレーム式溶射法

機械で扱う力と運動

機械工学では、自然科学で学ぶ力学を機械の扱う力や運動に応用して、力を変換して仕事をさせたり、目的の動きを作ったりします。これを「機械力学」、「応用力学」などと呼んでいます。この章では、私たちの日常で経験できる題材を交えて、力と運動について考えてみます。

4-1

力

力は物体の形状や運動の状態を変化させるもとになるものです。力は矢印で表し、矢の向きが力の向き、矢の長さが力の大きさを示すベクトル量です。

力の作用

図4-1-1ⓐは、平板を素材として**型鍛造**で作ったフライパンです。プレス機で**加圧**して、素材を**変形**させる例です。図ⓑで、静止する物体は外部から力を受けなければ、静止状態を保ちます。物体に**外力**Fを与えて、物体を**移動**させる例です。図ⓐとⓑで作用する力は、力を与える物体と力を受ける物体が直接接触する**接触力**です。図ⓒは、地球と物体の間に働く**万有引力**を地上から観察した場合であり、地球の**重力**が物体を引き寄せる**落下運動**に見えます。地球と物体が離れているので、**遠隔力**と呼びます。図ⓓは、糸が重力の作用する物体を引く**張力**で、地球が物体を引く重力とつり合っています。図ⓔは、外力によって変形させられた弾性体が元に戻ろうとする向きにもつ**弾性力**です。

力の作用　図4-1-1

ⓐ鉄板の塑性加工

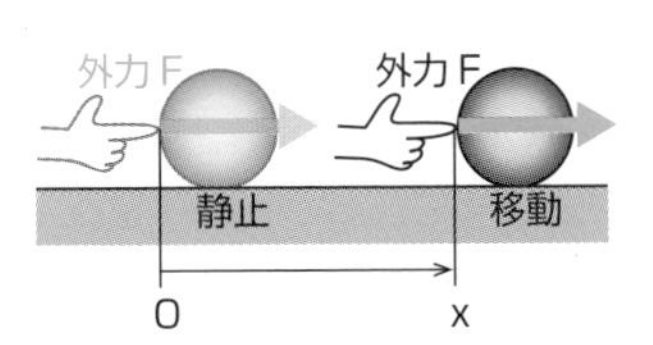

物体は、外力（物体の外から働く力）F を受けて、運動の状態が変化する。

ⓑ物体に働く外力

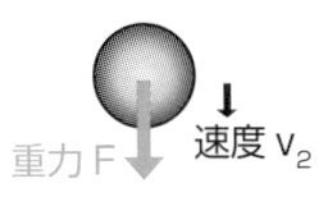

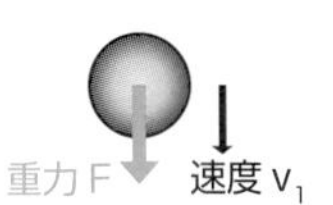

地表近くの支えのない物体と地球との万有引力を地上から観測すると、物体が地球の重力 F に引き寄せられて落下するように見える。

ⓒ落下する物体

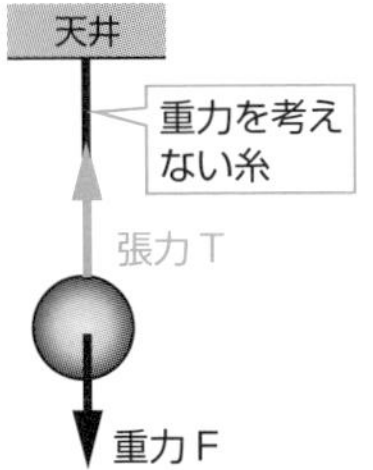

糸自体のわずかな重力は考えないとすると、糸には、地球が物体を引く重力と同じ大きさで物体を引く張力が生まれる。

ⓓ糸に生じる張力

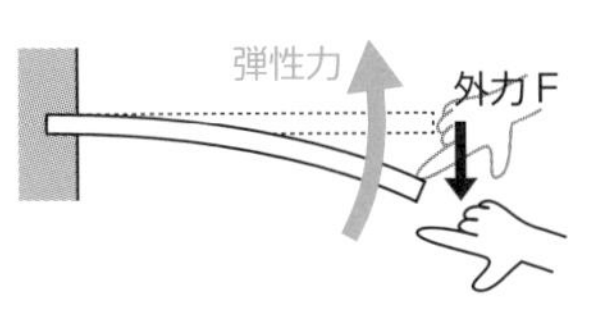

弾性体には、変形量によって決まる弾性力が生じる。

ⓔ弾性力

スカラー量

図4-1-2のように、物体の長さは、定規で測った量の大きさを示す数値に、**長さの単位cm**を付けることで表すことができます。このように**1つの性質**だけで表すことのできる物理量を**スカラー量**または**スカラー**と呼びます。

スカラー量　図4-1-2

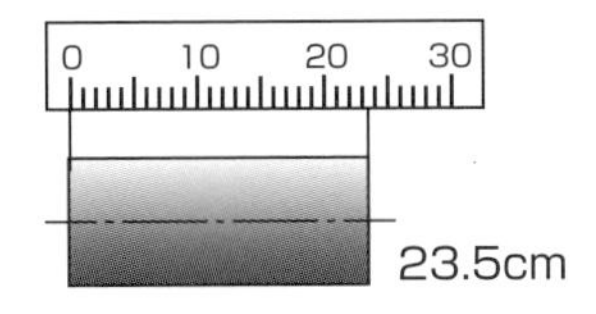

力はベクトル量

図4-1-3ⓐは、**大きさ**Fの力で物体を**押す**様子です。実際には見ることのできない力を、矢印で視覚的に表しています。図ⓑは、力の発生源である手を省略しています。この図は、物体が押されたのか引かれたのかに関係せず、**右向きの力**が働いたことを表しています。図ⓒは、力Fが物体を押しているイメージを表すことができます。力は、大きさを示す数値に単位**N（ニュートン）**を付けて表す**物理量**で、図ⓓのように、大きさを**矢印の長さ**、向きを**矢印の向き**として**2つの性質**で図示できる**ベクトル量**、一般に**ベクトル**と呼びます。**力のベクトル**を考える場合には、矢印の始点の**作用点・着力点**を加えて、**力の三要素**とします。図ⓐ、ⓑと図ⓒのベクトルは、位置が異なりますが、長さと向きが等しいので**等しいベクトル**と呼びます。

力はベクトル量　図4-1-3

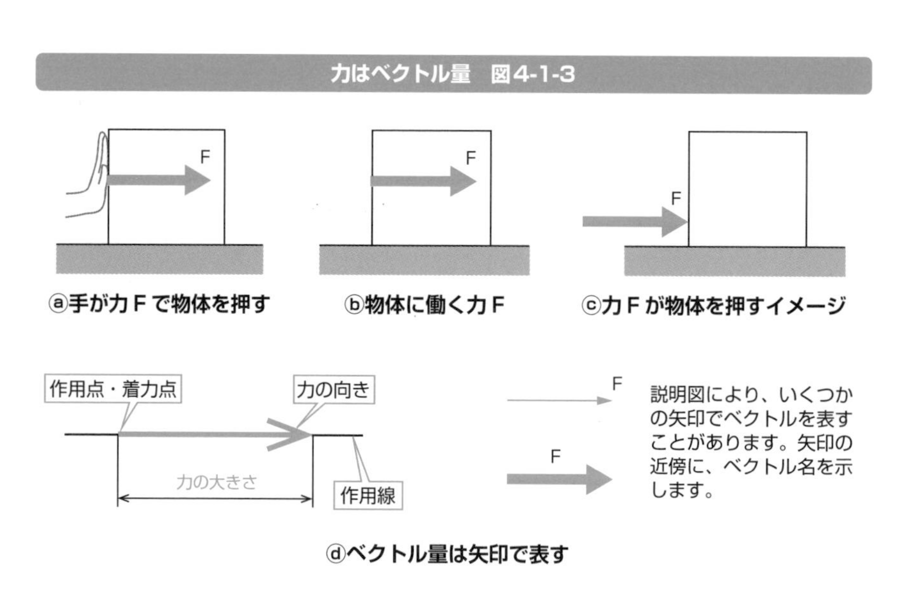

ⓓベクトル量は矢印で表す

4-2

力と質量と重力

「力とは何か」というと、いろいろな視点から考えることができます。機械工学では、歴史的に外力や重力を基準として力を扱ってきました。

外力と質量

物体は、現在の運動状態を保とうとする**慣性**をもち、慣性の大きさを示す物体固有の量を**質量**mと呼びます。質量は、単位kgのスカラー量で、**SI**の基本量です。図4-2-1ⓐで、水平な床の上に静止する質量m_Aと質量m_Bの2つの物体AとBに、等しい外力Fを与え、AがBよりも勢いよく動き出すとき、物体Bのほうが慣性が大きく、質量が大きいといえます。図ⓑで、滑らかで水平な床の上にある質量mの物体に、外力Fを与え、力の向きに物体の**速度変化**dvが生じるとき、時間あたりの速度変化の大きさを示す量を**加速度**aとすると、外力は、F=maと表されます。加速度は、単位m/s^2のベクトル量で、「力1Nは、質量1kgの物体に1m/s^2の加速度を与える大きさ」と定義します。

外力と質量　図4-2-1

ⓐ物体の質量　ⓑ力の定義

質量と重力

地球上のすべての物体は、地球と物体との万有引力によって、互いに引き寄せ合っています。私たちが絶対的に質量の大きい地球に立って、万有引力を観察するとき、すべての物体が地球に向かって引き寄せられる力を受けているように見えます。この力を**重力**と呼び、**物体の質量に比例する**大きさをもつ、**鉛直下向き**のベクトル量です。物体に力が働くと加速度が生じるので、重力が物体に与える加速度の比例定数を**重力加速度**gとして表します。重力加速度は、場所によって異なるので、重力は物体固有の量ではありません。図4-2-2で、物体の質量m、重力加速度g、重力Fとして、F＝mgと表します。一般の計算では、$g=9.8[m/s^2]$とします。

質量と重力　図4-2-2

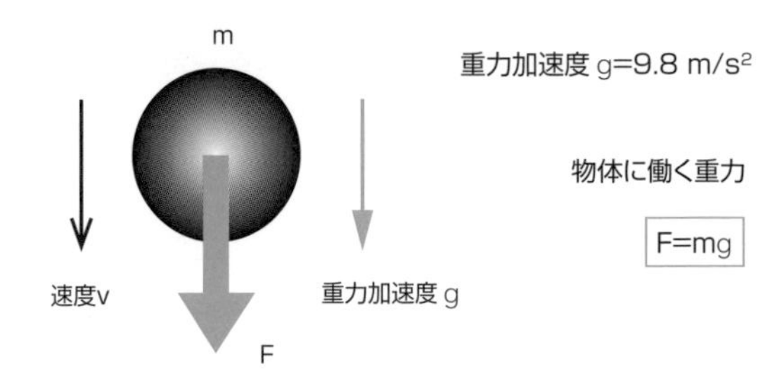

ⓐ支えのない物体の鉛直下方への運動（落下）

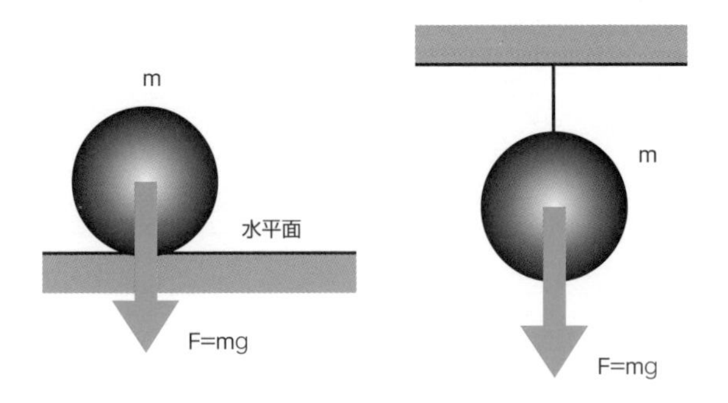

ⓑ支えのある物体は静止する

質量と重量・重さ

日常生活で使用するモノには、**重量**、**重さ**という言葉が使われています。小物や家電製品は、質量で表示されるものが多く、自動車や二輪車などの機械製品の諸元表では、重量が使われています。重量または重さは、「物体に働く重力の大きさ」を表すので、Nを単位とするベクトル量ですが、日常では、重量・重さに代わるものとして質量（kg）で表示されています。本書では、重量・重さを「物体に働く重力が他の物体に与える力」として、記号wを使います。重量wの大きさは、重力Fと等しいので、w＝mgとします。1リットルの水の質量を1kgとすると、重量はw＝mg＝1 kg×9.8 m/s^2＝9.8 Nです。

質量と重量・重さ　図4-2-3

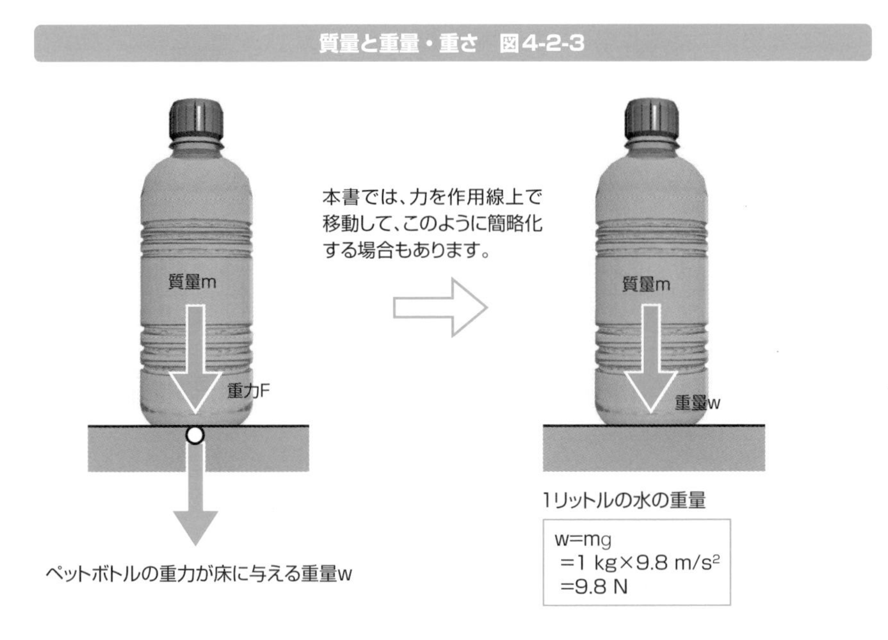

4-3

力の作用・反作用と力のつり合い

2つの物体間に力が働くと、同じ大きさで逆向きに働く力が相互の物体に生まれます。これが作用・反作用の力です。1つの物体に複数の力が作用して物体が静止しているとき、力がつり合っているといいます。

作用・反作用

図4-3-1で、手が力Fで壁を押すと、壁には**同じ大きさ**で**逆向き**に手を押し返す**垂直抗力**Nが生まれます。Fの作用点は、手と壁の接触面の壁側にあり、Nの作用点は手の側にあります。Fを**作用**、Nを**反作用**とするとわかりやすいですが、作用・反作用は**ペアの現象**で、どちらを作用とするかは自由に設定できます。作用・反作用は、**2つの物体**間に生じる**相互作用**です。

作用・反作用　図4-3-1

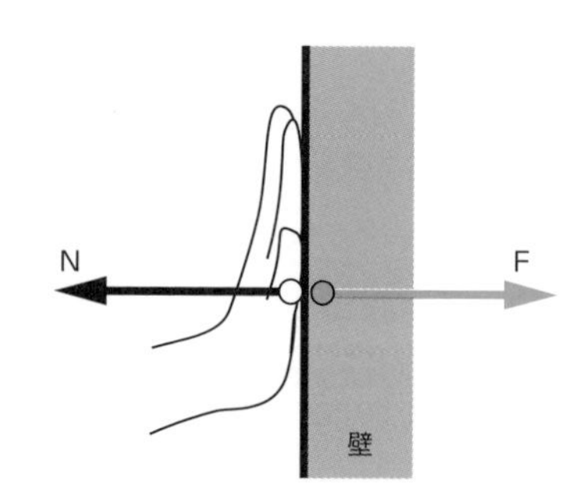

F=−N　F：手が壁を押す力（作用）
N：壁が手に与える垂直抗力（反作用）

力のつり合い

　図4-3-2ⓐで、**1つの物体**に働く2つの力F_1とF_2が、**同一作用線**上で、**大きさが等しく逆向き**のとき、$F_1+F_2=0$となり、2力は**つり合っている**といえます。図ⓑは、図ⓐの物体に働く水平2力を取り除いた状態です。重力による物体の重量wにより物体が床に与える力をF、床が物体に与える力をNとし、図示の都合により離れている3力の作用線を同一とします。FとNは**物体と床の相互作用**なので、作用・反作用のペアになります。物体に着目すると、1つの物体に作用する力が$w+N=0$となり、2力がつり合い、物体は静止しています。図ⓒの天井から糸でつるした物体では、**糸の質量は小さい**ものとして、天井、糸、物体の間に働く力を考えます。相互作用では、糸と物体の取付け点で$F_1=-T$、糸と天井の取付け点で$R=-F_2$となり、力のつり合いでは、物体について$w+T=0$、糸について$F_1+F_2=0$となります。

力のつり合い　図4-3-2

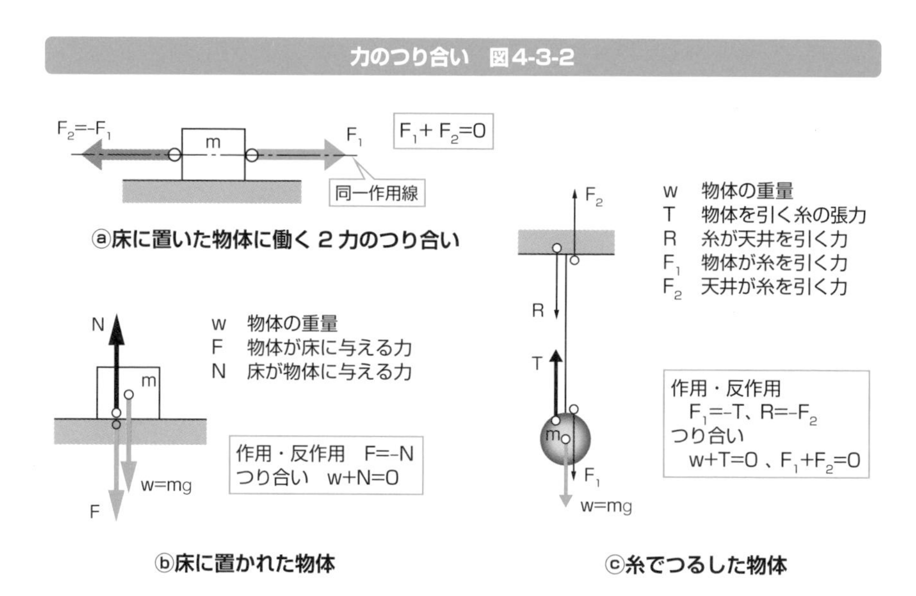

ⓐ床に置いた物体に働く2力のつり合い

ⓑ床に置かれた物体

ⓒ糸でつるした物体

重力の作用・反作用

ここまで、接触力の作用・反作用を考えました。図4-3-3ⓐとⓑの重力Fは、物体と地球との遠隔力による力なので、物体の相互作用の**相手は地球**になります。つまり、物体に生じる重力とペアになる力は、物体が**地球を引く重力**になります。

重力の作用・反作用　図4-3-3

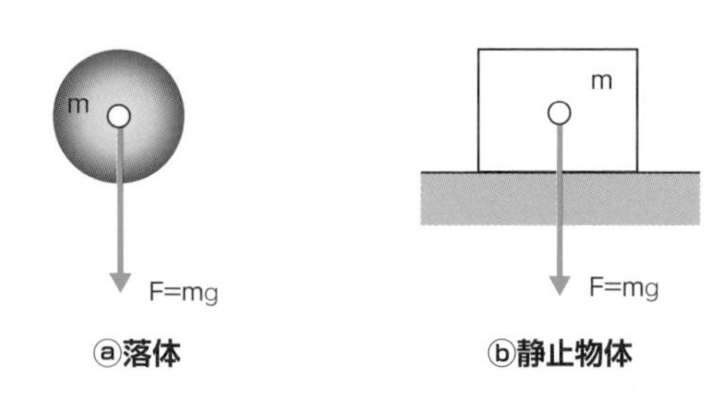

作用・反作用とつり合い

図4-3-2ⓑとⓒでは、物体が静止しているので、働く力の大きさは、物体の重量で決定されます。図4-3-4で、物体を持つ手が物体に与える力Fを作用とし、Fの大きさを変えると、物体の重量wとのつり合いで物体の運動が決定されます。重量は常に一定で、作用・反作用の相互作用は、大きさが変わっても常に成立します。

作用・反作用とつり合い　図4-3-4

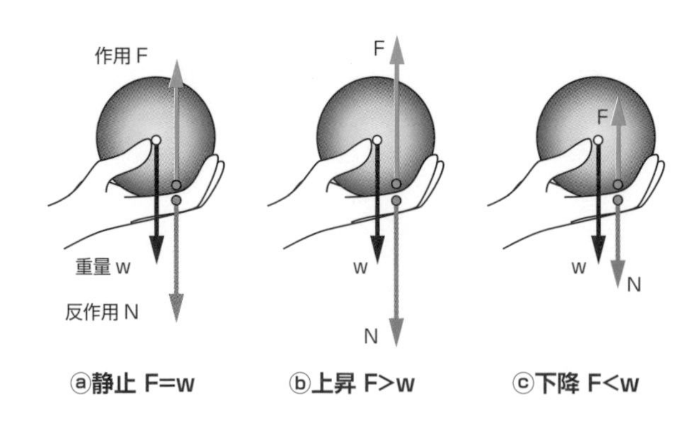

4-4

力の合成と分解

力は、複数の力を1つの合力に合成したり、1つの力を複数の分力に分解することができます。ここでは、作図による合成と分解を行います。

力の合成

図4-4-1ⓐは、1点に作用する2力F_1とF_2で作る**平行四辺形**の対角線を**合力**Fとする、基本的な合成方法です。図ⓑは、作用線上の1点に大きさの等しい逆向きの力が働くつり合いの状態で、**合力=0**になります。図ⓒは、2力と合力の直交成分の大きさを示します。図ⓓは、ベクトル要素の「大きさと向きの等しいベクトルは等しい」という性質を利用して力を**平行移動**した**力の三角形**です。図ⓔは、基準とする力の矢の先端に平行移動する力の作用点を接続し、力の三角形を連続させ、**基準とした力の作用点から最後に移動した矢の先端**に合力Fを求める**力の多角形**です。図ⓕは、1つの物体の異なる点に作用する力の合成で、**作用線の交点**を合力の作用点として2つの力を移動し、合力を求めます。

力の合成　図4-4-1

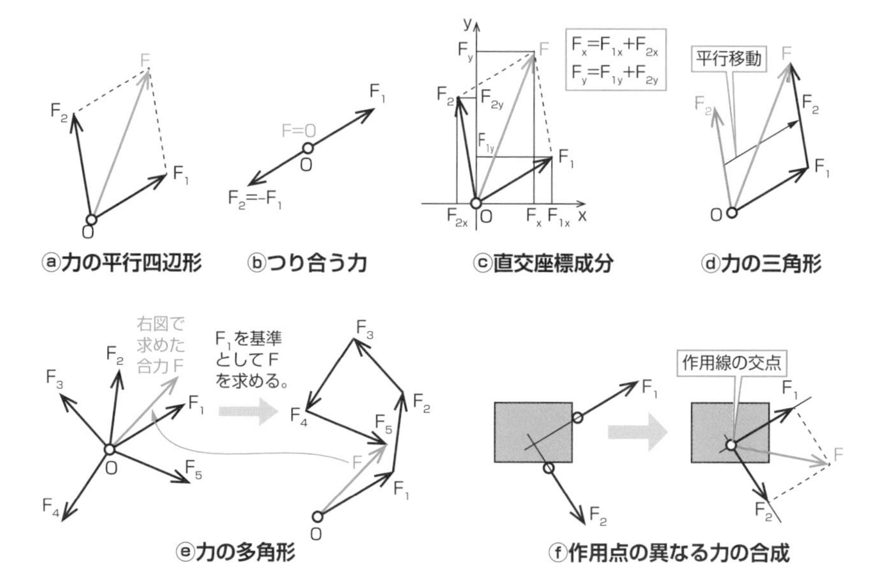

複数の力のつり合い

図4-4-2ⓐは、前ページの5力の合力です。図ⓑで、**最後に移動した力の矢の先端から、基準とした力の作用点**に求めたベクトルF'は、図ⓐの合力Fと同一作用線上で、大きさが等しい逆向きの力で、図ⓒのように、合力F と**つり合う力**になります。図ⓑのように**閉じた力の多角形**の合力は0になり、作用する複数の力はつり合います。

つり合う力を求める　図4-4-2

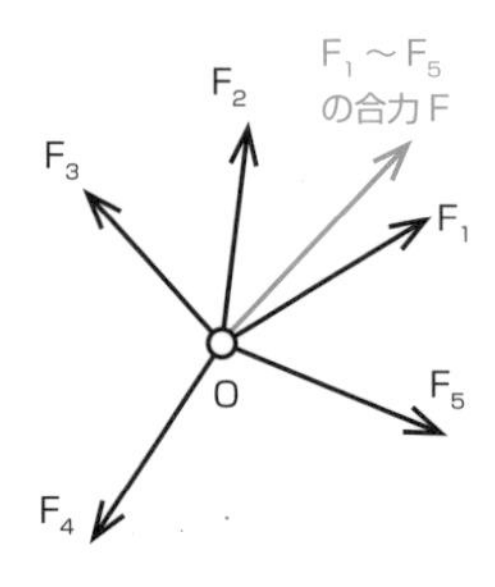

ⓐF_1〜F_5の力と合力 F

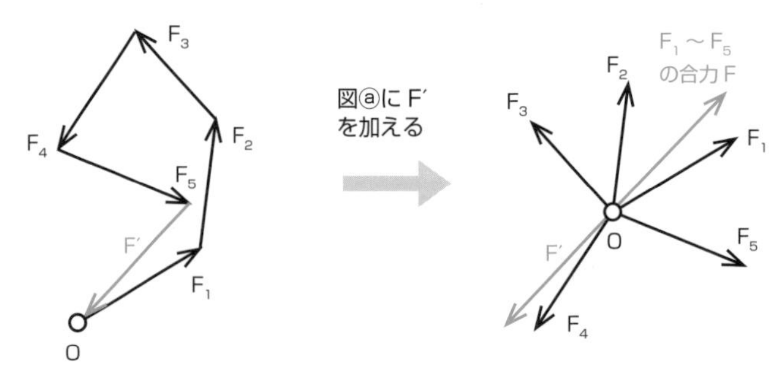

ⓑ閉じた力の多角形

ⓒF_1〜F_5とF'の6力はつり合う力

力の分解

力を分解するには、力を挟む**2つの作用線**を設定し、**分解する力を平行四辺形の対角線**に置きます。図4-4-3ⓐは、1つの力Fを平行四辺形の対角線として、2つの作用線上に**分力**を求めたものです。図ⓑは、物体をつるす2本のひもを作用線として、物体の重力Fの分力がひもに与える力です。図ⓒは、くさびの側面が木材に与える力で、側面と垂直に作用線を設定します。

力の分解　図4-4-3

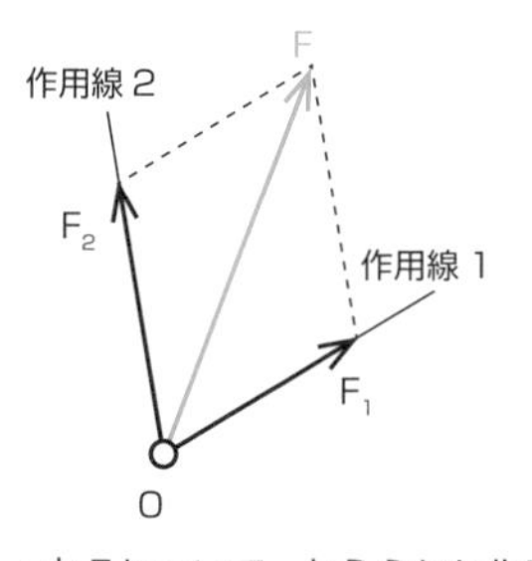

F_1、F_2：力Fについて、与えられた作用線1と2に沿って求めた分力

ⓐ力の平行四辺形

ひも 1
ひも 2
P
F_2
F_1
F
重力F

F_1：Fがひも1に与える力
F_2：Fがひも2に与える力

ⓑ2本のひもにかかる分力

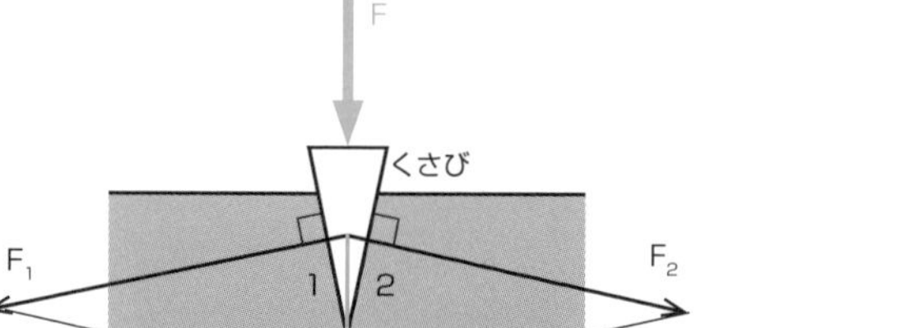

F_1：側面1が木材に与える力
F_2：側面2が木材に与える力

ⓒくさびの側面が木材に与える力

4-5

力のモーメント

物体を回転させようとする能力をモーメントと呼び、力を発生源とするモーメントを力のモーメントと呼びます。

力のモーメント

物体に働く回転能力の大きさを表す量を**モーメント**と呼びます。モーメントを発生させるもとには、力、磁気、運動、慣性などいろいろあるので、力を発生源とするモーメントを**力のモーメント**と呼びます。図4-5-1ⓐで、物体の形状にかかわらず、**回転中心**となる点Oから、力Fの作用線までの**垂直長さ**Lを**腕の長さ**と呼び、点Oに対する力のモーメントの大きさを、**力の大きさ×腕の長さ**で表します。SIの単位は**N m**ですが、機械工学では長さにmmを用いるので、**N mm**とする場合もあります。図ⓑとⓒは、物体の既知の部分の長さLに対して、力Fが傾角θで作用する場合です。図ⓑは力Fに対する**腕の長さL′**を求め、図cは、長さLの腕に対する**垂直な力F_y**を求めて、力のモーメントを算出する例です。

力のモーメント　図4-5-1

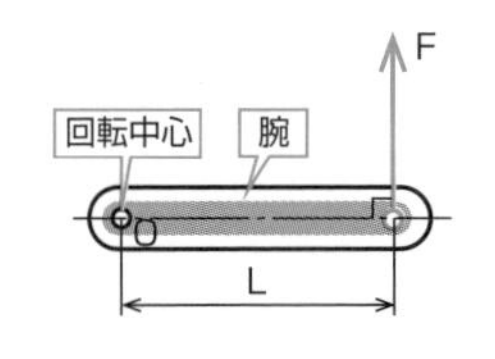

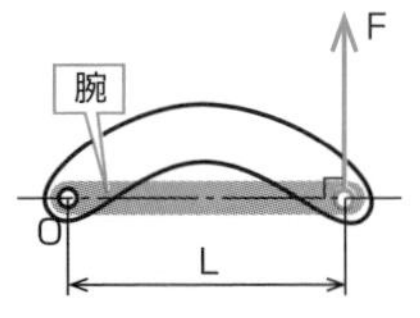

M=FL

力 F[N]

腕の長さ L[m、mm]

力のモーメント M[N m、N mm]

ⓐ力のモーメント

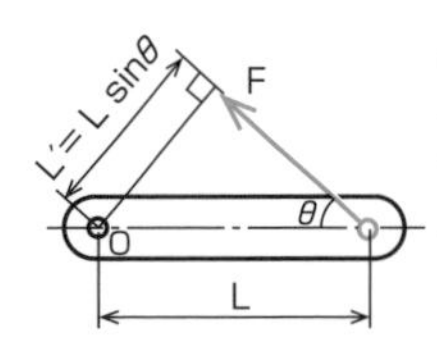

M=FL′=FL sinθ

腕の長さL′は、点Oから力Fの作用線までの垂線の長さ。

ⓑ力と垂直に腕の長さL′を取る

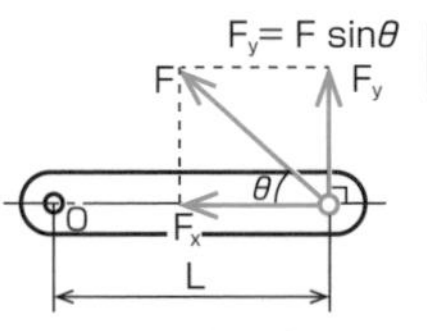

M=F_yL=FL sinθ

F_yは、腕に垂直なFの分力でモーメントを生む。

F_xは、点Oに回転力を与えないので、使用しない。

ⓒ腕に垂直な力の分力F_yを取る

複数の力のモーメント

図4-5-2は、回転中心Oをもつ1つの物体に働く3力F_1、F_2、F_3が与える力のモーメントを個別に求め、その代数和を物体に働く力のモーメントとしたものです。回転の向きの**符号は任意**です。実務計算では右回り+、解析や自然科学では左回り+とすることが多いようです。図ⓑは図ⓐの外力で、前節図4-4-1ⓕの力の合成を利用し、物体に働く合力F_{123}と腕の長さLを求め、力のモーメントを求める例です。図から、回転の向きは右回りになります。

複数の力のモーメント　図4-5-2

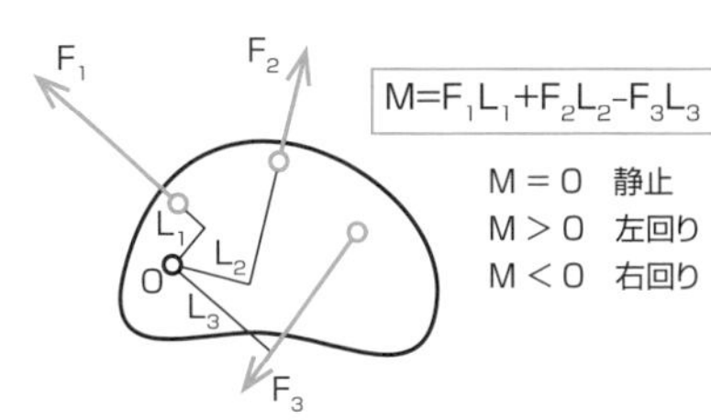

力F_1、F_2、F_3と腕の長さL_1、L_2、L_3から
それぞれの力のモーメントの代数和を
物体に働く力のモーメントMとする。
回転の向きは、左回りを+とした。

ⓐそれぞれの力のモーメントの代数和

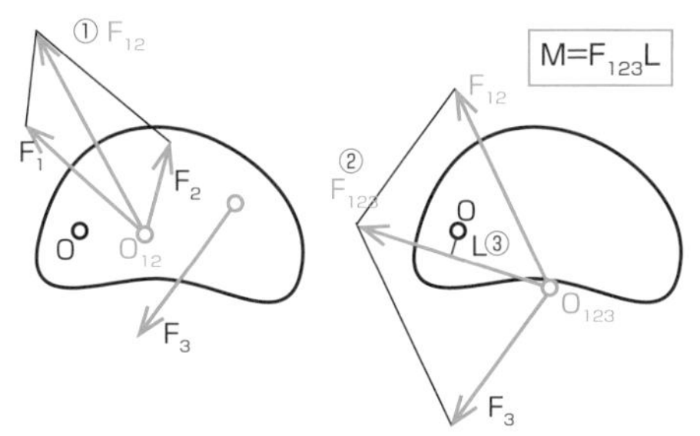

① F_1、F_2の合力F_{12}を求める。
② F_{12}とF_3の合力F_{123}を求める。
③ 回転中心OからF_{123}への腕の長さLを求める。
図から物体は、点Oを中心に右回り。

ⓑ合力の力のモーメント

偶力のモーメント

大きさが等しく、逆向きの平行2力のペアを**偶力**と呼びます。偶力は、作用線の方向で力を打ち消し合うので、物体を移動させることはできず、物体に回転を与えます。図4-5-3で、2力の間隔を**偶力の腕**Lと呼び、偶力だけが作用する物体では、回転中心Oがどこにあっても、M=FLの**偶力のモーメント**を生じます。

偶力のモーメント　図4-5-3

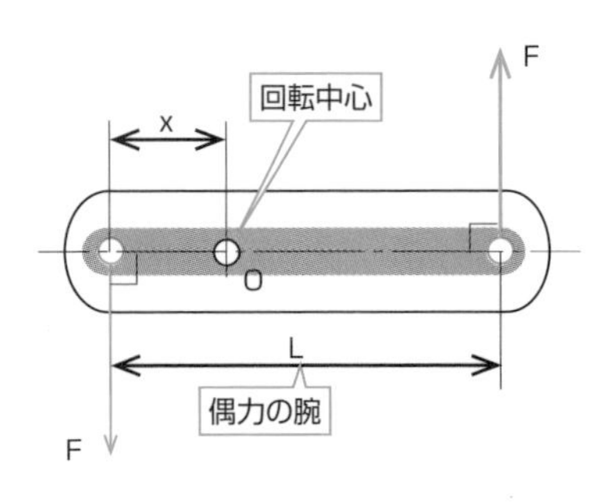

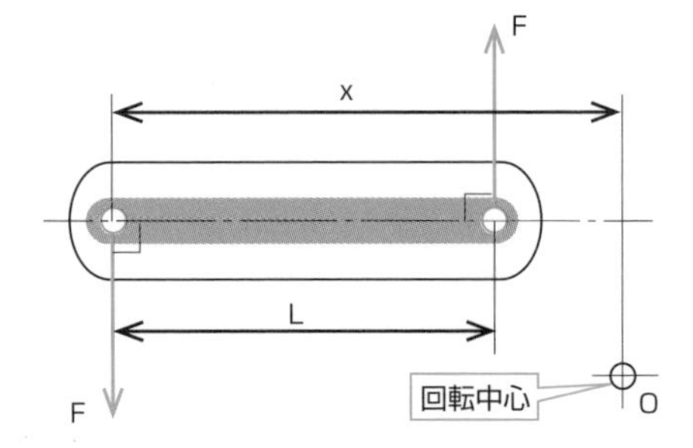

4-6

重心

物体に働く重力が作用する点が重心で、平面図形の重心とみなせる点を図心と呼びます。厚さが均一な物体の重心は、図心に置き換えて求めることができます。

平行2力の合成

図4-6-1ⓐは、原点OのX座標軸上に平行な2力F_1、F_2を与え、点Oを中心としたF_1、F_2の力のモーメントの和と合力Fの力のモーメントが等しいとして、合力の作用点xを求めます。図ⓑは、図ⓐと同じ力の条件で、点xを中心としてF_1、F_2の力のモーメントがつり合うとして、x_2-x_1を内分する合力Fの作用点xを求めます。

平行2力の合成　図4-6-1

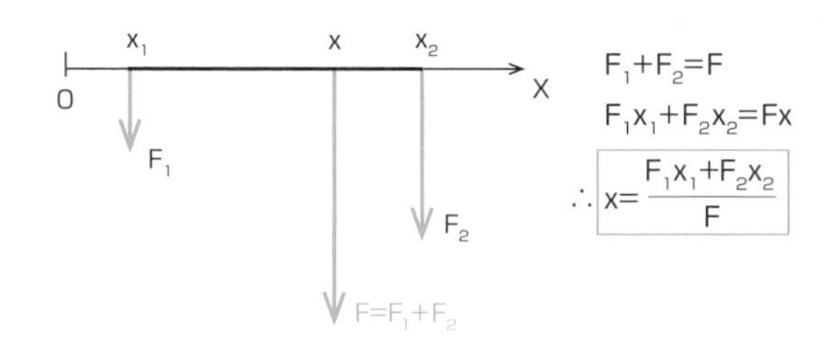

ⓐ力のモーメントの総和＝合力のモーメント

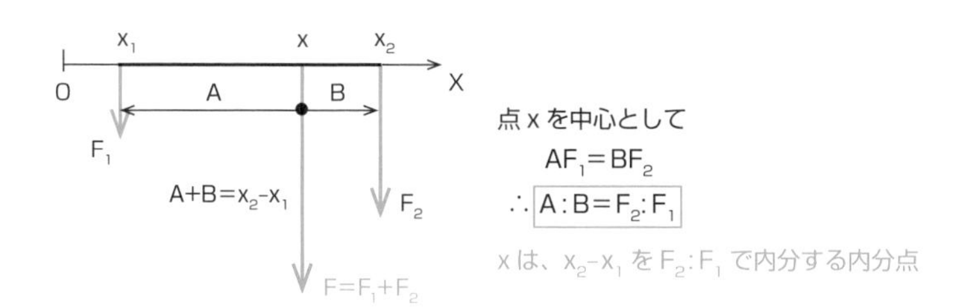

ⓑx点回りの力のモーメントの総和＝0

重心を求める

図4-6-2で、重量Wの物体の微小部分の重量と座標を$w_1(x_1, y_1)$、$w_2(x_2, y_2)$、$w_3(x_3, y_3)$…、**重心**Gの座標を$G(x_G, y_G)$とします。図4-6-1ⓐのように、X軸方向とY軸方向について、すべての微小部分の力のモーメントの総和は、各軸方向の重心の力のモーメントと等しくなります。これより、重心の座標$G(x_G, y_G)$を求めます。

重心を求める　図4-6-2

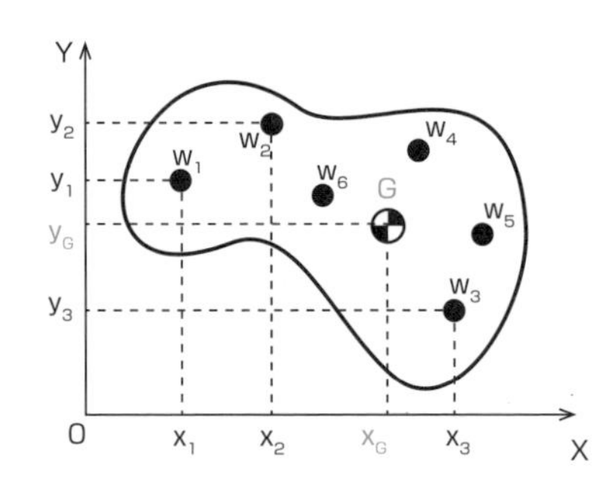

図 4-6-1ⓐの力の数を増やし、原点 O を中心として、X 軸、Y 軸方向の、力のモーメントのつり合いから、重心の位置を求める。

●物体の全重量 W

$W=w_1+w_2+w_3+\cdots$

●x 軸方向の力のモーメントのつり合い

$w_1x_1+w_2x_2+w_3x_3+\cdots=Wx_G$

●重心 G の x 座標 x_G

$$x_G=\frac{w_1x_1+w_2x_2+w_3x_3+\cdots}{W}$$

●y 軸方向の力のモーメントのつり合い

$w_1y_1+w_2y_2+w_3y_3+\cdots=Wy_G$

●重心 G の y 座標 y_G

$$y_G=\frac{w_1y_1+w_2y_2+w_3y_3+\cdots}{W}$$

図心と重心

平面図形の重心を**図心**と呼びます。図4-6-3ⓐのように、厚さと密度が均一な物体の重量は、面積に比例するので、物体の重心を図心に置き換えて面積から求めることができます。表面積Aの物体を2つの長方形①と②に分割し、それぞれの面積と図心を$a_1(x_1, y_1)$、$a_2(x_2, y_2)$とします。物体の重心G (x_G, y_G) は、原点Oを中心とした①と②の図心のモーメントの和と表面積Aの物体のモーメントが等しいとして求めることができます。図ⓑは、図ⓐと同じ物体を「長方形①から長方形②を取り除いた」と考えて、全体の重心を求めています。取り除く部分の面積をマイナスとして、長方形②のモーメントの符号をマイナスとします。

図心と重心　図4-6-3

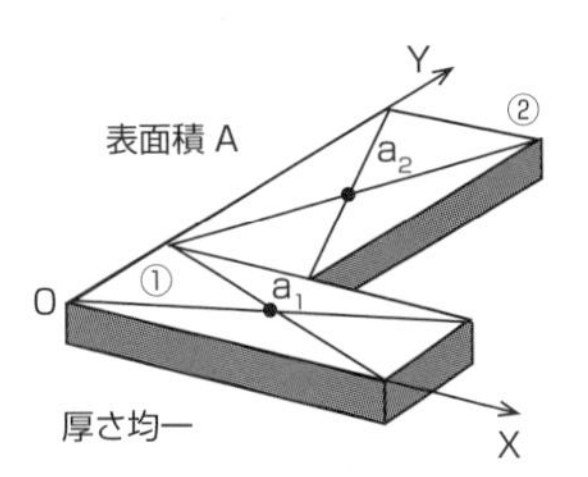

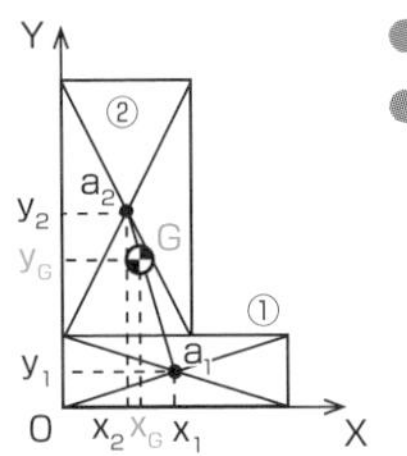

●物体の表面積　$A=a_1+a_2$

●図心と面積によるモーメントのつり合い

X 軸方向

$a_1x_1+a_2x_2=Ax_G$

$$x_G=\frac{a_1x_1+a_2x_2}{A}$$

Y 軸方向

$a_1y_1+a_2y_2=Ay_G$

$$y_G=\frac{a_1y_1+a_2y_2}{A}$$

ⓐ平面図形の和から重心を求める

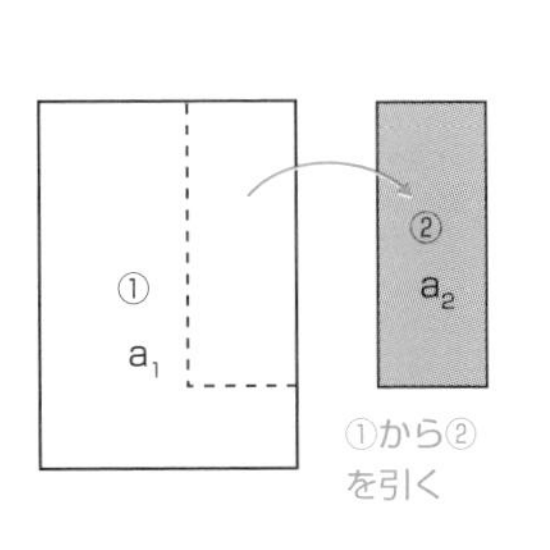

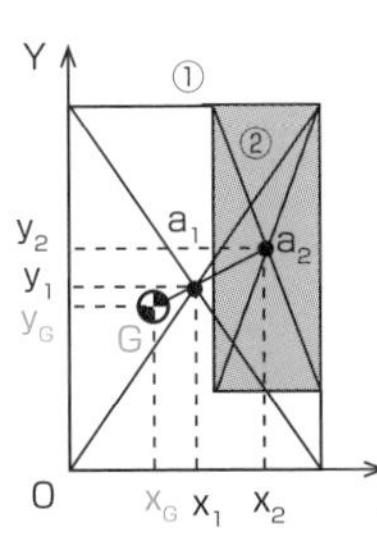

●物体の表面積　$A=a_1-a_2$

●図心と面積によるモーメントのつり合い

X 軸方向

$a_1x_1-a_2x_2=Ax_G$

$$x_G=\frac{a_1x_1-a_2x_2}{A}$$

Y 軸方向

$a_1y_1-a_2y_2=Ay_G$

$$y_G=\frac{a_1y_1-a_2y_2}{A}$$

ⓑ平面図形の差から重心を求める

4-7

平面上の運動

物体はいろいろな運動をします。ここでは、直交2軸で表される水平面や鉛直面の基本的な平面上での運動を確認しておきます。

速さと速度

図4-7-1で、点Aから10mの位置にある点Bへ**速度**v_{AB}=1[m/s]、点Bから点Aへ速度v_{BA}=2[m/s]で往復運動した物体の**平均速さ**vは1.3[m/s]になります。ここで図の下に示したのように、$(v_{AB}+v_{BA})/2=1.5$[m/s]としてはいけません。なお、点A➡点Bと点B➡点Aの移動は向きをもつ**ベクトル量**の「速度」、2点間の往復移動は大きさだけの**スカラー量**の「速さ」としました。

速さと速度　図4-7-1

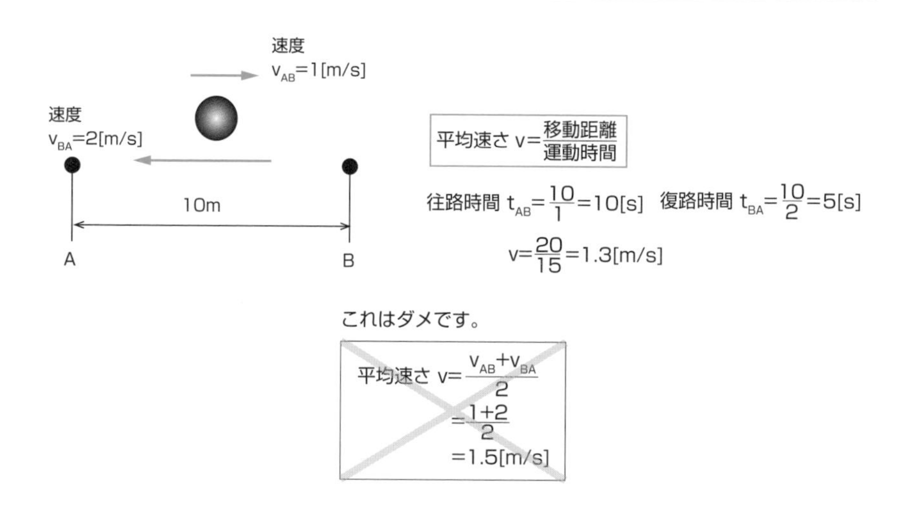

等加速度運動

図4-7-2ⓐで、物体がt秒間で速度v_0から速度vへ変化したとき、**加速度**aとして、式(1)～(4)が成り立ちます。aが正のとき増速、aが負のとき減速になります。加速度を一定値aの**等加速度運動**とした**時間-速度線図**を、図ⓑのように見ると式(3)が、図ⓒのように見ると式(4)が視覚的にとらえられます。

等加速度運動　図4-7-2

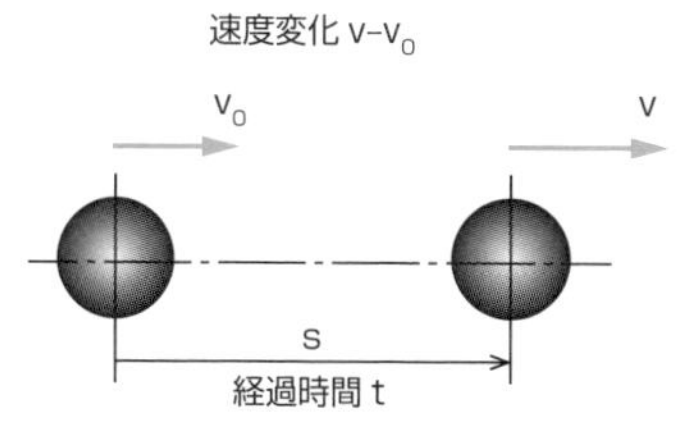

加速度 $a=\frac{v-v_0}{t}$ [m/s²]　…(1)

速度 $v=v_0+at$[m/s]　…(2)

移動距離 $s=v_0t+\frac{1}{2}at^2$[m]　…(3)

$v^2-v_0^2=2as$　…(4)

ⓐ加速度運動

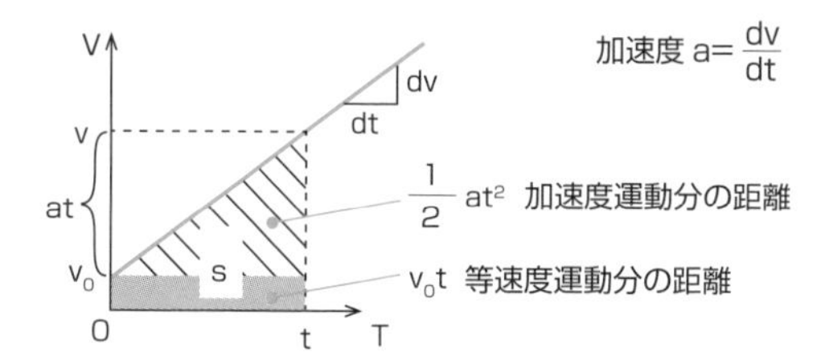

加速度 $a=\frac{dv}{dt}$

ⓑ時間-速度線図から式(3)

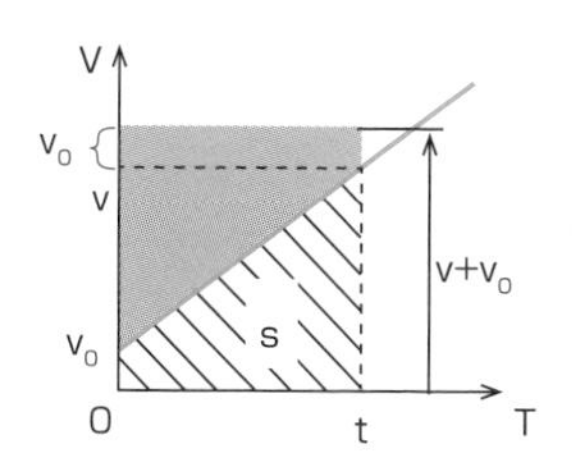

式(1)から　$t=\frac{v-v_0}{a}$

台形の面積から

$s=\frac{1}{2}\frac{v-v_0}{a}(v+v_0)$

$2as=(v-v_0)(v+v_0)=v^2-v_0^2$

ⓒ時間-速度線図から式(4)

落体と斜め投射の運動

図4-7-3ⓐの落体の運動では、図4-7-2ⓐの(1)〜(4)の関係式で、加速度aを重力加速度gに置き換えて考えます。初速度**v_0が0**のときは**自由落下**で**gは正**、初速度**v_0が下向き**のときは**鉛直投げ下げ**で**gは正**、初速度**v_0が上向き**のときは**鉛直投げ上げ**で**gは負**とします。図ⓑは、物体を初速度v_0、水平傾角θで**斜め投射**したものです。空気の抵抗などを考えずに、v_0を**水平方向分速度v_{0x}**、**垂直方向分速度v_{0y}**に分解すると、水平方向は初速度v_{0x}の**等速度運動**、垂直方向は初速度v_{0y}の**鉛直投げ上げ**運動として考えることができます。

落体と斜め投射の運動　図4-7-3

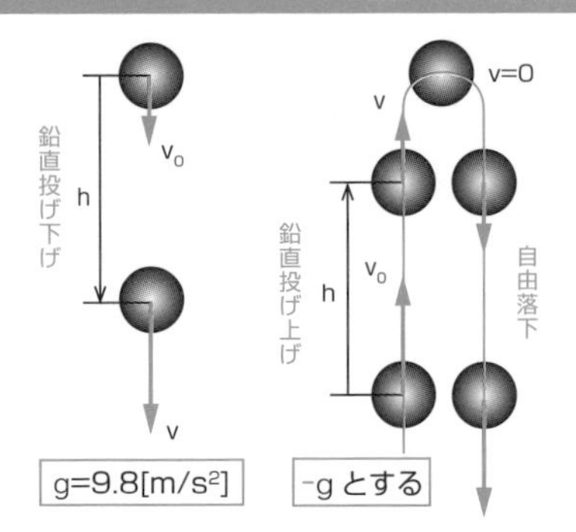

重力加速度 $g=9.8[m/s^2]$ …(1)

速度 $v=v_0\pm gt[m/s]$ …(2)

垂直距離 $h=v_0t\pm\frac{1}{2}gt^2[m]$ …(3)

$v^2-v_0^2=\pm 2gh$ …(4)

※初速度v_0が上向きのとき−とする。

ⓐ落体の運動

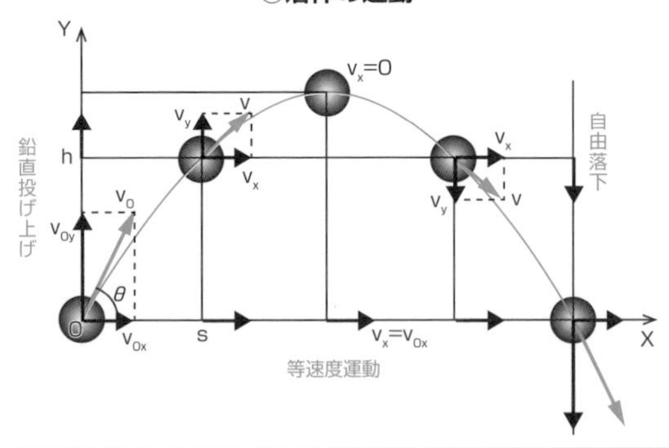

	初速度[m/s]	速度[m/s]
水平方向	$v_{0x}=v_0\cos\theta$	$v_x=v_{0x}$　一定
垂直方向	$v_{0y}=v_0\sin\theta$	$v_y=v_{0y}-gt$

水平距離 $s=v_{0x}t[m]$　　垂直距離 $h=v_{0y}t-\frac{1}{2}gt^2[m]$

ⓑ斜め投射の運動

4-8

等速円運動

物体の速度と垂直に、一定の力を常に働かせると、物体は速度の向きを変えて円運動を続けます。

回転の表し方

図4-8-1で、点Pが点Oを中心として、円軌道上を一定の速度で回転する運動を**等速円運動**と呼びます。円の接線方向の**周速度**vの速さは一定ですが、向きが常に変化するので、等速度運動ではありません。角度θは、**rad単位**で考えます。回転の速さは、単位時間あたりの回転角で表す**角速度**ωとしても表されます。さらに、1回転に要する時間で回転を表す**周期**Tや、単位時間に回転する**回転数**n[rps]などでも表されます。機械工学の実務では、回転数を用いることが多く、rpsはrevolutions per second(**回転毎秒**)の略で、**回転毎分**を表すrpm(revolutions per minute)も用いられます。

回転の表し方　図4-8-1

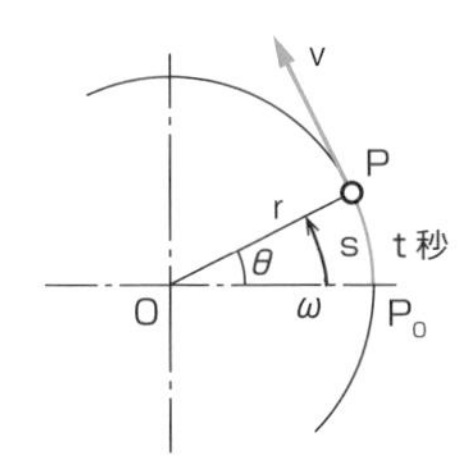

回転半径 r[m]、回転角 θ[rad]、$\overset{\frown}{P_0P}$ の移動時間 t[s]、$\overset{\frown}{P_0P}$ の長さ s[m] とする。

●周速度 v[m/s]　$v=\frac{s}{t}$ …(1)　$s=r\theta$ …(2)　(1),(2) から $v=r\frac{\theta}{t}$ …(3)

●角速度 ω[rad/s]　$\omega=\frac{\theta}{t}$ …(4)　(3),(4) から $v=r\omega$ …(5)　$\therefore\ \omega=\frac{v}{r}$ …(6)

●周期 T[s]　$T=\frac{2\pi}{\omega}=\frac{2\pi r}{v}$ …(7)　●回転数 n[rps]　$n=\frac{1}{T}=\frac{\omega}{2\pi}=\frac{v}{2\pi r}$ …(8)

向心加速度と向心力

図4-8-2で、質量mの物体が円運動を行うには、周速度vを常に円軌道の向きに変化させる加速度が必要です。周速度に垂直に働くこの加速度を**向心加速度**aと呼びます。物体の質量mに向心加速度aが働くと、力の定義F=maから、式(2)の**向心力**Fが発生します。

向心加速度と向心　図4-8-2

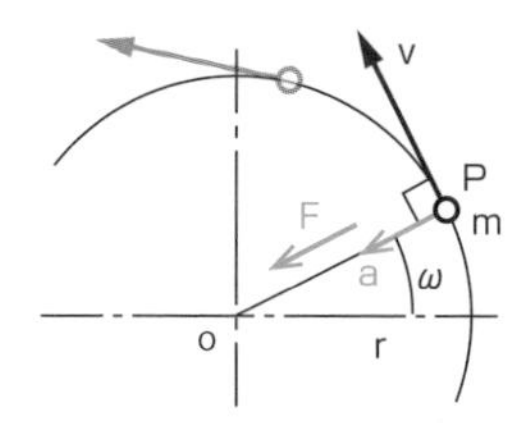

質量 m[kg]、半径 r[m]、周速度 v[m/s]、角速度 ω[rad/s] とする。

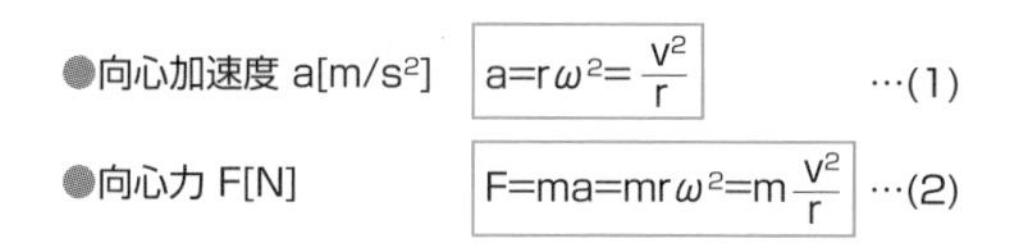

向心力と遠心力

図4-8-3ⓐは、物体の回転中心とする座標原点を**地球に固定**して運動を観察する座標系であり、**慣性系座標**、**静止系座標**と呼びます。図ⓑは、座標系を物体と一緒に回転させて運動を観察する**非慣性系座標**です。非慣性系座標では、速度は一定で向心力は速度の変化には寄与せず、物体を座標原点に引き寄せる働きを与えます。実際には物体は原点からrの位置で静止しているので、Fと**つり合う逆向きの力**F′が働いているように見えます。F′は、物体を回転中心から遠ざける向きに作用するので、**遠心力**と呼びます。遠心力は、非慣性系座標における物体の**慣性**によるもので、**見かけの力**と呼ばれます。

向心力と遠心力　図4-8-3

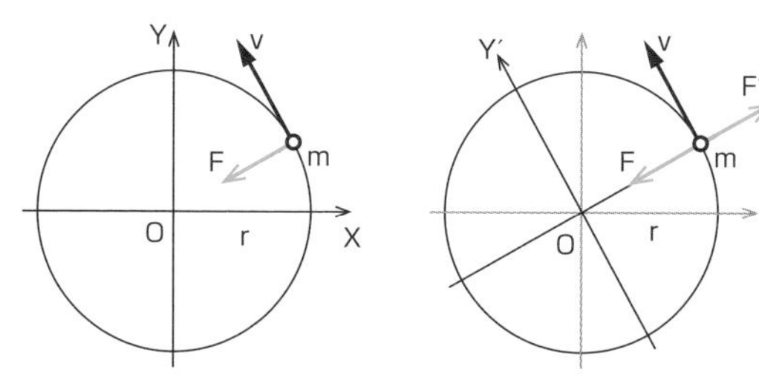

ⓐ慣性系座標 XY　　ⓑ非慣性系座標 X′Y′

質量 m[kg]、半径 r[m]、周速度 v[m/s]
角速度 ω[rad/s]、向心加速度 a[m/s²]

向心力 F[N]、遠心力 F′ [N] とすると

$$F=ma=mr\omega^2=m\frac{v^2}{r}$$

$$F'+F=0$$

図4-8-4のように、自転車でカーブを曲がるとき、私たちは遠心力を感じ取り、遠心力に応じた**傾き角**θを作ります。自転車と人の合計重量wの水平方向への分力が、向心力と遠心力の大きさになります。式から、私たちが日常で経験するように、傾き角θは重量wに関係せず、回転半径と速度によって決まります。

自転車に見る遠心力　図4-8-4

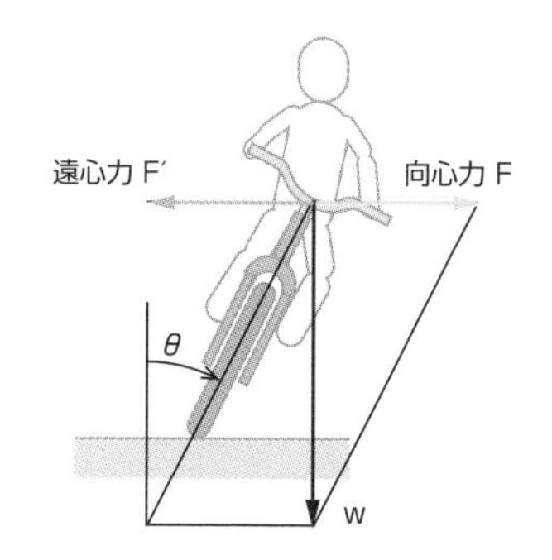

重量 w、速度 v、半径 r

$$w=mg \qquad F=m\frac{v^2}{r}$$

$$\tan\theta=\frac{F}{w}=\frac{mv^2}{rmg}=\frac{v^2}{rg}$$

$$\therefore\ \theta=\tan^{-1}\frac{v^2}{rg}$$

θは、wに関係せず、vが高く、rが小さいほど大きくなる。

4-9

機械の仕事と動力

物体に力を与えて物体が力の向きに移動したとき、力と距離の積を仕事と呼びます。仕事量を仕事にかかった時間で割った、単位時間で行う仕事量を動力と呼びます。

仕事

図4-9-1ⓐで、物体の質量に関係なく、物体に与えた力Fと移動距離sの積W=Fsを**仕事**と呼び、SI単位でN mですが、「固有の名称をもつ**組立単位**」として**J**（**ジュール**）を使います。図ⓑで、力の向きと移動の向きが異なる場合は、移動の向きと移動に要した力の作用線を一致させます。床に置いた物体への垂直な力や、固定壁を押す力は、どんなに大きくても、物体が移動しなければ仕事はゼロです。

仕事　図4-9-1

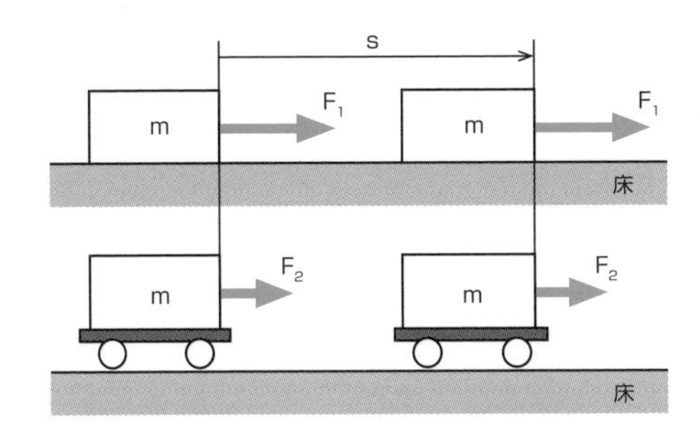

力 F[N]、移動距離 s[m] とする。

●仕事 W[J]　W=Fs

※SI単位で、N m（ニュートン・メートル）
➡組立単位で J（ジュール）

左図の条件では、明らかに
$F_1>F_2$ なので、力が行った仕事は、
$W_1>W_2$ になる。

ⓐ仕事は、力 × 距離

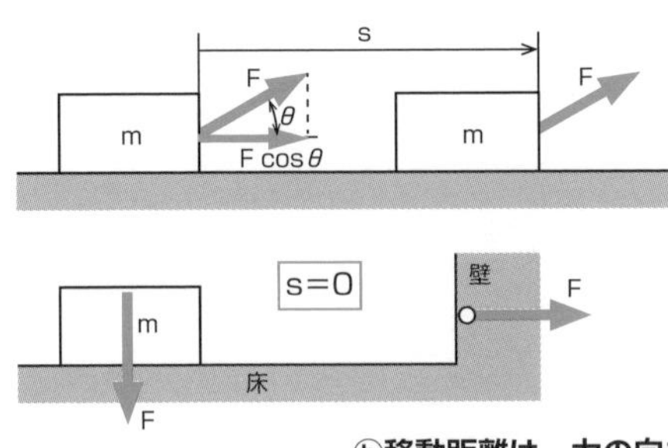

⬇運動方向分力
$W=F\cos\theta\times s$
$=Fs\cos\theta$ ⬆力の向きに動いた距離

$W=Fs=F\times0=0$

※力Fが働いても、移動距離 s=0 ならば、仕事はゼロ

ⓑ移動距離は、力の向きに動いた距離

力と仕事

古代のピラミッド建造では、斜面を使って大きな石材を運んだといわれます。図4-9-2で、重量100Nの荷物を1.5mの高さまで移動するのに、A君は斜面を使って引き上げ、B君は垂直に引き上げました。摩擦などの抵抗を考えず、力のつり合いだけで、この2人の仕事を比べると、A君はB君の**半分の力**で荷物を移動しましたが、B君の**2倍の移動距離**を必要としたので、仕事の大きさは同じです。力は得することができても、仕事は得することができない、ということです。

力と仕事　図4-9-2

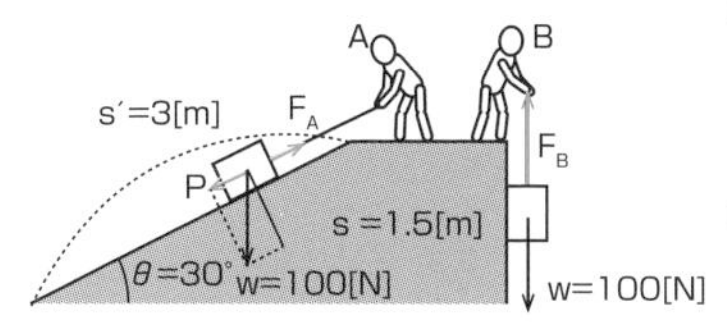

① A君の仕事 W_A

$F_A = P = w \sin\theta = 100/2 = 50[N]$

$W_A = F_A s' = 50 \times 3 = 150[J]$

② B君の仕事 W_B

$F_B = w = 100[N]$

$W_B = F_B s = 100 \times 1.5 = 150[J]$

仕事と動力

図4-9-3で、仕事W=Fsを仕事に要した時間tで割った値P=W/tを**動力**と呼びます。SI単位はJ/sですが、仕事の単位Jと同じように、固有の名称をもった組立単位**W（ワット）**を使います。実務的には動力と呼びますが、解析や自然科学では**仕事率**とも呼ばれます。短時間で仕事を行うには、大きな動力が必要であることがわかります。移動距離と時間から物体の速度を考えれば、動力は、力と速度の関係として表すこともできます。

仕事と動力　図4-9-3

力 F[N]、移動距離 s[m]、仕事 W[J]、時間 t[s] とする。

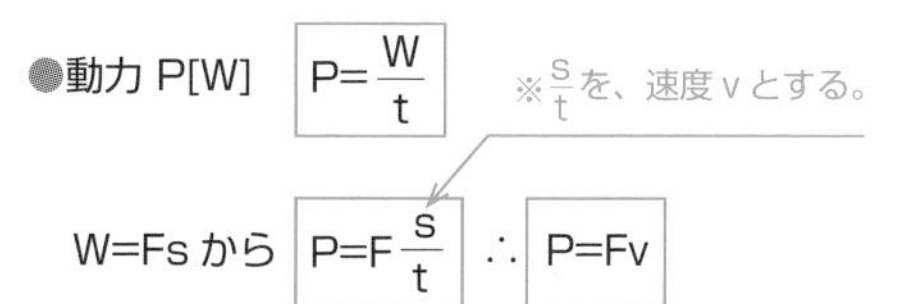

●動力 P[W]　$P = \frac{W}{t}$

※$\frac{s}{t}$を、速度 v とする。

W=Fs から　$P = F\frac{s}{t}$　∴ $P = Fv$

4-10

力学的エネルギー

仕事のできる能力がエネルギーです。運動する物体のもつ運動エネルギーと、高いところにある物体のもつ位置エネルギーの和を、力学的エネルギーと呼びます。

仕事と運動エネルギー

図4-10-1で、停止していた物体に外力が与えた仕事Wが物体の運動を作り、物体の**運動エネルギー**になります。運動エネルギーをもつ物体は外部に仕事を与えることができます。エネルギーと仕事は相互にやり取りができるので、単位は**J**です。

仕事と運動エネルギー　図4-10-1

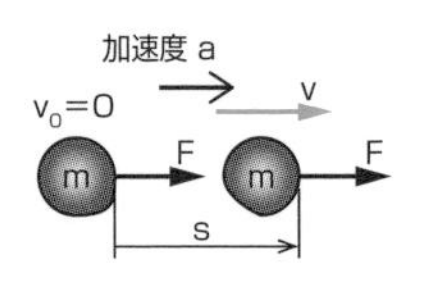

質量 m の静止していた物体に力 F を与えて距離 s だけ移動させたとき、仕事 W=Fs、力の定義 F=ma から　W=Fs=mas

図 4-7-2 の式 (4) $2as=v^2-v_0{}^2$ から加速度 $a=\frac{v^2}{2s}$

これらをまとめて、$W=Fs=mas=m\frac{v^2}{2s}s=\frac{1}{2}mv^2=K$ とする。

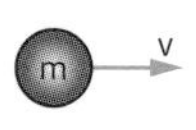

●質量 m[kg] の物体が、速度 v[m/s] で運動するとき、

運動エネルギー K[J]　$K=\frac{1}{2}mv^2$　…(1)

仕事と位置エネルギー

図4-10-2で、物体が高さhを保つと、重力が常に物体を鉛直下方に引き寄せ、物体は、仕事Wを行うエネルギーを保存することになります。重力は、保存できる**位置エネルギー**を物体に与えるので、**保存力**と呼ばれます。

仕事と位置エネルギー　図4-10-2

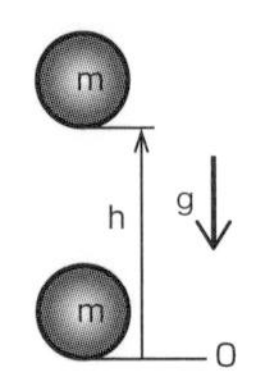

質量 m の物体を高さ h まで移動させたときの仕事 W=mgh
その位置を保つ物体は、仕事 W を行うエネルギーを保存する。

●質量 m[kg]、重力加速度 g[9.8 m/s²]、高さ h[m] とする。

位置エネルギー U[J]　U=mgh　…(2)

力学的エネルギー保存の法則

図4-10-3ⓐに示す、運動エネルギーと位置エネルギーの和を**力学的エネルギー**と呼びます。「保存力だけを受けて運動する物体の力学的エネルギーは常に等しい」ことを**力学的エネルギー保存の法則**と呼び、保存力という呼称の由来です。力学的エネルギーは、**機械的エネルギー**とも呼ばれます。図ⓑで、h=70[m]から、点②の速度135km/hが算出できます。山梨県富士急ハイランドのFUJIYAMAというジェットコースターのデータで、落差70m、最高速度130km/hと発表されています。実際の抵抗を考えれば、大体、等しい速度です。また、アトラクションの醍醐味となるループの直径dは、エネルギー保存の法則から、h>1.25dを必要とします。

力学的エネルギー保存の法則　図4-10-3

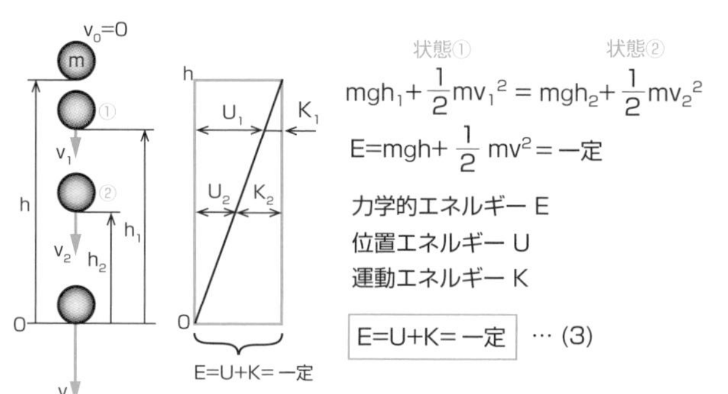

質量 m の物体が、高さ h から自由落下するとき、高さの減少に比例して位置エネルギーが減少する。位置エネルギーの減少分は落下速度を上昇させ、運動エネルギーを増加させる。力学的エネルギーは常に等しい。

ⓐ落体に見る力学的エネルギー保存の法則

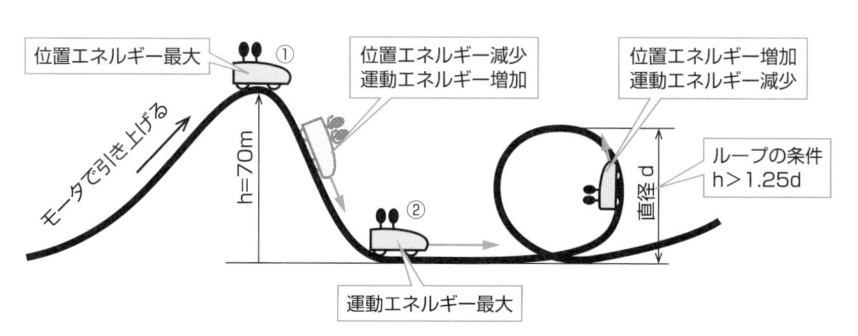

ⓑジェットコースターに見る力学的エネルギー保存の法則

4-11

単純機械

単一または少ない部品で、力や位置などを変換することのできる装置を単純機械と呼びます。てこ、斜面、滑車などを利用するものです。

てこ

図4-11-1ⓐの手こぎボートは、握り手を**力点**、オールクラッチを**作用点**、水中のブレードを**支点**として、ボートに推力を与える**第2種てこ**と考えられます。てこは、支点から力点と作用点までの距離と力の積を取って、力のモーメントのつり合いとして考えます。図ⓒのショベルカーでは、てこを応用してアームとブームの動きを作っています。

てこの応用　図4-11-1

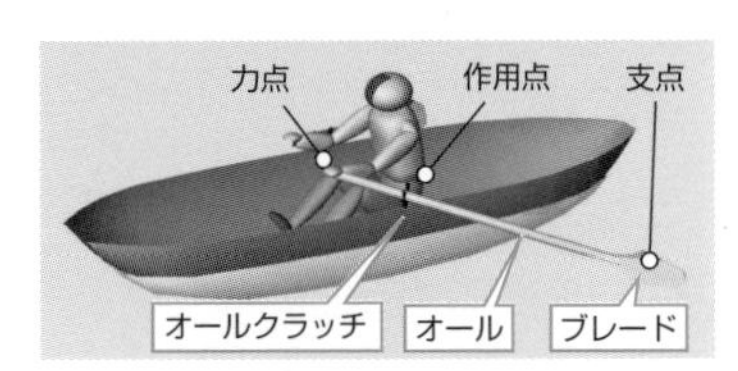

ⓐ手こぎボート

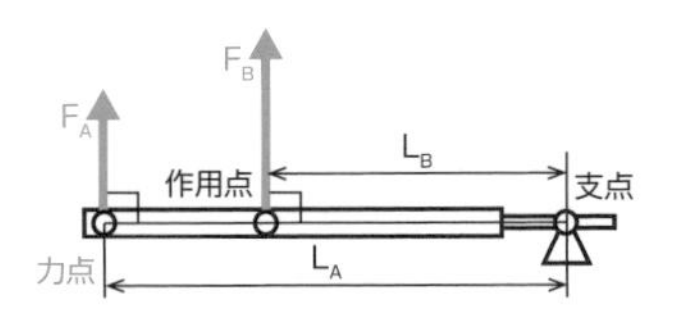

ⓑ第２種てこ　オール

支点-力点間距離　L_A、力点に与える力　F_A
支点-作用点間距離　L_B、作用点に生じる力　F_B
→ 支点を中心とした２つの力のモーメントは等しい　$F_AL_A=F_BL_B$

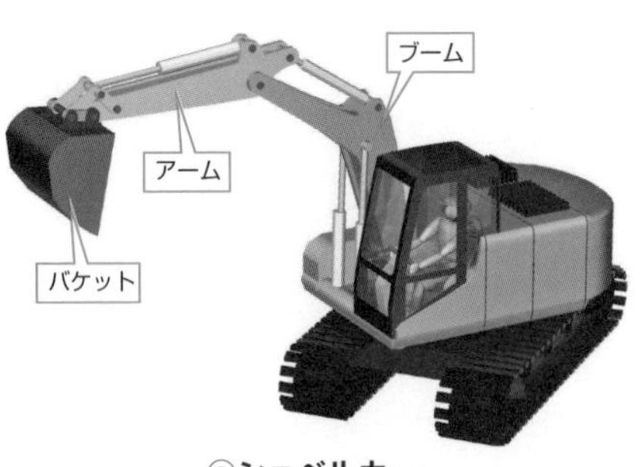

ⓒショベルカー

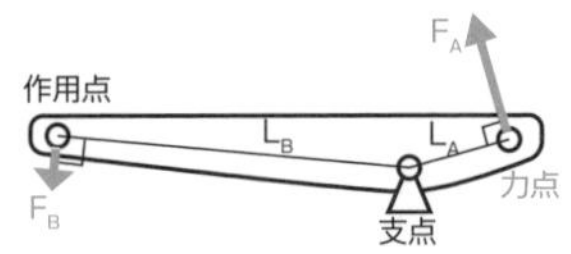

ⓓ第１種てこの応用　アーム

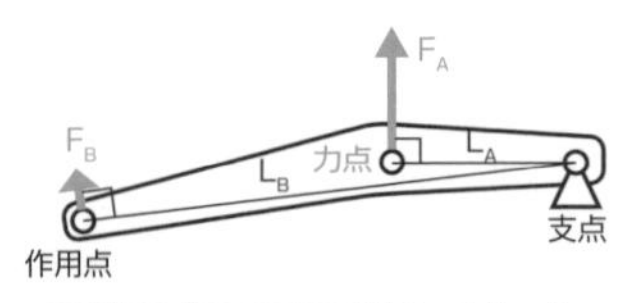

ⓔ第３種てこの応用　ブーム

滑車と輪軸

図4-11-2の**定滑車**と**動滑車**を基本として、いろいろな装置が作られます。図ⓒは、直列に並べた動滑車装置のつり合いの例です。図ⓓは、大径の円筒と小径の円筒を一体にした**輪軸**と動滑車を組み合わせた、**差動滑車**と呼ばれる装置です。輪軸は、回転中心周りの力のモーメントのつり合いを利用する要素です。図中、左回りの力のモーメント①と、右回りの力のモーメント②が等しいとして、荷重wとつり合う力Fを求めています。力のモーメント②で、荷重の分力自体が物体を持ち上げる力のモーメントとなることがポイントです。

滑車と輪軸　図4-11-2

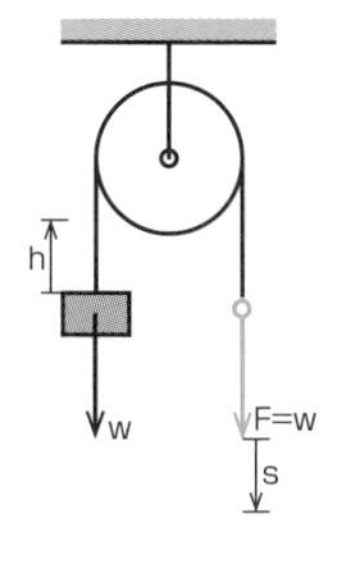

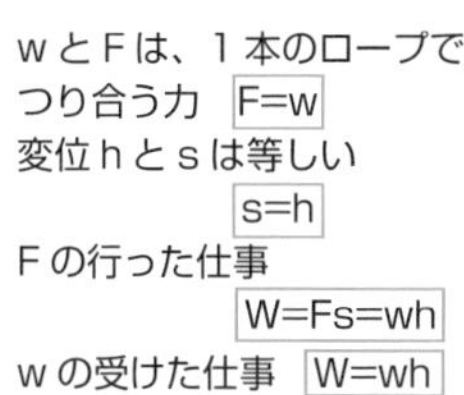

定滑車は、荷重と同じ大きさで荷重を支え、力の向きを変える。

ⓐ定滑車のつり合い

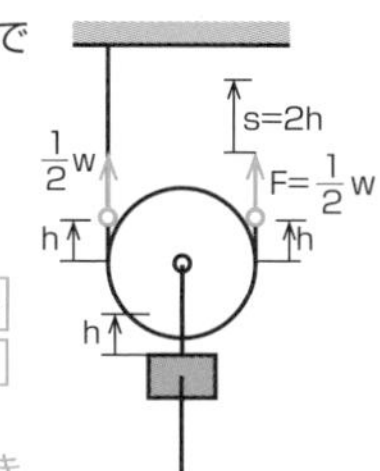

wは、滑車の両側2カ所で支えられる。 $F=\frac{1}{2}w$

変位hとsは、 $s=2h$

Fの行った仕事

$W=Fs=\frac{1}{2}w\times 2h=wh$

wの受けた仕事 $W=wh$

動滑車は、荷重の1/2の力で荷重を支え、力の変位は荷重の2倍になる。

ⓑ動滑車のつり合い

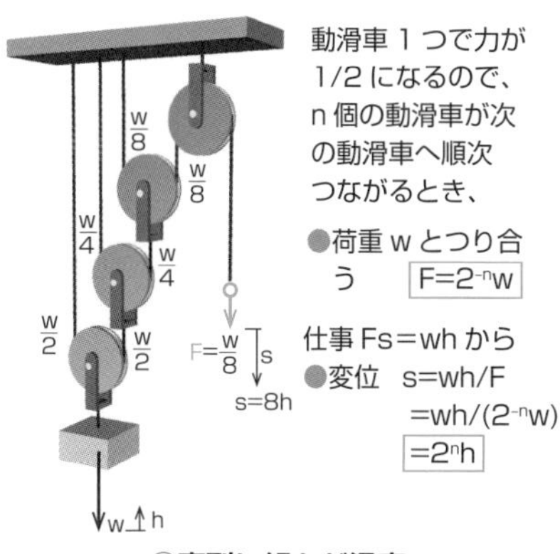

動滑車1つで力が1/2になるので、n個の動滑車が次の動滑車へ順次つながるとき、

●荷重wとつり合う $F=2^{-n}w$

仕事 $Fs=wh$ から

●変位 $s=wh/F$
$=wh/(2^{-n}w)$
$=2^{n}h$

ⓒ直列に組んだ滑車

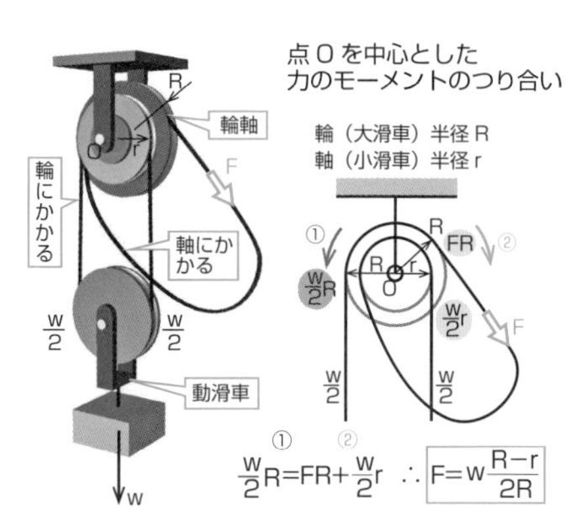

$$\frac{w}{2}R=FR+\frac{w}{2}r \quad \therefore F=w\frac{R-r}{2R}$$

ⓓ輪軸と差動滑車

4-12

摩擦力

床の上で荷物を移動させると、動き始めと動いている途中の力のかけ具合の変化から、接触面に生じる運動を妨げる摩擦力が変わることを感じることができます。

摩擦力

図4-12-1ⓐで、水平な床で静止している重量wの物体は、床との作用・反作用により、垂直抗力Nを受けています。図ⓑで物体に外力F_0が作用して物体が静止しているとき、F_0と逆向きで等しい大きさの**静止摩擦力**f_0が接触面に生じ、物体の運動の抵抗力として物体に働きます。図ⓒで、外力を増加し、外力がFとなり物体が運動し始める瞬間の、$f=\mu N$を**最大摩擦力**、μを**静止摩擦係数**と呼びます。図ⓓで、運動中の物体には、最大摩擦力fよりも小さな**動摩擦力**$f'=\mu' N$が働き、運動開始の瞬間の外力Fよりも小さな外力F'で運動を続けることができます。μ'を**動摩擦係数**と呼び、$\mu'<\mu$です。摩擦力は、摩擦係数と垂直抗力の積で決まります。

摩擦力　図4-12-1

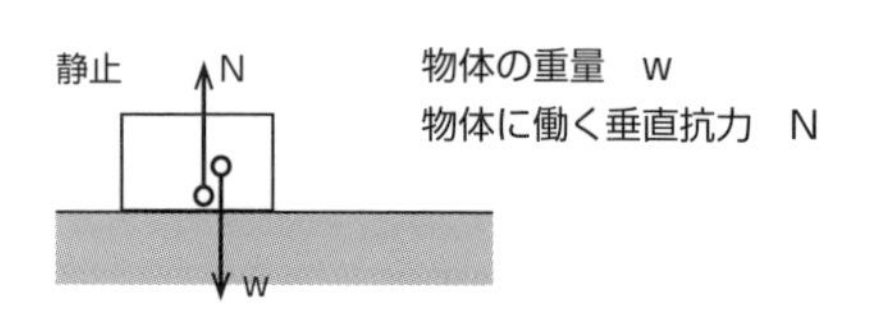

ⓐ静止物体の接触力

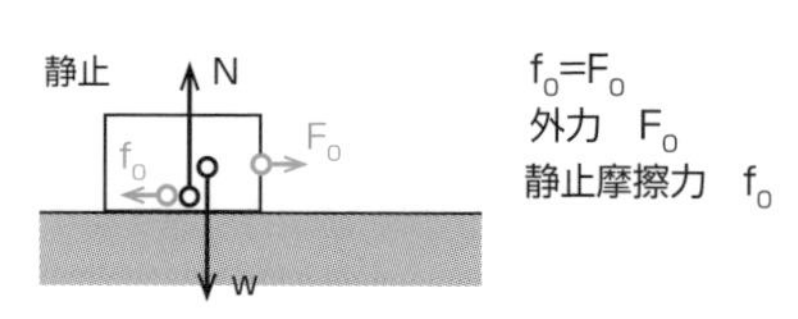

ⓑ静止摩擦力

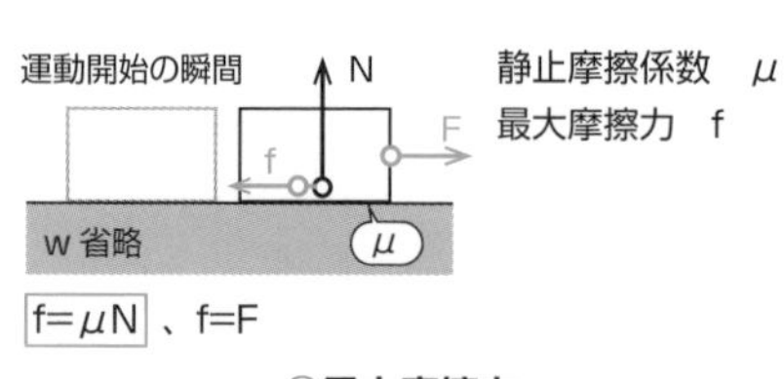

ⓒ最大摩擦力

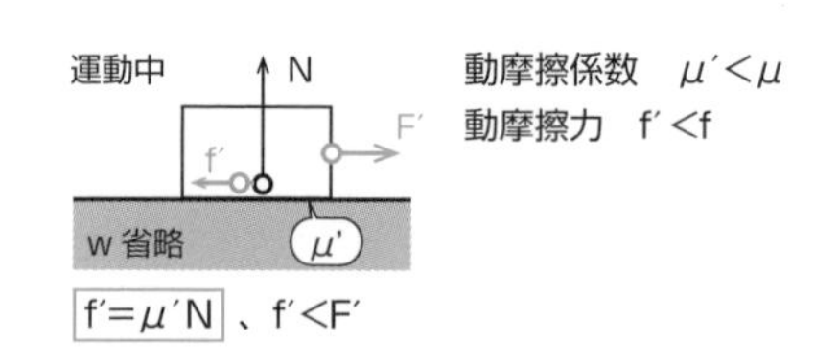

ⓓ動摩擦力

運動状態と摩擦力の変化

図4-12-2は、外力と摩擦力、滑り速度と摩擦力の関係図です。日常で体験する、荷物を滑らせて移動させる感覚が明示されています。

運動状態と摩擦力　図4-12-2

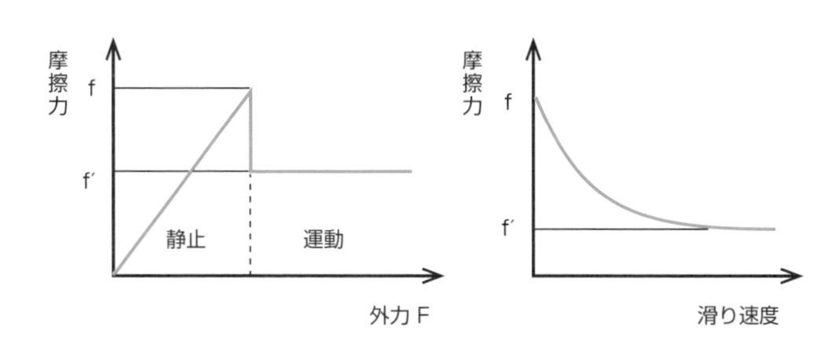

静止摩擦係数と摩擦角

図4-12-3で、重量wの物体を載せた平板の端を徐々に持ち上げ、物体が滑り出す直前の水平傾角をθとします。wを斜面に沿った力P、斜面に垂直な力Rに分解します。Pは、物体が斜面を滑ろうとする力になり、Rは、垂直抗力Nを生み、静止摩擦係数μとの積として最大摩擦力fを決定します。θがこれよりも大きくなると、P>fとなり、物体は滑り出します。μはθの関数になり、θを**摩擦角**と呼びます。

静止摩擦係数と摩擦角　図4-12-3

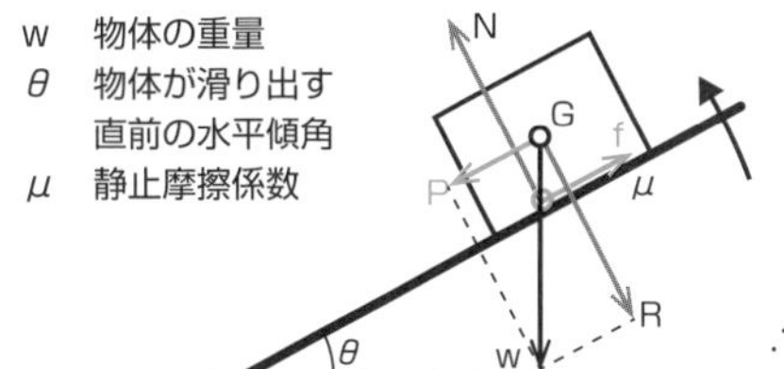

斜面に沿ったwの分力　$P=w\sin\theta$

斜面に垂直なwの分力　$R=w\cos\theta$

斜面からの垂直抗力　$N=R=w\cos\theta$

最大摩擦力　$f=\mu N=\mu w\cos\theta$

$f=P$ から　$\mu w\cos\theta=w\sin\theta$

$$\therefore \mu=\frac{w\sin\theta}{w\cos\theta}=\boxed{\tan\theta}$$

θを摩擦角と呼ぶ

タイヤの推進力

　図4-12-4で、エンジンやモータなどの動力源から駆動系を経由して、タイヤに伝達される力のモーメントを**トルク**と呼びます。トルクとタイヤ半径から、タイヤが路面に与える**駆動力**Fが求められます。路面とタイヤ接地点の摩擦係数が1であれば、タイヤの**推進力**F_t=Fとなります。雨、砂、雪などで路面が滑りやすければ、摩擦係数が小さいので、推進力は小さくなります。自動車用語では、推進力の意味で**トラクション**という言葉が使われています。

静止摩擦係数と摩擦角　図4-12-4

半径 r[m]、トルク T[N m]、摩擦係数 μ

駆動力 F[N]

推進力 F_t[N]

$$F=\frac{T}{r}$$

$$F_t=\mu F$$

・動力源から駆動系を経由して、タイヤにトルク T が伝達される。
・タイヤから路面に、駆動力 F を与える。
・路面からタイヤに、駆動力 F の反作用として、推進力 F_t を与える。
・路面を基準とするので車は左方向へ前進する。

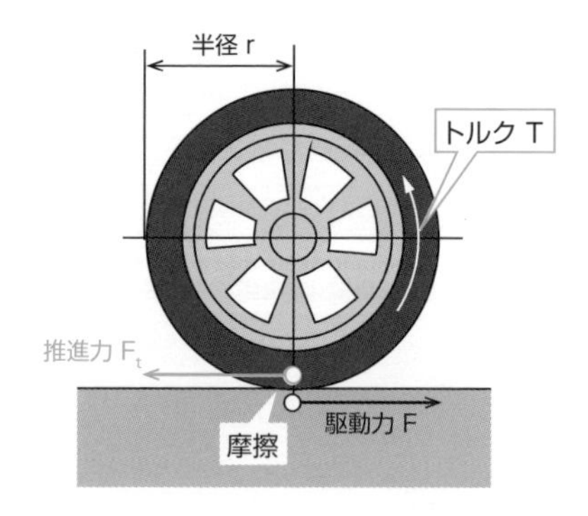

第5章 材料の強さとかたち

材料の強さを扱う分野を材料力学と呼びます。それぞれの部材に作用する力に対して、材料の寸法をどれほどにするかを適切な方法で決定することが必要です。同じ力の条件でも、材質や形状の違いで部材の強度は大きく異なります。

5-1 軸荷重とせん断荷重

第４章では、物体に働く力の作用を考えました。本章では、力を受けた物体の材料内部に起きる力の働きを考えます。材料に作用する外力を荷重と呼びます。

軸荷重

図5-1-1ⓐで、物体の両端に与えた大きさが等しく、同一作用線上で矢が遠ざかる向きに与えた外力Fは、物体を引っ張る**引張荷重**として働き、物体は力のつり合いで静止します。図ⓑは、外力の向きを逆にした**圧縮荷重**で、これらを**軸荷重**と呼びます。

軸荷重　図5-1-1

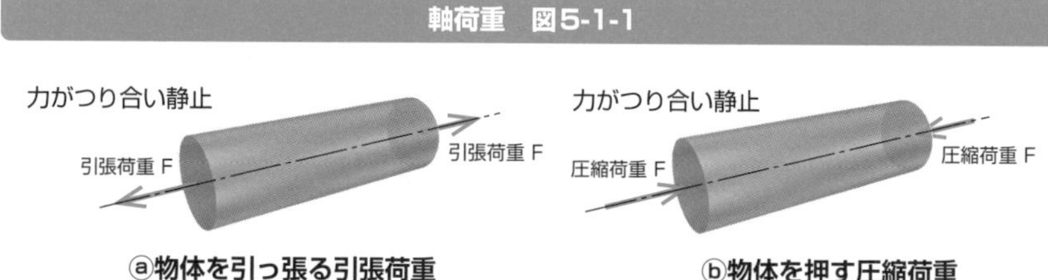

ⓐ物体を引っ張る引張荷重　ⓑ物体を押す圧縮荷重

内力

図5-1-2ⓐのように、物体内部に荷重と垂直な仮想断面を考え、物体をAとBの2つの部分に分割したと仮定すると、図ⓑのように、それぞれの部分で荷重とつり合う**内力**Nが生まれます。図ⓒで、AとBの仮想断面を合わせると、AがBから内力N_Bを受け、BがAから内力N_Aを受けているように見えます。内力どうしは、作用・反作用の関係にあります。軸荷重によって生まれる内力を**軸力**と呼びます。

内力　図5-1-2

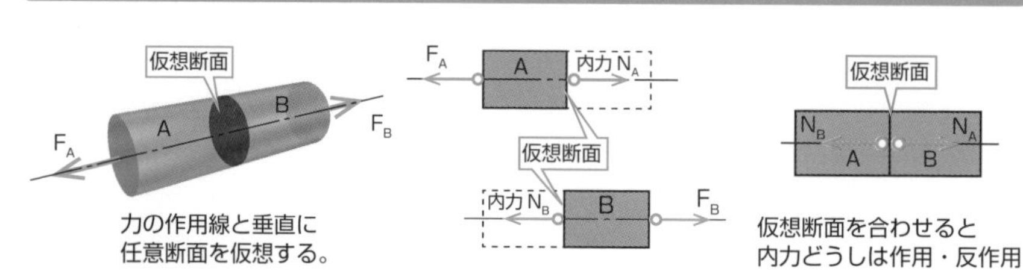

ⓐ物体に考える仮想断面　ⓑ外力と内力のつり合い　ⓒ内力の作用・反作用

せん断荷重

図5-1-3ⓐのように、平行で逆向きの外力を材料に直角に与えて、材料にずれを起こして切断することを**せん断**と呼び、与える外力を**せん断荷重**と呼びます。せん断荷重に挟まれた、荷重と平行な仮想断面に沿って両側に生まれる内力を**せん断力**と呼びます。図ⓑで、**はさみの刃**は、ナイフの刃のように鋭利ではなく平面的です。はさみは、平面的な刃で材料にせん断荷重を与え、荷重と平行な断面にずれを起こして材料をせん断します。一般にプライヤと呼ばれる**コンビネーションプライヤ**は、支点に近い部分で直径3mm程度までの線材をせん断できるように製造されています。せん断力を利用していることは、実際に工具を使っている方もご存じないかもしれません。

せん断荷重　図5-1-3

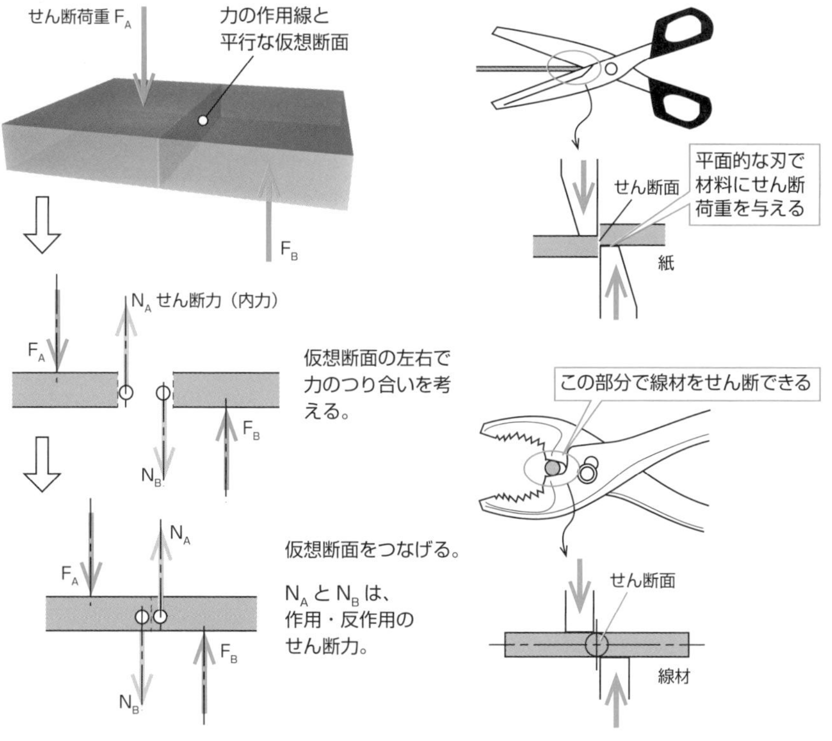

ⓐせん断荷重とせん断力

ⓑはさみとプライヤ

5-2

曲げ荷重とねじり荷重

材料を曲げようとする曲げ荷重や、材料をねじろうとするねじり荷重を受ける部材内部では、引張り、圧縮、せん断という基本的な荷重が組み合わされています。

曲げ荷重

図5-2-1ⓐで、鉄棒に静かに乗っている人の体重は、材料を曲げようとする**曲げ荷重**として鉄棒に働きます。図ⓑのように、点Pで曲げ荷重を受ける材料の中心線と垂直な仮想断面を考えます。すると、仮想断面の左側には体重による下向きの力、仮想断面の右側には体重を支える上向きの力が作用し、大きさが等しく逆向きの力が断面に沿って生まれます。曲げ荷重は、この断面の両側でせん断荷重と同じ効果を与えます。図ⓒのように、軸方向の変形を見ると、曲げられた内側は圧縮されるので、圧縮荷重、外側は引っ張られるので引張荷重の成分を受けます。図ⓓのように、それぞれの軸荷重成分による効果は、材料の上下の表面で最も大きく、中心へ向かうほど小さくなります。そして、中心では引張荷重成分と圧縮荷重成分の影響がゼロになります。これを**中立面**と呼びます。

曲げ荷重　図5-2-1

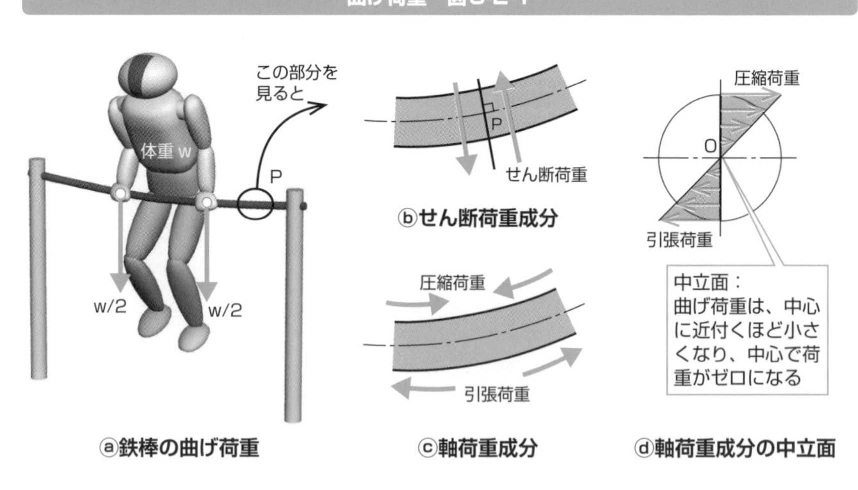

ねじり荷重

図5-2-2ⓐのように、一端を壁に固定した軸に**ねじり荷重**を与えると、任意の位置に取った、軸の長さ方向と垂直な仮想断面の両側に、大きさが等しく断面に沿って逆向きのせん断荷重成分、および、軸を縮ませようとする圧縮荷重成分が生まれます。圧縮荷重成分は、せん断荷重成分に比べて小さいので、軸の強さは、後述する図ⓑからわかるように、せん断荷重成分をもとに考えます。図ⓑで、同じ材質と半径で、長さの異なる軸に、等しいねじり荷重Tを与え、母線ABの変化から軸の変形を考えます。母線の傾き角を**せん断角**ϕ、軸端面の母線の回転角を**ねじり角**θとして、ϕとθを微小とすると、両者のせん断角ϕは等しく、ねじり角θは軸の長さに比例します。このことから、材料のねじり荷重に対する強さは、長さの影響を受けない、せん断荷重成分をもとに考えます。

ねじり荷重　図5-2-2

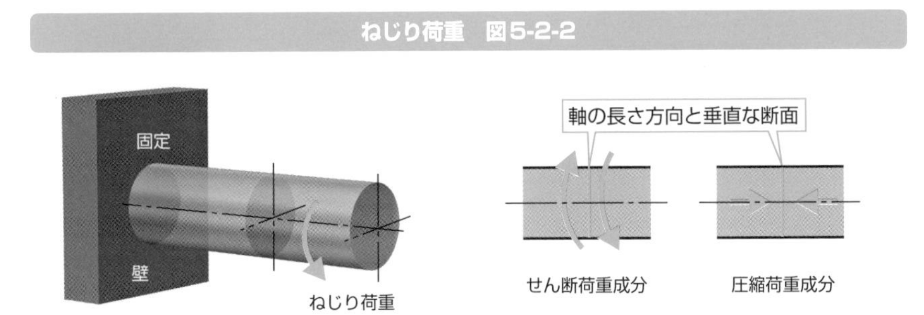

ⓐねじり荷重のせん断荷重成分と圧縮荷重成分

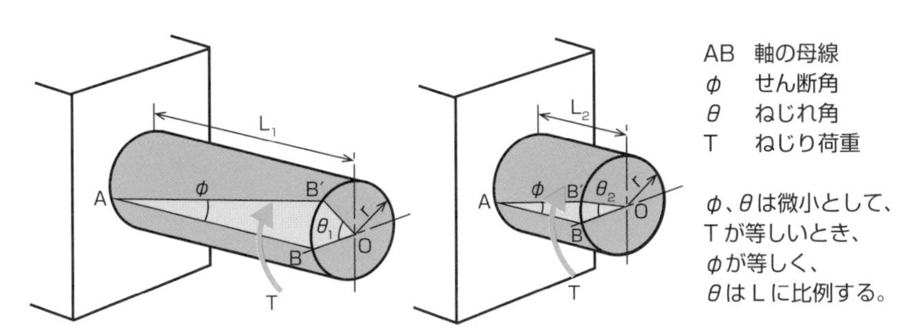

同じ材質と半径で、長さの異なる軸に、等しいねじり荷重Tを与えて、変形を考える。

ⓑねじり荷重を受ける軸の変形

5-3

いろいろな荷重

力の大きさと作用する時間で、材料が受ける影響は変わります。小さくても瞬間的な荷重や、長時間繰り返し働く荷重が、材料に大きな負担となることがあります。

静荷重

図5-3-1のように、時間が経過しても材料に作用する荷重が変化しないか、変化が小さな荷重を**静荷重**と呼びます。

静荷重　図5-3-1

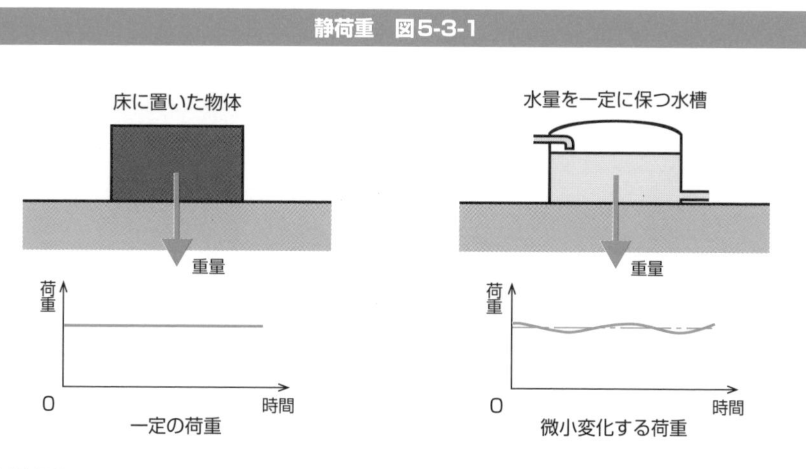

動荷重

図5-3-2ⓐは、荷重の大きさが周期的に変化する**繰返し荷重**（**片振り繰返し荷重**）と呼び、図ⓑのように、符合が交互に変化するものを**交番荷重**（**両振り繰返し荷重**）と呼びます。これらは、小さな力でも長時間作用することで材料に思わぬ負荷を与え、機械の経年変化による破壊の原因ともなります。図ⓒのように、瞬間的に作用する荷重を**衝撃荷重**と呼び、材料にとって最も危険な荷重です。

動荷重 図5-3-2

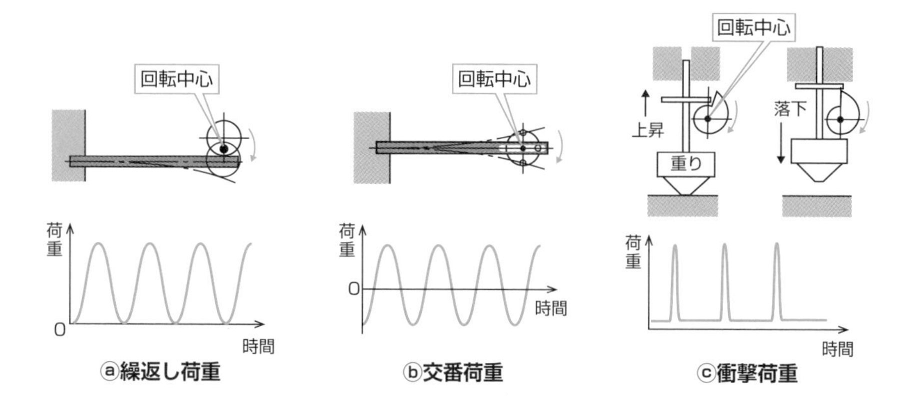

ⓐ繰返し荷重　ⓑ交番荷重　ⓒ衝撃荷重

集中荷重と分布荷重

図5-3-3ⓐの長大橋は、材料の強さとかたちを考える材料力学と構造力学に最適な建造物です。図ⓑのように、橋の路面を走る自動車は、重心に重量を集中させた**集中荷重**として考えます。長大橋のような大きな建造物では、建造物の自重も荷重として考える必要があります。材料は橋全体に使用されているので、材料の重量が**分布荷重**として橋に作用します。また、自動車は、走行により位置を移動するので、このような荷重を**移動荷重**と呼びます。

集中荷重と分布荷重 図5-3-3

ⓐ長大橋

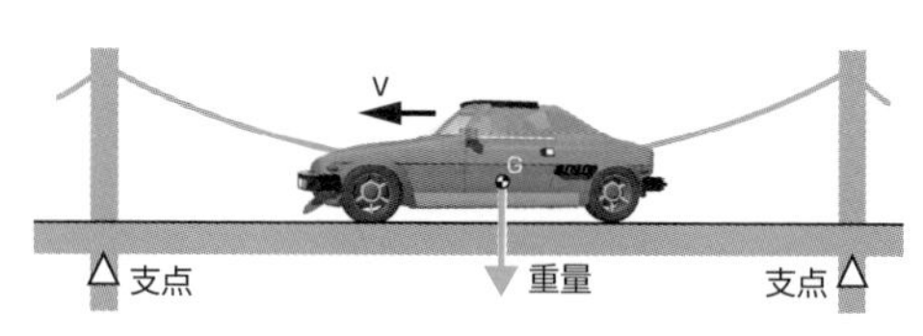

ⓑ長大橋に作用する荷重

5-4 応力

荷重が材料にどれほどの負担を与えるのか。材料がどれほどの荷重に耐えられるのか。材料の強さを考える基本が応力です。

応力

図5-4-1で、材料に荷重が働くと、材料内部に内力が生まれ、内力の発生する断面に均一に分散すると考えます。内力を内力が分散する面積で割った値を**応力**といいます。内力の大きさは荷重と等しいので、一般的には、荷重を断面積で割った値を応力としています。

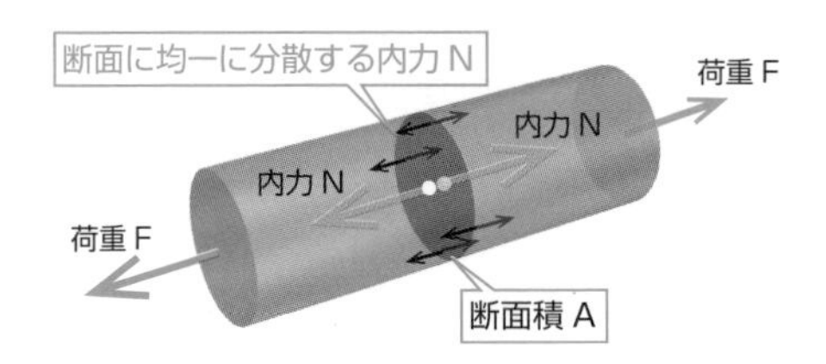

$$応力 = \frac{内力}{断面積} = \frac{N}{A}$$

$$応力 = \frac{荷重}{断面積} = \frac{F}{A}$$

垂直応力

軸荷重によって発生する応力を**垂直応力**と呼び、記号σ（シグマ）を使います。荷重を区別する場合は、引張荷重による**引張応力**をσ_t、圧縮荷重による圧縮応力をσ_cと表します。

垂直応力　図5-4-2

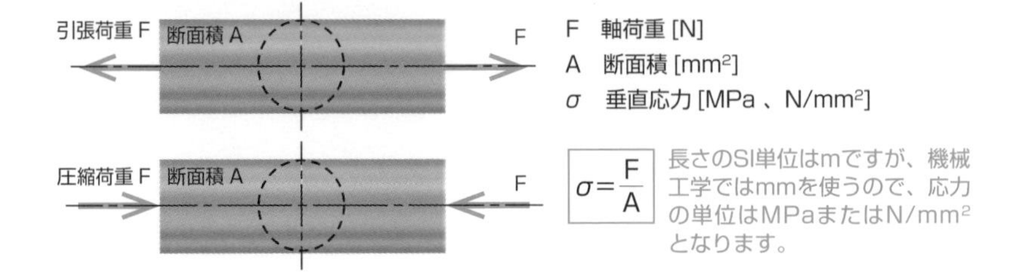

せん断応力

図5-4-3の、せん断荷重によって発生する応力を**せん断応力**と呼び、記号τ（タウ）を使います。

せん断応力　図5-4-3

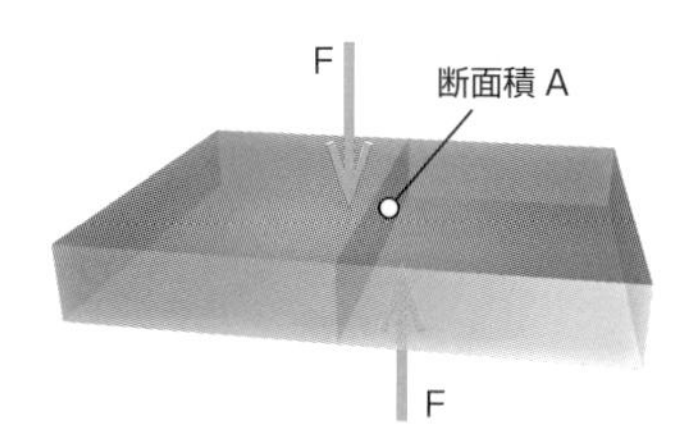

F　せん断荷重 [N]

A　断面積 [mm^2]

τ　せん断応力 [MPa、N/mm^2]

$$\tau = \frac{F}{A}$$

応力の例

図5-4-4は、厚さtの鋼板を、ポンチの直径d、荷重Fで打ち抜くモデルです。ポンチ円形断面部分に圧縮応力が生まれ、打ち抜き材の側面部分にせん断応力が生まれます。

ポンチの打ち抜きモデル　図5-4-4

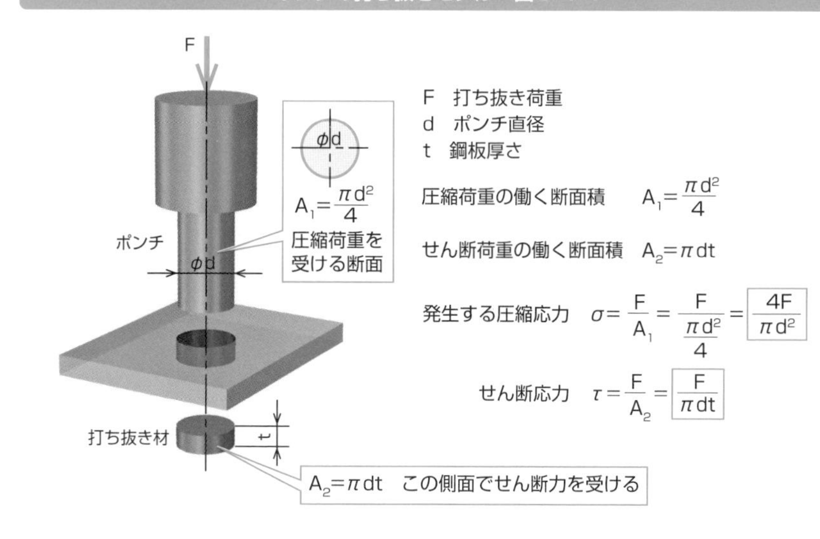

F　打ち抜き荷重

d　ポンチ直径

t　鋼板厚さ

圧縮荷重の働く断面積　$A_1=\frac{\pi d^2}{4}$

せん断荷重の働く断面積　$A_2=\pi dt$

発生する圧縮応力　$\sigma=\frac{F}{A_1}=\frac{F}{\frac{\pi d^2}{4}}=\boxed{\frac{4F}{\pi d^2}}$

せん断応力　$\tau=\frac{F}{A_2}=\boxed{\frac{F}{\pi dt}}$

5-5 ひずみ

材料は荷重を受けると変形し、変形量は材料の形状寸法や材質によって異なります。変形の度合いを、ひずみという量で表します。

軸荷重のひずみ

軸荷重の作用線の方向を**縦方向**、**軸方向**、**長手方向**と呼び、作用線に垂直な方向を**横方向**と呼びます。図5-5-1で、引張荷重を受ける材料は、縦方向に伸びて横方向に縮みます。圧縮荷重を受ける材料は、縦方向に縮んで横方向に伸びます。材料の変形量を元の長さで割った値を**ひずみ**と呼び、単位のない**無次元の量**です。長さL、直径dの棒状材料に軸荷重を与え、縦方向の変形量λ、横方向の変形量δ、縦方向の**縦ひずみ**ε、横方向の**横ひずみ**ε'とします。

軸荷重のひずみ　図5-5-1

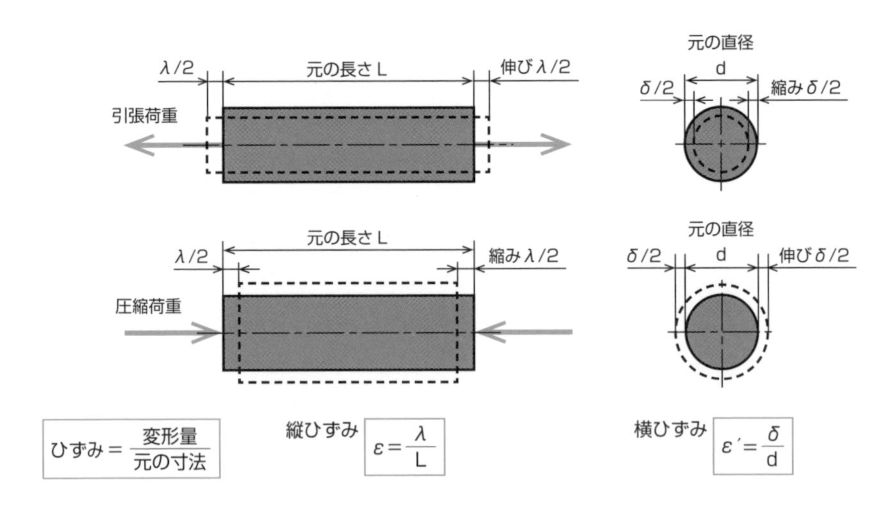

ひずみの表し方

金属材料の変形量は少なく、ひずみが微小な値なので、次の例ように%で表示することがあります。

長さ500mmの材料が引張荷重を受けて1mm伸びたとき、縦ひずみεは0.002です。これを0.2%とも表します。

縦ひずみ $\varepsilon=\frac{\lambda}{L}=\frac{1}{500}=0.002$ $\quad 0.002\times100=0.2[\%]$

せん断ひずみ

図5-5-2で、せん断荷重Fを受ける材料には、せん断荷重に沿って**ずれ**λが発生します。λをずれの起きた間隔Lで割った値を**せん断ひずみ**γと呼びます。ずれの角度θを**rad単位**で表すと、θが微小なとき、$\tan\theta \fallingdotseq \theta$を利用して、$\gamma \fallingdotseq \theta$となります。

せん断ひずみ　図5-5-2

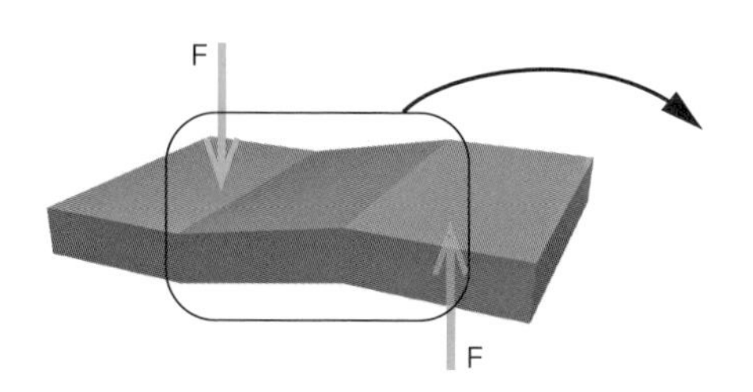

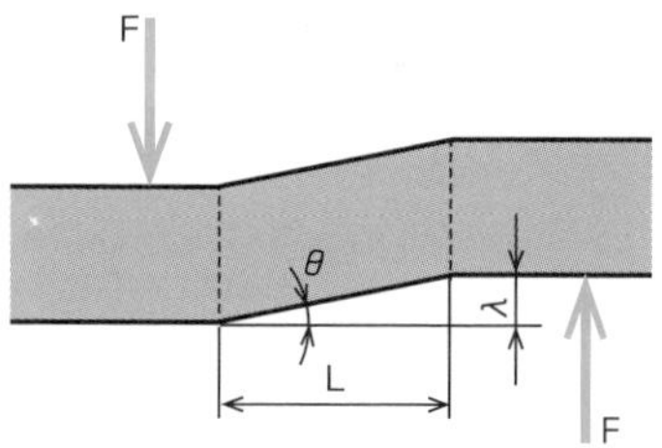

せん断ひずみ $\gamma=\frac{\lambda}{L}$　ずれの角度θから $\frac{\lambda}{L}=\tan\theta$

θが微小なとき　$\tan\theta \fallingdotseq \theta$　$\gamma \fallingdotseq \theta$

$\gamma=\frac{\lambda}{L}=\tan\theta \fallingdotseq \theta$

5-6

応力とひずみ

実際の金属材料は弾性体で、外力が加われば変形します。材料の代表的な機械的性質を表す、応力-ひずみ線図を考えます。

応力-ひずみ線図

材料に引張荷重を与え、材料が破断するまでの荷重と変形量を測定して、材料の強さを調べる**破壊試験**を**引張試験**と呼び、縦軸を応力、横軸をひずみとしたグラフを**応力-ひずみ線図**と呼びます。図5-6は、**軟鋼**の応力ーひずみ線図です。

- ①**公称応力-ひずみ線図**　O、A、B、C、D、E、Fの経路で示します。一般に試験機で得られるグラフを**公称応力-ひずみ線図**と呼びます。
- ②**真応力-ひずみ線図**　破線E′～F′で、試験片の刻々の変化を示した理論的な線図を**真応力-ひずみ線図**と呼びます。
- **比例限度**　原点OからAまでを、応力とひずみが比例する**比例領域**と呼び、最大値Aを**比例限度**と呼びます。
- **弾性限度**　O～Bを**弾性領域**と呼びます。点Bを**弾性限度**と呼び、この範囲までは、荷重を除けば**変形の戻る弾性**を保ちます。弾性領域を越える範囲を**塑性領域**と呼び、荷重と変形は比例せず、変形量も元には戻りません。
- **降伏点**　B～Dの近傍を**降伏領域**と呼び、応力がほぼ変わらず、ひずみだけが増加します。最大値Cを**上降伏点**（じょうこうふくてん）、最小値Dを**下降伏点**（かこうふくてん）と呼び、一般に上降伏点を降伏点と呼びます。これ以降は、変形が戻らない塑性変形を行います。
- **引張強さ**　最大値Eを**引張強さ**または**極限強さ**と呼び、材料の強度を示す値として使われます。
- **永久ひずみ**　点Pで荷重を除くと、変形量はOAとほぼ平行に戻りますが、荷重がゼロになってもひずみOP′が材料に残ります。これを**永久ひずみ**と呼びます。
- **耐力**　アルミニウムなど**降伏点をもたない金属**は、荷重を解除したあと0.2%の永久ひずみが残るときの応力を**0.2%耐力**と呼び、降伏点に代えて考えます。

●**縦弾性係数**　直線OAの傾きは、**材料定数**または**弾性定数**と呼ばれます。σをεで割った**縦弾性係数**Eまたは**ヤング率**の単位は、応力と同じです。ただし、値が大きくなるため、一般にGPaが使われます。

応力とひずみ　図5-6

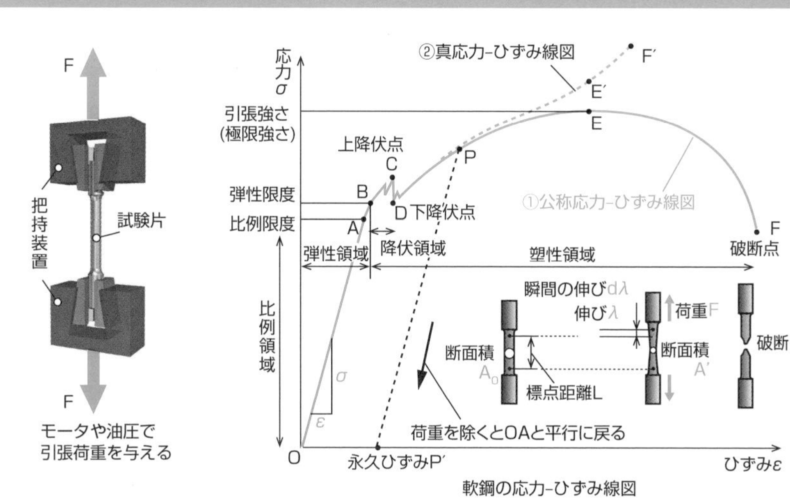

応力 $\sigma=\dfrac{F}{A}$　　ひずみ $\varepsilon=\dfrac{\lambda}{L}$　　縦弾性係数 $E=\dfrac{\sigma}{\varepsilon}$ [GPa、MPa]

①公称応力-ひずみ線図：元の断面積 A_0 と伸び λ から作る、実用的な線図。

②真応力-ひずみ線図：刻々の断面積 A′ と伸び dλ から作る、理論的な線図。

縦弾性係数は、荷重に対する変形の抵抗力の大きさを示す。

●金属材料の機械的性質の例

材料	引張強さ [MPa]	降伏点 [MPa]	E [GPa]
鋼	402 以上	225 以上	206
純アルミニウム	110 以上	95 以上（耐力）※	69
黄銅	472 以上	395 以上	110
純チタン	390 以上	275 以上	106

※0.2% 耐力　荷重を解除したあと0.2% の永久ひずみが残るときの応力

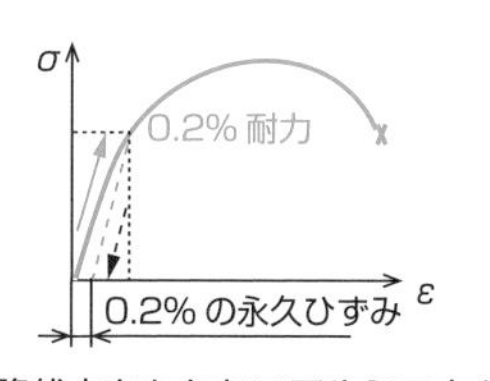

降伏点をもたないアルミニウムなどの応力-ひずみ線図

5-7

疲れ、応力集中、安全率

小さな負荷が長時間作用する荷重や、断面形状が不均一な部材に働く荷重は、材料に変形や破壊をもたらす原因になります。材料を安全に使う方法を考えます。

クリープ

図5-7-1は、材料に静荷重を長時間与え続け、時間とともに材料の変形量が増加する**クリープ**という現象を観察する**クリープ試験**の概略です。クリープ現象は高温になるほど変化が著しく、ある温度で一定時間経過後に一定の変形量を発生させる応力を**クリープ限度**と呼びます。

クリープ試験の概略　図5-7-1

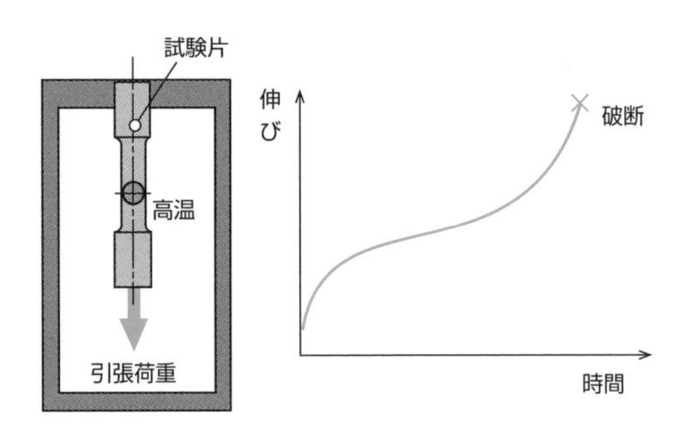

クリープ試験の世界記録
クリープ試験の世界記録は、日本の独立行政法人物質・材料研究機構（中止時の名称）が 1969 年 6 月 19 日に開始して 2011 年 3 月 14 日に中止した、およそ 42 年間に及ぶ記録です。試験終了時の変形は、およそ 5% と発表されています。

疲労

通常では問題とならない繰返し荷重を材料に長時間与えると、材料が弱くなる**疲労**という現象が起こり、**疲労破壊**の原因となります。極めて小さな繰返し荷重では、材料は破壊されず、破壊に至らない応力の最大値を**疲労限度**と呼びます。

疲労試験の概略　図5-7-2

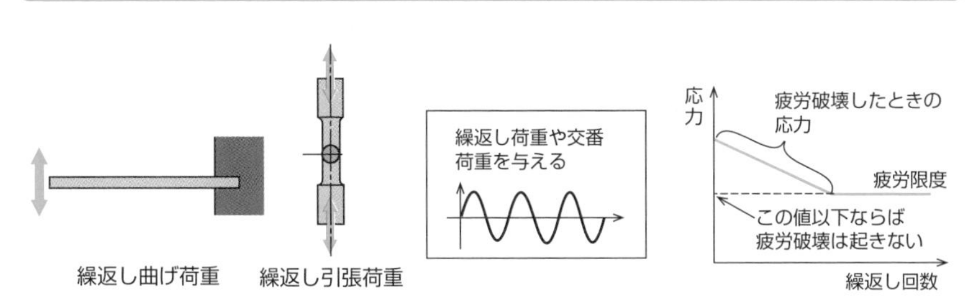

応力集中

図5-7-3ⓐのように、部材に穴や段付きなどの断面形状変化があると、その周辺で局所的に大きな応力が発生します。この現象を**応力集中**と呼びます。応力集中を低減するには、図ⓑのように、**形状変化を緩やか**にすることが必要です。

応力集中　図5-7-3

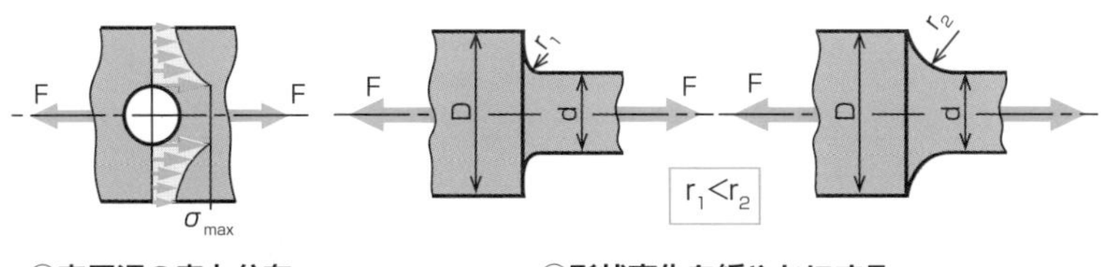

ⓐ穴周辺の応力分布　　**ⓑ形状変化を緩やかにする**

安全率

　荷重の作用する材料に実際に発生する応力を**使用応力**と呼び、材料の安全を保証できる**最大使用応力**を**許容応力**σ_aと呼びます。許容応力を決める基準となる応力を**基準応力**σ_sと呼び、材料や使用方法から決定します。基準応力と許容応力の比を**安全率**Sと呼び、荷重条件と材料などから決められます。安全率が大きいほど材料は荷重に対して余裕をもちますが、あまりに大きいと材料の重量が増えすぎて適切とはいえなくなります。

安全率　図5-7-4

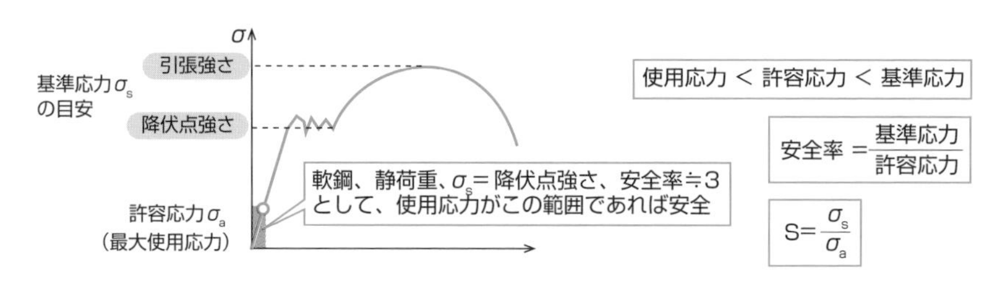

●基準応力の決め方の例

材料や荷重条件	基準応力
軟鋼、アルミニウムなど	降伏点、耐力
鋳鉄など脆い材料	極限強さ（引張強さ）
繰返し荷重を受ける材料	疲労限度
高温で使用する材料	クリープ限度

●安全率の例

材料	静荷重	繰返し荷重	交番荷重	衝撃荷重
鋼	3	5	8	12
鋳鉄	4	6	10	15
木材	7	10	15	20

5-8 身近な強さの例

私たちに身近な自転車と電車を題材として、材料の強さについて考えてみましょう。

自転車

【1】自転車のタイヤは、空気圧が低いとタイヤがペチャンコにつぶれて見えます。適正な空気圧にすると、タイヤはどのように路面と接しているでしょう。

【2】自転車のスポークを1本取り出して、静かな荷物を安全にぶら下げることができたなら、どれほどの重量を支えられるでしょう。

自転車の問題　図5-8-1

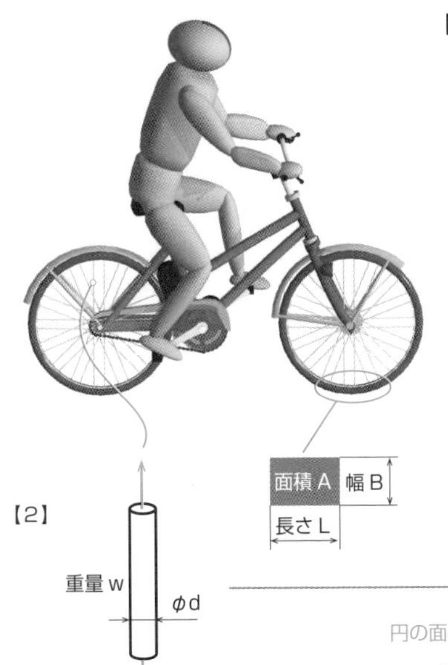

【1】条件を設定します。

タイヤのサイズ表示 26×1 3/8

タイヤの適正空気圧表示 300kPa

自転車重量 20kg、体重 60kg

空気圧　P=300[kPa]

タイヤ接地面を長方形と近似させて、

接地面積 A=BL

インチを cm に変換

$$\text{タイヤ幅 } B=1\frac{3}{8}\times 2.54=\boxed{3.5[\text{cm}]}$$

$$\text{タイヤ1つの荷重}\quad w=(20+60)/2=40[\text{kg}]$$

$$P=\frac{F}{A}\quad A=\frac{F}{P}=\frac{40\times 9.8}{300\times 10^{3}\times(10^{-2})^{2}}$$

（F=wg、kPa➡Pa、N/m²➡N/cm²）

$$=\frac{40\times 9.8}{300\times 10^{-1}}=\boxed{13.0[\text{cm}^2]}$$

$$\text{長さ } L=\frac{A}{B}=\frac{13}{3.5}=\boxed{3.7[\text{cm}]}$$

条件を設定します。

スポーク直径 d=2[mm]、

引張強さ σ=450[MPa]

安全に➡安全率 S=3

許容応力 σ_a、引張荷重 F とする

円の面積は直径で表すことが多い

$$\text{スポーク断面積 } A=\frac{\pi d^2}{4}\qquad \text{許容応力 } \sigma_a=\frac{\sigma}{S}=\frac{F}{A}$$

$$F=A\frac{\sigma}{S}=\frac{\pi d^2}{4}\frac{\sigma}{S}$$

（mm➡m、MPa➡Pa）

$$=\frac{\pi\times(2\times 10^{-3})^2}{4}\frac{450\times 10^{6}}{3}=150\pi[\text{N}]$$

$$\text{重量 } w=\frac{F}{g}=\frac{150\pi}{9.8}=\boxed{48.0[\text{kg}]}$$

熱応力と熱ひずみ

材料の変形には外力だけでなく、温度変化による影響も作用します。図5-8-2ⓐは、長さLで両端を固定した部品が加熱され、部品が自由であれば発生するはずの、**軸方向の増加分**λが、両端を固定されているために荷重Fで圧縮されていると考えます。図ⓑは、部品が冷却された場合で、図aと同様に、材料が荷重Fで引っ張られていると考えます。このような熱変形によって材料に発生する応力を**熱応力**、ひずみを**熱ひずみ**と呼びます。

熱応力と熱ひずみ 図5-8-2

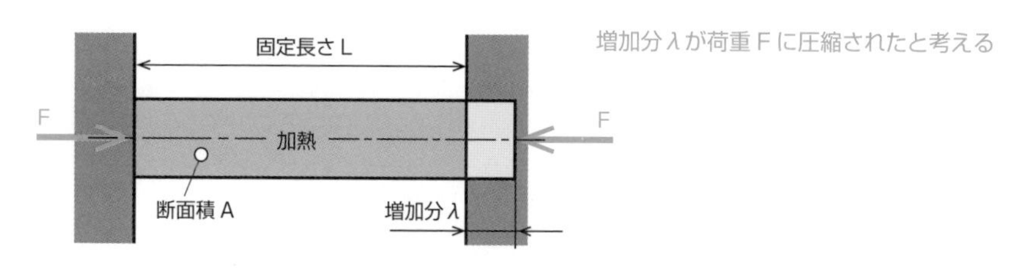

ⓐ加熱による圧縮荷重

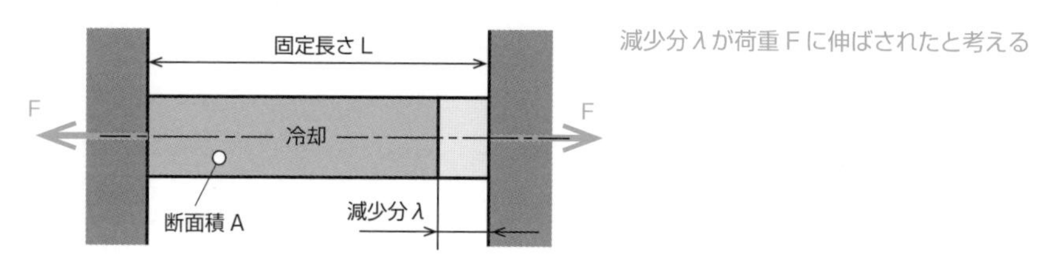

ⓑ冷却による引張荷重

電車のレール

鉄道のレールは、温度変化によって伸縮します。この対策としてレールの継目に遊間（ゆうかん）と呼ばれる隙間を適宜設けています。長さ25mの定尺レールが温度45℃のとき、隙間がゼロで接しているとします。レールは自由に伸縮するものとして、レール温度が【1】-5℃のとき、【2】55℃のとき、レールはどのようになるでしょう。

電車のレール　図5-8-3

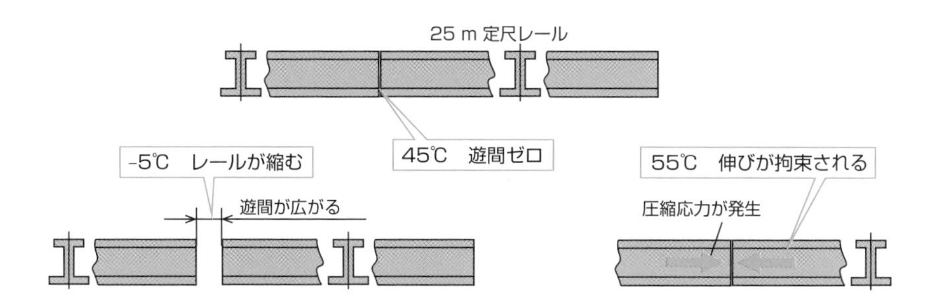

【1】-5℃では、レールが縮むので遊間が広がります。

レールがどれほど伸縮するかを、次のように数量化してみましょう。

温度変化⊿tによる材料の変形量λは、元の寸法Lに対する温度変化1K（ケルビン）=1℃あたりの変形の度合いを表す**線膨張係数**αを使って、

変形量 = 線膨張係数 × 元の寸法 × 温度差

で求めることができます。

線膨張係数$\alpha = 11.5 \times 10^{-6}$[/K]として、

$$\lambda = \alpha L \Delta t = \alpha L(t_2 - t_1) = 11.5 \times 10^{-6} \times 25 \times 10^3 \times (-5-45) = \boxed{-14.4[\mathrm{mm}]}$$

【2】55℃では、レールの伸びが拘束されるので、圧縮応力が生まれます。

5-6節で示した、縦弾性係数と応力、ひずみの関係式から、圧縮応力を求めてみましょう。材料の縦弾性係数を206GPaとします。

縦弾性係数 $E = \dfrac{\sigma}{\varepsilon}$ から　$\sigma = E\varepsilon$　ひずみ$\varepsilon = \dfrac{\lambda}{L} = \dfrac{\alpha L \Delta t}{L} = \alpha \Delta t$

$$\sigma = E\alpha\Delta t = 206 \times 10^3 \times 11.5 \times 10^{-6} \times (55-45) = \boxed{23.7[\mathrm{MPa}]}$$

5-9

はり

曲げ荷重を支える長い部材をはりと呼びます。建築物、橋、自動車の車体など、いろいろな裏方部材の主役といえます。

静定はりと不静定はり

はりは、自由に変形できる**静定**(せいてい)**はり**と、変形を拘束する**不静定はり**に大きく分けられます。**両端支持はり**と**片持はり**は、荷重条件だけで、はり全体の強さと変形量を知ることができる静定はりです。**連続はり**と**固定はり**は、荷重と支点にかかる力が互いに影響し合って、はり自体がはりを曲げようとする作用を作り出すことがあり、荷重条件だけでは、はりに生じる現象を知ることのできない不静定はりです。

静定はりと不静定はり　図5-9-1

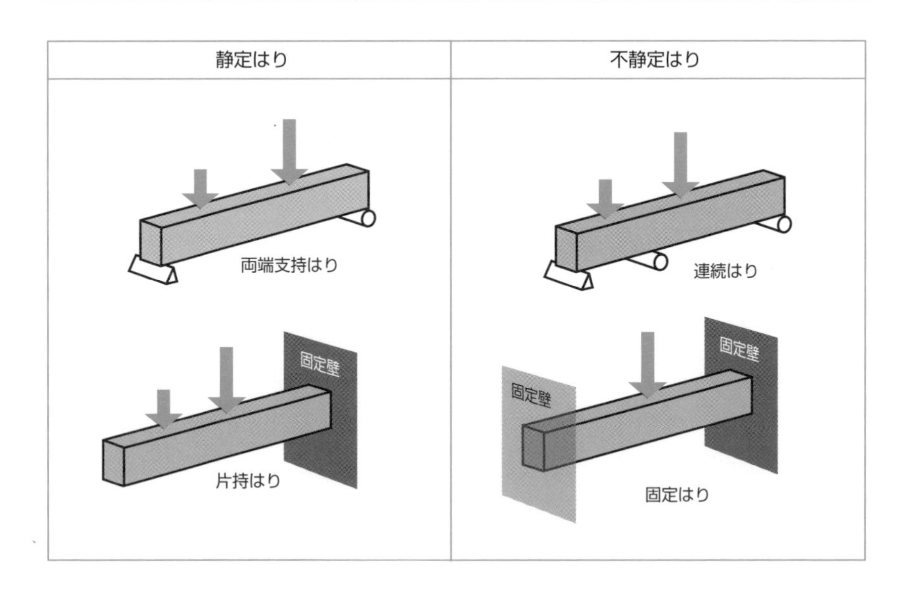

集中荷重と分布荷重

図5-9-2ⓐで、1点または1点とみなせる部分に作用する荷重を**集中荷重**と呼びます。図ⓑは、ある範囲に不規則に分布する**分布荷重**です。図ⓒは、ある範囲に長さあたりに等しく分布する荷重で、**等分布荷重**と呼びます。はりの重量が大きい場合、はり自体を等分布荷重と考えることがあります。

集中荷重と分布荷重　図5-9-2

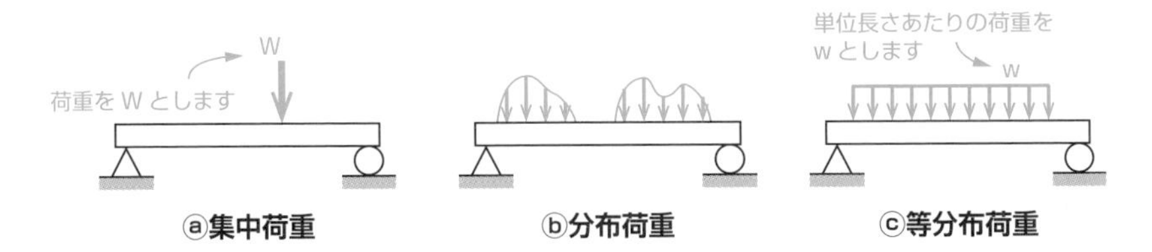

ⓐ集中荷重　ⓑ分布荷重　ⓒ等分布荷重

はりの表し方

はりは、支点の支持方法で、荷重に対するはりの内力が決まります。図5-9-3ⓐは静定はりの支点の機能、図ⓑははりを単純化して表す例です。

はりの表し方　図5-9-3

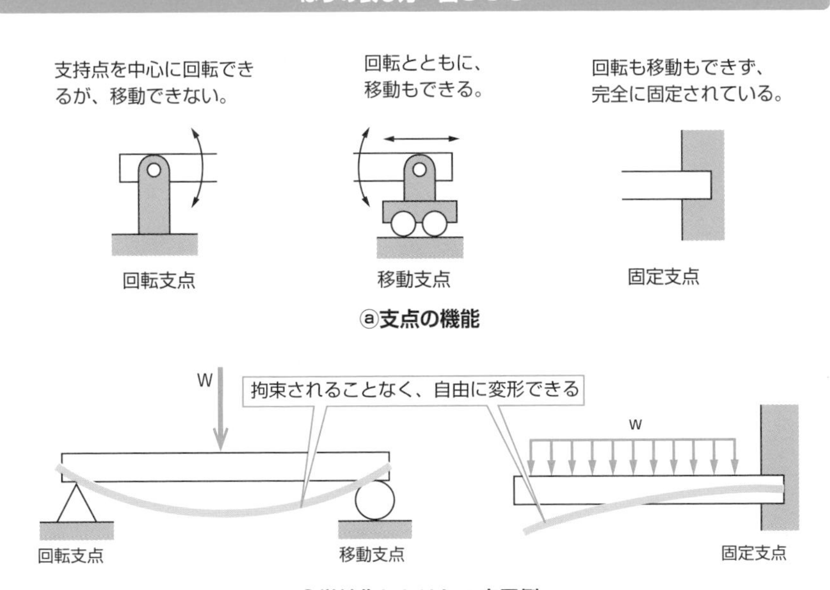

ⓐ支点の機能

ⓑ単純化したはりの表示例

5-10

はりのS.F.D.とB.M.D.

荷重を受けたはりの内部に発生するせん断力と曲げモーメントを表した図をせん断力図（S.F.D.）、曲げモーメント図（B.M.D.）と呼びます。

せん断力図と曲げモーメント図

図5-10-1が、両端支持はりの**せん断力図**と**曲げモーメント図**です。順を追って描き方を見ていきましょう。

せん断力図と曲げモーメント図　図5-10-1

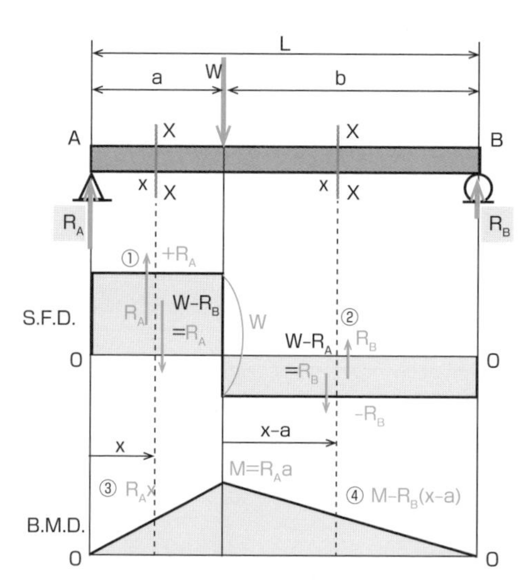

W　荷重（$W=R_A+R_B$）

R_A　支点Aの反力

R_B　支点Bの反力

M　最大曲げモーメント

S.F.D.=Shearing Force Diagram
せん断力図

B.M.D.= Bending Moment Diagram
曲げモーメント図

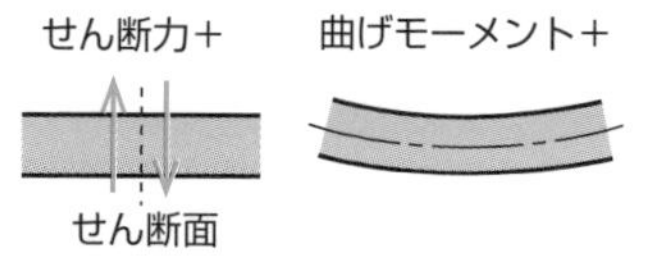

せん断力と曲げモーメントの符号は、絶対的なものではありません。
一般的な符号の決め方を使用しました。

[1] 支点反力を求める

力のモーメントのつり合いから、はりの**支点反力**R_A、R_Bを求めます。$W=R_A+R_B$なので、どちらか一方を求めてWとの差で他方を求める形でもかまいません。

支点反力R_A 図5-10-2

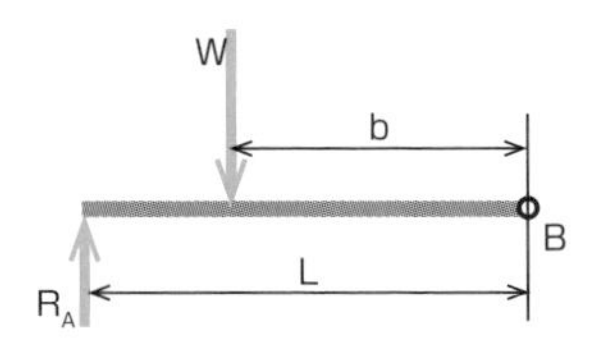

点Aの支点反力R_Aは、
点Bを基準に力のモーメントのつり合いから

$$R_A L = Wb \quad \therefore \ R_A = W\frac{b}{L}$$

支点反力R_B 図5-10-3

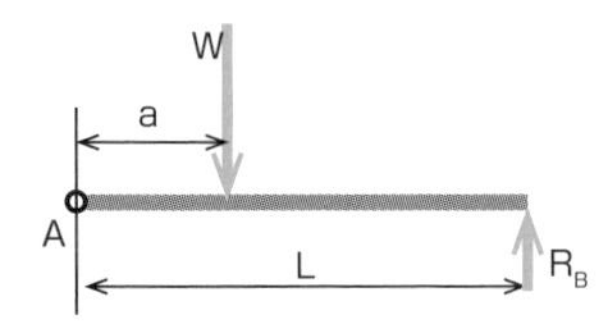

点Bの支点反力R_Bは、
点Aを基準に力のモーメントのつり合いから

$$R_B L = Wa \quad \therefore \ R_B = W\frac{a}{L}$$

[2] せん断力図を求める

荷重と支点反力は逆向きに働くので、内力として材料をせん断する**せん断力**を生みます。点Aを起点に、**仮想せん断面**X-Xを点Bまで移動させて、せん断力を求めます。せん断面の左側の力の総和が上向きになる場合を＋としました。

せん断力図 図5-10-4

①支点Aから荷重Wの作用点まで
せん断面の左側 R_A だけが上向き
右側 $W-R_B=R_A$ が下向き
せん断力は、$+R_A$

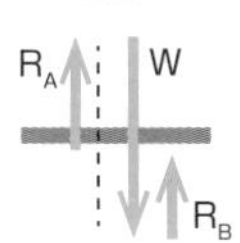

せん断力は、
作用・反作用
なので、片側
だけ求めれば、
OKです。

②荷重Wの作用点から支点Bまで
せん断面の左側 $W-R_A=R_B$ が下向き
右側 R_B だけが上向き
せん断力は、$-R_B$

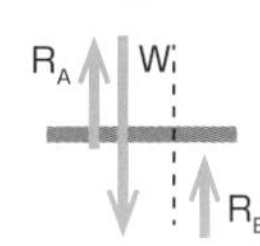

[3] 曲げモーメント図を求める

せん断力は、はりを変形させる**曲げモーメント**を生みます。曲げモーメントの大きさは、A、Bどちらかの支点を中心として、**せん断力×せん断面までの距離の総和**です。符号は、はりを凹状に変形させる場合を+としました。図5-10-5では、支点Aからせん断面までの距離をxとしています。

曲げモーメント図　図5-10-5

③支点Aから荷重Wの作用点まで
せん断力R_Aが一定なので、xとの積から
曲げモーメント $M_{AW}=R_Ax$
最大曲げモーメント $M=R_Aa$

④荷重Wの作用点から支点Bまで
最大曲げモーメントMと
$-R_B(x-a)$の和が
曲げモーメント $M_{WB}=M-R_B(x-a)$

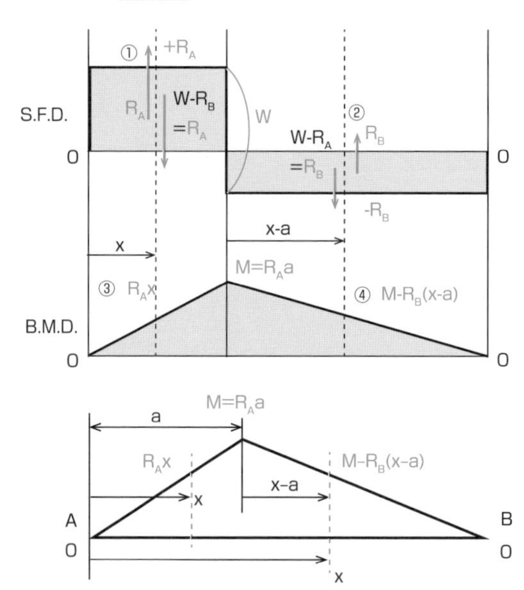

5-11

はりの曲げ応力

S.F.D.とB.M.D.を描くことは、はりの強さや形状を考えるための第一歩です。材料を縦と横にして使う場合の強さの違いがはっきりとわかります。

せん断力図と曲げモーメント図

図5-11-1に、本節の例として使用するはりのS.F.D.、B.M.D.と計算例を示します。S.F.D.、B.M.D.の縦軸は、現象を見やすくするため、比例表示していません。

せん断力図と曲げモーメント図　図5-11-1

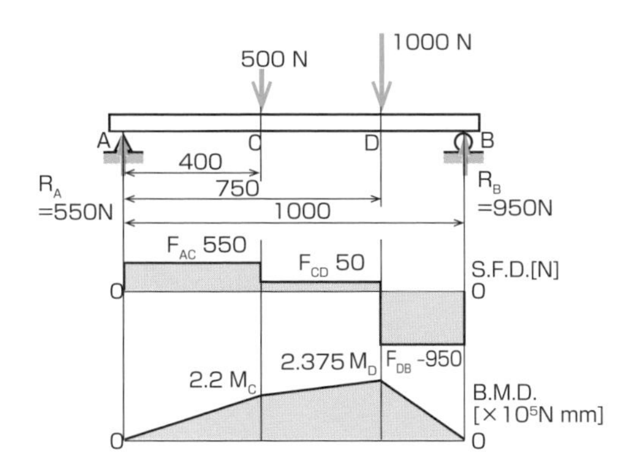

支点反力

$R_B=\dfrac{500\times400+1000\times750}{1000}=950[N]$

$R_A=500+1000-950=550[N]$

曲げモーメント

$M_C=550\times400=2.2\times10^5[N\ mm]$

$M_D=M_C+50\times(750-400)=2.375\times10^5[N\ mm]$

※S.F.D.、B.M.D.縦軸は比例表示していません。

せん断力

$F_{AC}=R_A=550[N]$

$F_{CD}=F_{AC}-500=50[N]$

$F_{DB}=F_{CD}-1000=-950[N]\ (=-R_B)$

曲げ応力

はりに発生する**曲げ応力**σは、S.F.D.とB.M.D.から求めた最大曲げモーメントをMとして、材質には関係せず、はりの断面形状で決定される**断面係数**Zから求めます。

$$\sigma = \frac{M}{Z}$$

σ　曲げ応力 [MPa]
M　最大曲げモーメント [N mm]
Z　断面係数 [mm^3]

断面係数

断面係数は、曲げに対する抵抗力として、はりの断面形状によって決まる係数で、図5-11-2のように、代表的な断面形状については算出方法が与えられています。

代表的断面形状の断面係数（断面二次モーメントIは次節で使います）　**図5-11-2**

断面形状	長方形（b, h）	円（d）	中空円（d_1, d_2）	正方形（対角配置, h）
面積 A	bh	$\frac{\pi}{4}d^2$	$\frac{\pi}{4}(d_2^2-d_1^2)$	h^2
断面係数 Z	$\frac{1}{6}bh^2$	$\frac{\pi}{32}d^3$	$\frac{\pi}{32}\frac{d_2^4-d_1^4}{d_2}$	$\frac{\sqrt{2}}{12}h^3$
断面二次モーメント I	$\frac{1}{12}bh^3$	$\frac{\pi}{64}d^4$	$\frac{\pi}{64}(d_2^4-d_1^4)$	$\frac{1}{12}h^4$

曲げ応力を求める

【1】図5-11-1のはりの断面寸法を図5-11-3として、はりに発生する曲げ応力を求めてみましょう。はりの材質には関係しません。

曲げ応力　図5-11-3

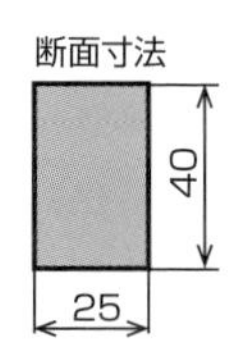

最大曲げモーメントM、断面係数Z、曲げ応力σ

$$\sigma=\frac{M}{Z} \quad Z=\frac{1}{6}bh^2 \quad から \quad \sigma=\frac{M}{Z}=\boxed{\frac{6M}{bh^2}}$$

図5-11-1から　$M=M_D=2.375\times10^5$[N mm]、条件から b=25[mm]、h=40[mm]

$$\sigma=\frac{6M}{bh^2}=\frac{6\times2.375\times10^5}{25\times40^2}=\boxed{35.6[MPa]}$$

※軟鋼の引張強さ402MPaに比して十分安全な値です。

【2】【1】と同じ荷重条件、材料で、図5-11-4のように材料を横に使った場合はどうでしょう。

横置き　図5-11-4

$M=2.375\times10^5$[N mm]、 b=40[mm]、h=25[mm]とする。

$$\sigma=\frac{6M}{bh^2}=\frac{6\times2.375\times10^5}{40\times25^2}=\boxed{57.0[MPa]}$$

曲げ応力を算出しなくとも、断面係数を比較することで、縦置きが有利とわかります。

5-12

はりのたわみと断面形状

はりは、荷重を受けて変形します。前節のはりで示した強度と断面係数との関係では、変形量は含まれません。ここで、はりのたわみについて考えます。

はりのたわみ

図5-12-1ⓐで、荷重を受けて変形したはりの中立面の作る曲線を**たわみ曲線**と呼びます。中立面上の任意の点Cの変位CC′を**たわみ**δと呼び、点C′の接線を**たわみ角**と呼びます。片持はりでは、自由端のたわみが**最大たわみ**、自由端のたわみ角が**最大たわみ角**になります。はりのたわみ変形は、はりの種類と荷重条件によって大きく異なります。図ⓑのように、代表的なはりに対して**たわみ角の係数**と**たわみ係数**を与えて、変形量を求めます。たわみ角の単位は、radで算出されます。

はりのたわみ　図5-12-1

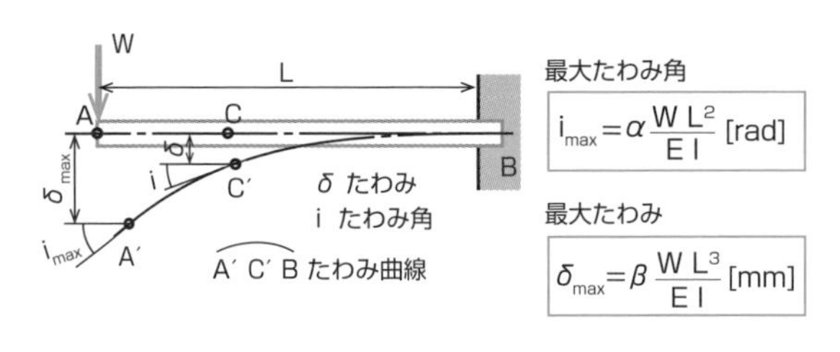

最大たわみ角

$$i_{max}=\alpha\frac{WL^2}{EI}\ \text{[rad]}$$

最大たわみ

$$\delta_{max}=\beta\frac{WL^3}{EI}\ \text{[mm]}$$

ⓐはりのたわみ変形と算出式

W　荷重 [N]
L　はりの長さ [mm]
E　縦弾性係数 [GPa]
I　断面二次モーメント [mm^4]
図5-11-2参照
EI　曲げ剛性
α　たわみ角の係数
β　たわみ係数

EI　曲げ剛性：
縦弾性係数と断面二次モーメントの積から、材料の性質と断面形状の組合せで、はりの変形量を求めることができる。EIの値が大きいほど変形量が小さい。

はりと荷重の種類	最大たわみ角		最大たわみ	
	係数α	位置	係数β	位置
片持はり（自由端に荷重W、長さL）	$\frac{1}{2}$	自由端	$\frac{1}{3}$	自由端
両端支持はり（中央に荷重W、L/2・L/2）	$\frac{1}{16}$	両端	$\frac{1}{48}$	中央

ⓑたわみ角とたわみの係数

中空材と中実材

物干し竿(ざお)や電柱など、中身の詰まっていない材料を**中空材**と呼びます。電車のレールやアルミサッシなど、凹凸断面をもつ材料を**形材**または**異形材**と呼びます。中身の詰まった材料は、**中実材**と呼ばれます。図5-12-2ⓓで中実材と中空材を比較しました。私たちの周りのほとんどの構造体に中空材が使われていることの根拠と安全性を確認できます。

中空材と中実材　図5-12-2

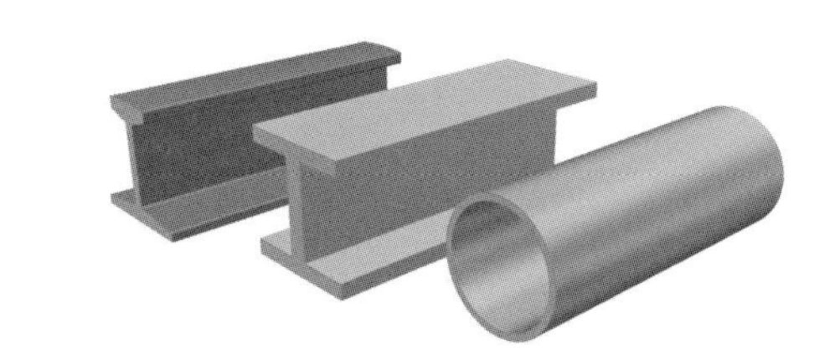

ⓐ中空材、形材

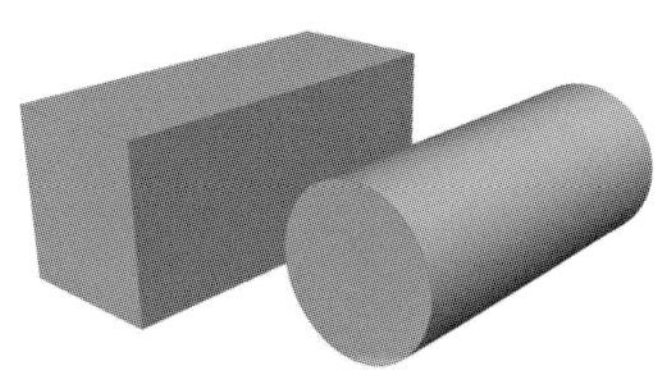

ⓑ中実材

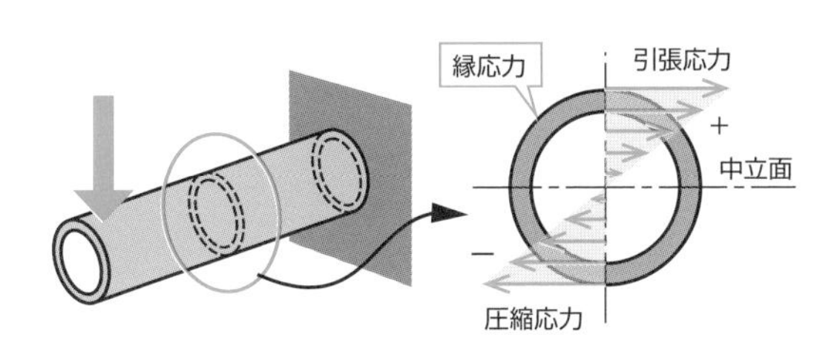

ⓒ中空材の応力分布

縁応力は、材料表面に発生する最大応力。この部分に材料を配置すれば、応力の小さな中央部分は空洞にできる。
引張応力と圧縮応力を同時に考える場合、引張応力を＋とする。

直径 d の中実材

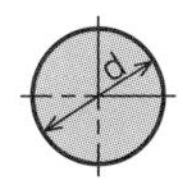

$Z_1 = \frac{\pi}{32} d^3$

$A_1 = \frac{\pi}{4} d^2$

内径 d 外径 1.2d の中空材

1.2d　d

$Z_2 = \frac{\pi}{32} \frac{(1.2d)^4 - d^4}{1.2d}$

$A_2 = \frac{\pi}{4} \left\{(1.2d)^2 - d^2\right\}$

断面係数の比較　$\frac{Z_2}{Z_1} \fallingdotseq \frac{0.89}{1}$

断面積の比較　$\frac{A_2}{A_1} \fallingdotseq \frac{0.44}{1}$

肉厚 10% のパイプは、内径の等しい丸棒の 44% の重量で、90% の強度をもつ

ⓓ中実材と中空材の比較

5-13

トラス

鉄塔、橋、駅のホームなどで、鉄材を三角形に組み合わせた構造に気付くと思います。外力に対して高い抵抗力をもつ、トラスと呼ばれる骨組構造です。

トラスの構造

図5-13-1ⓐの**骨組構造**を**立体トラス**と呼びます。立体トラスは、図ⓑの**平面トラス**として考えることができます。トラスは、図ⓒのように、3本の**棒状部材**の**節点**を軸状部品で**ピン結合**し、結合部のすべりを拘束しない**滑節**として、3本の部材で荷重を分担し合う構造です。図ⓓのように連結して構造体を作ります。

トラスの構造　図5-13-1

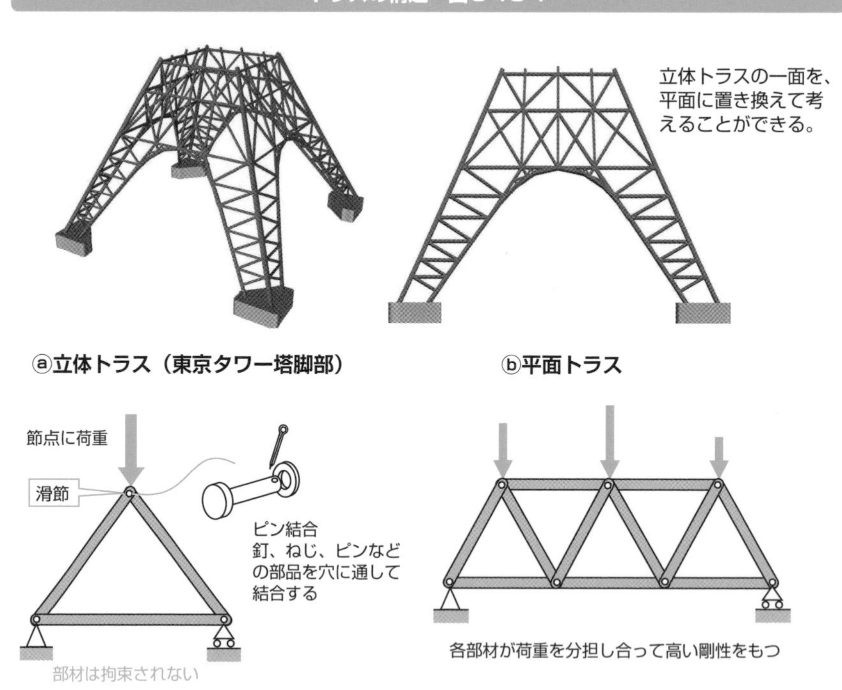

部材にかかる軸荷重

図5-13-2のトラスで、節点①に鉛直荷重Wが作用したとき、3本の部材にかかる荷重を求めます。はじめに、既知の力が作用する節点について、**閉じた三角形**を使って部材の**内力**を求めます。点①で、荷重Wと部材AとBの内力がつり合います。Wと部材AとBに働く内力の作用線から、閉じた三角形を作り、2つの内力を求めます。点②では、①で求めたAの内力とつり合う力、部材Cの内力、支点反力R_2の3力がつり合います。点③では①で求めたBの内力とつり合う力、②で求めたCの内力とつり合う力、支点反力R_3の3力がつり合います。このようにして求めた、各節点に働く部材の内力は、外力に対する抵抗力なので、外向きにベクトルが働く部材AとBには圧縮荷重、内向きに働く部材Cには引張荷重が働きます。以上のことから、ピン結合されたトラスの各部材には、基本的に**軸荷重**が作用します。

部材にかかる軸荷重　図5-13-2

①、②、③の各点に集まる3力がつり合うとき、力の三角形が閉じる（第4章図4-4-2ⓑ「閉じた力の多角形」参照）

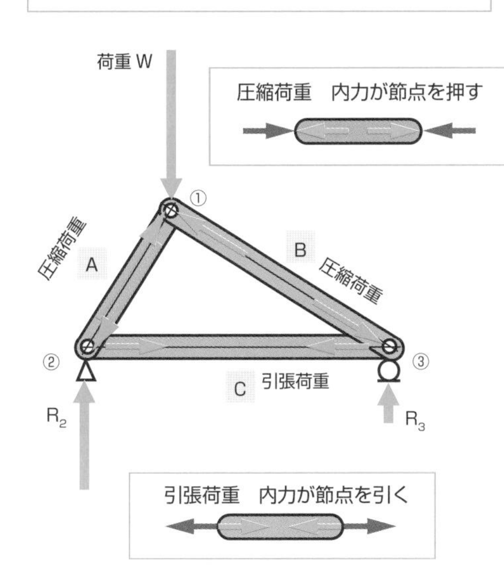

①

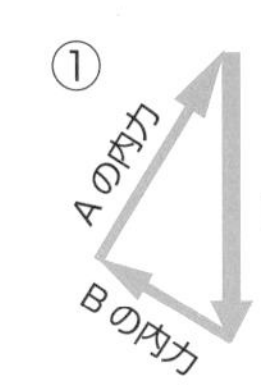

WからA,Bの作用線上に、Aの内力とBの内力を求める

②

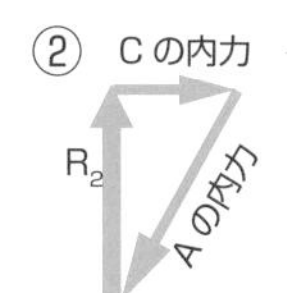

①で求めたAの内力から、Cの内力と反力R_2を求める

③

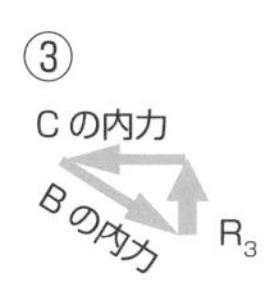

①で求めたBの内力から、Cの内力とR_3を求める

5-14

静定トラスとクレモナの解法

物体の静止条件から部材に働く力を求めることのできるトラスを、静定トラスと呼びます。「クレモナの解法」と呼ばれる図式解法を使って、トラスを考えましょう。

荷重条件と領域名

図5-14-1ⓐの３本の部材からなるトラスを考えます。はじめに、部材と力によって分割される空間に、図ⓑのように**大文字**で、Aから順に右回りに**領域名**を決めます。例では、A,B,C,Dの４つです。部材名は、部材を挟む領域名で**ABC順**に表します。

静定トラスの荷重条件と領域名　図5-14-1

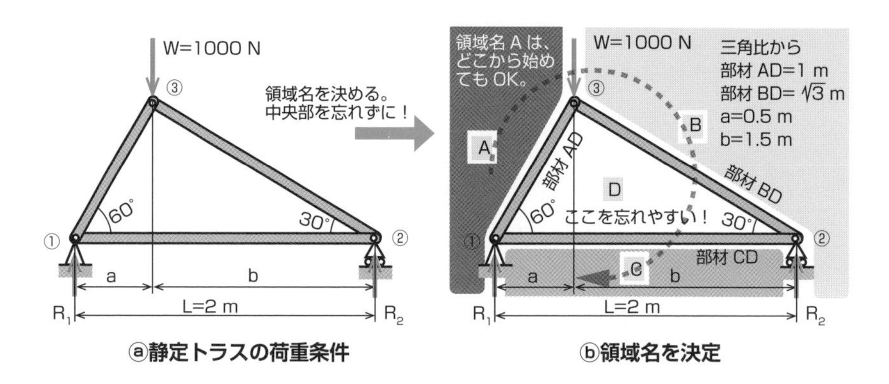

ⓐ静定トラスの荷重条件　　ⓑ領域名を決定

支点反力を求める

すべての力を数量化するため、力のモーメントのつり合いから支点反力を求めます。

支点反力を求める　図5-14-2

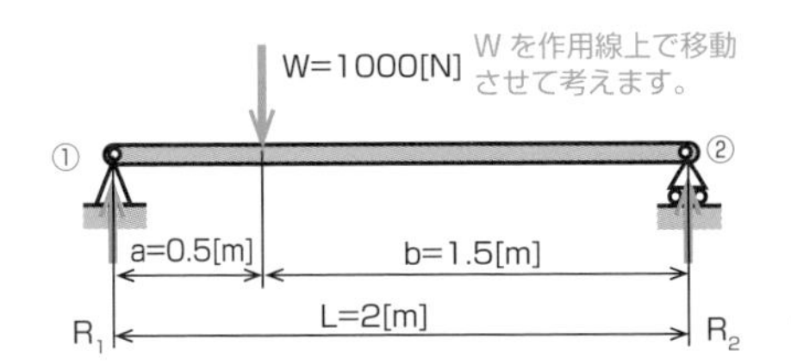

支点②を中心とした力のモーメントのつり合いから

$$R_1L = Wb$$

$$\therefore\ R_1 = W\frac{b}{L} = \frac{1000\times1.5}{2} = 750[N]$$

$$\therefore\ R_2 = W - R_1 = 1000-750 = 250[N]$$

力に名前を付け、三角形を閉じる

節点を中心に右回りして、力を横切る手前の領域名の**小文字**を力の始点、横切ったあとの領域名を矢の先端とします。R_1はca、Wはab、R_2はbcとなります。各節点で部材の軸線を軸力の作用線として三角形を閉じ、未知力の大きさを求めます。

節点①の力のつり合いの取り方　図5-14-3

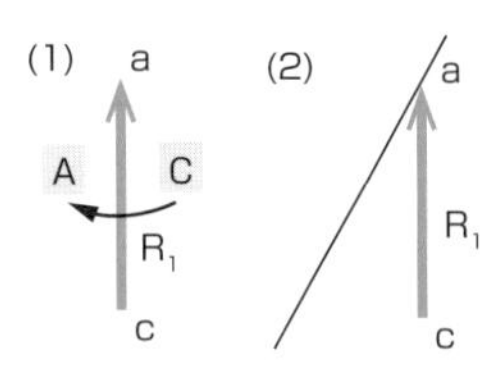

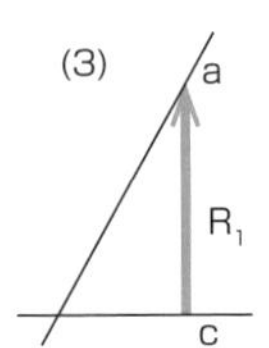

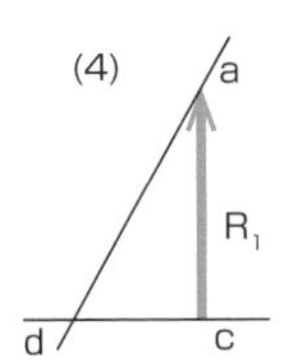

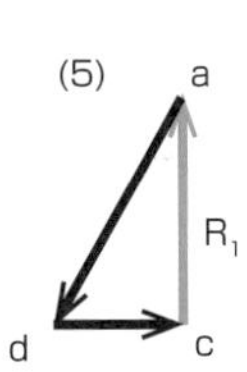

(1) 既知の支点反力 ca を描く　(2)a 点に ad の作用線を描く　(3)c 点に dc の作用線を描く
(4)2 本の作用線の交点が d になる　(5)ca➡ad➡dc となるように力の向きを決める
力の名前を「しりとり」する感覚です。

部材の荷重を判定し、示力図を作る

部材の**軸力**から、軸力が内側へ向き合う**引張材**と軸力が外側へ向き合う**圧縮材**を判定し、節点でつり合う力の**大きさ**を１枚にまとめた示力図を作ります。

部材の受ける荷重と示力図　図5-14-4

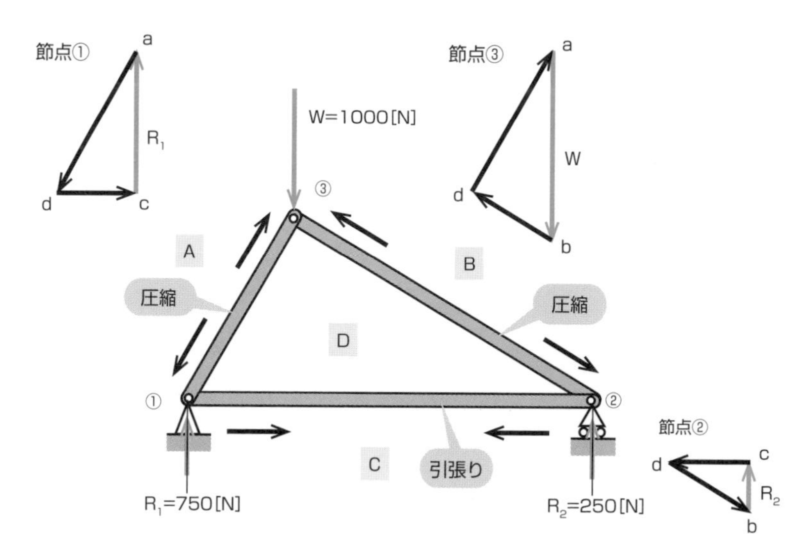

ⓐ節点①、②、③の力のつり合い

部材	軸力	荷重
AD	←　→	圧縮
BD	←　→	圧縮
CD	→　←	引張り

ⓑ引張材と圧縮材

示力図は、向きを示す矢印は打ち消し合い、大きさだけを表す。

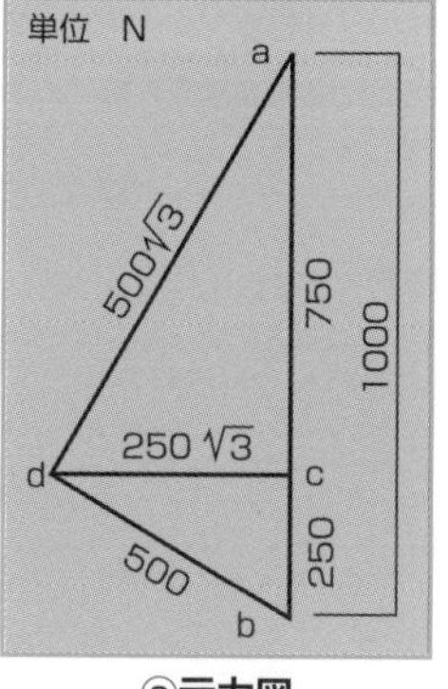

ⓒ示力図

5-15

トラスのゼロ部材

頑丈そうに見えるトラスで、部材にかかる軸力を調べると、部材に荷重がかからない場合があります。このような部材をゼロ部材と呼びます。

軸力ゼロのゼロ部材

前節、図5-14-4のクレモナ解法で、示力図を作ると、**軸力がゼロ**で引張荷重も圧縮荷重も受けない部材が組付けられていることがあります。このような部材を**ゼロ部材**または**ゼロメンバ**と呼びます。ゼロ部材は、荷重を受けもたないので必要ないと思われるかもしれません。しかし、予想外の外力が働いた場合に、トラスの強度を確保するなどの用途をもっています。

このトラスを考える

図5-15-1は、図5-14-4のトラスに垂直部材を1本追加した4本のトラスに見えますが、節点③では水平部材2本と垂直部材1本をピン結合しているので、部材は5本です。

部材5本のトラス　図5-15-1

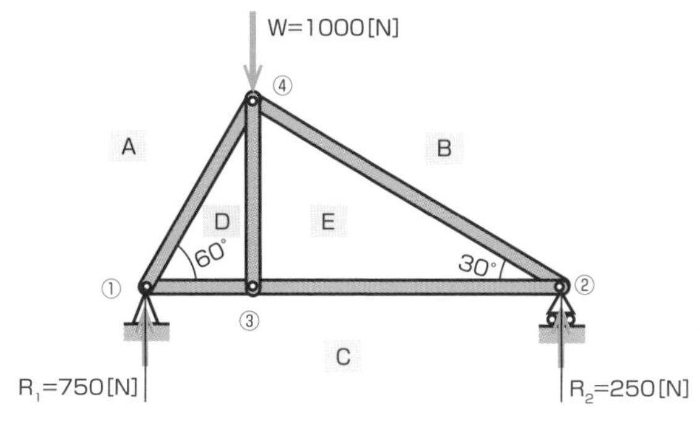

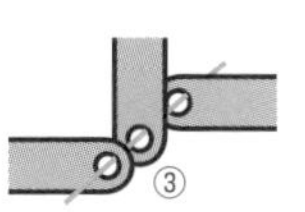

荷重条件は図5-14-1と同じなので、支点反力も同じであり、部材を挟む領域が1つ増えます。

節点の力のつり合いを求める

●既知の力のつり合い

節点③と節点④に未知力が３つ集まるので、図5-15-2ではじめに節点①と節点②の力のつり合いを求めます。

未知力２つの節点から　図5-15-2

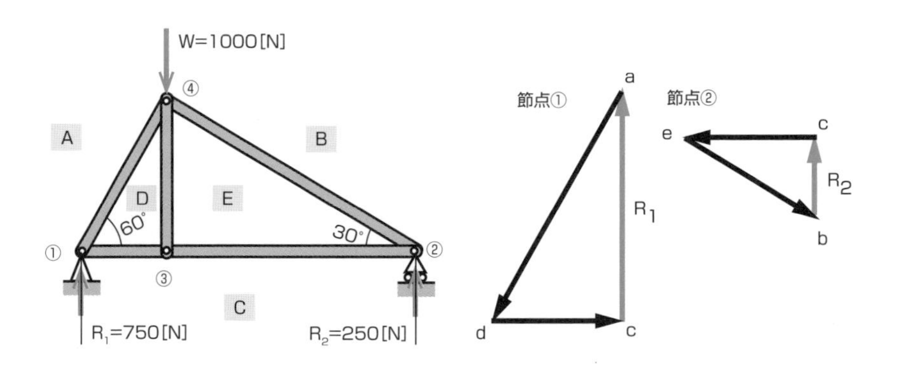

●作用・反作用の利用

図5-15-3で、節点①のadは節点④のdaと作用・反作用、節点②のebと節点④のbeも作用・反作用です。これらから、節点④の力のつり合いを求めます。同様に、節点①のdcと節点③のcd、節点②のceと節点③のecも作用・反作用なので、節点③の力のつり合いを求めます。

力の作用・反作用を利用する　図5-15-3

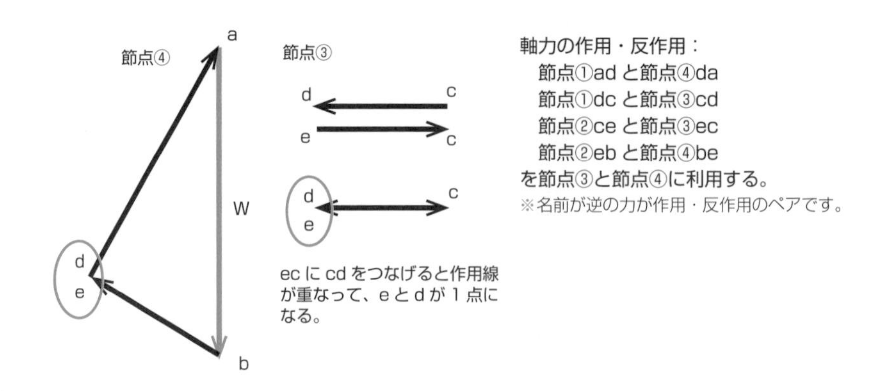

部材の軸荷重と示力図

図5-15-4と図5-15-5に、部材の受ける荷重と示力図を示します。図5-15-4の節点③で垂直部材DEを見ると、部材の軸力方向につり合う相手がありません。このように作用・反作用の**ペアをもたない部材**がゼロ部材になります。

図5-15-4 部材の受ける荷重

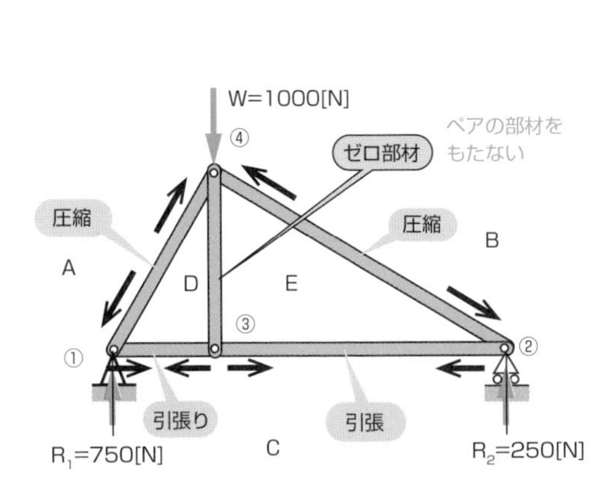

図5-15-5 示力図

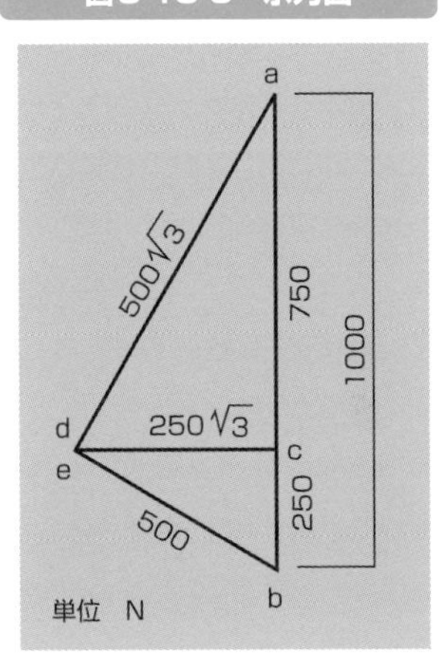

ゼロ部材の見つけ方

建築分野では、「トラスを見たら、始めにゼロ部材を見つける。」という手順を踏むようです。「ゼロ部材は、ペアを持たない部材」を利用して、「**T字に接続するI**」がゼロ部材という方法で、軸力が未知のままゼロ部材を見つけることができます。

T字のIでゼロ部材を見つける 図5-15-6

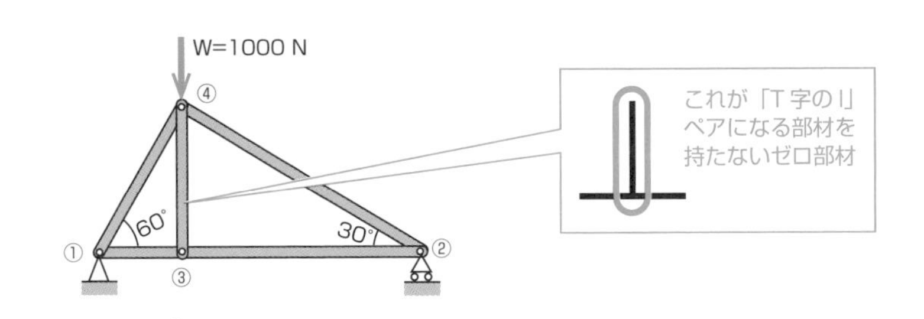

ロングレール

現在では、鉄道レールにガッタンゴットンという擬音は使えないかもしれません。定尺25m、あるいは50mのレールを溶接して、一本で200m以上にしたレールを**ロングレール**と呼びます。鉄道各社で軌道のロングレール化が進み、継目の間隔が長くなり、継目を通過する際の振動が低減しているからです。レールの製造段階で、一本150mというレールも作られています。新幹線では、レール長1500mを基本とし、東北新幹線のいわて沼宮内～八戸間で、国内最長の60.4km**スーパーロングレール**が使われています。新幹線の基本とする1500mのロングレールで、夏冬の温度差50℃とすると、レールの自由変形量は、5-8節「電車のレール」の計算例から、およそ0.86m。更に、60.4kmのスーパーロングレールで温度差50℃とすると、34.7mとなります。このような伸縮を図ⓐの遊間で吸収することはできません。鉄材の性質として、軸方向の変形量は、棒材端面の長手方向に発生することを利用して、ロングレールでは、図ⓑの**伸縮継目**を使用して、変形量を逃がしています。しかし、数十メートルに及ぶ長さを自由に伸縮させることはできないので、図ⓒの**コンクリートスラブ軌道**と呼ばれる方法で、レールの変形を拘束しているため、大きな垂直応力が発生します。鉄道のレールは、耐摩耗性、耐疲労性、溶接性、軸耐力などが求められるので、熱処理を行い、必要な機械的性質を与えています。

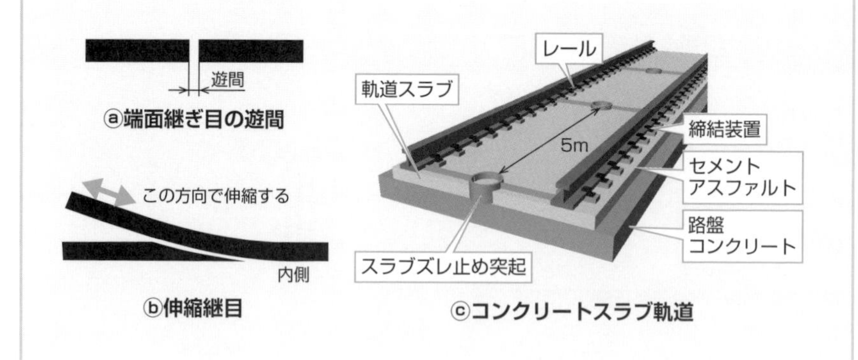

ⓐ端面継ぎ目の遊間

ⓑ伸縮継目

ⓒコンクリートスラブ軌道

加工の方法

私たちの身の回りのモノの大部分は、機械加工で作られた工業製品です。電気製品や自動車や台所用品のようなものばかりでなく、食品なども同じように機械で加工されています。製品の種類に関わりなく、加工を行う機械を工作機械と呼び、いろいろな加工方法があります。この章では、機械を使った「ものつくり」の方法を考えます。当然ですが、工作機械自体も工作機械で作られています。

6-1

加工法の分類

モノを作るにはどのような加工法があるでしょうか。難しく考えずに、日曜大工や学校の工作など、日常の経験から考えてみましょう。

削る

鉛筆を削ったり、材木を削るという加工は、材料の表面を薄く剥ぐ加工法です。機械加工では、これを**切削加工**と呼びます。

切削加工　図6-1-1

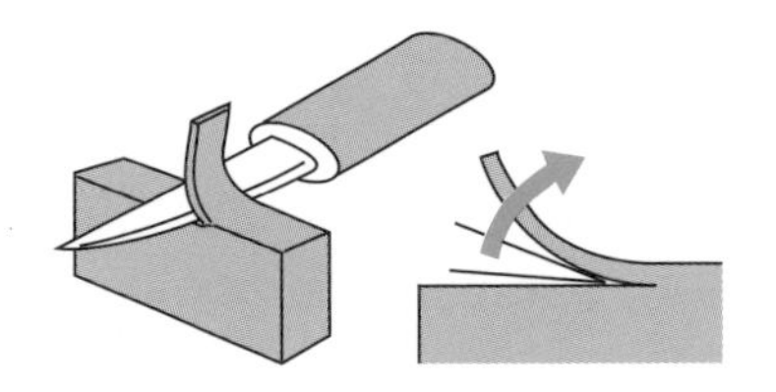

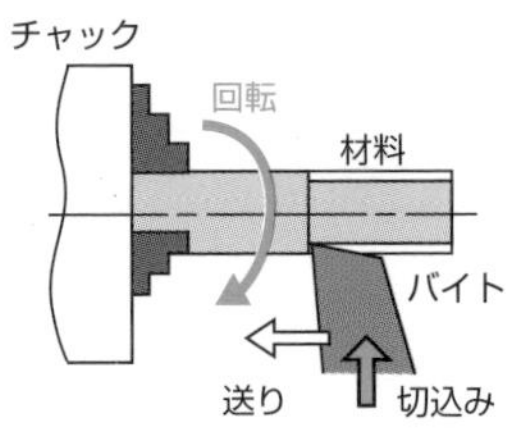

材料を回転させ、バイトと呼ぶ切削工具を材料に食い込ませ、材料の長手方向に移動させて材料の表面を除去する。

切る

「ケーキを切る」、「紙を切る」という動作は、1つのモノを刃物で2つに分断することです。これを**せん断加工**と呼びます。

せん断加工　図6-1-2

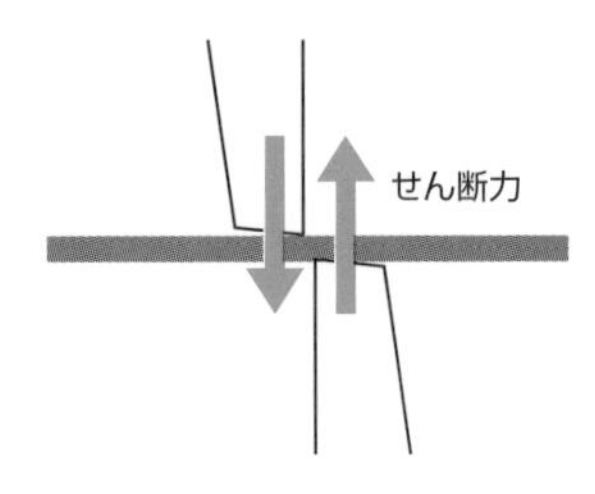

曲げる

紙を折り曲げて力を除くと、少し戻り変形が残ります。機械加工の塑性加工では、この現象を**スプリングバック**と呼び、残った**永久ひずみ**が変形量になります。

塑性加工　図6-1-3

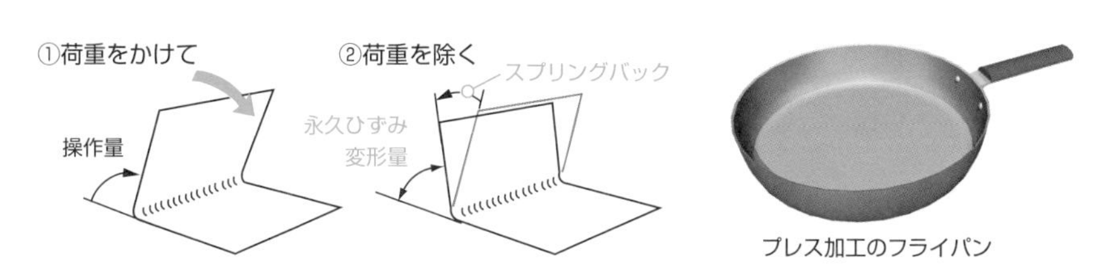

くっ付ける

接着剤で部品をくっ付けるのは、身近な工作方法です。自動車や航空機では、軽量化と強度向上に、**接着加工**が欠かせません。金属どうしの加工では、金属の溶融凝固を利用した**溶接**という加工法があります。

接着加工　図6-1-4

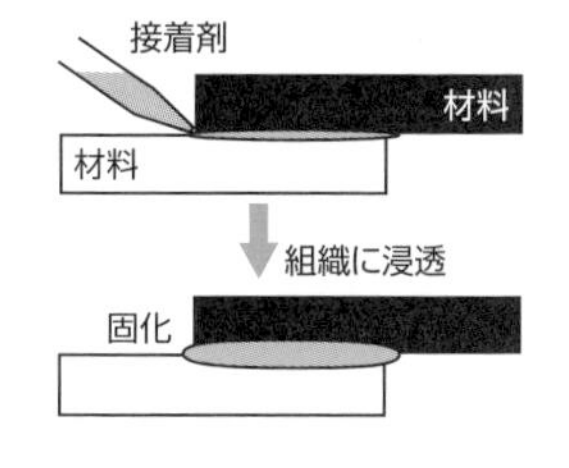

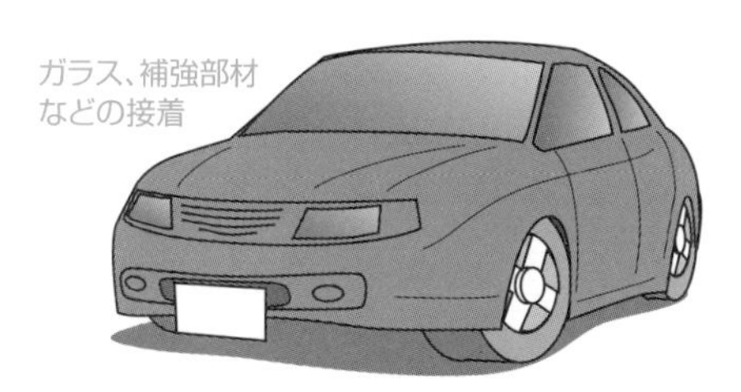

固まらせる

　製氷皿に水を入れて凍らせると、皿と同じ形の氷ができます。融点を境とした物質の**相変化**を利用して形を作る機械加工を、**鋳造**と呼びます。

鋳造　図6-1-5

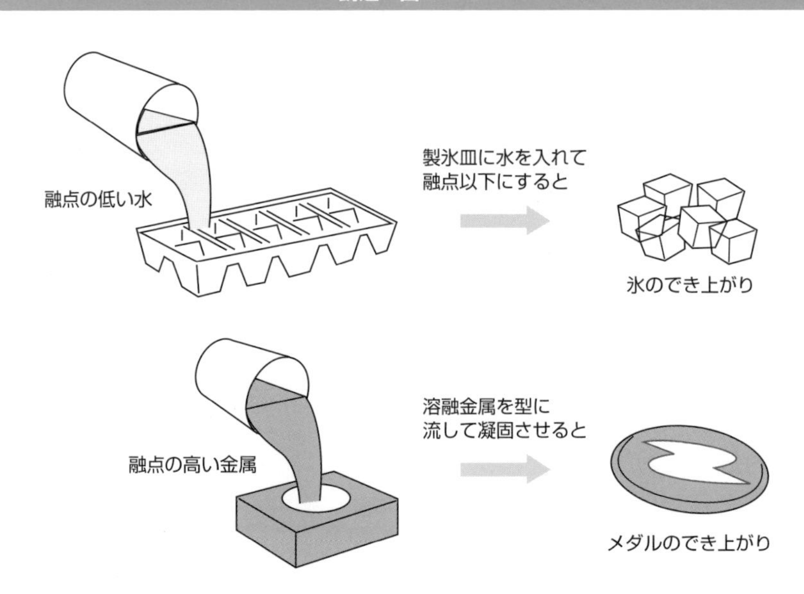

6-2

切削と工具に必要なこと

材料の不要部分を除去する加工法が切削加工です。工作機械で刃物工具を材料に食い込ませ、材料と工具の接触部分に適当な相対速度をもたせます。

切削速度

切削加工に必要な工具と材料の相対速度を**切削速度**と呼びます。切削速度を得るには、まず、切削速度を作る主体が工具か材料かという分類を考えます。次に、相対運動が回転運動か直線運動かということを考えます。

切削速度　図6-2-1

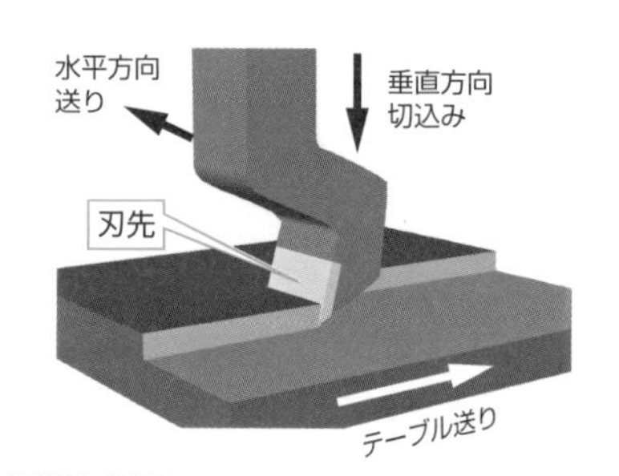

平削り加工
材料を固定するテーブルの運動が切削速度を生む。工具は垂直方向の切込みと水平方向の送りを行う。

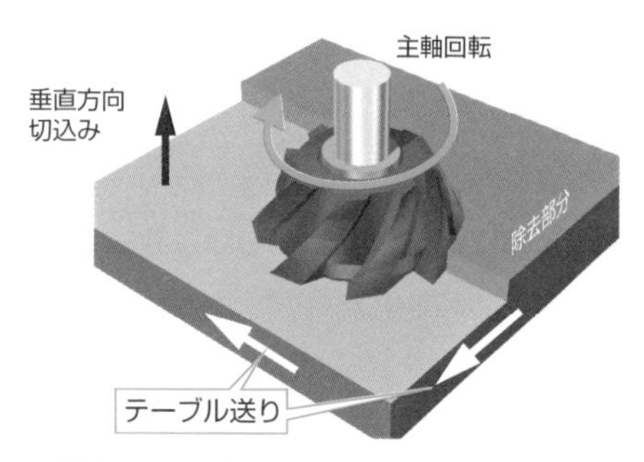

正面フライス加工
複数の刃をもつ工具の回転が、切削速度を生む。材料を固定するテーブルは、水平直交送りと垂直方向の送りを行う。

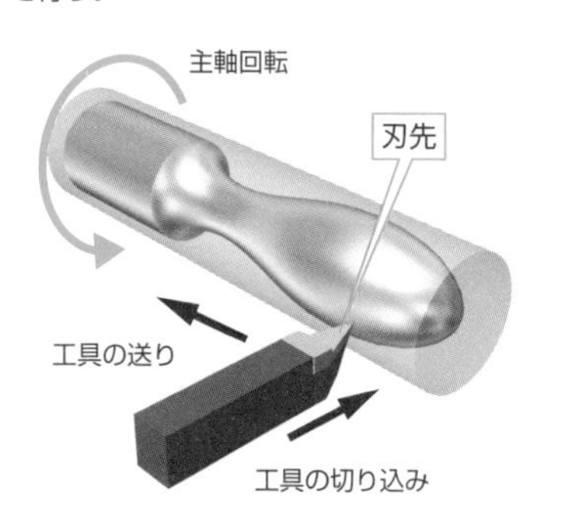

旋削加工　丸削り
材料を把持する把持具（チャック）を取り付けた主軸が回転し、水平・垂直方向に移動し、垂直方向に固定された歯先と材料表面との相対速度が切削速度となる。

切粉

削り取った材料屑（くず）を**切粉**（きりこ）と呼びます。材料の切削性の目安になり、工具刃先の状態、材料の粘性や脆さによって切粉の出方が変わります。

切粉の形状　図6-2-2

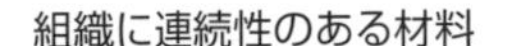

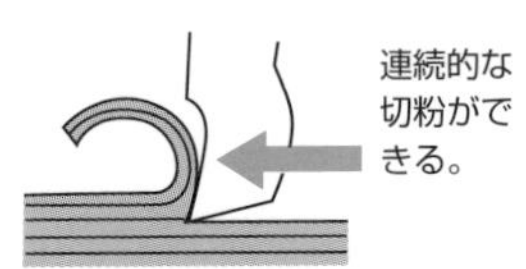

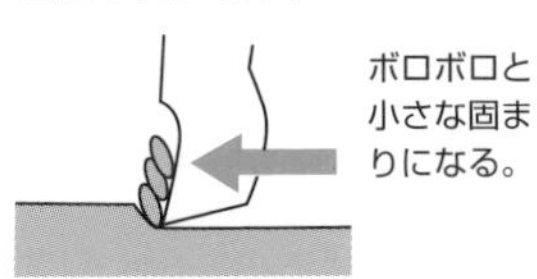

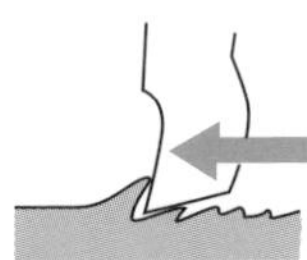

工具に必要なこと

工具には、いろいろな特性が求められます。

・材料よりも硬いこと
ともかく、工具には材料よりも高い**硬度**が必要です。

・粘り強いこと
工具の欠損を防ぐには、柔軟性が必要です。これが**靭性**です。
図6-2-3の**シャンク**は、工具の固定部分です。シャンクには、加工精度を保つために高い**剛性**が必要ですが、図6-2-4のように特殊な性能も必要とされます。刃先の硬度と靭性は、図6-2-5のように相反する特性です。

・熱に強いこと
材料との接触部は、摩擦で高温になります。**耐熱性**が必要です。

・磨耗に強いこと
材料と常にこすれ合っているので、高い**耐磨耗性**が必要です。

・刃先の保守性
図6-2-3ⓐⓑのような、刃先とシャンクが一体の工具が摩耗すると、刃先研磨などが必要です。図ⓒの**スローアウェイバイト**は、**チップ交換**で保守性を高めています。

切削工具の外観 図6-2-3

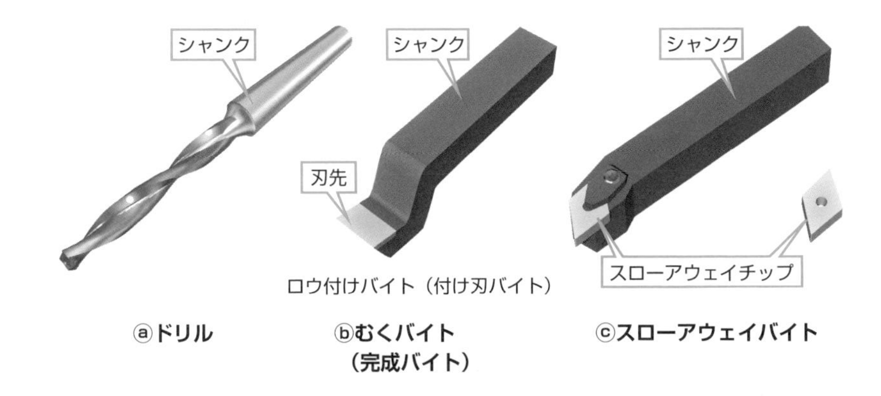

シャンクの弾性 図6-2-4

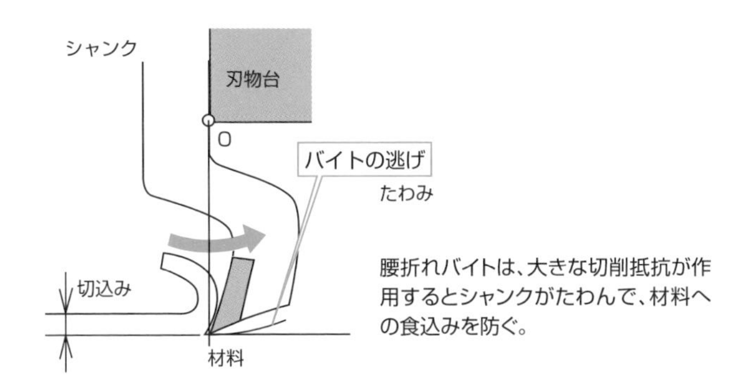

腰折れバイトは、大きな切削抵抗が作用するとシャンクがたわんで、材料への食込みを防ぐ。

工具の硬さと粘り強さ 図6-2-5

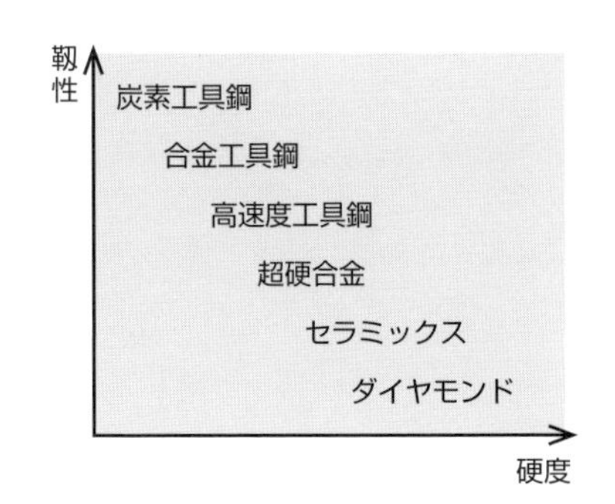

6-3

旋盤加工

旋盤は、軸状製品を加工する代表的な工作機械です。手動汎用旋盤とコンピュータ制御によるNC旋盤があり、多種少量加工から中規模生産まで広く対応しています。

旋盤の概略

図6-3-1ⓐの**旋盤**は、材料を回転させる**主軸**、主軸に取り付けて材料を保持する**チャック**、工具を保持する**刃物台**、刃物台を移動させる**往復台**、それらを載せる**ベッド**などから構成されます。図ⓑの**NC旋盤**は刃物台を**ATC**(**自動工具交換装置**)*にして、NC(**数値制御**)*による自動加工を可能にしています。

旋盤の概略　図6-3-1

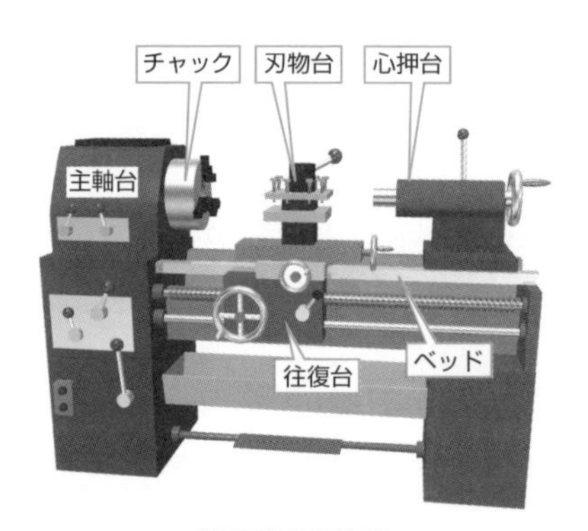

ⓐ手動汎用旋盤

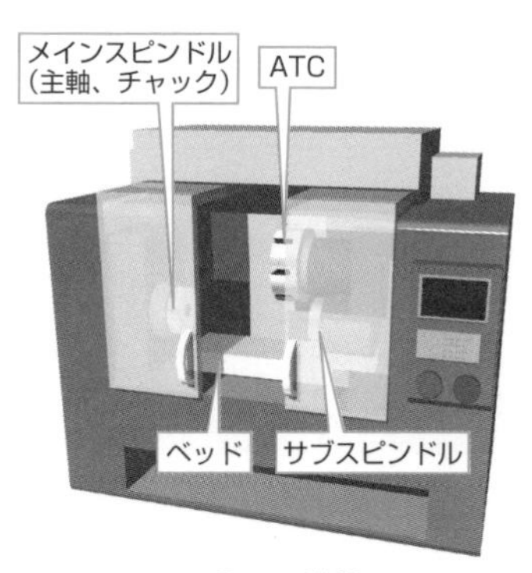

ⓑNC旋盤

旋盤加工の例

旋盤加工は、旋(まわして)削る旋削と呼ばれます。図6-3-2のように、円筒形素材の外周やパイプ状素材の穴内面を削ったり、ねじなどの形状の創成、材料の切断、回転素材端面の平面切削など、多様な加工を行います。

* **ATC**　Automatic Tool Changerの略。
* **NC**　Numerical Controlの略。

旋盤加工の例　図6-3-2

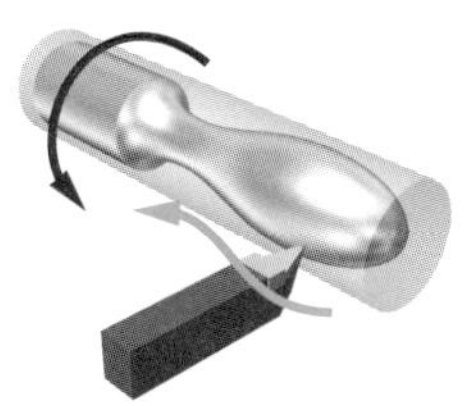

工具を材料の軸方向に移動し、外周を加工する。

ⓐ丸削り・外周削り

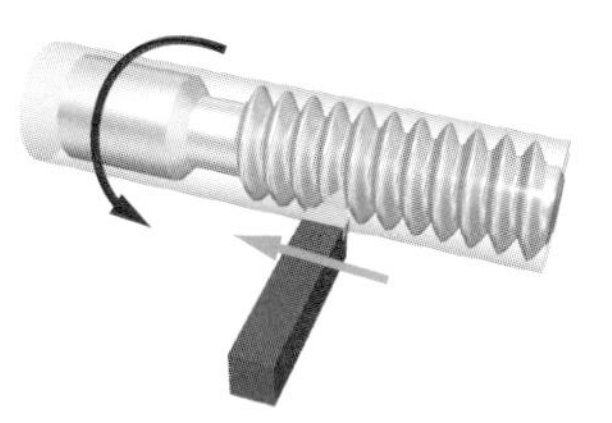

材料を低速回転させ、ねじ山形刃先を材料1回転でねじのピッチ分だけ送る。

ⓑねじ切り

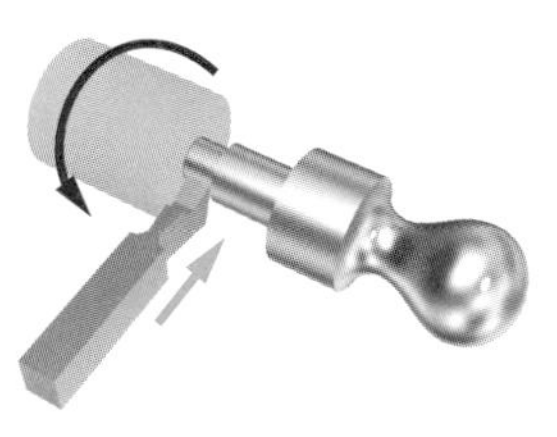

材料の直径方向に工具を送り、溝削りや切断をする加工。

ⓒ突切り（つっきり）切削

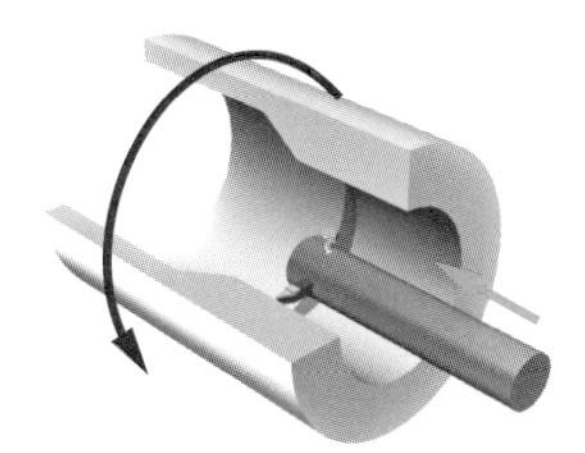

ドリル穴や材料に作られた穴の内側を正確な値に加工する。

ⓓ中ぐり加工

材料の端面と垂直に工具を当てて平面を加工する。

ⓔ正面削り

弾性をもつU字形シャンクで、表面を滑らかにする。

ⓕヘール仕上げ

切削条件

旋盤加工の切削速度は、単位時間に削り取る量を決めるので、下表に示すように、**切込み量**と**送り量**が関係します。

切削速度の例　表

切削速度の参考値 [m/min]	高速度工具鋼	切込み深さ [mm] 0.38～2.4	送り [mm/rev] 0.13～2.4
一般構造用圧延鋼材 SS400	35～50	ステンレス鋼 SUS304	18～28
機械構造用炭素鋼 S45C	27～35	ねずみ鋳鉄 FC200	20～30

旋盤加工には、前ページの表に示したように、切削速度の他に、切込み量と送り量が関係します。図6-3-3のように、切削速度は、主軸回転数と材料の直径から決まる**周速度**です。切込み量と送り量は、単位時間に切除する材料の容積を決定します。

旋盤操作では、加工条件から主軸回転数を設定することが必要です。高速度工具鋼、直径40mm、SS400材、切削速度40m/minとして、主軸回転数を求めると次のようになります。

$$v=\frac{\pi dn}{1000} \quad n=\frac{1000v}{\pi d}=\frac{1000\times 40}{\pi 40}\fallingdotseq \boxed{320[rpm]}$$ ※概算値でOKです。

切削条件　図6-3-3

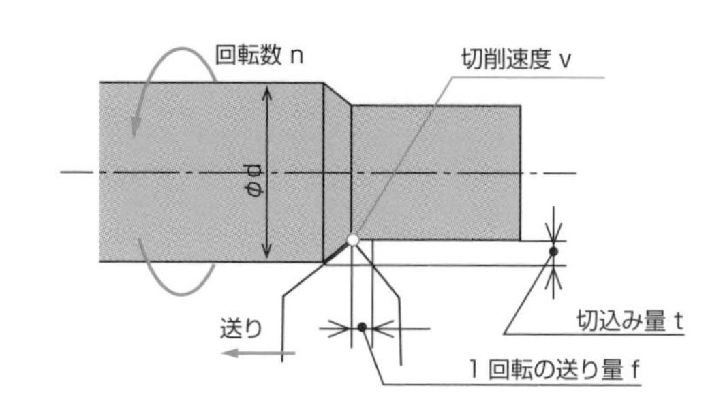

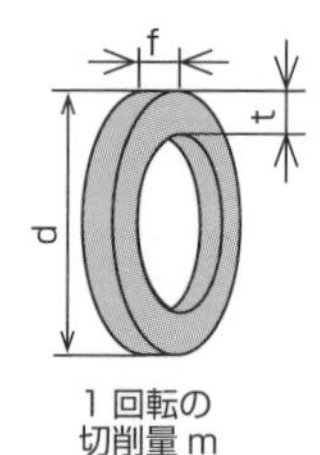

$$v=\frac{\pi dn}{1000}$$

※mm➡mの換算

n：主軸回転数 [rpm]
d：材料直径 [mm]
v：切削速度 [m/min]

$$m\fallingdotseq\pi dft$$
$$M=mn$$

m：1 回転の切削量
M：1 分間の切削量

切削速度と切削量

6-4

フライス盤加工

円筒状あるいは円板状の工具を回転させ、材料に送りを与えて切削する3次元の加工法が、フライスやミーリングと呼ばれる加工法です。

フライス盤の概略

図6-4-1ⓐは主軸を横に配した**横フライス盤**、図ⓑは主軸が縦の**立**（たて）**フライス盤**です。図ⓒは、ATCを備えた**NCフライス盤**で、多種類の加工ができるものを**マシニングセンタ**と呼びます。**フライス加工**は、コーヒーミルのmill（ひきうす）のように、材料表面を挽（ひ）き回すように加工することから、**ミーリング加工**と呼ばれます。

フライス盤の概略　図6-4-1

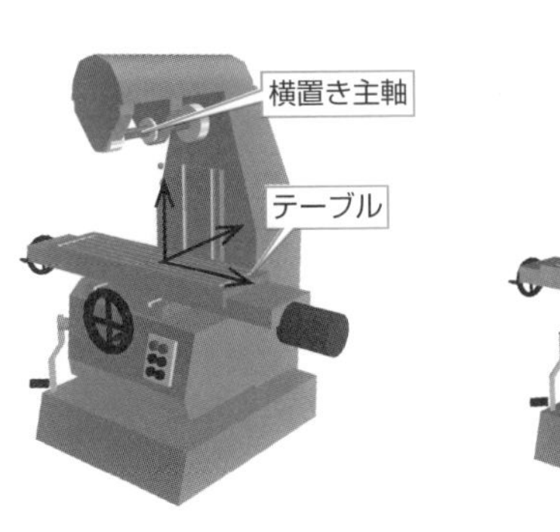

ⓐ横フライス盤

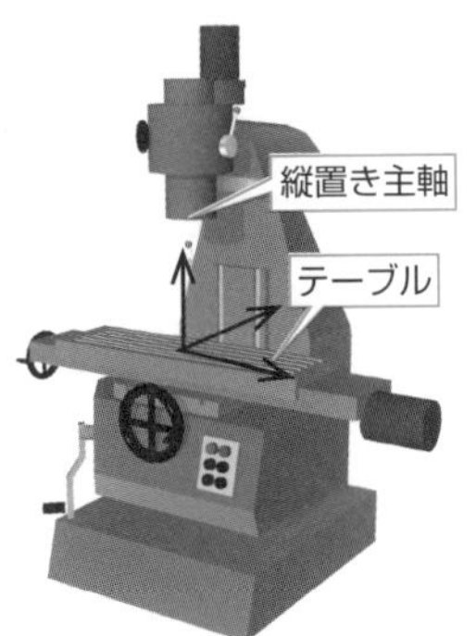

ⓑ立フライス盤

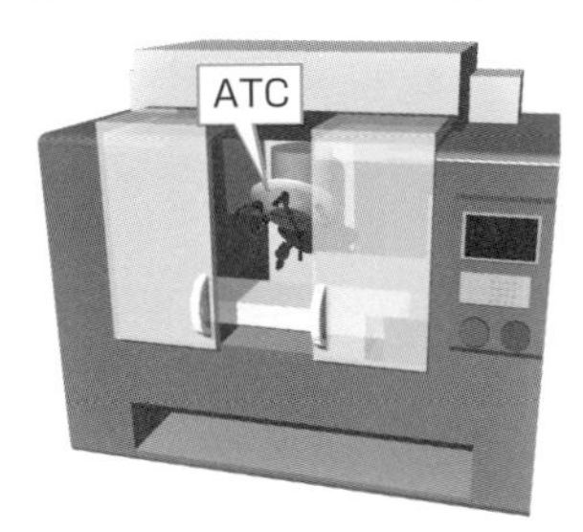

ⓒマシニングセンタ

フライス盤加工の例

下図6-4-2ⓐの平フライスは、円筒外周に刃を付けた工具です。工具の回転中心軸と平行な平面を切削します。

図ⓑの正面フライスは、円筒や円すいの外周と端面に刃をもちます。工具の回転中心軸に対して直角な広い面を切削します。

図ⓒのエンドミルは、比較的細長い円筒の外周と端面に刃をもちます。溝や平面などの切削を行います。

フライス盤加工の例　図6-4-2

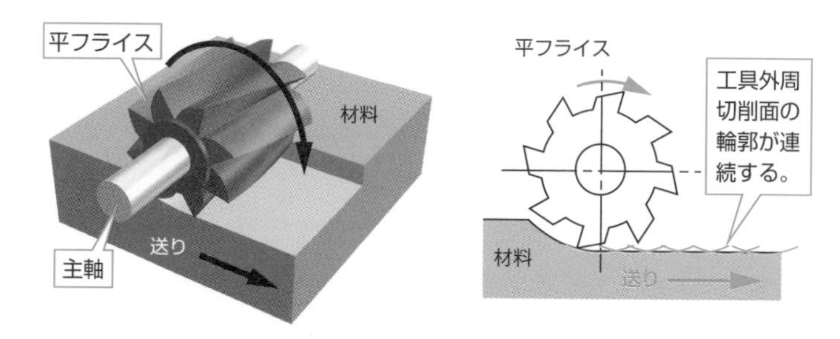

ⓐ横フライス盤の平フライス加工

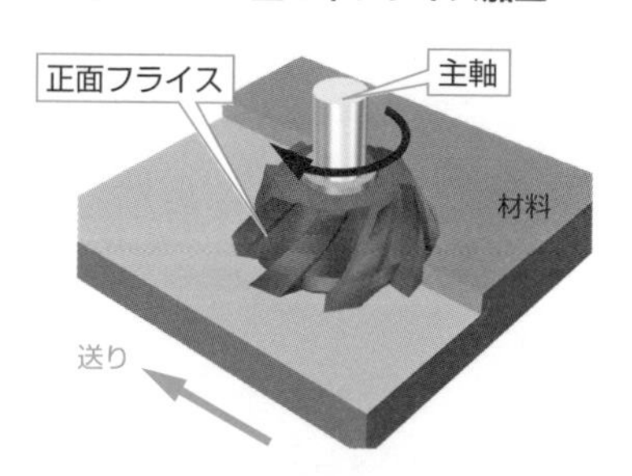

ⓑ立フライス盤の正面フライス加工

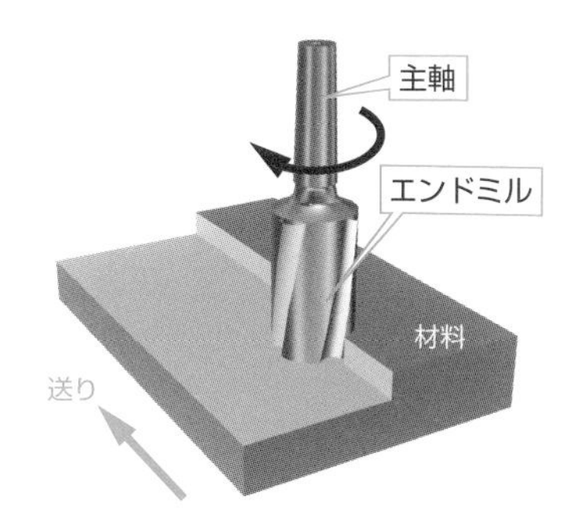

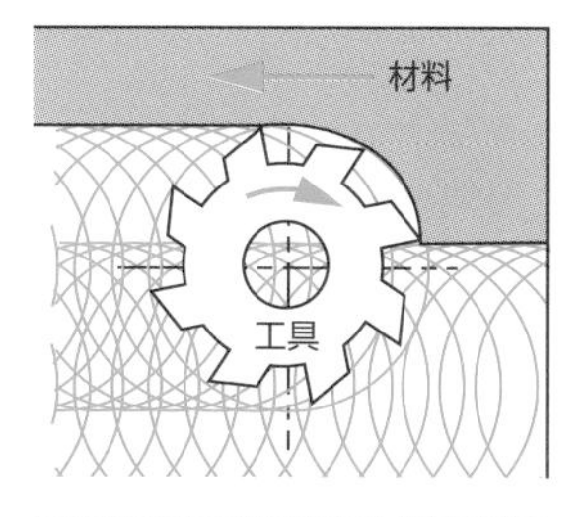

工具端面で連続的に材料を削り取ると、切削面が挽き回されるようになる。

ⓒ立フライス盤のエンドミル加工

上向き削りと下向き削り

平フライスとエンドミルの円筒外周の刃部には、送りの向きにより、図6-4-3ⓐの**上向き削り**と図ⓑの**下向き削り**という状態が生まれます。工具の寿命や切削面の仕上がり状態に影響します。下向き削りでは、テーブル送りねじの**バックラッシュ**（隙間、遊び）の多い機械で、材料が引き込まれることもあります。

上向き削りと下向き削り　図6-4-3

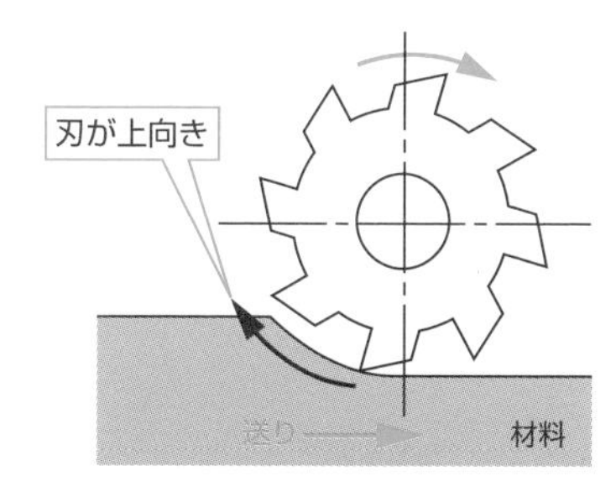

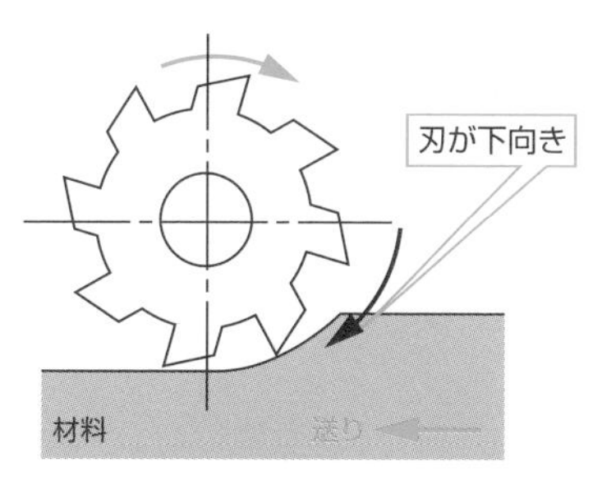

ⓐ上向き削り　　ⓑ下向き削り

	上向き削り	下向き削り
切削抵抗	大	小
切粉排出	押し出す	巻き込む
切削性	刃が食い込む	刃が逃げやすい

ⓒ上向き削りと下向き削りの比較

6-5

削り盤加工

テーブルに固定した材料と工具の相対的な直線運動で材料表面を切削する機械を削り盤と呼び、テーブルを移動させるものと工具を移動させるものがあります。

削り盤の概略

図6-5-1ⓐは、水平往復する**ラム**の先端の刃物台にバイトを取り付け、テーブルに固定した材料の表面を水平に削る**形削り盤**（かた）で、**シェーパー**とも呼ばれます。図ⓑは、長尺のベッド上を直線往復するテーブルに材料を固定し、刃物台に取り付けたバイトとの相対速度を作る**平削り盤**（ひら）で、**プレーナー**とも呼ばれ、大型製品の加工ができます。図ⓒは、垂直往復するラムの刃物台にバイトを取り付け、溝状の加工を行う**立削り盤**（たて）で、**スロッター**とも呼ばれます。

削り盤の概略　図6-5-1

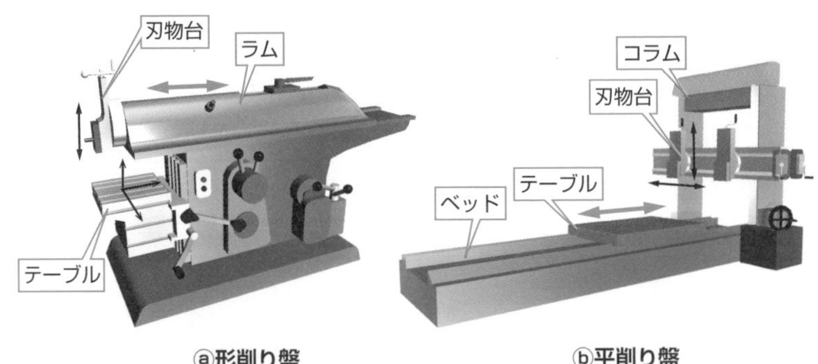

ⓐ形削り盤　　ⓑ平削り盤

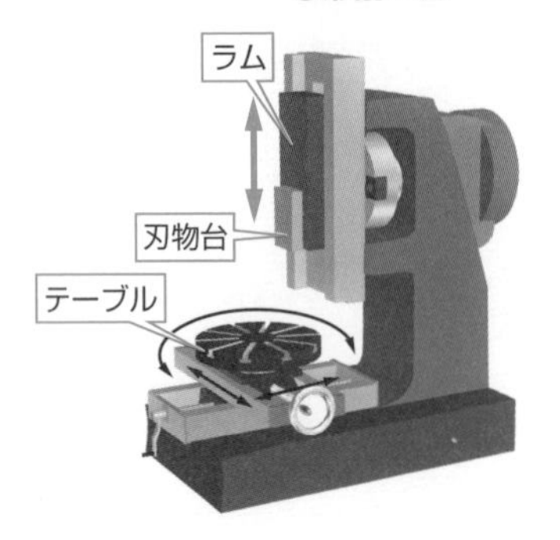

ⓒ立削り盤

歯車形削り盤とその他

図6-5-2ⓐは**ピニオンカッタ**図ⓑは、**ラックカッタ**を使用して、形削り盤や立削り盤のようにカッタを直線往復運動させて歯車を加工するもので、**歯車形削り盤**と呼ばれます。図ⓒは、除去する部分とかみ合う形状の刃先を直線上に取り付けた**ブローチ**と呼ぶ工具を引き抜いて歯を作る方法で、キー溝、四角穴、異形加工などを行う加工方法です。図ⓓは、横長円筒側面に歯車の歯とかみ合う刃を付けた**ホブ**と呼ぶ工具と素材の回転を同期させ、ホブを少しずつ素材に近付けながら切込みを与える方法です。

歯車形削り盤とその他　図6-5-2

ピニオンカッタを回転させ、上下往復運動と切込みを与えて、歯を切る。

ⓐピニオンカッタ

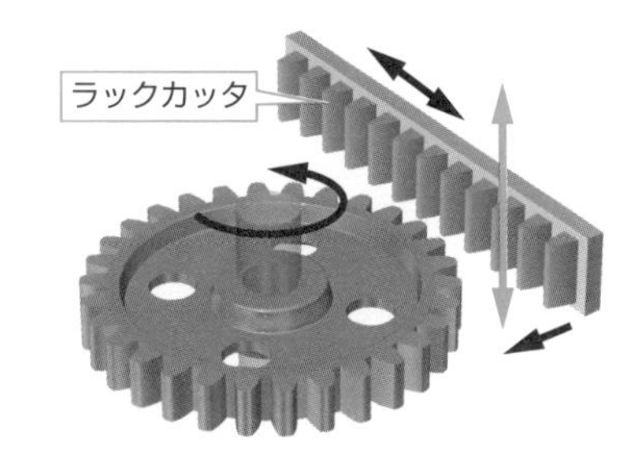

ラックカッタを垂直に往復させ、切込みを与えて歯を切る。

ⓑラックカッタ

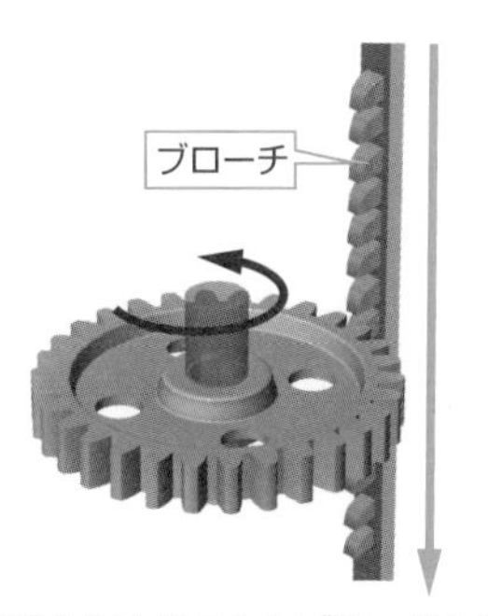

切刃を徐々に大きくしたブローチと呼ぶ長尺の直線状工具で素材を引き抜き、1パスで歯を切る。

ⓒブローチ

歯車の歯にかみ合うホブという工具を素材と同期させて回転し、ホブを上下させながら切込みを与えて、歯を切る。

ⓓホブ

6-6

研削加工

微細で硬い粒を固めた砥石で、材料表面を微小に削り取りながら磨く加工法が研削加工。刃物工具の加工跡を除去して滑らかな表面を作ります。

研削盤の概略

切削加工は、材料の表面を除去して形状寸法を仕上げる加工です。切削加工を行ったあとの表面には、**工具痕**（こうぐこん）が残ります。この工具痕を除去する加工が**研削加工**です。図6-6-1ⓐは、旋盤加工物などの円筒製品の外周表面を仕上げる**円筒研削盤**です。高速で回転させた**砥石**（といし）を、主軸台チャックに取り付けた回転工作物に押し付け、研削します。図ⓑは、フライス盤や削り盤などで加工された平面などの表面を研削する**平面研削盤**です。砥石を高速回転させて、水平面内で移動するテーブルに固定した材料の表面を研削します。研削加工は、大きな加工量による形状変化を行うのではなく、表面の状態を平滑に仕上げる微細な加工法です。

研削盤の概略　図6-6-1

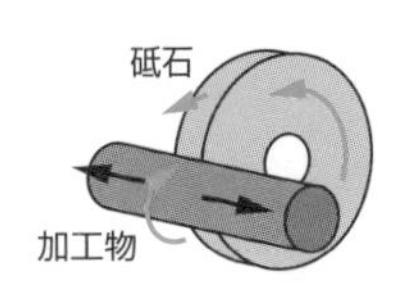

回転する円筒形工作物に、高速回転する砥石を押し付け、工作物を長手方向に移動させ、外周側面を研削する

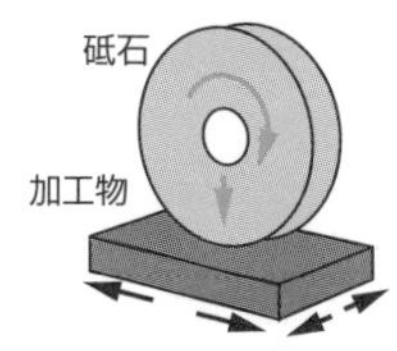

高速回転する砥石を水平な加工面に押し付け、材料を水平面で移動させ、表面を研削する

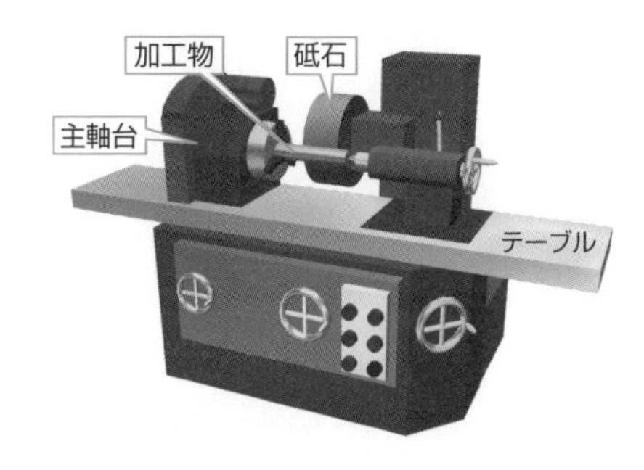

ⓐ円筒研削盤

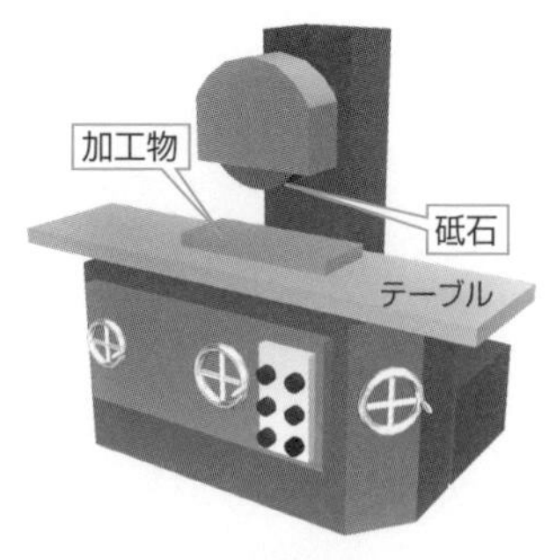

ⓑ平面研削盤

研削砥石と自生作用

図6-6-2のように、研削砥石は、**砥石の三要素**と呼ばれる**砥粒**(とりゅう)、**結合剤**、**気孔**から構成され、微細な砥粒の一つひとつが**小さな刃先**となり、材料表面を研削します。砥粒には、炭化ケイ素、酸化アルミニウム、人造ダイヤモンドなどが使われ、結合剤には、ガラス質系、合成樹脂系、ゴム系の材料が使われます。砥石は、**自生作用**で切れ味を保持しますが、切れ味が低下した場合は、砥石表面を研ぐ**ドレッシング**を行います。

研削砥石と自生作用　図6-6-2

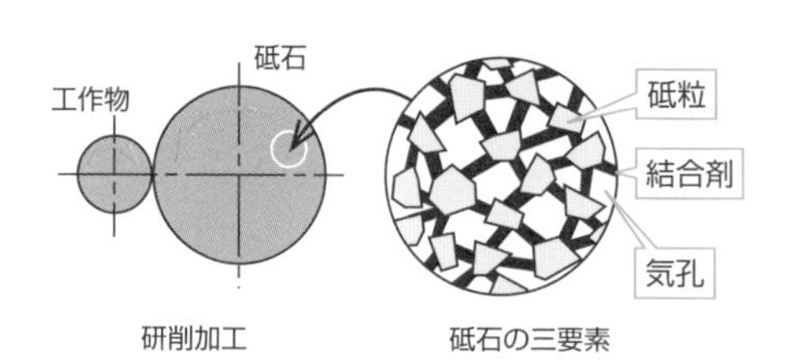

研削砥石は、それぞれが刃先となる硬い砥粒を結合剤で結合して作られている。気孔は研削屑の排出や砥石の硬さ調整などを行う。

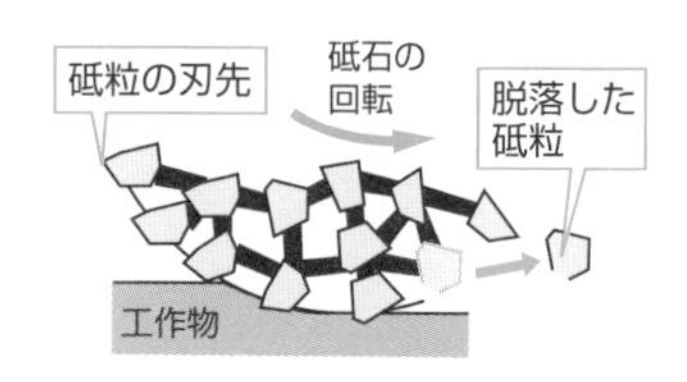

砥粒の刃先が摩耗して削れなくなると、切削抵抗で砥粒が結合剤から脱落して新しい砥粒の刃先が出る。

研磨加工

図6-6-3は、研削加工よりも微細な加工量で表面を磨き上げる**研磨加工**と呼ばれる加工法の例です。

研磨加工　図6-6-3

結合度を低くした砥石から脱落した砥粒や、ラップ剤に含まれる研磨剤を材料表面に押し付けて材料表面をこするように磨き、表面に滑らかでツルツルの光沢仕上げを行う加工方法。

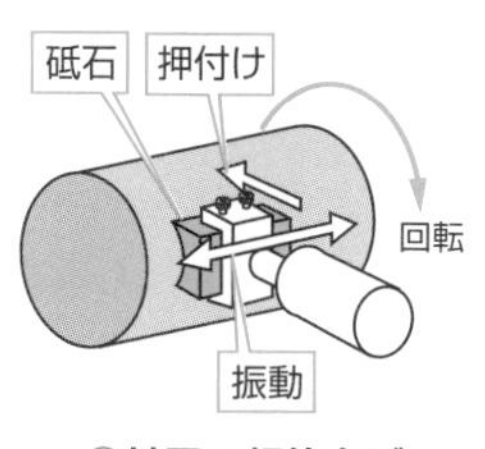

ⓐ外周の超仕上げ

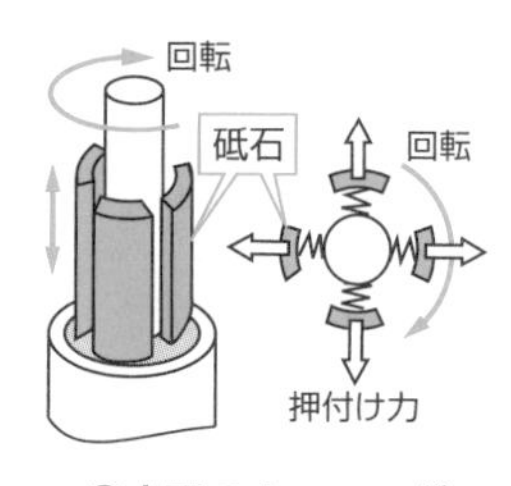

ⓑ内面のホーニング

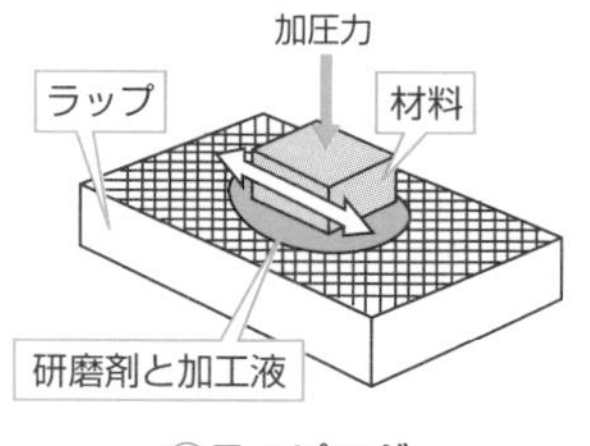

ⓒラッピング

6-7

塑性加工

金属の塑性を利用して材料を変形させる加工が塑性加工です。板材を折り曲げる板金加工、圧力や衝撃力で素材を成形する鍛造加工などがあります。

塑性加工品の例

図6-7-1ⓐは、冷蔵庫の製造工程で、天板と両側面の3枚を、1枚の長い板材を折り曲げて作る**板金**(ばんきん)**加工**の概略です。補強フランジは、板材補強のため端面の縁(ふち)を折り曲げる**フランジ加工**です。図ⓑは、鍛造の薄板材の**絞り加工**で、開口部に対して押し込み量の深い絞り加工は、**深絞り加工**と呼ばれます。図ⓒは、エンジン用のコンロッドで、素材を凹凸のある上型・下型で挟み込み、金型の空間と同じ形状を作る、**型鍛造**と呼ばれるものです。

塑性加工品の例　図6-7-1

ⓐ冷蔵庫外函：板金　ⓑ金属カップ：絞り　ⓒエンジンコンロッド：型鍛造

いろいろな加工法

図6-7-2ⓐは、ポンチで材料にせん断荷重を与えて、ポンチと同じ形状の製品を作る**打ち抜き加工**。図ⓑは、凹凸がペアになった型で板金を挟んで、型と同じ表面形状を作る**成形加工**。図ⓒの**自由鍛造**は、ハンマで材料に衝撃力を与えて、型を使わずに成形するものです。図ⓓで、高温に加熱した異なる素材を鍛造で結合することを**鍛接**と呼び、金属の接合面では分子レベルでの結合が行われます。図ⓔの**へら絞り加工**は金属の展延性を利用したもので、作業者の熟練度が要求されます。金属は塑性加工を受けると硬くなる性質をもっていて、これを**加工硬化**と呼びます。

いろいろな加工法 図6-7-2

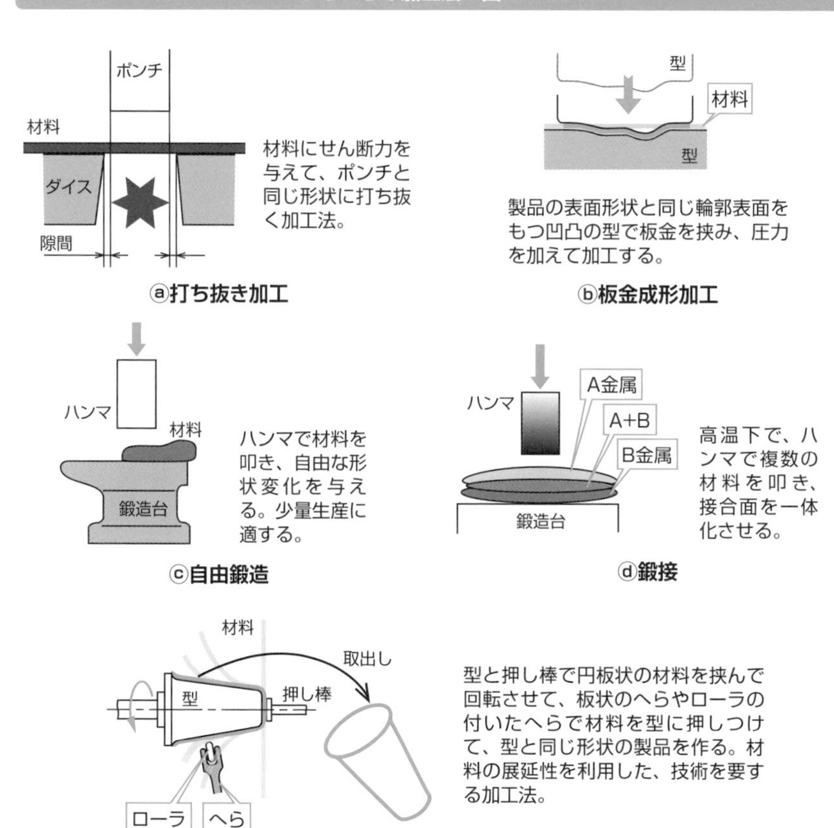

6-8

基本的な溶接加工

母材と呼ぶ材料を複数組み合わせて、結合部分を融点以上に加熱すると、溶けた部分が一体化します。これを冷却させて母材を結合する加工法を溶接と呼びます。

アーク溶接とガス溶接

図6-8-1ⓐは**電気火花**による高熱で溶接する方法で、**アーク溶接**と呼びます。交流または直流電源の両端に導電性の母材と溶接棒を接続し、両者を接触させてすぐに離すと火花放電が発生します。この火花を**アーク**と呼び、最高温度が約4000℃になります。

図ⓑは、**酸素**と**アセチレン**の混合ガスを燃焼させた高温のガス炎で溶接する**酸素-アセチレンガス溶接**で、局所的に3500℃くらいの高温が作れ、薄板の溶接に適しています。

アーク溶接とガス溶接　図6-8-1

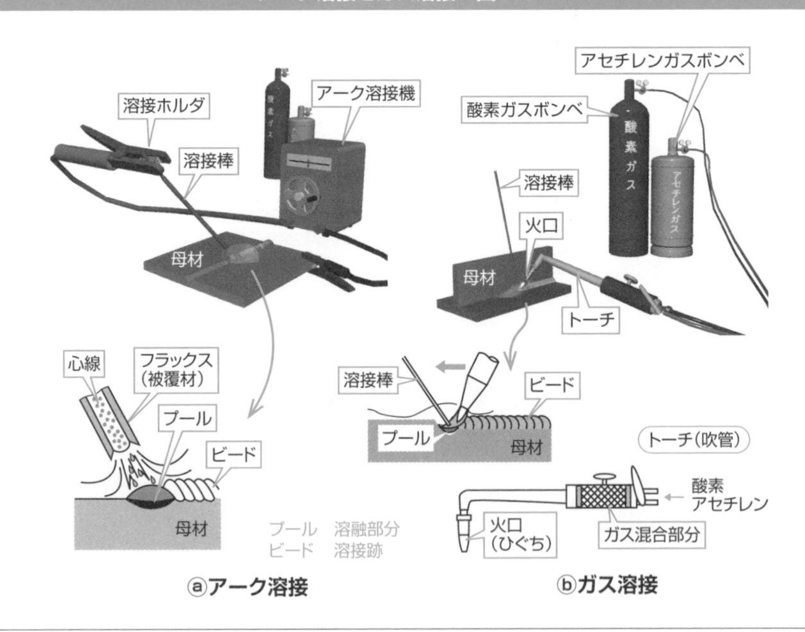

イナートガスアーク溶接とガス切断

アルゴンやヘリウムなどの**イナートガス**（不活性ガス）で溶接部分を覆い、空気の影響を遮断してアーク溶接を行うものが**イナートガスシールドアーク溶接**（イナートガスアーク溶接）です。図6-8-2ⓐは、電極に母材と同種の金属の**消耗電極**を自動供給する**MIG*溶接**です。図ⓑは、消耗の少ないタングステン電極を用いて、添加材の溶接棒を別に供給する**TIG*溶接**です。

図ⓒのように、鉄鋼材料は高純度の酸素中において800～900℃で酸化反応が発生します。鉄鋼材料の表面を800℃程度まで加熱して高純度の酸素流を高速で吹き付けると、急激な酸化反応が発生して酸素流と接触した部分が**燃焼**し、燃えかすは酸素流で吹き飛ばされて母材に溝状の隙間ができます。この反応を継続させることで母材を**切断**することができます。

イナートガスアーク溶接とガス切断　図6-8-2

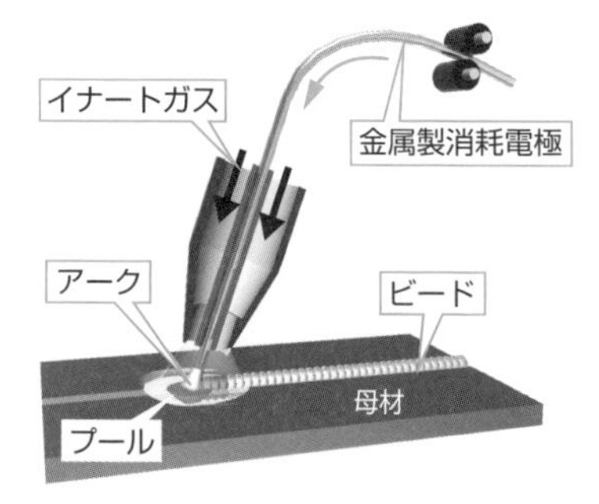

ⓐMIG 溶接

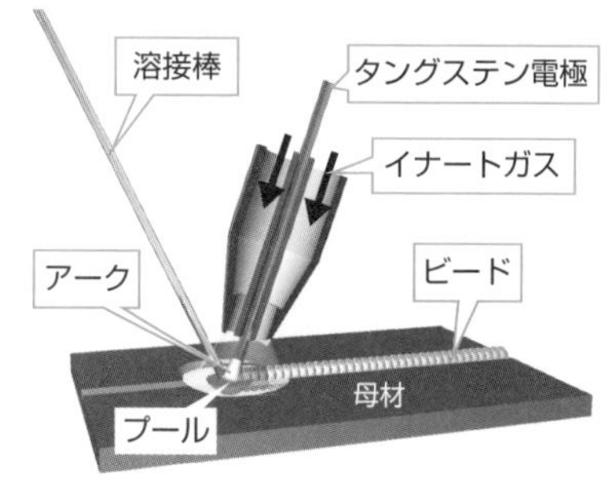

ⓑTIG 溶接

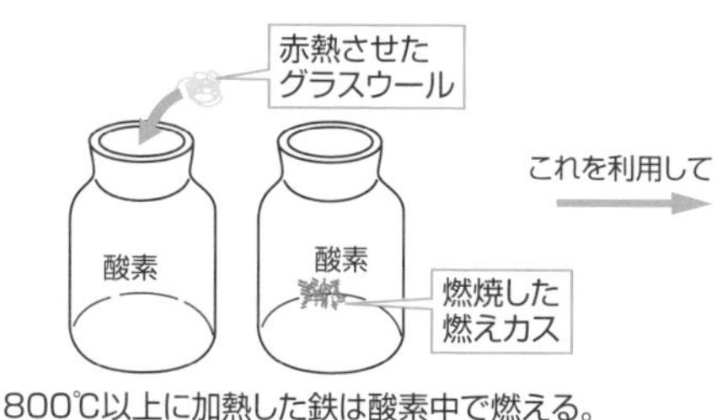

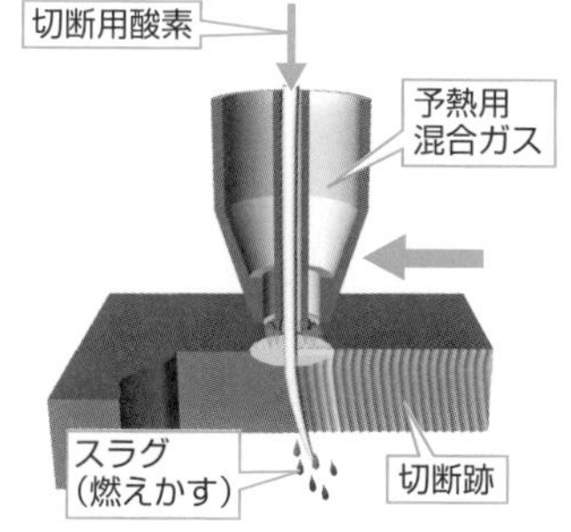

ⓒ酸素-アセチレンガス切断

* MIG　Metal Inert Gasの略。
* TIG　Tungsten Inert Gasの略。

6-9

溶接継手といろいろな溶接法

機械製品で、複数の部品をつないだものを継手(つぎて)と呼び、溶接による継手を溶接継手と呼びます。代表的な溶接継手と、いろいろある溶接方法を考えます。

溶接継手

図6-9-1で、直交する2面が三角形断面のビード（溶接跡）をもつ溶接継手を**すみ肉継手**と呼びます。溶接継手の呼称は、母材の組合せ方で分類されます。図ⓐの**T継手**は、すみ肉継手で接合した2つの母材が、ほぼ直角のT字形になる溶接継手です。図ⓑは、2枚の母材を重ねて端面をすみ肉継手で接合した**重ね継手**。図ⓒは、母材のかどを直角に溶接する**かど継手**。図ⓓは、貼り合わせて組んだ母材の端面を溶接する**へり継手**。図ⓔは、**当金**(あてがね)を介して2枚の母材を結合する**当金継手**。図ⓕは、2つの母材の端面を突き合わせて平面状に接合する**突合せ継手**の例です。駅のホームや歩道橋など、溶接継手を見つけることのできる機会はたくさんあります。

溶接継手　図6-9-1

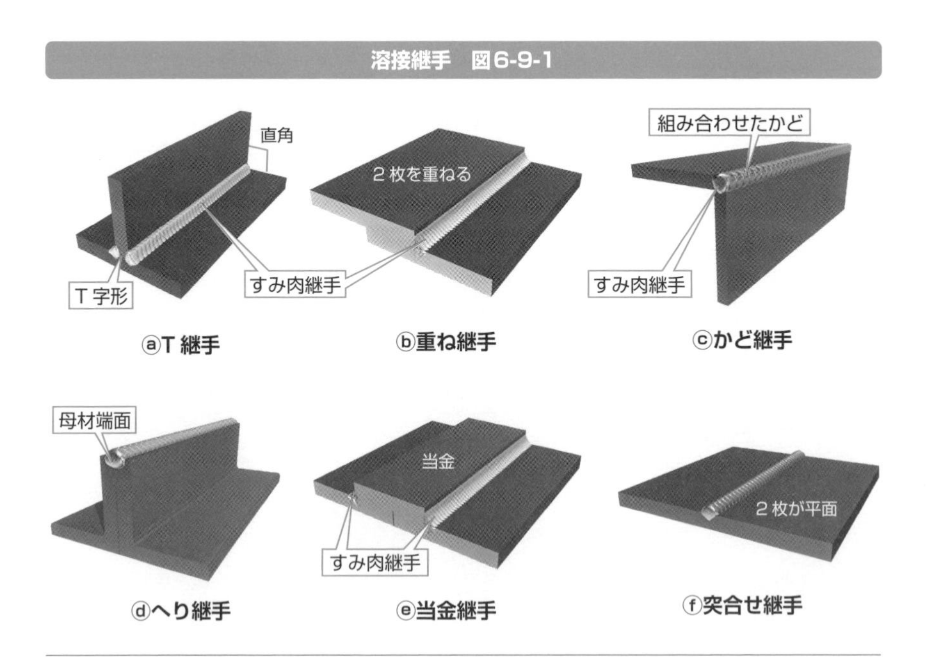

いろいろな溶接方法

金属の電気抵抗により、母材接触部に発生する**ジュール熱**を利用した溶接を**電気抵抗溶接**と呼びます。図6-9-2ⓐは、接触点の小さな**スポット溶接**。図ⓑは、ローラ型電極で連続的に溶接する**シーム溶接**。図ⓒは、熱容量の異なる母材で、薄板母材に作った**プロジェクション**（凸部）に電流を集中して溶融を行う**プロジェクション溶接**。以上は電気抵抗溶接です。図ⓓは、フラックスで覆った溶接部分でアークを発生させる**サブマージアーク溶接**。図ⓔは、水冷銅当金の内部でアーク溶接を行う**エンクローズ溶接**。図ⓕは、クランプ電極で挟んだ母材端面を一瞬接触させて火花を発生させ、瞬間に母材を押し付けて端面を溶接する**フラッシュバット溶接**です。ⓔ、ⓕともロングレールやビルの鉄筋などの溶接に使われます。

いろいろな溶接法　図6-9-2

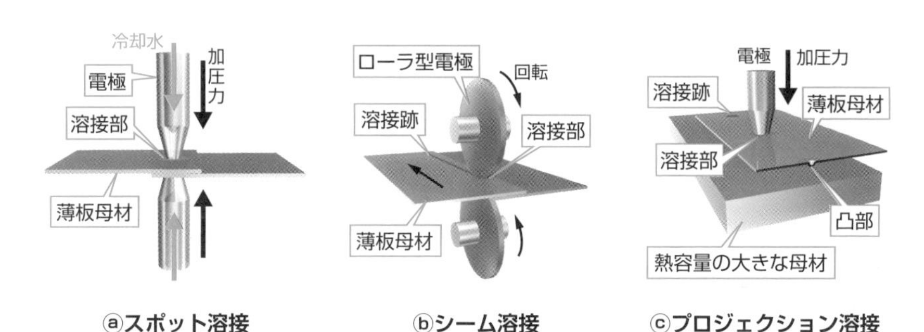

ⓐスポット溶接　ⓑシーム溶接　ⓒプロジェクション溶接

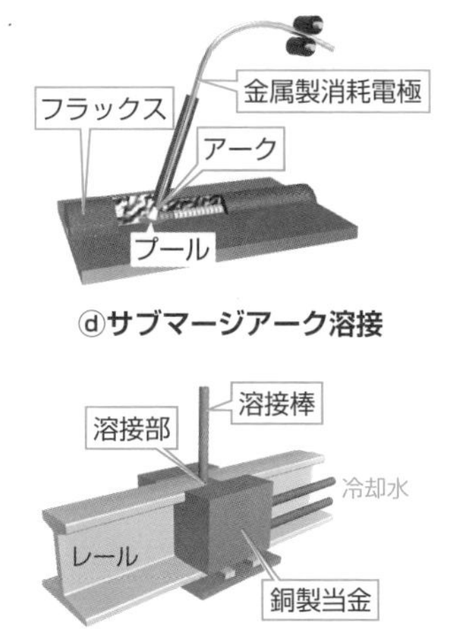

ⓓサブマージアーク溶接

ⓔエンクローズ溶接

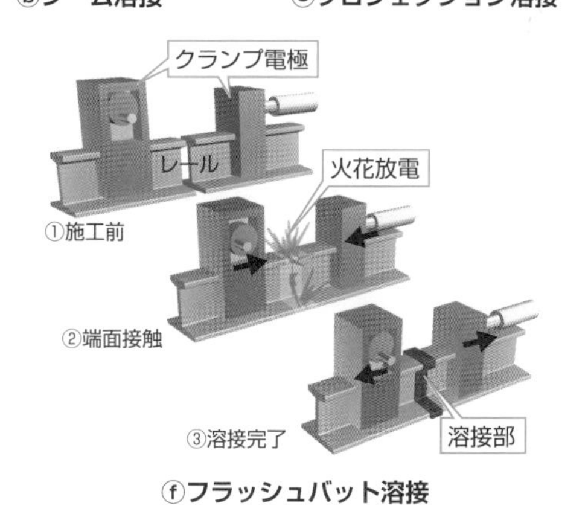

ⓕフラッシュバット溶接

6-10

鋳造

作ろうとする形状と同じ形の空洞に溶融金属を流し込み、金属が凝固したあとに製品を取り出して仕上げるという、金属の溶融性と凝固性を利用した工作法です。

鋳造製品の例

鋳造は、耐熱性のある材料で作った、製品と同じ形状をもつ**鋳型**(いがた)の中へ、**湯**(ゆ)と呼ぶ溶かした金属を流し込み、凝固させて取り出す工作法です。金属の溶解から凝固までの変化を含んでいるので、熱による金属組織への影響が大きく表れます。このことを利用し、鋳鉄を計画的に急冷して組織を強固にする加工法などがあります。金属が凝固するときの収縮が大きいと、製品に容積減少が生じることがあり、これを**ひけ**と呼びます。凝固時は、鋳型の内部で多種のガスが出るため、湯が回りきらず製品形状に欠陥が生じたり、製品内部にガスが残留して**巣**と呼ばれる気泡を作るなどの問題が起きることもあります。

いろいろな鋳造製品　図6-10-1

ⓐ鋳鉄製キッチン用品　ⓑベルト車　ⓒマンホールの蓋　ⓓキャストホイール　ⓔシリンダブロック

砂型鋳造法

耐熱性のある**鋳物砂**の中に、製品になる形状と同じ形の模型を埋め込んで、砂を固めてから模型を取り出したり、ろうで作った模型を砂に入れて固めてから加熱してろうを流し出したりして空洞を作る鋳型を、**砂型**と呼びます。湯を流し込んだのちに鋳型を壊して製品を取り出すため、鋳造品1つにつき1つの砂型が必要となります。湯の自重で流し込む鋳造法を**重力鋳造法**と呼びます。図6-10-2の砂型は、上型木型と下型木型に分割できる**木型**を使って、上下の鋳型を作ったあと、中空部分を作る**中子**（なかご）と呼ぶ砂型を穴部分に組み合わせて、図ⓔの鋳造品を作ります。鋳型を壊して取り出した鋳造品は半製品なので、**湯口**や**湯道**などを除去して完成品とします。

砂型鋳造法　図6-10-2

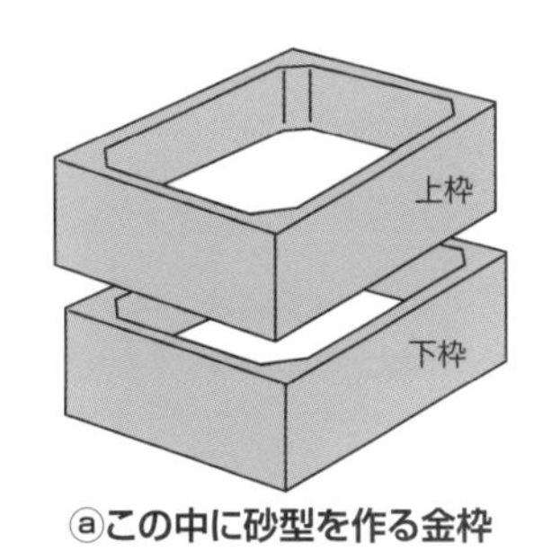

ⓐこの中に砂型を作る金枠

中空部分を作る砂型を中子と呼びます。

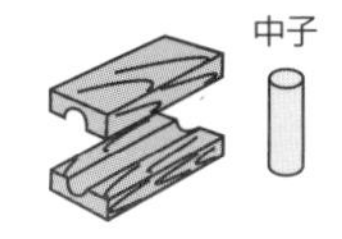

ⓑ中子を作る中子取り

ⓒ分割木型と砂型の中子

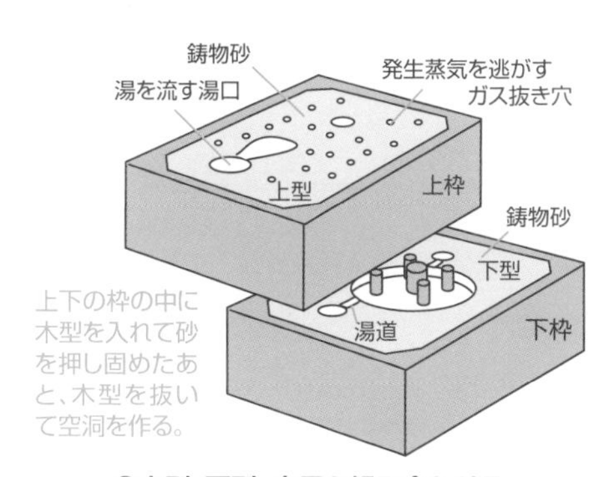

ⓓ上型、下型、中子を組み合わせる

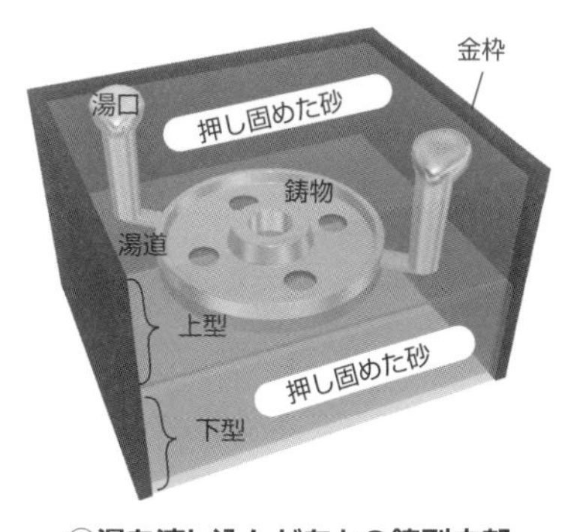

ⓔ湯を流し込んだあとの鋳型内部

6-11

いろいろな鋳造法

鋳造鋳型を作る方法や湯を流し込む注湯技術には、いろいろな方法があります。工業的に使用されるいくつかの例を考えてみましょう。

シェルモールド鋳型

鋳物砂の表面にフェノール**樹脂**などをコーティングした**レジンサンド**と呼ばれる微細な粉末を、加熱した金型の表面で均一に凝固させ、薄くて丈夫な鋳型を作ります。通常、1枚の金型で上下の型を作り、凝固後に型合わせをして組みます。ガス抜けがよく、表面の滑らかな鋳物を作ることができます。貝殻状の鋳型ができるため、**シェルモールド鋳型**と呼ばれます。

シェルモールド鋳型　図6-11-1

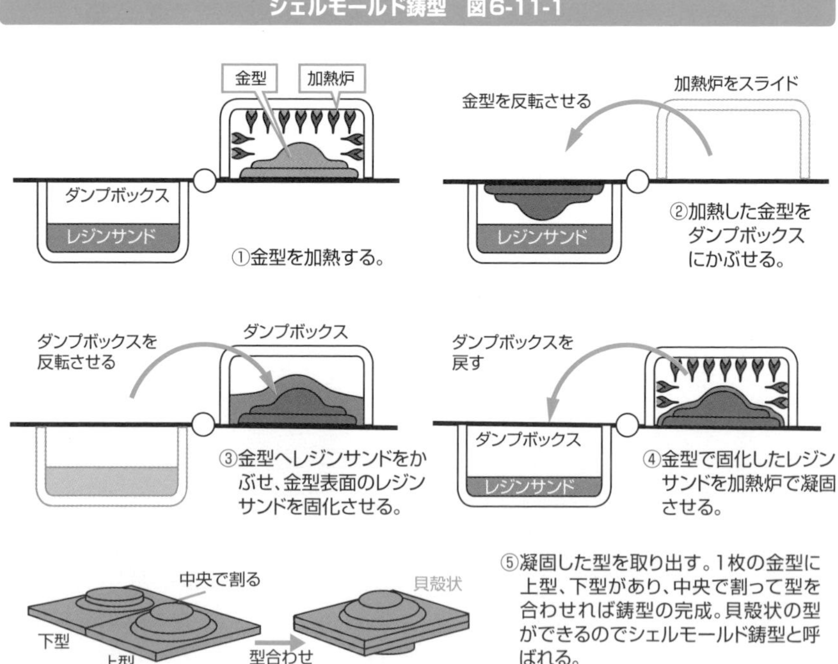

いろいろな鋳込み法

図6-11-2ⓐは、湯に圧力をかけて金型に注湯する**ダイキャスト鋳造法**です。図ⓑⓒは、重力鋳造を連続して行う、縦型と横型の**連続鋳造法**です。図ⓓは、回転運動による遠心力を利用した**遠心鋳造法**で、中空のパイプを作るのに、中子を必要としません。

いろいろな鋳込み法　図6-11-2

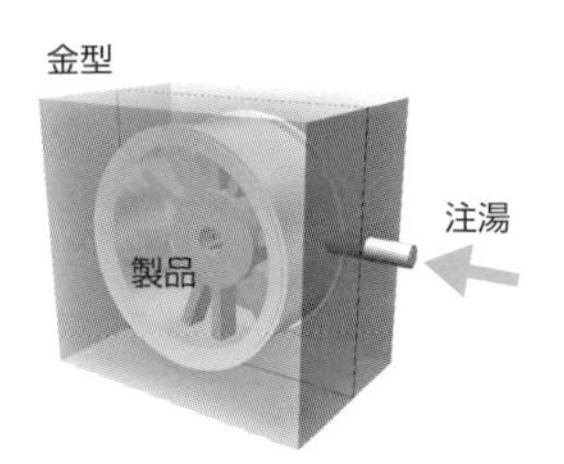

ⓐダイキャスト鋳造法
湯に圧力を加えて金型に注湯します。

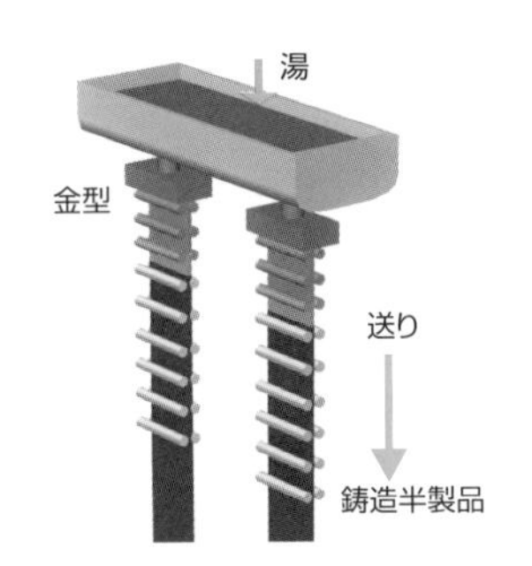

ⓑ縦型連続鋳造法

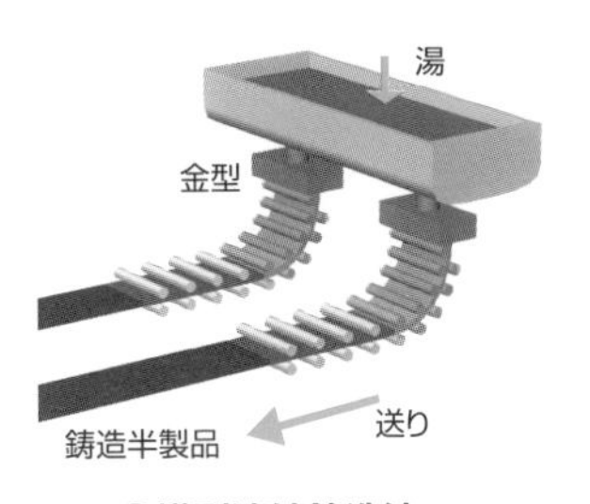

ⓒ横型連続鋳造法

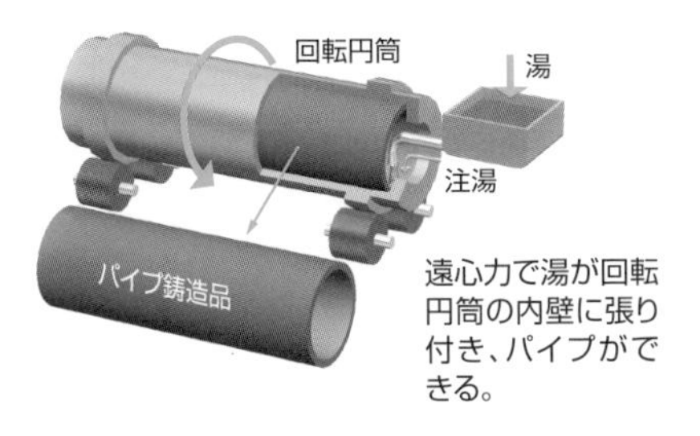

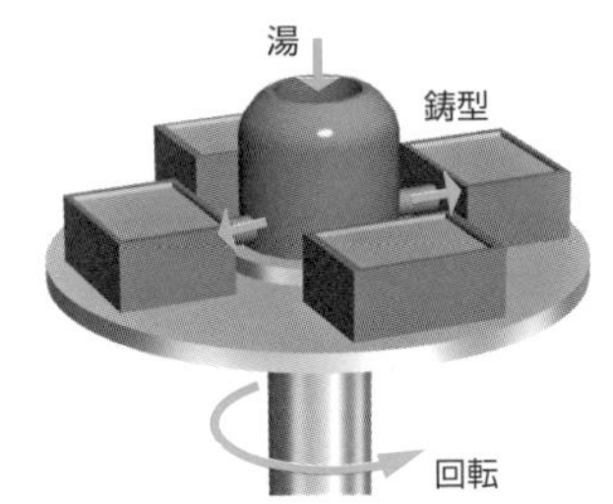

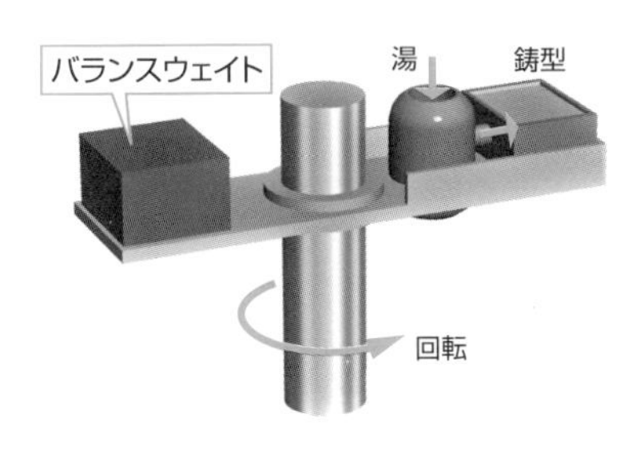

ⓓ遠心鋳造法
湯に働く遠心力で鋳型に注湯します。

6-12

転造加工と異形材加工

ねじの首下にどうやっても取れないワッシャの入っているねじ。深い凹凸をもったアルミサッシの窓枠。これらの加工方法を考えます。

転造加工

図6-12-1ⓐⓑⓒのように、一対の**ローラダイス**や**平板ダイス**に相対運動を与え、その間に棒状素材を挟んで圧力を加えると、ダイス表面の凹凸に対応した形状が素材表面に形成されます。これが**転造加工です**。図ⓓの軸部分にワッシャを組み込んだねじの例のように、転造加工部分の径は素材よりも大きくなります。転造加工は、図ⓔのように、素材の組織が連続的で、適度な**加工硬化**が得られるので、製品の強度が高いことが特徴です。

転造加工　図6-12-1

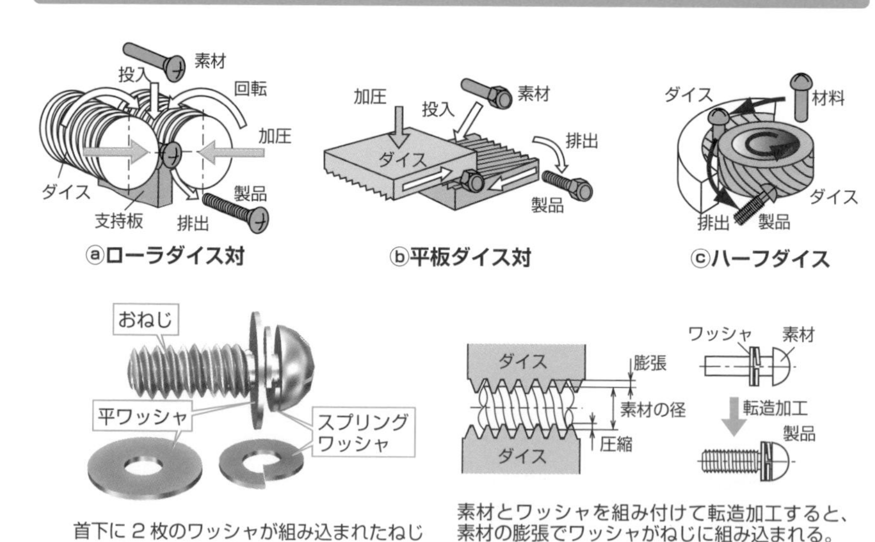

ⓓワッシャ付き小ねじ

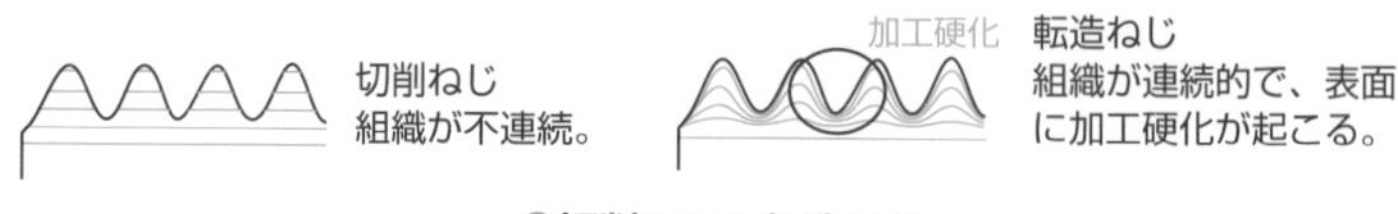

ⓔ切削ねじと転造ねじ

押出し・引抜き・圧延

図6-12-2ⓐに示す、一定の断面形状をもつ線状材料や棒状材料を**異形材**と呼びます。鉄鋼材料で、汎用的に使用される異形材は、**形鋼**と呼ばれ、JISで規格化されています。

図ⓑの**押出加工**は、高温で材料を押し出し、一度の工程で複雑な断面形状を加工できるという特徴があります。図ⓒの**引抜加工**は、常温で引き抜き、細い材料でも精度が高く表面のきれいな加工が行えます。図ⓓは、回転するローラで素材に高い圧力を加えて、板・棒・管・形材などを大量に作る**圧延加工**です。**常温圧延加工**製品は表面が光沢をもつのでミガキ材、**高温圧延加工**製品は表面を酸化被膜が覆うので黒皮材と呼ばれます。

押出し・引抜き・圧延　図6-12-2

ⓐいろいろな異形材

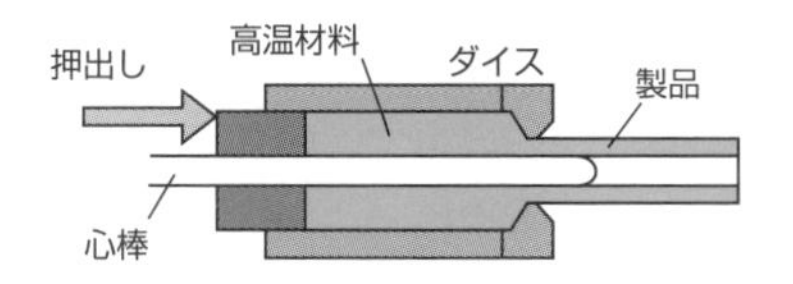

材料を加熱して圧力をかけて押し出す。複雑な断面形状の中空品などを 1 工程で加工でできる。

ⓑ押出加工

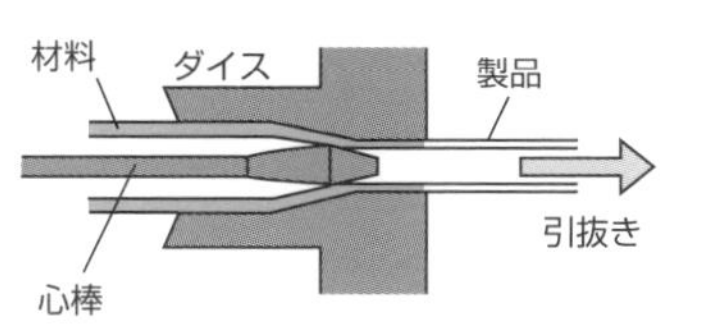

常温で材料を引き抜く。寸法精度が高く、表面がきれいなことが特徴。

ⓒ引抜加工

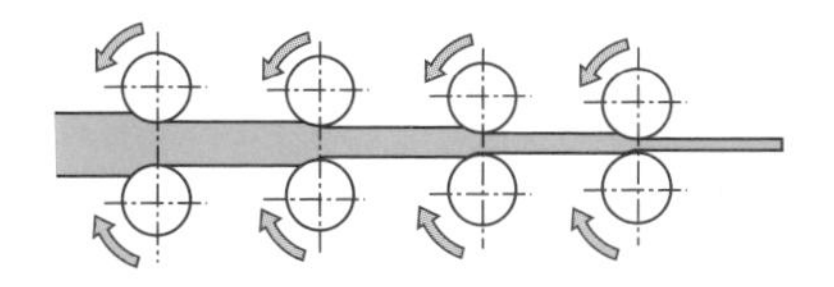

硬い素材や加工量が大きなときには、素材を段階的に圧延して加工する。

ⓓ連続多段圧延

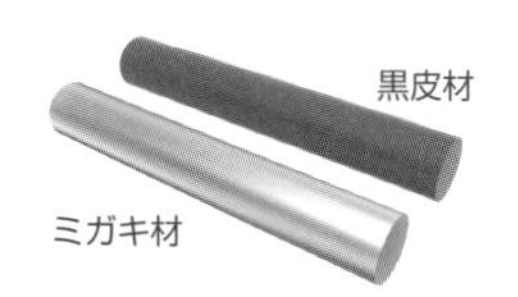

低温での加工は、ミガキ材と呼ばれるほど表面がきれい。高温での加工は、鉄鋼表面を黒皮と呼ぶ酸化被膜が覆う。

ⓔミガキ材と黒皮材

6-13

超音波加工と放電加工

加工液中で高周波振動や火花放電を利用して、刃物工具で切削できない硬い材料や、非金属材料などを成形する加工法

超音波加工と放電加工

図6-13ⓐは、工具先端に周波数15kHz〜30kHz程度の高周波振動を与え、加工液中の砥粒を材料表面に押付け、加工部分を除去する**超音波加工**。非金属材料も加工できます。ⓑは、加工液中で銅製の電極と材料に隙間を作り、火花放電で材料表面を溶融・蒸発させて除去する**放電加工**。非金属材料は加工できません。ⓒは、銅製のワイヤ電極を循環させ、材料を溝状に除去して切断や切り抜きを行う**ワイヤ放電加工**です。

超音波加工と放電加工　図6-13

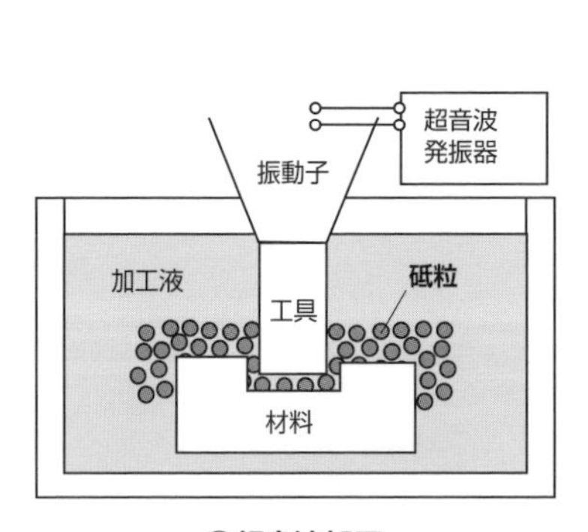

ⓐ超音波加工

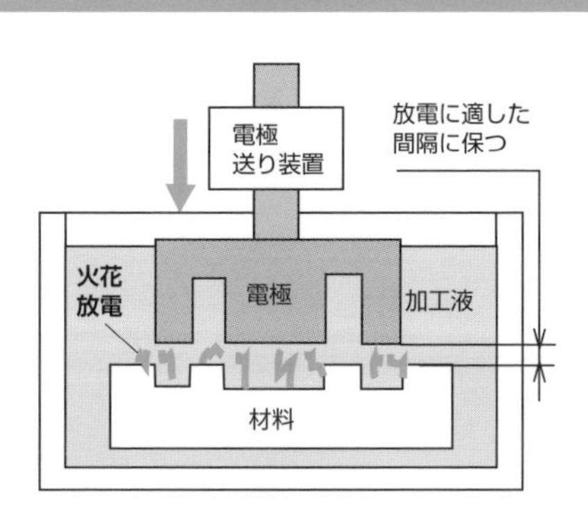

ⓑ放電加工

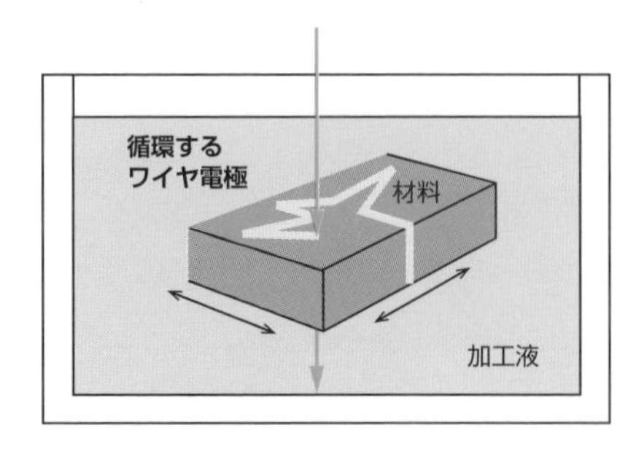

ⓒワイヤ放電加工

第7章

機械のしくみ

機械の運動は、一見複雑そうに見えても実はいくつかの基本的な運動の組合せからできています。それぞれは勝手に動くのではなく、各部品が「限定された相対運動を行う」のです。これらの運動を行うしくみをメカニズムあるいは機構と呼びます。

7-1

対偶

機械は必ず複数の部品の組合せからできています。部品の最小単位を要素または節と呼び、接触する2つの要素の組合せを対偶と呼びます。

対偶

機械は、限定された動きをする対偶の組合せで作られます。対偶は、2つの**要素**、**節**が接触したまま運動することを前提とします。接触のしかたから、図7-1-1ⓐのとおり、面で接触する**面対偶**、線で接触する**線対偶**、点で接触する**点対偶**に大きく分けられます。図ⓑでおねじとめねじの接触面は**面対偶**、図ⓒでボールペンチップ部のボールとボール受け座は**面対偶**、ボールと紙面は**点対偶**となっています。図ⓓは、ローラベアリングのローラと外輪、内輪との**線対偶**の例です。機械の仕組みを扱う**機構学**では、**要素の変形**は考えませんが、材料力学などで圧力による要素の変形を考えると、ローラの線対偶とボールの点対偶も、厳密には図ⓔのように**局所的な面対偶**となります。

対偶　図7-1-1

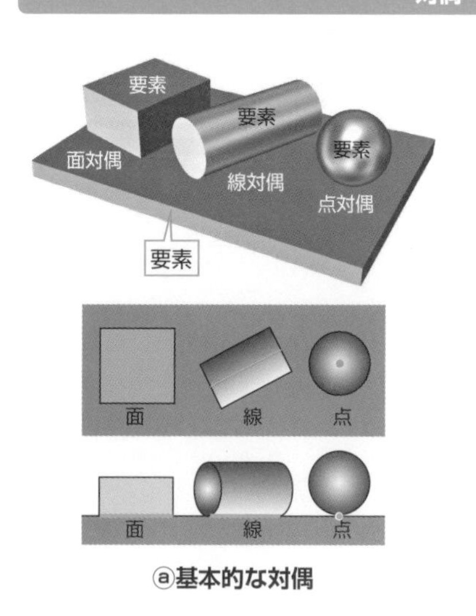

ⓐ基本的な対偶

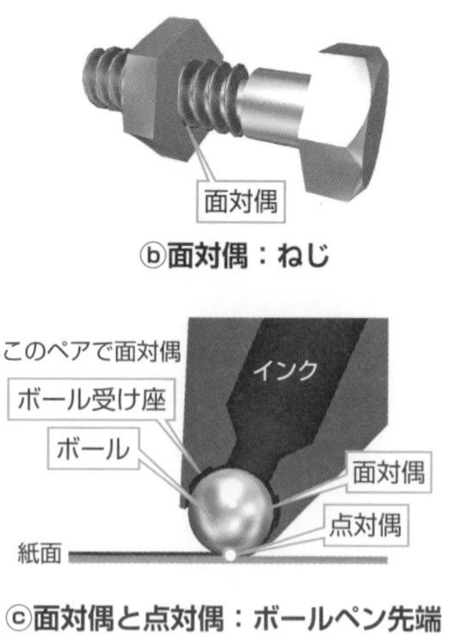

ⓑ面対偶：ねじ

ⓒ面対偶と点対偶：ボールペン先端

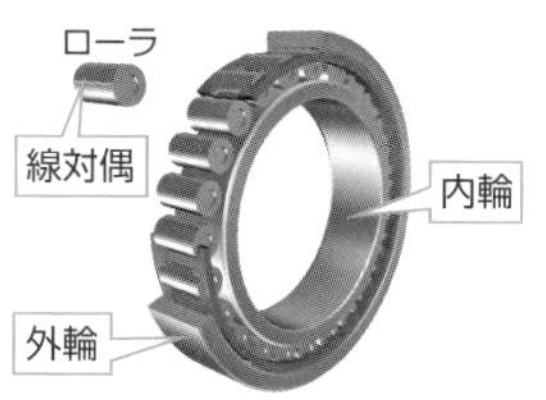

ⓓ線対偶：ローラベアリング

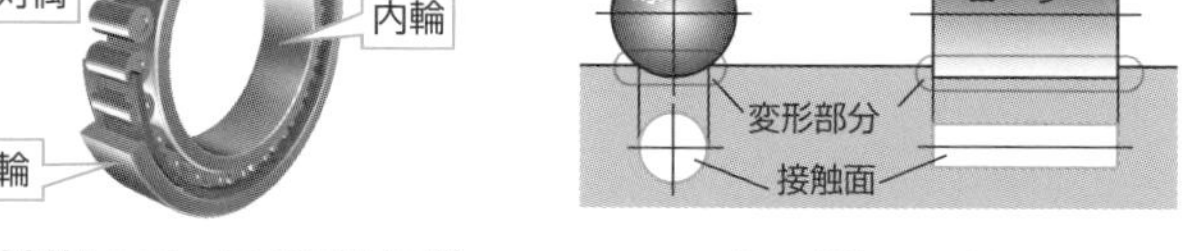

ⓔ局所的な面対偶

すべりところがり

図7-1-2ⓐのように、机の上にはさみと円筒形筆記具が置かれているとき、はさみを指で押せば、はさみは、押された分だけ机の上を滑って移動します。筆記具は、指で少し触れる程度で、コロコロと転がります。図ⓑの面対偶の運動は接触部分に相対速度をもつ**すべり**、図ⓒの**線点対偶**は接触部分の相対速度がゼロの**ころがり**と呼ばれます。

すべりところがり　図7-1-2

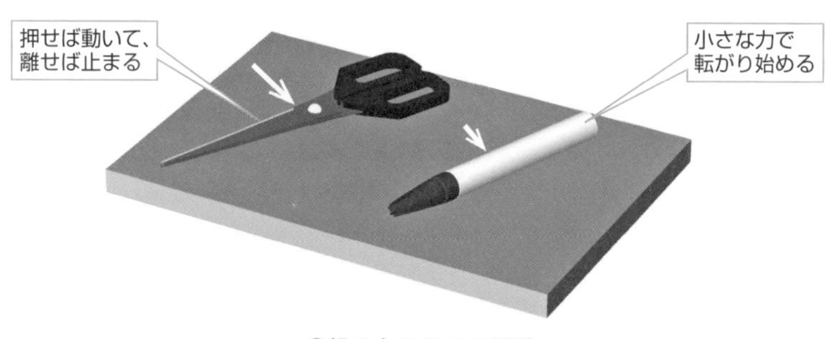

ⓐ机の上の 2 つの運動

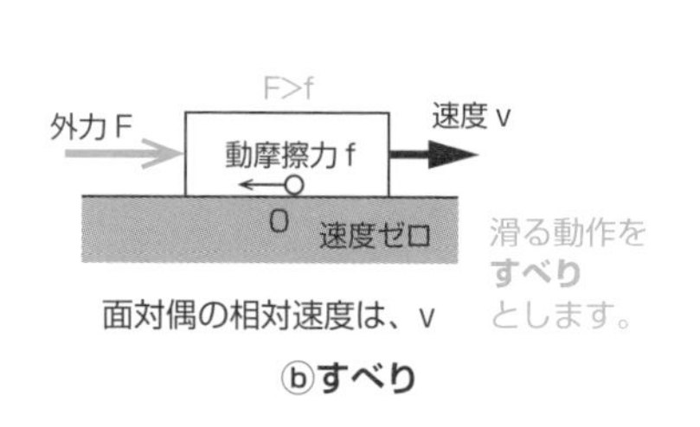

滑る動作を
すべり
とします。

面対偶の相対速度は、v

ⓑすべり

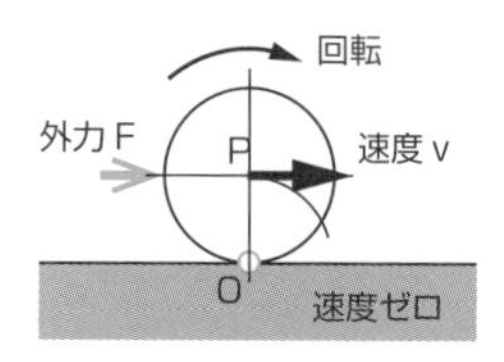

線点対偶：
線対偶と点対偶の
総称。

転がる動作を
ころがり
とします。

線点対偶の相対速度は、ゼロ

ⓒころがり

7-2

対偶の運動と機械の運動

機械の動きを細分化すると、共通したいくつかの対偶の運動に行き着きます。対偶は、2つの要素が接触したまま運動することを前提とします。

対偶の運動

図7-2-1ⓐは、一方の要素がガイドとなり、他方の要素がガイド面に沿って運動する**進み対偶**（**すべり対偶**）。図ⓑは、相対的な回転運動だけを行う**回り対偶**。図ⓒは、回転量と直進運動量が比例するらせんで作られた**ねじ対偶**。図ⓓは、接触面が球面で接触する**球対偶**です。これらは、面対偶の代表的な動きです。

対偶の運動　図7-2-1

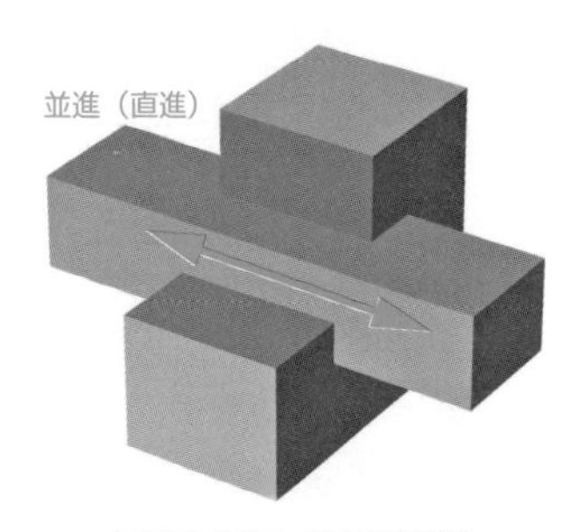

ⓐ進み対偶（並進運動）

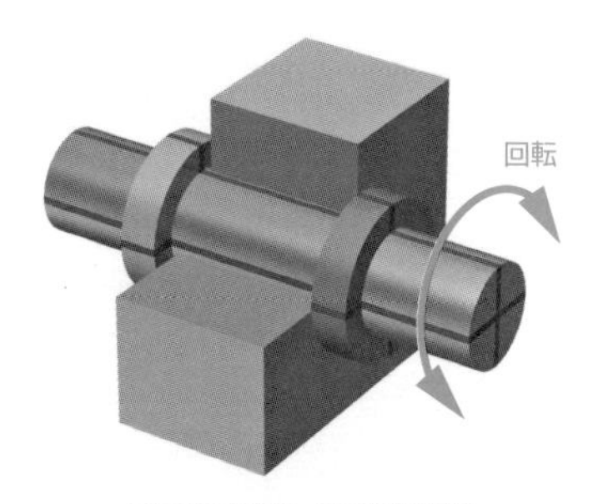

ⓑ回り対偶（回転運動）

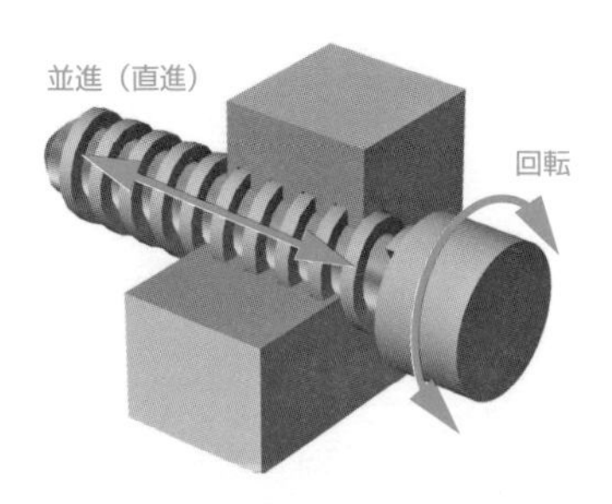

ⓒねじ対偶（らせん運動）

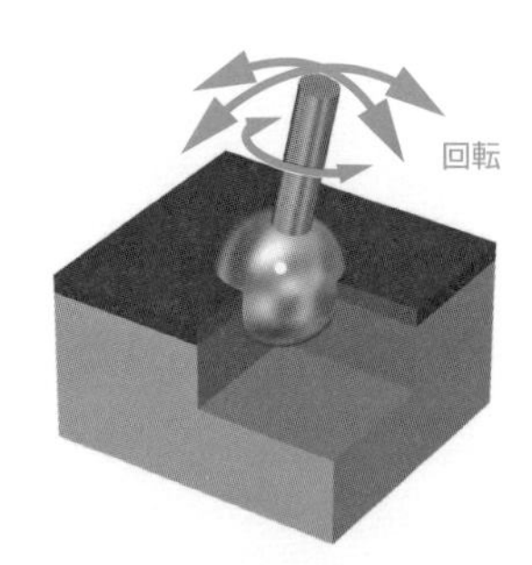

ⓓ球対偶

機械の運動

図7-2-2ⓐは、物体が①から②へ、姿勢を変えながら**直進運動**をしています。図ⓑは、物体の任意の点の速度ベクトルが、常に等しい状態で移動しています。一定の姿勢で行う直進運動を**並進運動**と呼びます。図ⓒは、工作機械をモデル化したもので、ドリルのように、軸が連続回転する運動は**回転運動**です。中心軸の外側の要素が回転する運動を**旋回**と呼びます。図ⓓの自動車のワイパーのように、限られた一定範囲を往復回転する運動を**揺動**と呼びます。図ⓔは、ねじ対偶特有の運動で、回転と並進が1:1で対応しており、**らせん運動**と呼ばれます。

機械の運動　図7-2-2

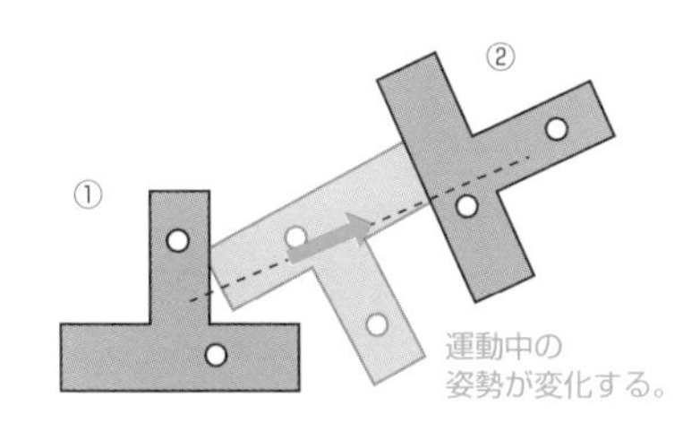

ⓐ姿勢変化をともなう直進運動

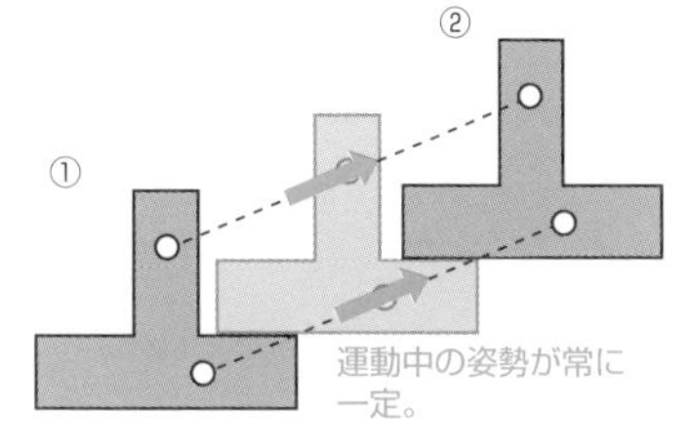

ⓑ姿勢が常に一定の並進運動

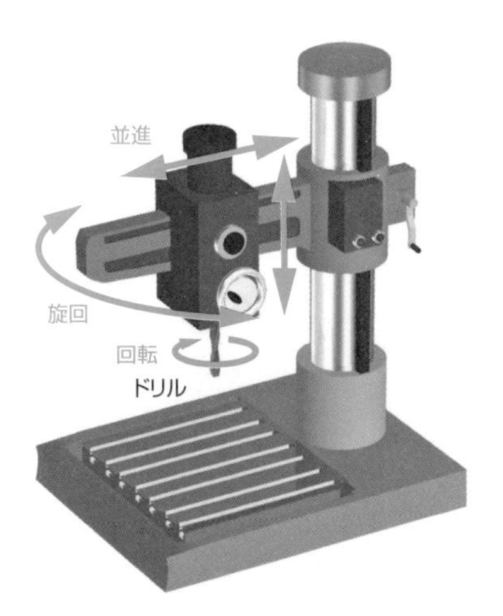

ⓒ工作機械各部の運動

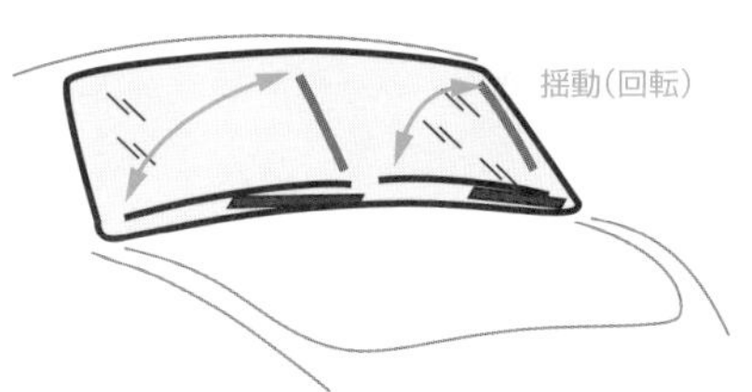

ⓓ一定範囲を往復回転する揺動

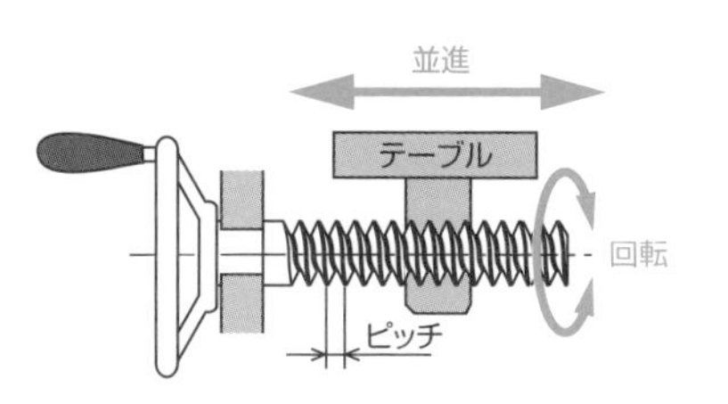

ⓔ回転を並進へ変換するらせん運動

7-3

歯車

機械部品の代表格が歯車です。機械の動力源の多くが回転で、回転の伝達・変速、回転と並進の変換など、歯車は機械の動きになくてはならない要素です。

伝達軸による分類

図7-3-1ⓐは、伝達軸が平行で円板側面に歯を付けた**平歯車**。図ⓑは直交軸で伝達する、円すい側面に歯を付けた**かさ歯車**。図ⓒは、直角食い違い軸で伝達する、ねじ状の**ウォーム**と円板状の**ウォームホイール**を組み合わせた**ウォームギヤ**。図ⓓは、角度をもつ食い違い軸で伝達する**ねじ歯車**。図ⓔは、小歯車の**ピニオン**と直線状歯車の**ラック**の組合せで、回転と並進を相互に変換・伝達します。

伝達軸による分類　図7-3-1

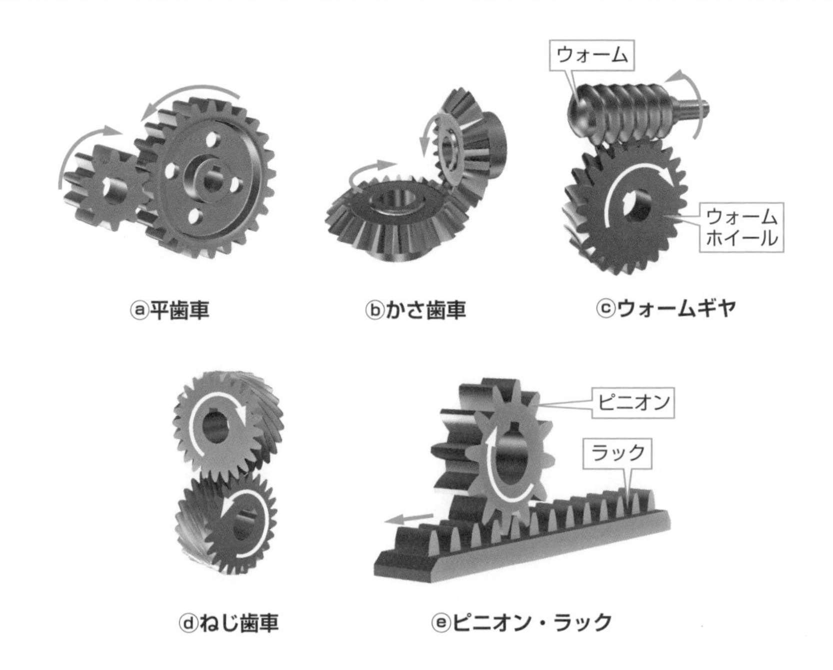

歯すじの種類

歯車の歯は、ぶつかってこすれながら動力を伝えるので、機械の騒音や振動の原因となります。対策として歯の形が工夫されています。図7-3-2ⓐは、標準の**すぐば**で、歯面の接触で小さな衝撃を繰り返し、騒音や振動の原因になります。図ⓑの**はすば**と図ⓒの**まがりば**は、衝撃を軽減させ、高速回転や高負荷の伝達に使われます。しかし、斜面による軸方向分力により、歯車を押す**スラスト力**が発生します。図ⓓの**やまば**は、2つの歯を逆向きに付けてスラスト力を打ち消します。

歯すじの種類　図7-3-2

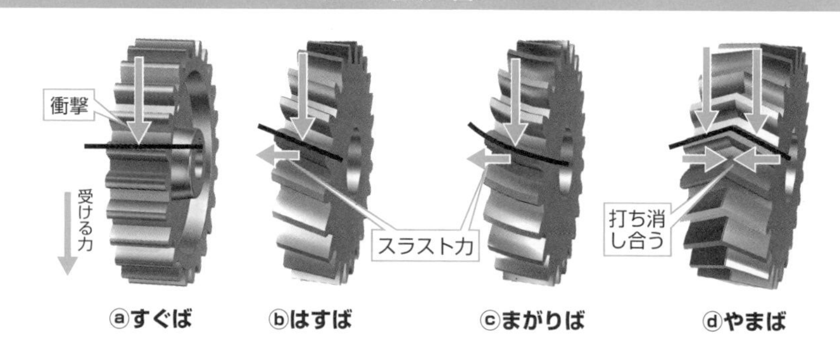

歯の形

図7-3-3ⓐのかみ合う歯車で、歯の形は同じでなければなりません。**駆動歯車**は回転を与える側、**被動歯車**は回転を受ける側です。図ⓑで、歯の大きさを表わす値を**モジュール**と呼びます。単位はmmですがモジュールに単位は付けません。

歯の形　図7-3-3

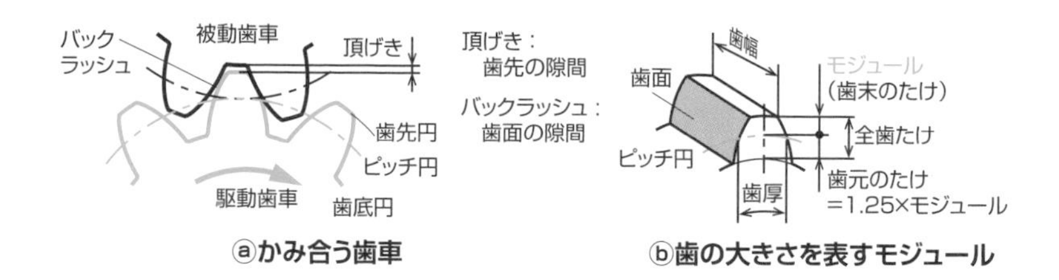

7-4

歯車列

歯車を組み合わせたメカニズムを歯車列と呼びます。歯車の組合せによって、目的に合わせて回転を減速・増速することができます。

速度伝達比

1対の歯車の回転数と歯数の積は等しく、**速度伝達比**iを歯数で表すと、**被動歯車の歯数÷駆動歯車の歯数**になり、この値が1を超えると**減速**、1で**等速**、1未満で**増速**になります。図7-4-1ⓐの**1段歯車列**では、被動歯車の回転数は、**中間歯車**に関係なく、駆動歯車との関係で決まります。図ⓑの2つの中間歯車を一体とした**2段歯車列**の速度伝達比は、**被動側歯車歯数の積÷駆動側歯車歯数の積**、として1段歯車列では作れない大きな速度伝達比が可能になります。

速度伝達比　図7-4-1

$$速度伝達比 = \frac{駆動歯車の回転数}{被動歯車の回転数} = \frac{被動歯車の歯数}{駆動歯車の歯数}$$

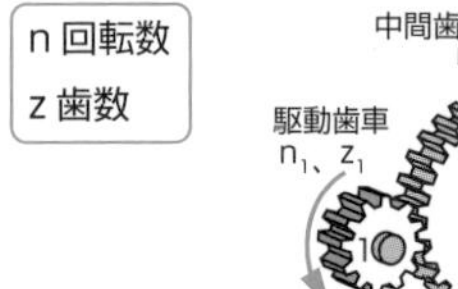

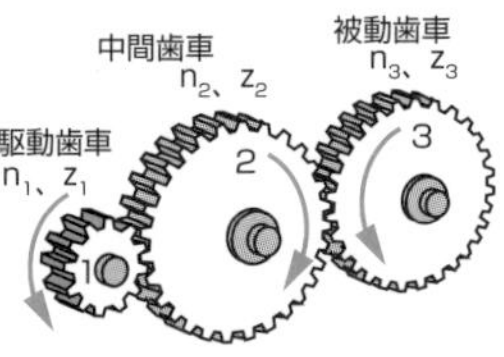

$n_1z_1 = n_2z_2 = n_3z_3$

中間歯車は関係しない

$n_1z_1 = n_3z_3$

$$n_3 = n_1\frac{z_1}{z_3} \quad i=\frac{z_3}{z_1}$$

ⓐ1 段歯車列

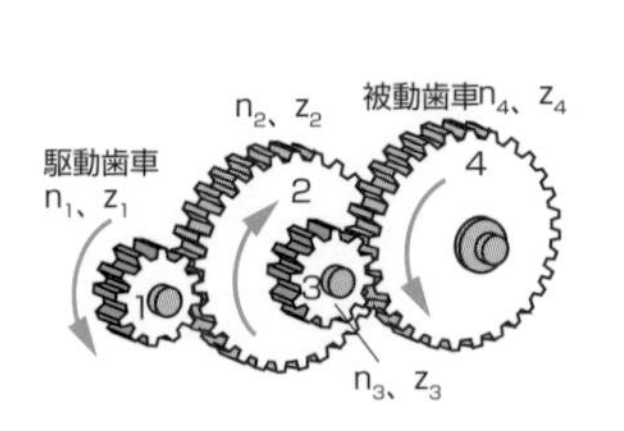

$n_1z_1 = n_2z_2 \quad \therefore n_2 = n_1\frac{z_1}{z_2}$

$n_2 = n_3$ 2つの歯車が一体

$n_3z_3 = n_4z_4 \quad \therefore n_4 = n_3\frac{z_3}{z_4}$

$$n_4 = n_1\frac{z_1z_3}{z_2z_4} \quad i=\frac{z_2z_4}{z_1z_3}$$

ⓑ2 段歯車列

速度比に影響しない中間歯車は、遊び歯車と呼ばれます。
回転数の比には、速比、速度比、ギヤ比などの表し方があります。

ウォームギヤとピニオン・ラック

ウォームギヤは、他の歯車対と異なり、**常にウォームを駆動歯車とする**必要があります。ウォームはねじ状なので、歯の枚数がありません。図7-4-2ⓐで、ねじ山の**つるまき線**が1本のねじを**一条ねじ**と呼び、2本のねじを**二条ねじ**と呼びます。ねじが1回転で進む距離を**リード**と呼び、①と②が同じピッチでも、②のリードは①の2倍になります。二条以上のねじを**多条ねじ**と呼び、n条のねじのリードはピッチのn倍になります。図ⓑのように、ウォームギヤの速度伝達比は、**ウォームホイールの歯数÷ウォームの条数**とします。図ⓒのピニオン・ラックでは、ラックは平歯車などの**円筒歯車**を平面に展開したものと考えると、歯数を限定できません。そこで、ピニオンの回転量とラックの移動量を関連させて歯車対の運動を見るようにします。

ウォームギヤとピニオン・ラック　図7-4-2

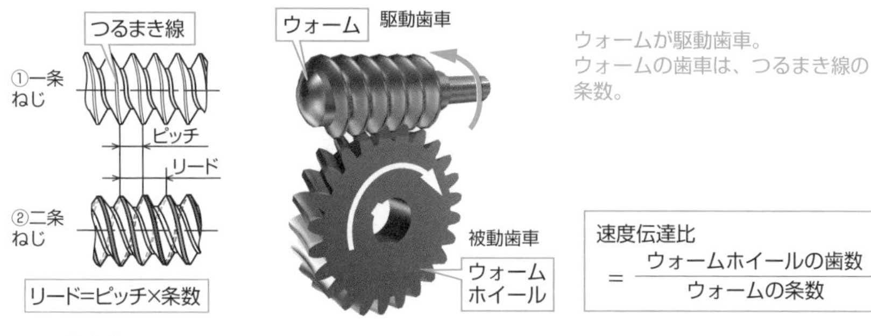

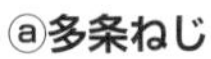
ⓐ多条ねじ

ⓑウォームギヤ

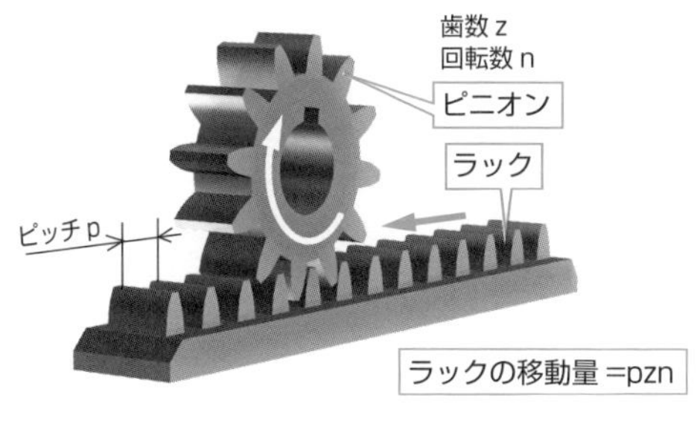

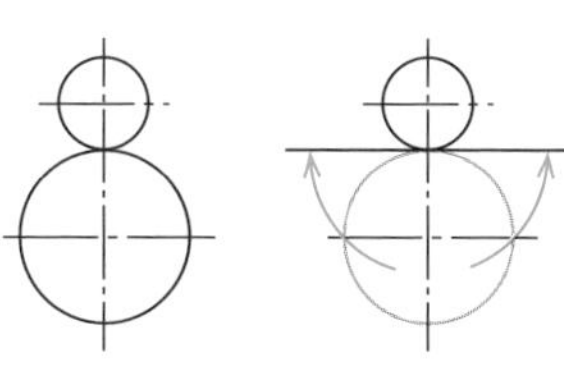

ラックは円筒歯車を平面に展開したものと考える。

ⓒピニオン・ラック

7-5

遊星歯車機構

平歯車列の一方の歯車を中心として、その周囲に相手歯車を回転させると、回りながら回るという遊星歯車機構ができます。

遊星歯車機構の動き

50円硬貨を2枚用意して、図7-5-1ⓐの動きを滑らさないように注意して試してください。これが**遊星運動**です。図ⓑのように2枚の平歯車を**腕**で組み合わせ、一方の歯車を**太陽歯車**と呼んで中心に置き、**相手歯車**を**遊星歯車**と呼んで太陽歯車の外周を回転させる仕組みが、**遊星歯車機構**の基本です。動きが複雑そうですが、**のりづけ表**を使って、次項のように考えましょう。

遊星歯車機構の動き　図7-5-1

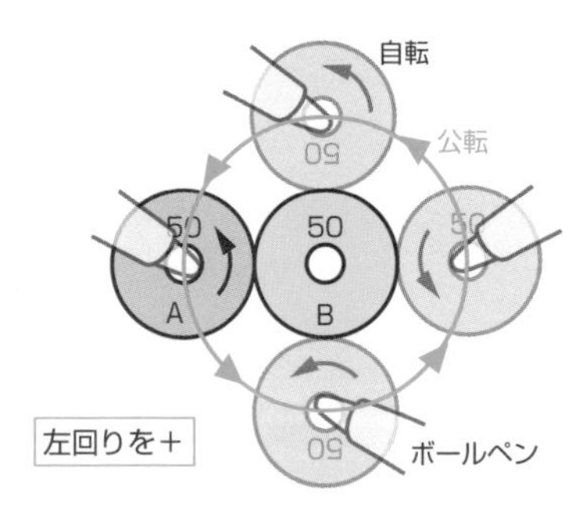

机の上でBを指で押さえ、ボールペンなどでAをBに押し付けて1周させると、AはA自体が回転（自転）しながらBの周りを回転（公転）して、机を基準として2回転する。

腕：公転
原動節

遊星歯車：自転
被動歯車

ベース

のりづけ表	硬貨B	硬貨A	ボールペン
(1) 全体のりづけ	+1	+1	+1
(2) ペン固定	-1	+1	0
(3) 実際回転	0	+2	+1

ⓐ遊星運動

のりづけ表	太陽歯車 z_1=24	遊星歯車 z_2=10	腕 —
(1) 全体のりづけ	+1	+1	+1
(2) 腕固定	-1	+2.4	0
(3) 実際回転	0	+3.4	+1

ⓑ遊星歯車機構

のりづけ法

手軽に実験できる50円硬貨の例で考えてみます。図7-5-1ⓐのりづけ表を、図7-5-2の①から⑥の順に埋めていきます。初めて見る方には、③、④の**仮定する**という点がわかりづらいと思います。ここが一番のポイントです。この考え方を**のりづけ法**と呼びます。図7-5-1ⓑののりづけ表にチャレンジしてください。⑤の歯車のかみ合いで、遊星歯車の⑤は、太陽歯車と遊星歯車が**逆転**するので、-(-1×24/10)=+2.4回転になる点に注意しましょう。

のりづけ法　表7-5-2

のりづけ表	硬貨B	硬貨A	ボールペン
(1)全体のりづけ	+1③	+1③	+1③
(2)ペン固定	-1④	+1⑤	0④
(3)実際回転	0①	+2⑥	+1②

①実際には、硬貨Bは止まっているので、0。
②実際には、ボールペンを左に＋１回転。
③机全体をのりで固めて＋1回転と仮定する。
④ボールペンを回さなかったと仮定して、(2)=(3)-(1)。
⑤硬貨Bが-1回転ならば、硬貨Aは逆回りに＋1回転。
⑥硬貨Aの実際の回転は、(3)=(1)+(2)で+2回転。

身近な遊星歯車機構：手動鉛筆削り器

図7-5-3は、手動鉛筆削り器の遊星歯車機構部分です。カッタとピニオンが一体で、ハンドルで回転させられる**腕**に組まれています。ピニオンが**遊星歯車**、本体に固定された**内歯車**が太陽歯車となって、ピニオンと同時に回転するカッタで鉛筆を削ります。

手動鉛筆削り器　図7-5-3

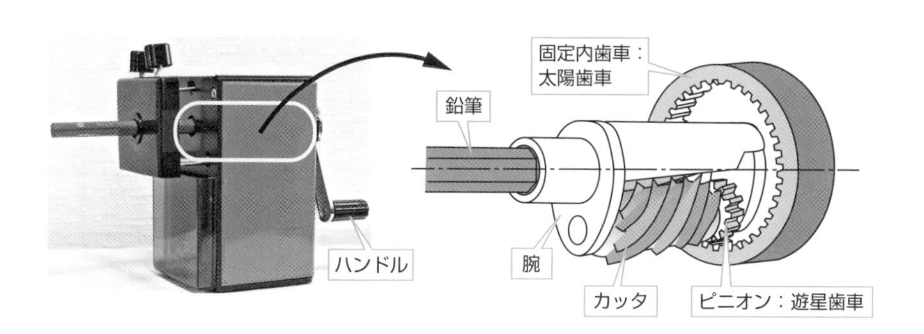

第7章　機械のしくみ

7-6

差動歯車機構

遊星歯車機構で固定節としていた太陽歯車に回転入力を与えると、腕の回転と太陽歯車の回転が合成された運動を行います。このような機構が差動歯車機構です。

差動歯車機構の運動

図7-6-1ⓐののりづけ表は、図7-5-1ⓑの遊星歯車機構のものです。ここで、同じ条件で、太陽歯車に+2回転の**差動入力**を与えると、遊星歯車の実際回転数が変化します（図7-6-1ⓑ）。遊星歯車の（2）腕固定の欄が、太陽歯車と遊星歯車が反転して次のようになるためです。このような装置を**差動歯車機構**と呼びます。

$$-(1\times\frac{24}{10})=-2.4$$

太陽歯車と遊星歯車の回転が逆向きになるので、-1を乗じる。

差動歯車機構　図7-6-1

腕+1回転、太陽歯車+2回転で、遊星歯車が腕とともに左回りに1回転(公転)する間に、遊星歯車そのものはベースに対して右回りに1.4回転(自転)する。

太陽歯車固定のりづけ表	太陽歯車 $z_1=24$	遊星歯車 $z_2=10$	腕 —
(1)全体のりづけ	+1	+1	+1
(2)腕固定	-1	+2.4	0
(3)実際回転	0	+3.4	+1

ⓐ遊星歯車機構の運動

太陽歯車+2回転のりづけ表	太陽歯車 $z_1=24$	遊星歯車 $z_2=10$	腕 —
(1)全体のりづけ	+1	+1	+1
(2)腕固定	+1	-2.4	0
(3)実際回転	+2	-1.4	+1

入力が2つ

ⓑ差動歯車機構の運動

自転車の内装３段変速装置

図7-6-2ⓐは、実用的な差動歯車機構の構成例で、内歯車、腕入力軸、太陽歯車を組み合わせて、増速や減速を可能とします。この例では、遊星歯車は中間歯車として働きます。図ⓑは、自転車後輪の**内装３段ハブギヤ**への応用例です。

自転車の内装３段変速装置　図7-6-2

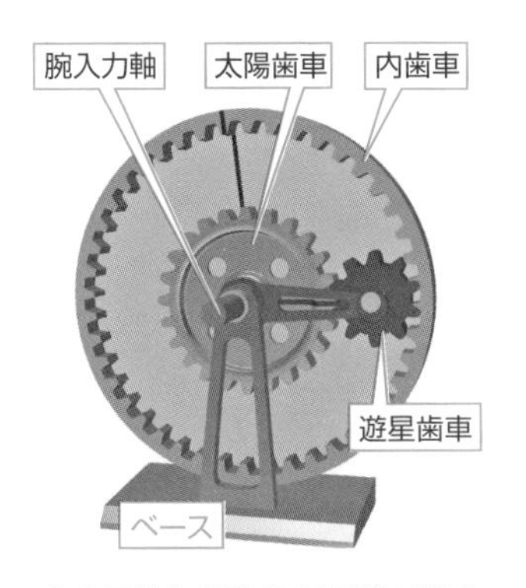

ⓐ実用的な差動歯車機構の構成

ⓑ自転車の内装３段ハブギヤ

自動車のディファレンシャルギヤ

図7-6-3ⓐで、自動車が右旋回するとき、左側のタイヤは右側のタイヤよりも回転数が多くなります。駆動輪でこの動作を行う装置が図ⓑの**ディファレンシャルギヤ**です。

自動車のディファレンシャルギヤ　図7-6-3

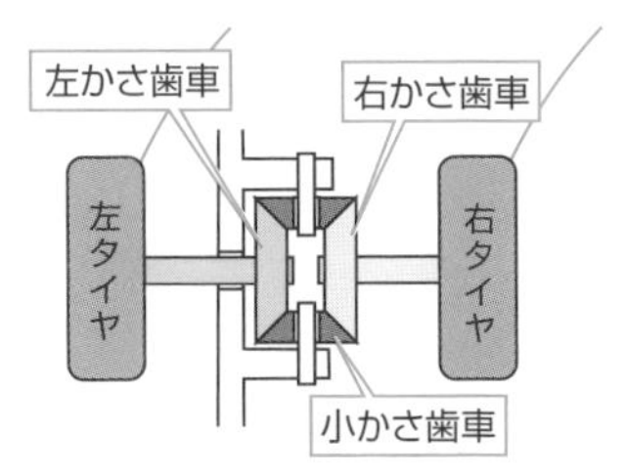

①右かさ歯車の回転数が減る。
②減った回転数が、小かさ歯車を回転させる。
③小かさ歯車が左かさ歯車の回転数を増やす。

ⓐディファレンシャルギヤの動作

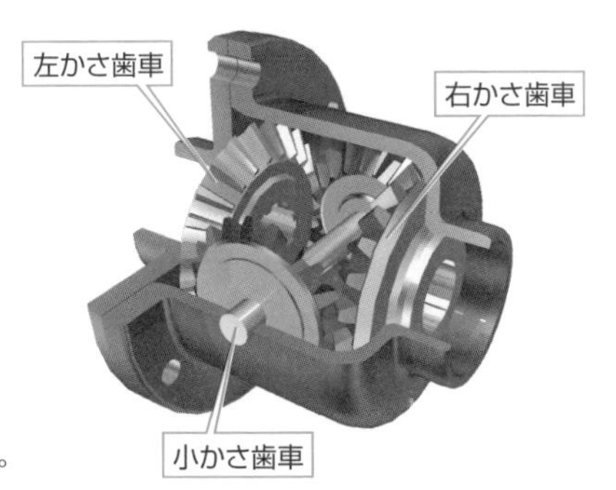

ⓑディファレンシャルギヤのモデル

第7章　機械のしくみ

7-7

巻き掛け伝動装置

チェーンとスプロケット、ベルトとベルト車など、自由に変形しても引張力を伝えることのできる要素と回転体を組み合わせた伝動が、巻き掛け伝動です。

巻き掛け伝動の例

図7-7-1ⓐは**チェーン**と**スプロケット**、図ⓑは小型スクータの**ベルト伝動**の例です。両者とも図ⓒのように、前方の駆動側が後方の**従動側**を引っ張るため、上側が**張り側**、下側が**たるみ側**になります。巻き掛け伝動では、駆動・従動と呼んでいます。チェーンとスプロケットは**かみ合い伝動**ですが、ベルトは**摩擦伝動**のため**すべり**が発生します。**巻き掛け伝動**は、離れた軸間での伝達を特徴とします。

巻き掛け伝動の例　図7-7-1

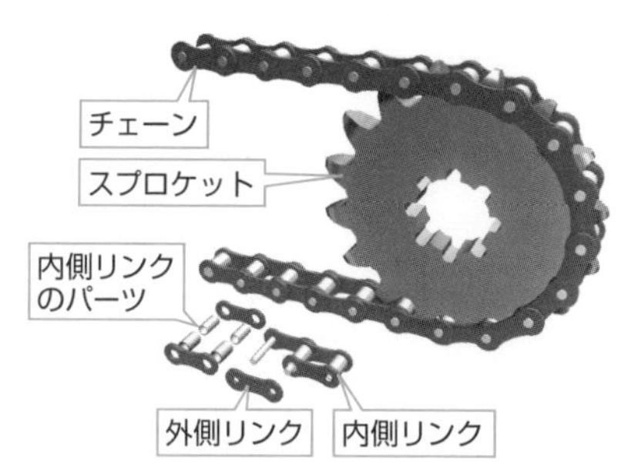

ⓐチェーンとスプロケット

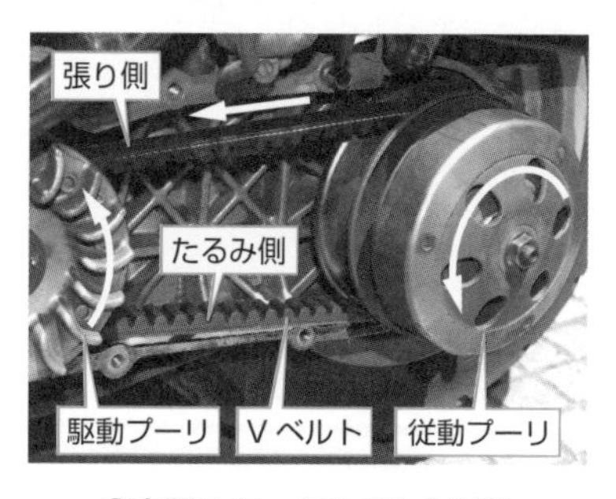

ⓑ小型スクータのベルト伝動

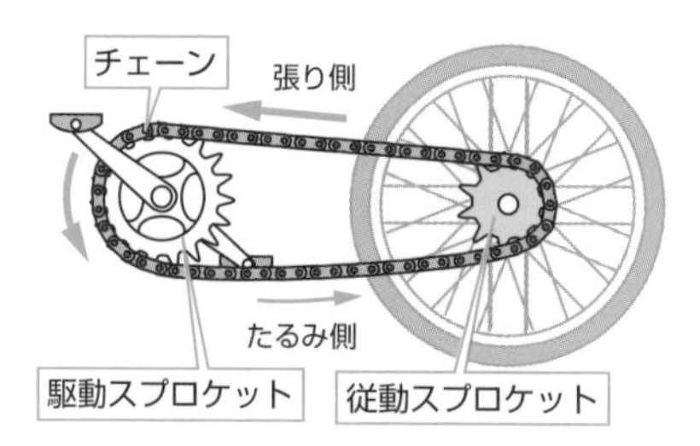

ⓒ自転車チェーンの張り側とたるみ側

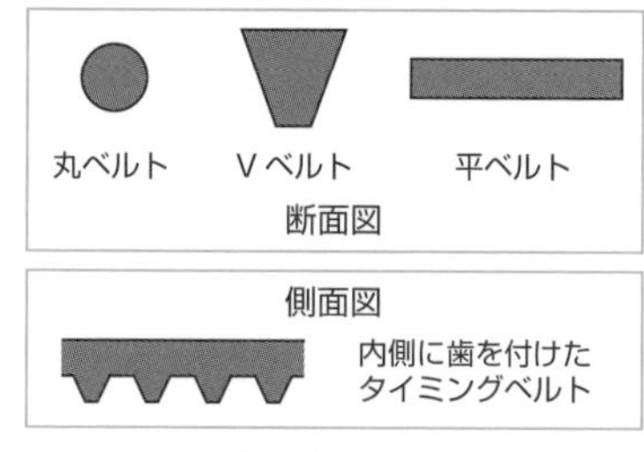

ⓓベルトの形

ベルト車の回転の向き

図7-7-1の自転車とスクータの例では、機械の用途・構造から伝動の向きが決まっています。伝動装置の設計では、図7-7-2のように2つの回転の向きが考えられます。図ⓐは下側がたるみ側、図ⓑは上側がたるみ側です。ⓐとⓑを比べると、ⓑのほうが**巻き掛け角**（接触している角度）が大きいことが明らかです。摩擦伝動のベルト装置では、図ⓑのように回転の向きを設定することが推奨されています。

ベルト車の回転の向き　図7-7-2

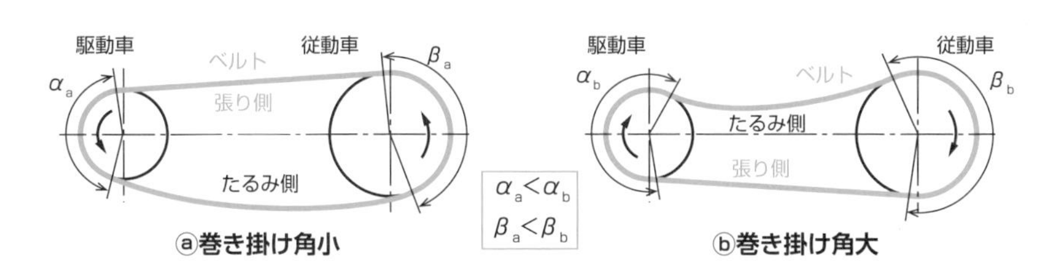

ドアエンジン

図7-7-3は、コンビニなどでおなじみの両開き自動ドアの**ドアエンジン**です。**タイミングベルト**の上下にドアをつって、両開き動作を作ります。ベルトによる両開きの機構は、電車のドアエンジンにも採用されています。巻き掛け伝動の身近な例としては、自転車のほかにも、インクジェットプリンタのインク交換の際にプリンタヘッド送り機構を確認できます。また、外から見るのは難しいですが、エスカレータのチェーン駆動も巻き掛け伝動の応用です。

ドアエンジン　図7-7-3

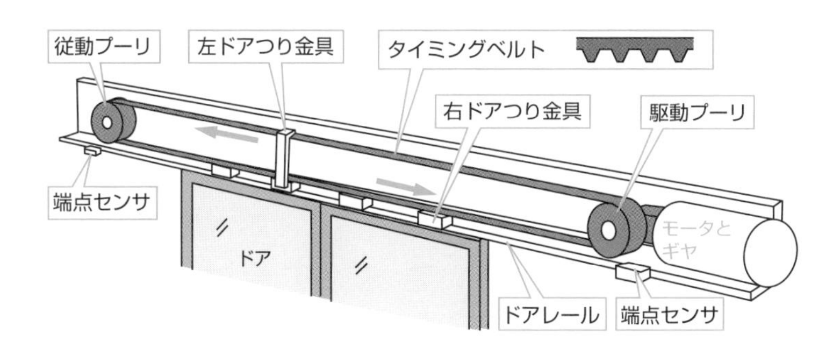

7-8 無段変速機構

現在、自動車の変速機のほとんどが無段変速機です。滑らかに変速を行うために、テーパやボール、ローラ、ベルトなどを組み合わせた機構が使われています。

無段変速機構の例

図7-8-1は**無段変速機構**の例で、すべて増速の状態にしてあります。中間節となるローラ、リング、ボール、プーリを移動、角度変化させて、**原動車半径**r_1と**従動車半径**r_2を変化させ、無段変速を行います。$r_1/r_2<1$で**減速**、$r_1/r_2=1$で**等速**、$r_1/r_2>1$で**増速**になります。$u=r_1/r_2$ を**角速度比**あるいは**速比**と呼びます。これは、歯車列の速度伝達比の逆数です。

無段変速機構の例　図7-8-1

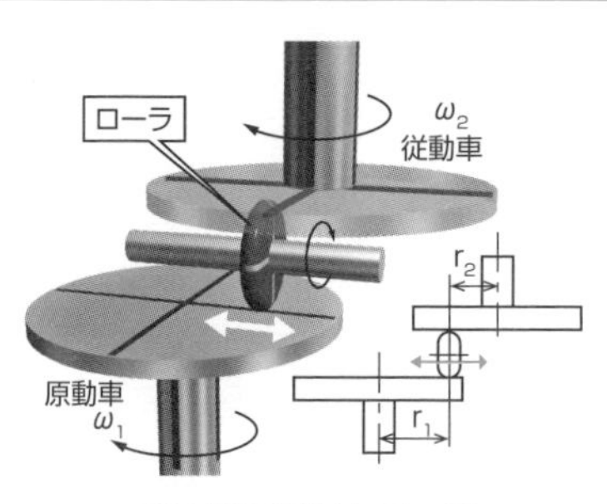

ⓐ2枚の円板とローラ

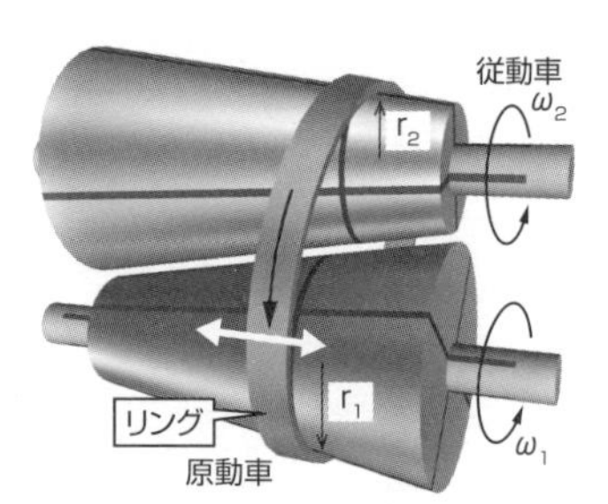

ⓑリングと円すい

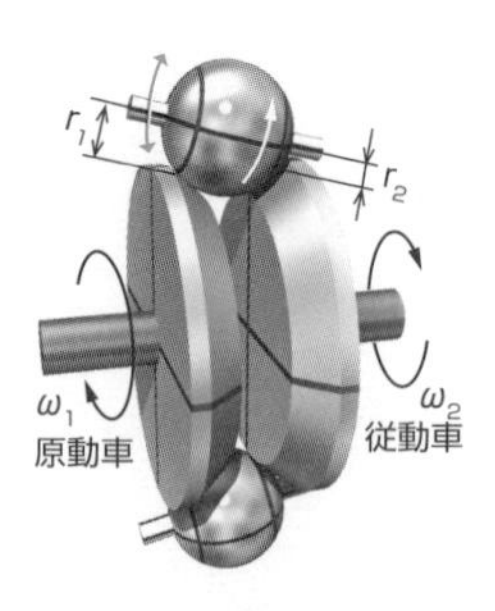

ⓒコップ式

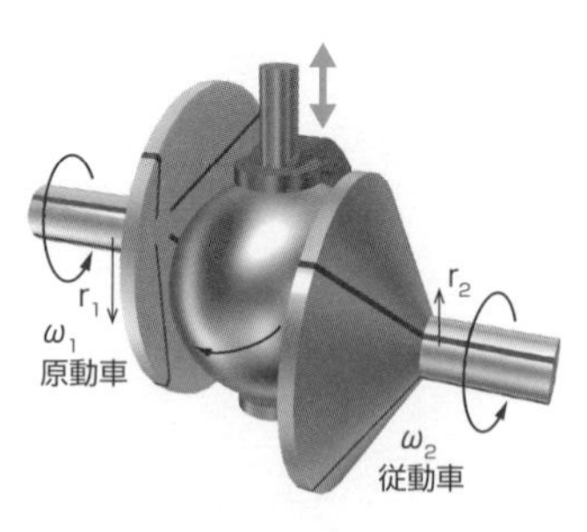

ⓓボールと円すい

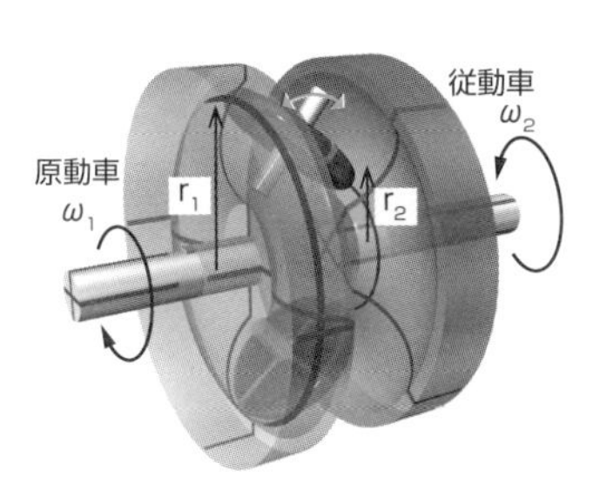

ⓔフルトロイダル式

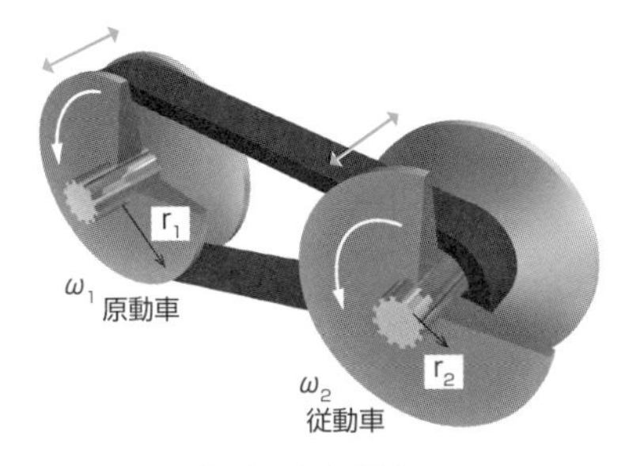

ⓕベルトと円すい

摩擦プレス機

図7-8-2は、摩擦円板を利用した**摩擦プレス機**です。**フライホイール**で慣性をもたせた軸Sに付けた摩擦円板A、Bと、中間に置かれたねじ棒を取り付けた摩擦円板Cを切り替えて、加圧と復帰を繰り返します。プレス板は、摩擦円板Cの半径が一定なので、ねじ棒が軸Sから遠ざかると原動側の半径が大きくなり高速になります。軸Sに近付くと原動側半径が小さくなり、低速になります。

摩擦プレス機　図7-8-2

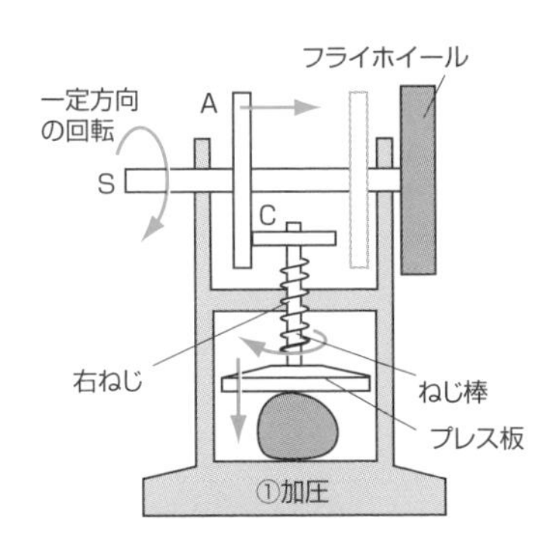

① 摩擦車Aを摩擦車Cに押し付けるとねじ棒が回転してプレス板が下降し、加圧を行う。

ⓐ加圧

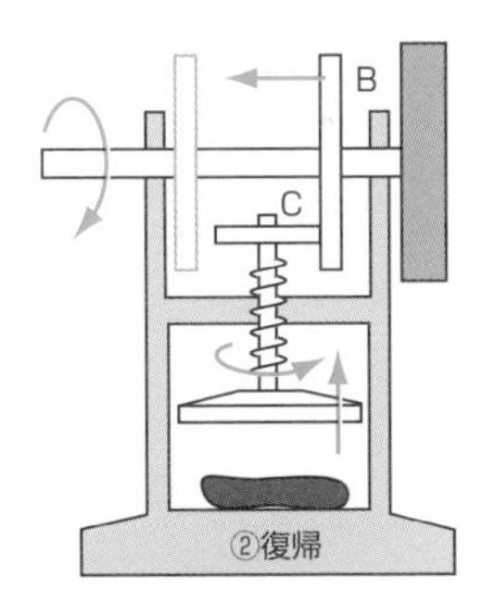

② 摩擦車Bを摩擦車Cに押し付けるとねじ棒が逆回転してプレス板が上昇し、復帰する。

ⓑ復帰

7-9

クラッチとブレーキ

機械には、動力の**継断***と制動が必要です。クラッチは動力を継断する機構で、ブレーキは制動を与える機構です。この2つのメカニズムはほとんど同じです。

クラッチの例

図7-9-1に回転を継断する**クラッチ**の例を示します。回転を与える側を**原動節**、回転を受ける側を**従動節**とします。クラッチの操作は、機器の回転の状態に関わりなく、どのようなときでも行えることが必要ですが、図ⓒの**かみ合いクラッチ**は、対向する円板の凹凸の同期を必要とします。図ⓖとⓗの**電磁クラッチ**は接触型ですが、電磁コイルの作る磁力線による渦電流を利用した非接触型の**渦電流式**のクラッチとブレーキなどもあります。

クラッチの例　図7-9-1

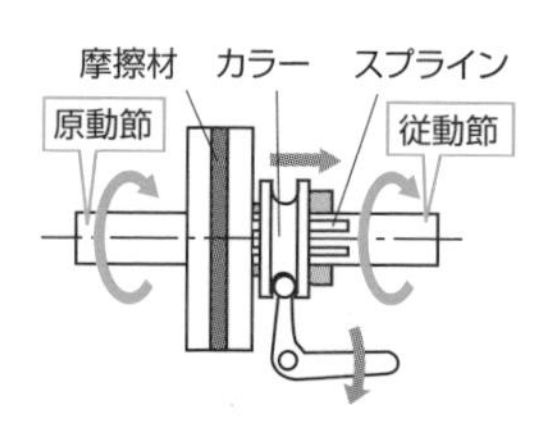

摩擦材の接触･非接触で回転を継断する。

ⓐ摩擦円板クラッチ

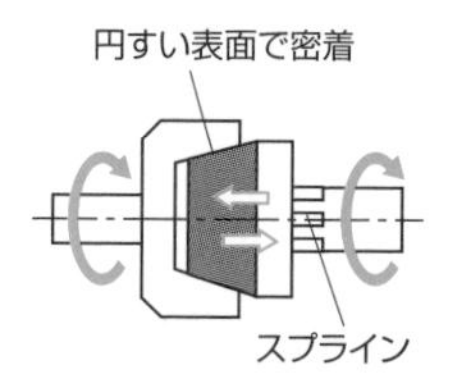

円すい摩擦面の接触･非接触で回転を継断する。

ⓑ摩擦円すいクラッチ

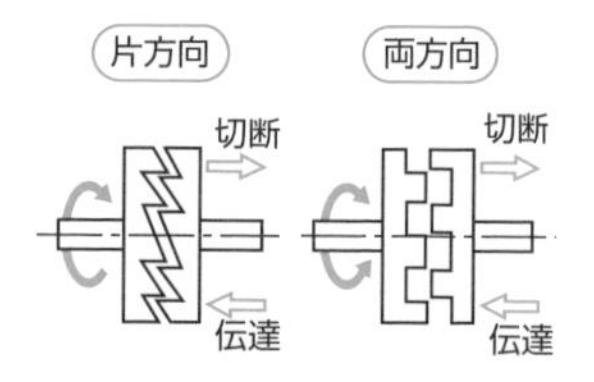

対向する凹凸をかみ合わせて回転を継断する。

ⓒかみ合いクラッチ

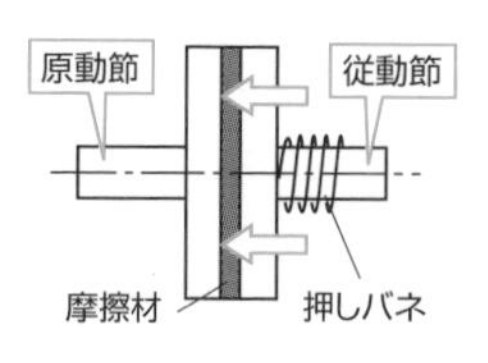

負荷が接触面の摩擦力を超えると摩擦材が滑る。

ⓓ定トルククラッチ

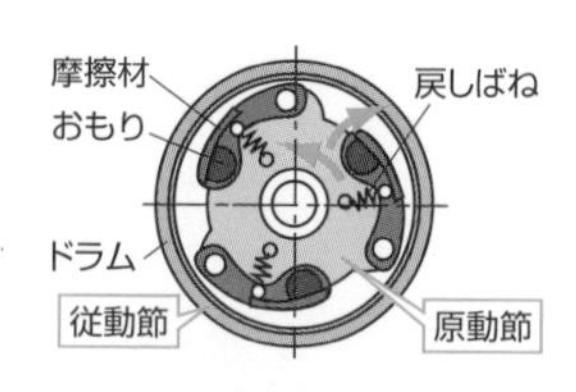

原動節回転数が高くなると、遠心力で摩擦材と従動節が接触する。

ⓔ遠心摩擦クラッチ

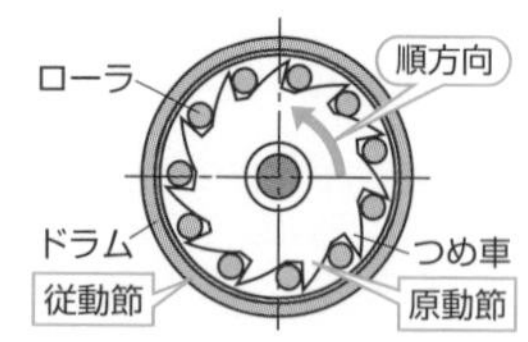

原動節が順方向に回転し､ローラがドラムに押し付けられ伝動される。

ⓕワンウェイクラッチ

* **継断**　動力を伝えたり（継）、断ったり（断）する操作や働きを継断と言います。

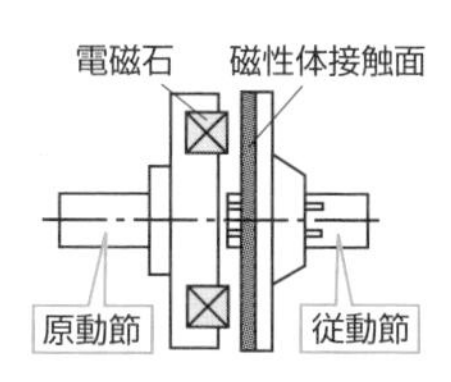

電磁石を励磁すると従動節が引き寄せられて伝動を行う。

ⓖ電磁クラッチ

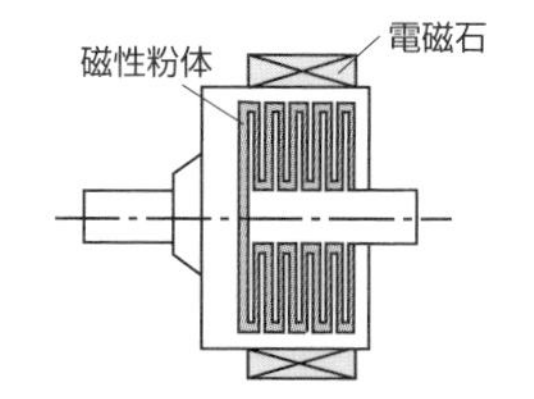

電磁石を励磁すると磁性粉体がロック状態となり伝動を行う。

ⓗパウダークラッチ

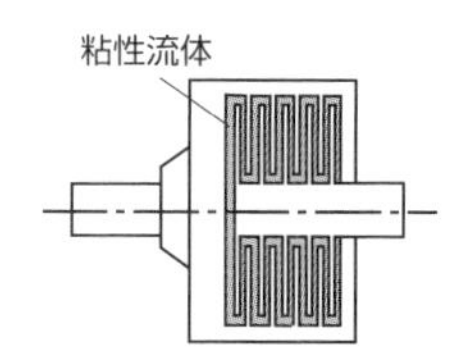

密閉容器内の流体の粘性で伝動を行う。

ⓘ流体クラッチ

摩擦クラッチの部材の例

図7-9-2ⓐは、2輪車の摩擦円板クラッチの摩擦材（フリクションディスク）です。2輪車はクラッチを搭載するスペースが小さいため、摩擦材1枚当たりの接触面積が小さいので、この機種では、6枚の摩擦材で動力を伝動しています。図ⓑは、図7-9-1ⓔに示す小型スクータ用遠心摩擦クラッチの原動節と従動節です。ベルトで駆動された原動節の回転数が高くなると、摩擦材が遠心力でドラム摩擦面に押し付けられ、動力を伝動します。

摩擦クラッチの部材の例　図7-9-2

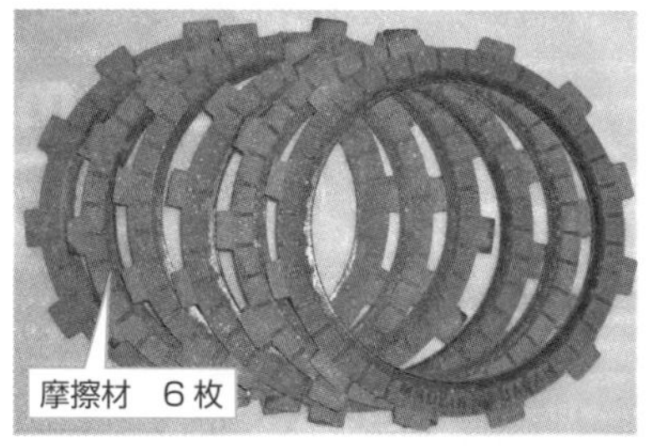

ⓐ摩擦円板クラッチの摩擦材

ⓑ遠心摩擦クラッチの原動節と従動節

摩擦ブレーキの例

図7-9-3の**摩擦ブレーキ**は、固体接触による摩擦を利用して、速度のもつ**運動エネルギー**を**熱エネルギー**に変化させて速度を落とすものです。身近なところで、自転車の後輪ブレーキ近辺に「高温注意」の表示があると思います。

ⓐブロックブレーキは、ドラムにブロックを押し付けて制動します。ドラムの回転・停止、回転の向きに影響されません。電車車輪の踏面（とうめん）ブレーキで見ることができます。

ⓑドラムブレーキは、回転するドラムの内面に摩擦材のシューを押し付けて制動します。主たる制動の向きでは、シューがドラムに食い込むような**自己制動作用**が働きます。

ⓒバンドブレーキでは、回転するドラムをバンドで締め付けると、ドラムがバンドを引き込む自己制動作用が働きます。逆回転の制動力は低いです。自転車の後輪ブレーキで見ることができます。

ⓓローラブレーキは、ブレーキ操作で①レバとカムが引かれて②ローラが③ブレーキシューをドラムに押し付けて制動します。ブレーキシューには摩擦材がなく、ドラムとの金属接触です。内部に充填した専用のグリースに摩擦材の役割を果たす成分が含まれます。制動力が高く、前後輪に採用している自転車もあります。

ⓔディスクブレーキは、ブレーキディスクにパッドを押し付けて制動します。ブレーキディスクの回転・停止、回転の向きに影響されません。

摩擦ブレーキの例　図7-9-3

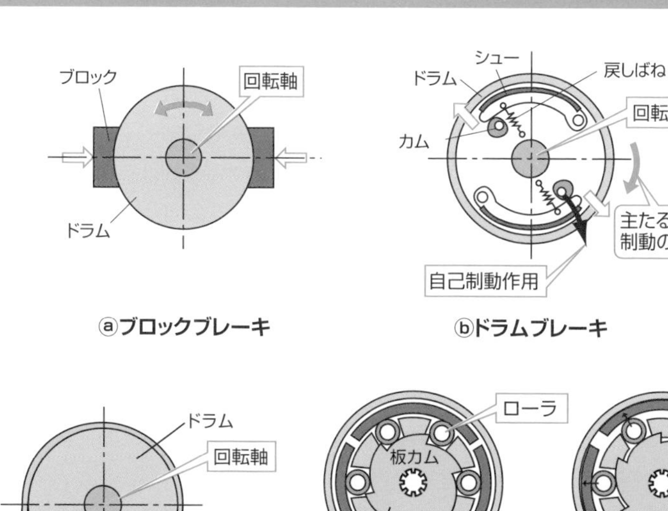

ⓐブロックブレーキ　　ⓑドラムブレーキ

ⓒバンドブレーキ

ⓓローラブレーキ

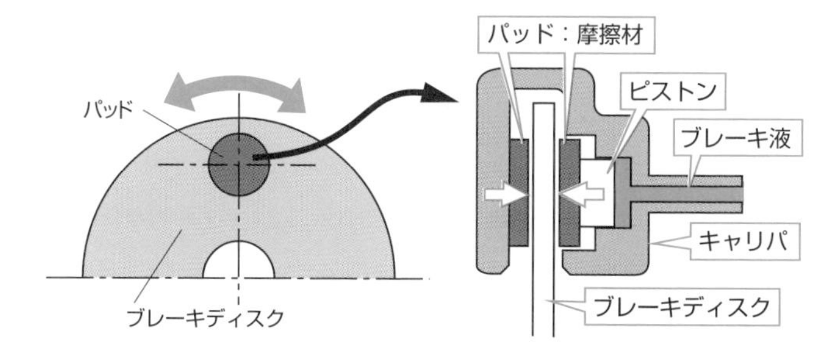

ⓔディスクブレーキ

7-10

カム機構

カム機構は少ない要素数で、回転・並進・揺動など、運動形態の変換を可能にします。カム機構では一般的に、原動節と従動節の入れ替えはできません。

いろいろなカム機構

図7-10-1の**カム機構**では、原動節を**カム**または**原節**、従動節を**従節**と呼びます。接触点の軌跡が平面曲線となるカムを**平面カム**、軌跡が立体空間に作られるカムを**立体カム**と呼びます。一般に従節は、自重やばねなどで原節に追従しますが、図ⓒ、ⓖ、ⓗのように、原節が**ローラ**や**ピン**などで従節の動きを拘束するカムを**確動カム**と呼びます。図ⓓとⓘでは、従節が運動を拘束していますが、機構として確動カムといえます。

いろいろなカム機構　図7-10-1

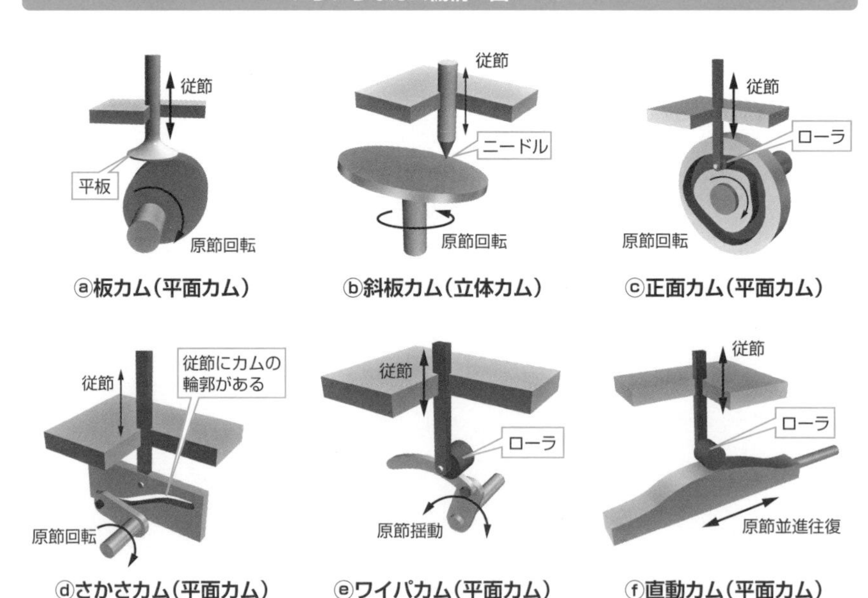

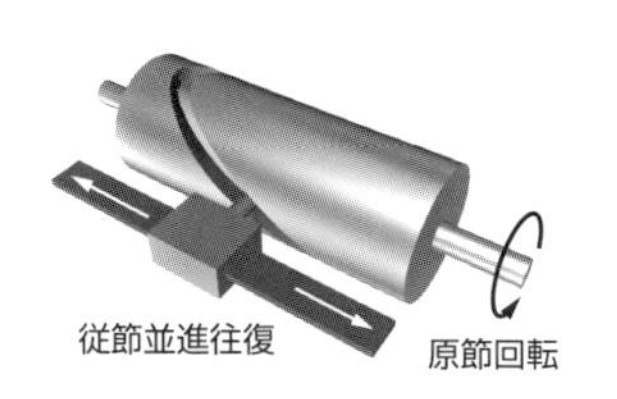

ⓖ円筒カム（立体カム）

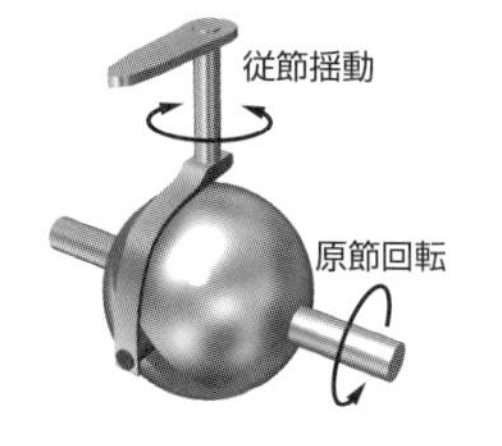

ⓗ球面カム（立体カム）

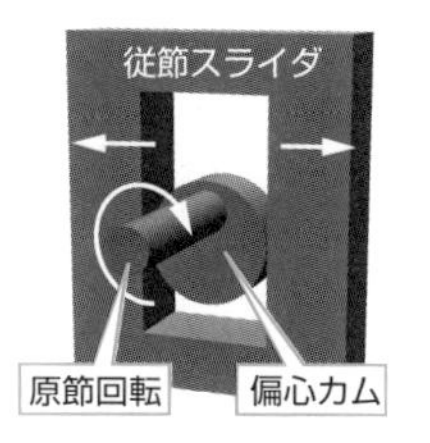

ⓘ偏心カム（平面カム）

板カムのカム線図

図7-10-2で、カムの回転角を横軸、従節の動きを縦軸に描いたものを**カム線図**と呼びます。カム線図には、縦軸の内容により、図ⓐ**変位線図**、ⓒ**速度線図**、ⓓ**加速度線図**があります。ⓐ変位線図を決定し、カムの大きさを決める基礎円に、各回転角における変位を加えた点を結ぶと、図ⓑ**板カムの輪郭**が得られます。ⓐの**等速度運動**の変位線図から、ⓒ速度線図、ⓓ加速度線図を作ることができます。回転角πの点で、短時間での速度変化によって、瞬間的な加速度が生まれます。この現象は、カム機構に**衝撃力**を与える原因ともなります。

カム線図　図7-10-2

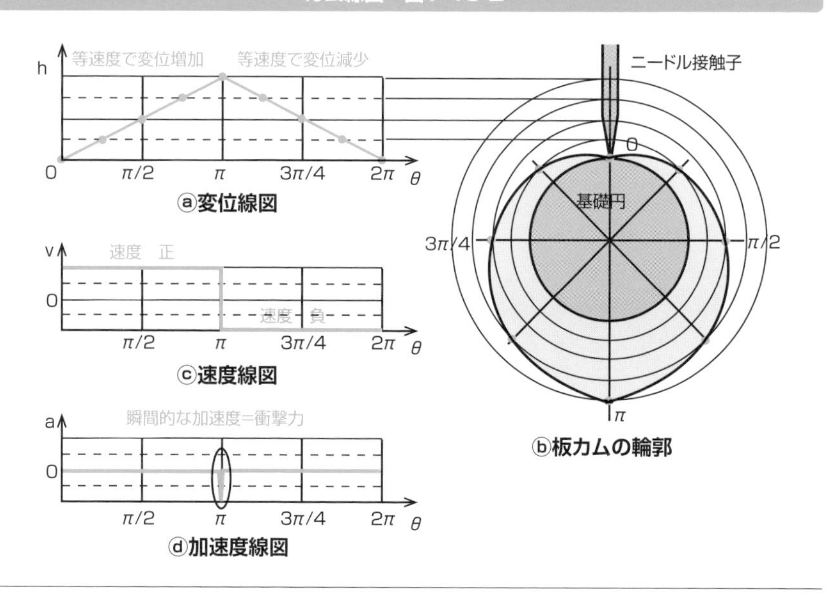

ⓐ変位線図

ⓒ速度線図

ⓓ加速度線図

ⓑ板カムの輪郭

7-11

カムの応用例

カムの応用例を示します。原節の輪郭形状や姿勢の微小変化を利用して動作を作る例が多いので、原節と従節の動きに注目しましょう。

DOHCエンジンのカム

OHC*は、4サイクルエンジンの給気弁と排気弁を開閉するカムシャフトを、シリンダ頭上のシリンダヘッド内に配置した機構です。SOHC*は、吸気カムと排気カムを1本のカムシャフトで回転させる機構です。DOHC*は吸気カムと排気カムを独立する2本のカムシャフトで回転させる機構です。

図7-11-1は、原節のカムで従節となるバルブリフタを駆動し、バルブリフタ内に収めた弁を開閉する機構です。従節のバルブリフタは、バルブスプリングで常にカムに押し付けられていて、カムが弁を押し下げて開き、バルブスプリングが弁を押し上げて閉じます。

4サイクルDOHCエンジンのカムの動き　図7-11-1

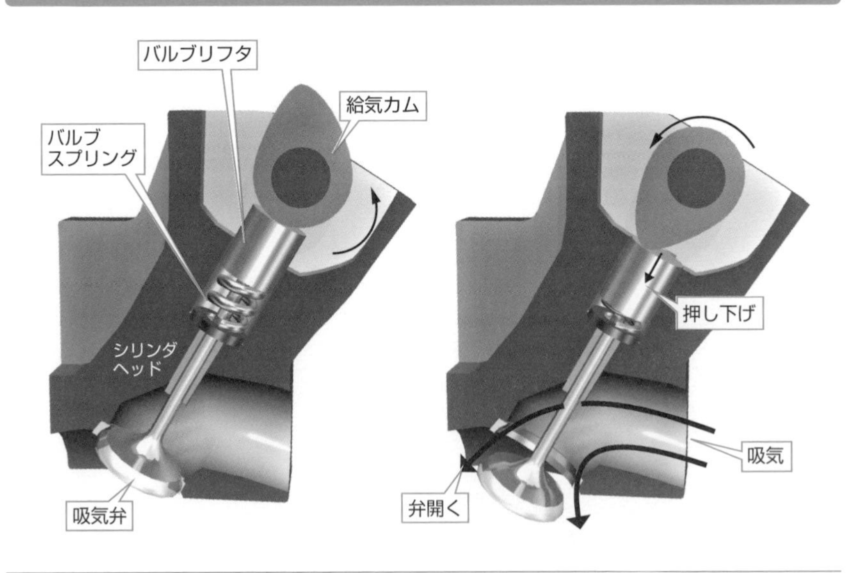

* OHC　Over Head Camshaftの略。
* SOHC　Single OHCの略。
* DOHC　Double OHCの略。

レンズ駆動装置

図7-11-2は、カメラのピント調節、ズーム調節で、前玉レンズを駆動させる機構のモデルです。原節円筒カムを電動または手動で回転させ、溝と対偶をなす従節駆動ピンを介して、レンズ筐体を並進させます。電動には、ステップモータ、超音波モータ、リニアモータなどが使用され、図は、超音波モータ駆動の例です。

レンズ駆動装置　図7-11-2

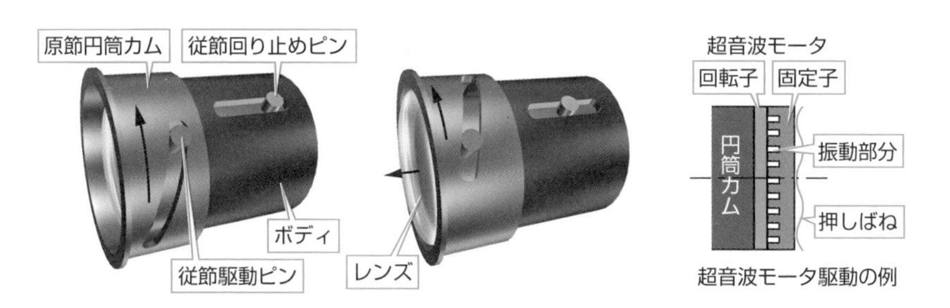

カムスイッチ

図7-11-3は、機械の電源スイッチや切替えスイッチに使うカムスイッチです。図7-11-3は1（ON1）、0（OFF）、2（ON2）の3位置を切り替える例で、板カムの凹凸を利用して、接点1と接点2を開閉させます。「スイッチON」は「接点閉」、「スイッチOFF」は「接点開」といいます。

動力制御用カムスイッチ　図7-11-3

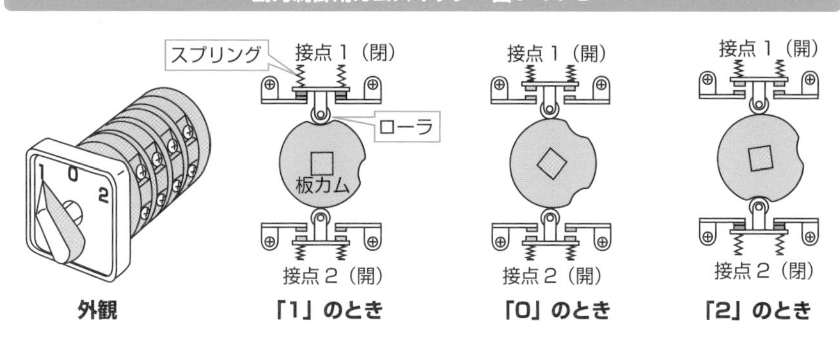

7-12

リンク機構

複数の棒状部材をピンで結合したものがリンクです。3本ならば動かないトラス、4本で運動を伝えるリンク機構が作れます。棒状部材自体もリンクと呼びます。

リンク構造

図7-12-1ⓐの、2つの**リンク**を**ピン**で**回り対偶**とした組合せが**ピン結合**です。ⓑは、第5章で見た**トラス**です。ⓒ**4節リンク機構**は、各節が「**限定された相対運動を行う**」ので、**機構**に利用できます。ⓓ**多節リンク**は、節の運動が特定できず、このままでは機構として使えません。リンク機構は、図ⓔのように簡略化して表します。日常の自転車こぎや遊園地のアトラクションもこのように考えられます。

リンク構造　図7-12-1

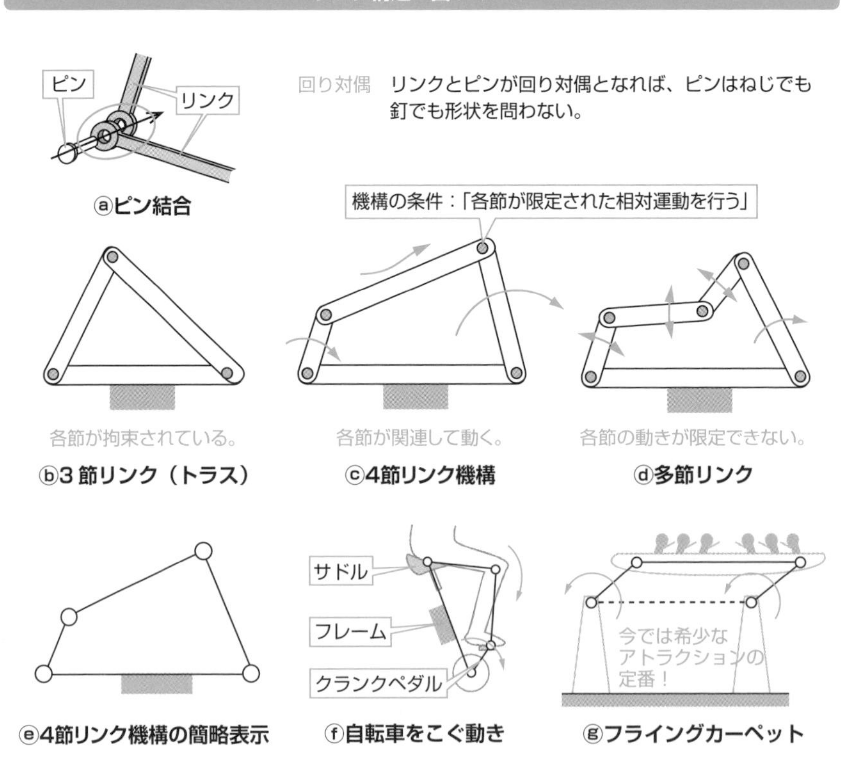

グラスホフの定理

大人が子供用自転車に乗ると、ペダルをうまくこぐことができません。図7-12-2の**グラスホフの定理**は、完全な運動を満足するリンク機構の成立条件を示します。

グラスホフの定理　図7-12-2

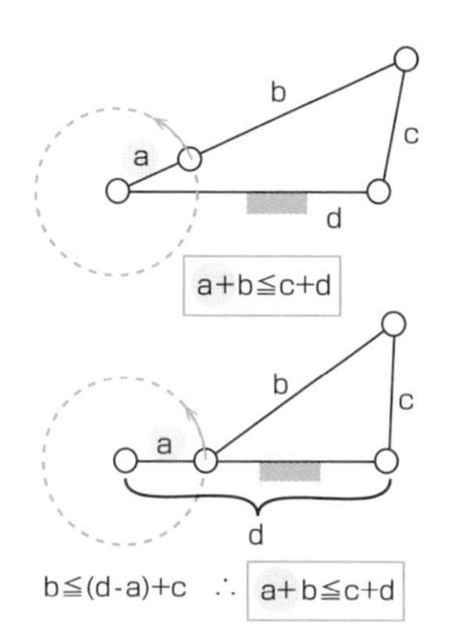

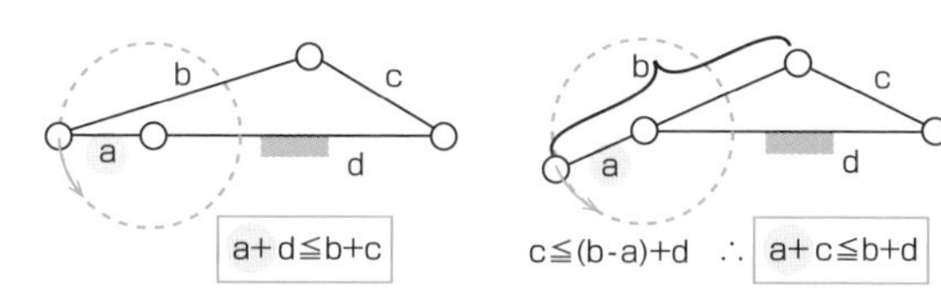

節 a を左に回転させ、リンク機構が、運動の極限になる 4 姿勢を作り、三角形の成立条件「2 辺の長さの和は、残りの 1 辺よりも大きい」から、節の長さを整理する。

> グラスホフの定理
> 「最短節と他の 1 つの節の長さの和は、残りの 2 節の和以下である」

4節リンク機構

4本のリンクをすべて回り対偶で連結したものを**4節回転リンク機構**と呼びます。特に厳密さを要しない場合、一般に4節リンク機構と呼んでいます。図7-12-3ⓐに、節の名称と機能を示します。図7-12-3ⓑは、4節リンク機構の**最短節の隣の一方の節**を固定節としたもので、**レバ・クランク機構**と呼びます。

4節リンク機構　図7-12-3

名称	機能
クランク	回転節
レバ（てこ）	揺動節
コンロッド（連接棒）	中間節
固定節	固定節

ⓐ節の名称と機能

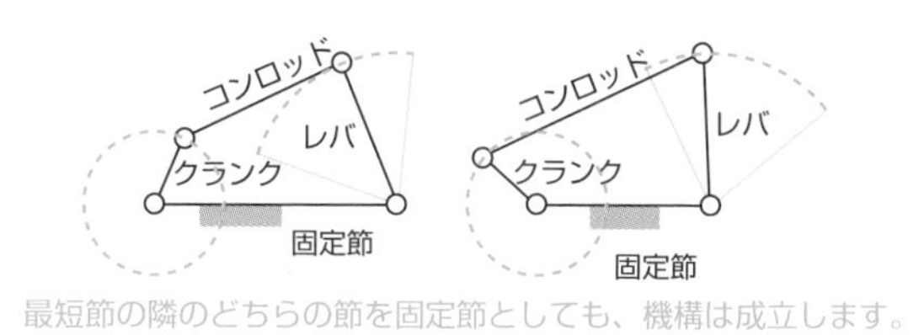

ⓑレバ・クランク機構

7-13

リンク機構の応用

機構の仕事は、運動を入力して、変換し、出力することです。リンク機構は、わずかな設定の変更で、いろいろな動作を作ることができます。

節の交替

グラスホフの定理が成立する４節回転リンク機構で、リンク機構の固定節を変更すると、図7-13-1のように、異なった運動を行うリンク機構ができます。これを**節の交替**または**機構の交替**と呼びます。図ⓓの**往復スライダ・クランク機構**は、レバをすべり対偶にした機構で、リンクは３本ですが、対偶は回り対偶３＋すべり対偶１＝４です。

節の交替　図7-13-1

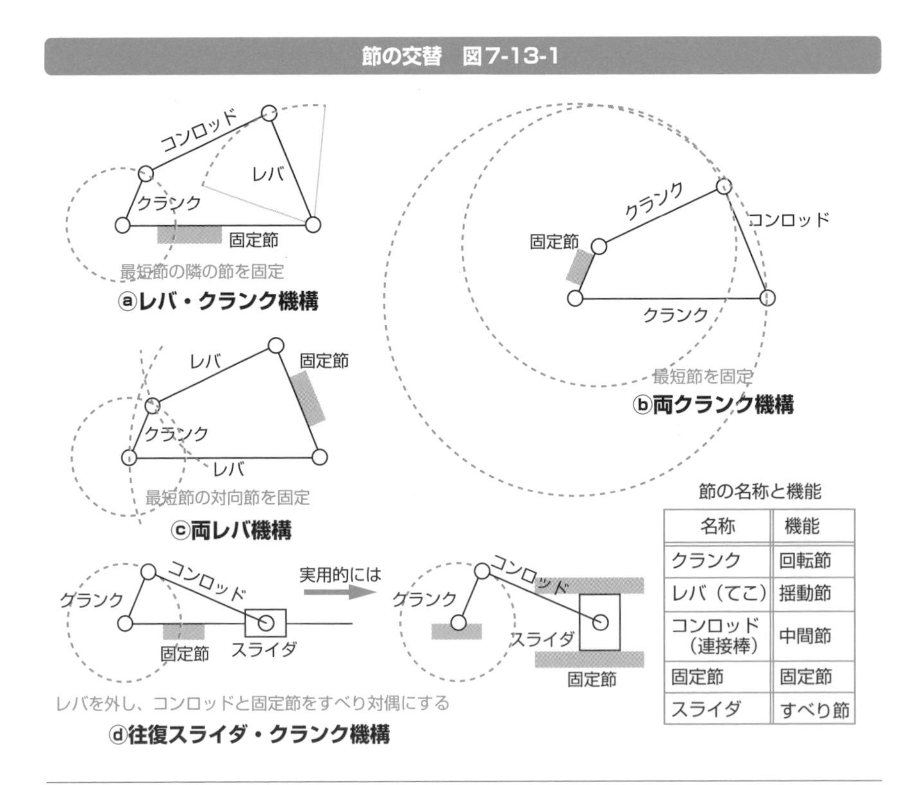

節の名称と機能

名称	機能
クランク	回転節
レバ（てこ）	揺動節
コンロッド（連接棒）	中間節
固定節	固定節
スライダ	すべり節

リンク機構の応用

図7-13-2は、リンク機構の各節に、運動を受ける**原動節**（**主動節**）、運動を出力する**従動節**、機構を固定する**固定節**（**静止節**）、原動節と従動節を連結する**中間節**を設定した応用例です。

リンク機構の応用　図7-13-2

ⓐ**自転車こぎ：レバ・クランク機構**　ⓑ**自動車ワイパ：レバ・クランク機構**

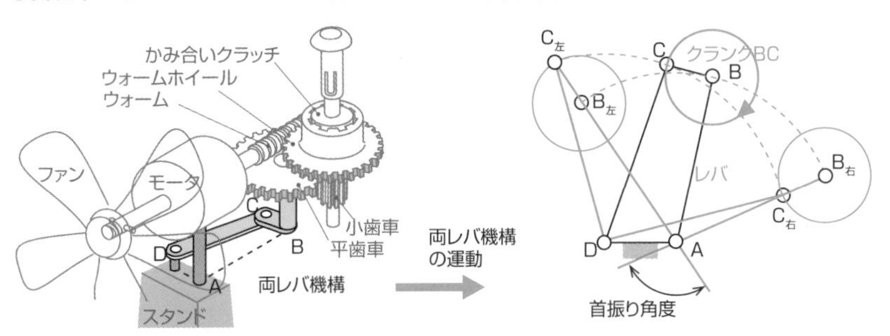

扇風機のモータ部分は、点 A を回転中心として、レバ AB に載っている。
クランク BC は、ギヤ列で減速され、点 B を回転中心とする。
AB−BC を一辺とする△AC右D がリンク AB の右端。
AB+BC を一辺とする△AC左D がリンク AB の左端。

ⓒ**扇風機の首振り：両レバ機構**

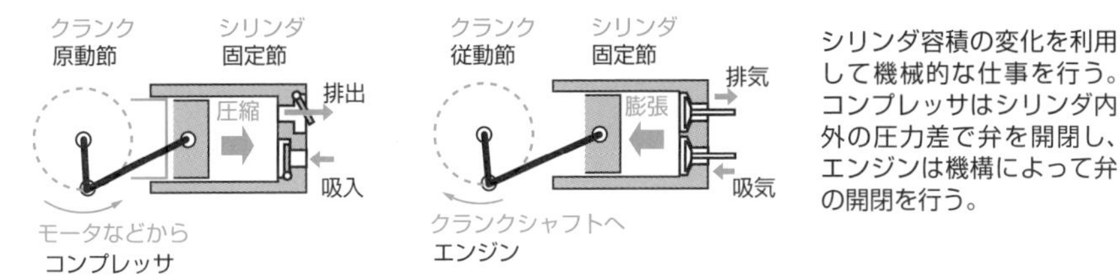

ⓓ**コンプレッサとエンジン：往復スライダ・クランク機構**

7-14

リンク機構の特異点

リンク機構は、それぞれの節が特別な位置関係になると、運動できなかったり、運動が限定できなくなる場合があります。これを特異点といいます。

死点と思案点

図7-14-1ⓐの機構で、レバに力を与えてクランクが回転するのは、従動節に**トルク**が生まれるからです。同じ機構で図ⓑとⓒの位置にあるとき、レバに力が与えられても、トルクを生む**腕の長さがゼロ**のための、従動節は回転せず、**リンク機構は運動しません**。図ⓑは、原動節レバが右端にあるので、レバの運動方向は、左向きです。図ⓒは、原動節レバが左端にあるので、レバは、右向きにしか運動できないはずです。しかし、図ⓑでレバがクランクに与える力Fは、クランクを押すだけで、クランクを回転させるトルクは生まれず、図ⓒも同様に、クランクは引っ張られるだけで回転しません。このように、力が伝達されてもトルクが生まれず、運動しない点が死点です。

図ⓓとⓔでは、死点のバランスが僅かに崩れて、一つの入力で、**従動節が2つの異なる状態**を出力しています。

図ⓓは、何らかの理由で図ⓑのバランスが崩れ、力Fの作用線がクランク回転中心の上側へ移動してクランクが左回転した場合です。同様に図ⓔは、力Fの作用線がクランク回転中心の下側へ移動してクランクが右回転した場合です。原動節レバの動きが同じでも従動節の動きが異なるので、機構の条件を満たしません。このように、1つの入力に対して、異なる出力をもつ点が思案点です。

死点と思案点　図7-14-1

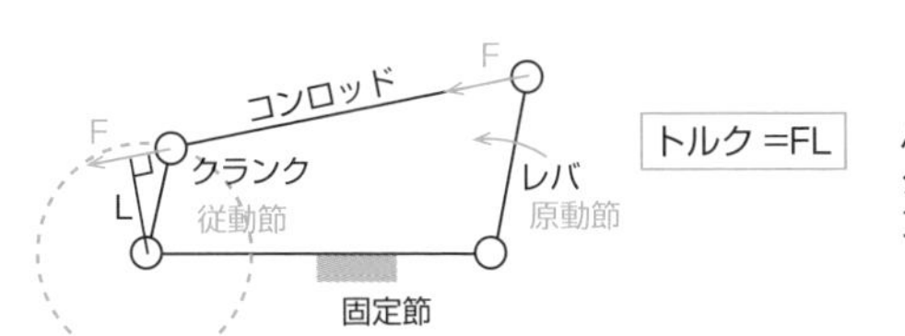

レバ・クランク機構で、原動節レバが左に回転すると、従動節クランクにはFLのトルクが発生して、クランクが回転する。

ⓐ従動節クランクの回転

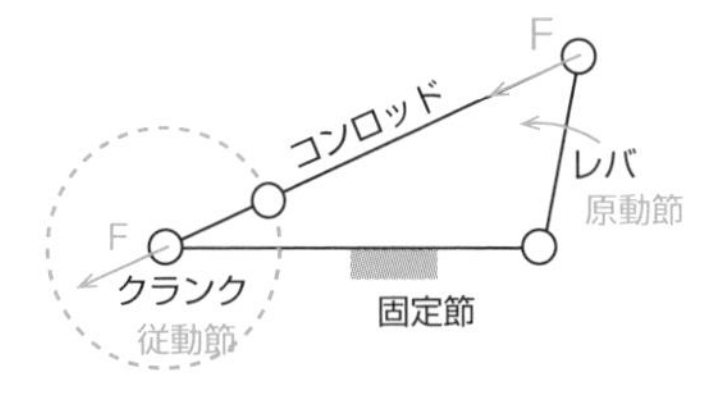

ⓑレバ右端の死点

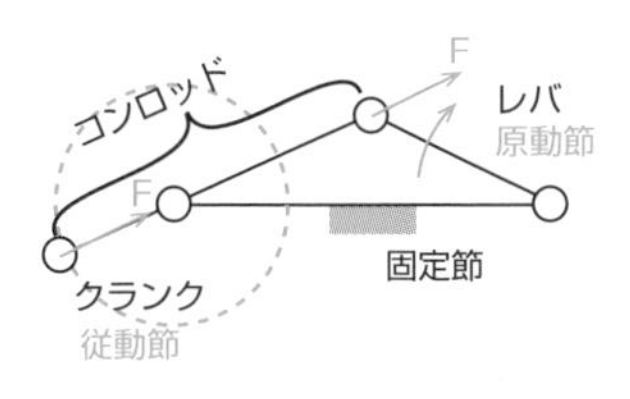

ⓒレバ左端の死点

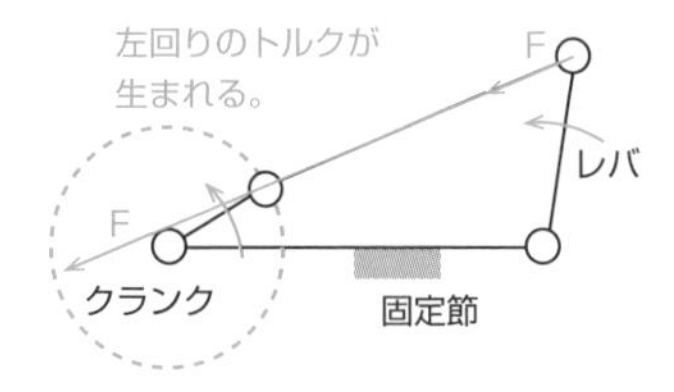

ⓓ左回転する従動節

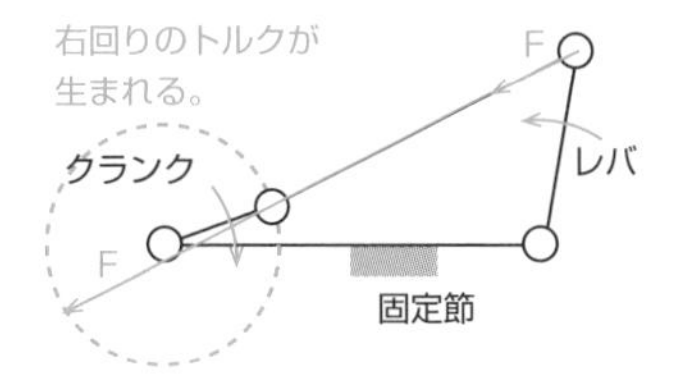

ⓔ右回転する従動節

第7章　機械のしくみ

エンジンに見る特異点

図7-14-2は**4サイクルエンジン**の**往復スライダ・クランク機構**で、図ⓐのように、並進するピストンと回転するクランクが、交互に原動節と従動節になって運動を行います。図ⓑとⓒは、機構の特異点となり、死点と思案点の問題が浮かんできます。実際には、図ⓓの多気筒エンジンによって、1つのピストン・シリンダが特異点にあるときは、他のピストン・シリンダがトルクを発生させているので、特異点の問題は解決されています。

4サイクルエンジン（往復スライダ・クランク機構） 図7-14-2

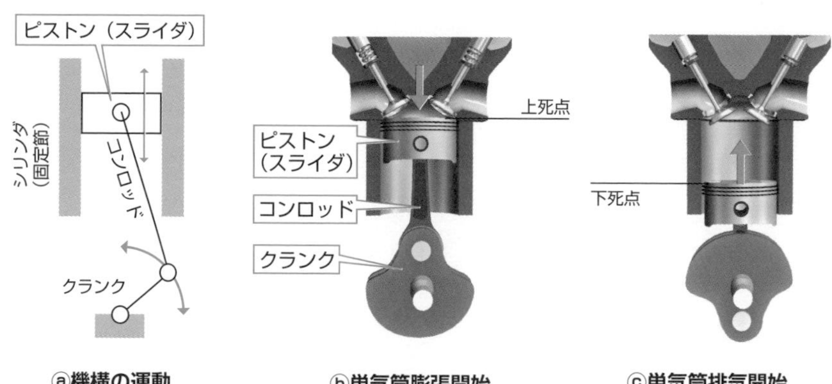

ⓐ機構の運動　ⓑ単気筒膨張開始　ⓒ単気筒排気開始

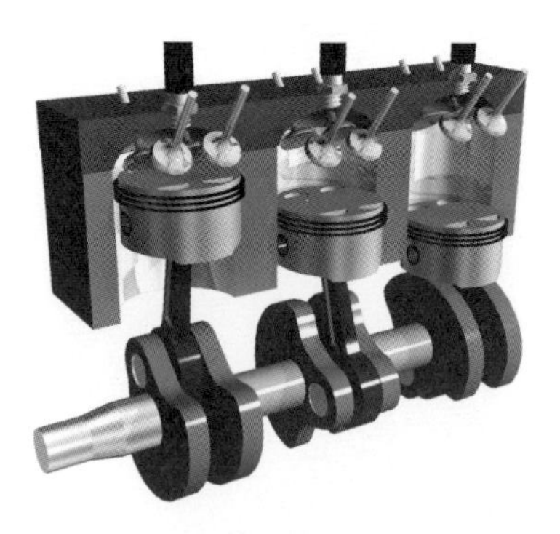

ⓓ多気筒エンジン

7-15

早戻り機構

スライダ・クランク機構は、節の交替でいくつかのバリエーションができます。これらの運動の特徴として、従動節が早戻りする機構が挙げられます。

スライダ・クランク機構の運動

図7-15-1ⓐは、7-13節で見たコンプレッサとエンジンなどの基本的な構造となる往復スライダ・クランク機構です。クランクが**一定回転速さ**であれば、往復ストロークの運動に要する時間は同じです。図ⓑ**揺動スライダ・クランク機構**は、機構の構造から、復路の時間が往路に要する時間よりも短いので、**早戻り機構**と呼ばれます。

スライダ・クランク機構の運動　図7-15-1

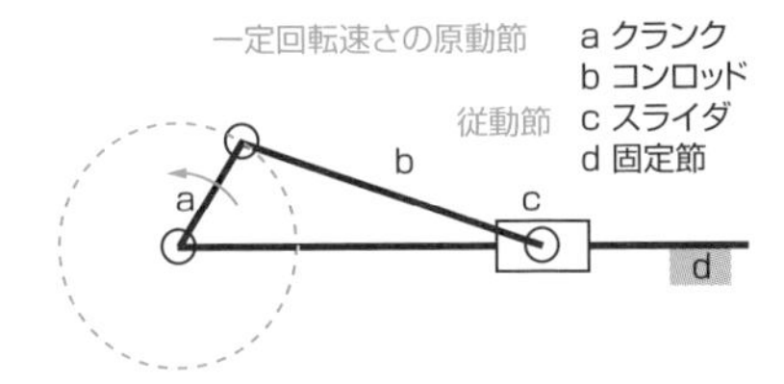

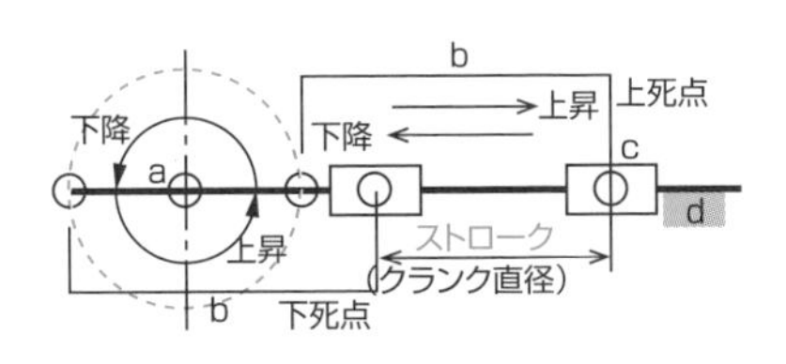

スライダの下降と上昇のストロークは等しく、クランクの下降回転角と上昇回転角も等しいので、従動節の往路と復路に要する時間は等しい。

ⓐ往復スライダ･クランク機構

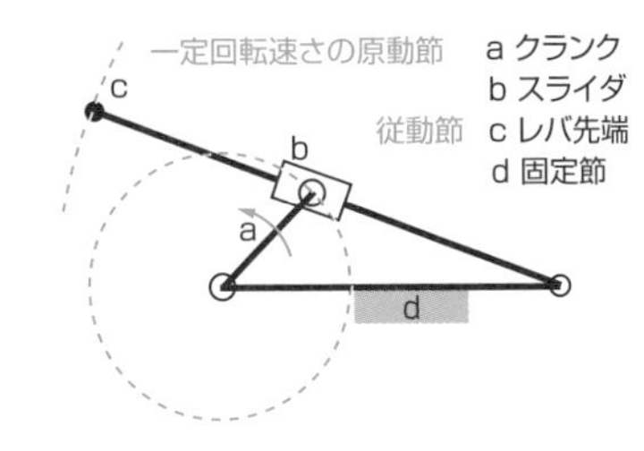

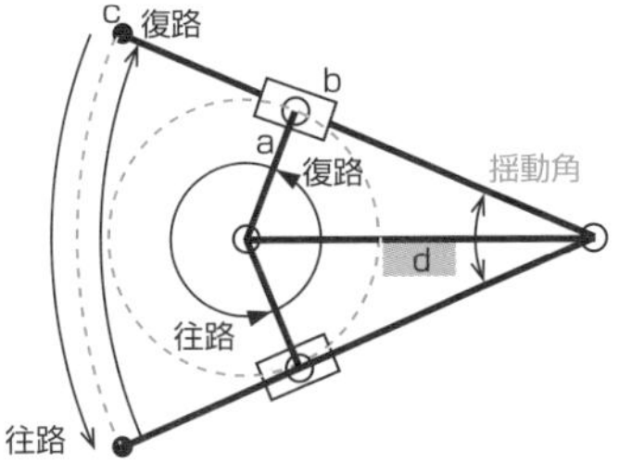

クランクの往路回転角>復路回転角から、点 c の往路時間>復路時間となり、復路の早戻り機構となる。

ⓑ揺動スライダ･クランク機構

形削り盤の早戻り機構

図7-15-2ⓐは、形削り盤の**ラム駆動**を行う揺動スライダ・クランク機構です。この機構により、形削り盤は、ラム前進時に**低速で切削**し、ラム後退時は**高速で早戻り**を行うことができます。形削り盤は切削抵抗の大きな加工法であるため、バイトの**逃げ**に工夫をしています。図ⓑのように、前進時の切削抵抗が大きいときは**腰折れバイト**のシャンクのたわみで逃がし、後退時の工具先端と加工面の接触については**回り対偶**で刃物台全体を逃がしています。

形削り盤の早戻り機構とバイトの逃げ　図7-15-2

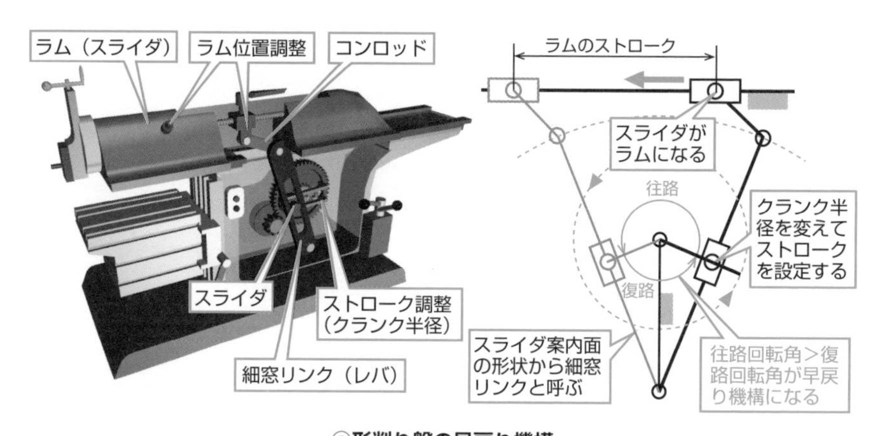

ⓐ形削り盤の早戻り機構

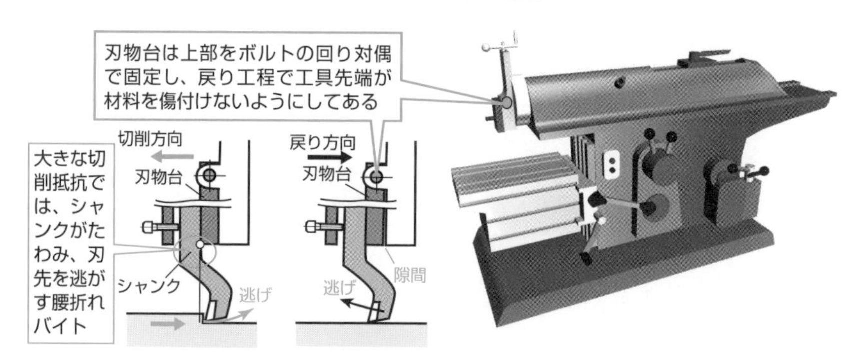

ⓑバイトの逃げ

機械と制御

エアコン、電気ポット、冷蔵庫、洗濯機などは自動制御の代表的な例です。自動ドアやエレベータなどは自動制御で動く身近な機械です。現在の機械は、程度の差はあってもセンサやコンピュータを積極的に活用しています。

8-1

制御

制御は、扱うことの状態がこうあってほしいと思うように、そのときの様子を操作することです。いろいろな分野を横断的に見てみましょう。

手動制御と自動制御

「**制御量**の状態を**検出**して**目標値**と**比較**し、その**偏差**に応じた**操作量**を**制御対象**に与えて制御量を目標値に近付ける」。図8-1-1ⓐは、**液面制御**の動作を人間が行う**手動制御**、図ⓑは、人間を介さず装置が行う**自動制御**の例です。聞き慣れない用語が頻出するので、図ⓒに概略をまとめています。

手動制御と自動制御　図8-1-1

水を一時的に貯蔵する水槽で、水面の高さを一定に保つようにバルブを操作する液面制御の例。

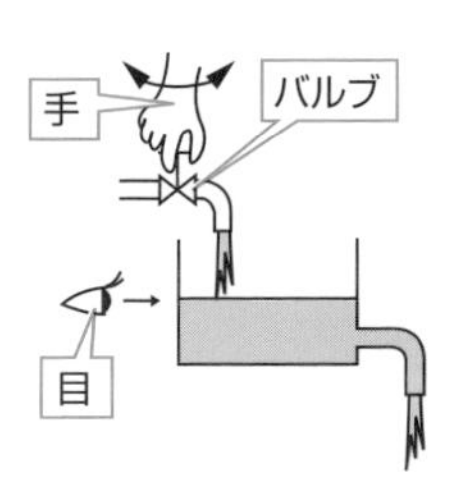

人間が目視で、水面高さを検出し、目標値と比較し、手を動かし、バルブを開閉して、水の量を調節する。

ⓐ手動制御

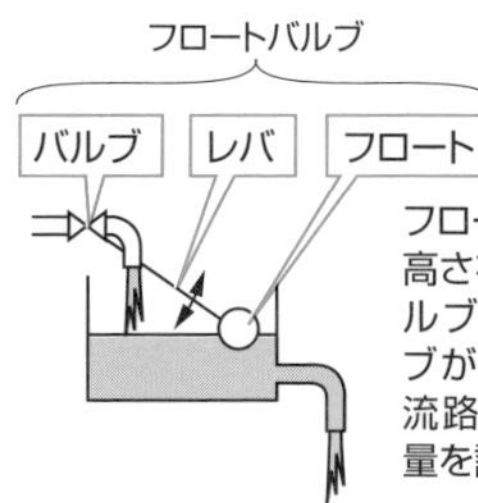

フロートの上下で、水面高さを検出し、レバがバルブを回転させ、バルブが回転角を比較し、流路を開閉して、水の量を調節する。

ⓑ自動制御

用語	概略	液面制御の例
制御量	制御したい量	水面の高さ
目標値	制御量の希望値	
比較	目標値と現在値とを比較する	脳、バルブの回転角
偏差	目標値と現在値との差	
制御対象	操作量を制御量に反映させる機器	バルブ
操作量	偏差に応じて制御対象を操作する量	バルブの開度

ⓒ用語の概略

身の回りの制御

図8-1-2のように、私たちの生活を支えるほとんどのモノは、何らかの制御を受けて役に立つ働きをしています。制御方法の分類には、いろいろな視点がありますが、一番身近な方法として、図ⓖのように**連続的な量**を細かく調整するのか、図ⓗのようにONかOFFかという**離散的な量**を扱うのか、という分類方法が考えられます。

身の回りの制御　図8-1-2

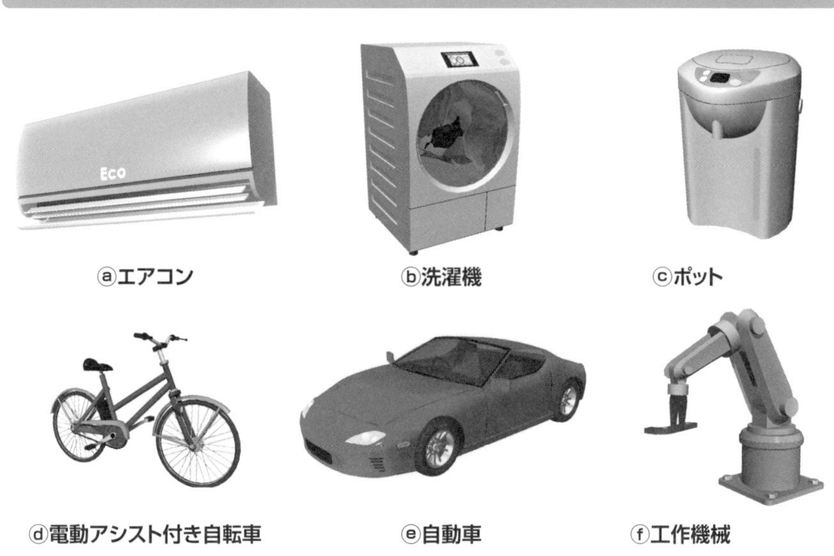

ⓐエアコン　ⓑ洗濯機　ⓒポット

ⓓ電動アシスト付き自転車　ⓔ自動車　ⓕ工作機械

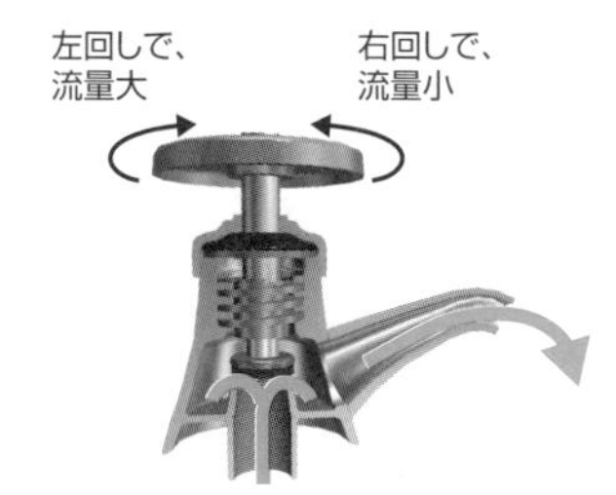

ⓖアナログ量の制御

設定温度以下で
ヒータON
設定温度以上で
ヒータOFF
設定時間で
ヒータOFF

ⓗデジタル量の制御

8-2

機械の制御系

機械制御の範囲はあまりに広いのですが、一番わかりやすいと思われる、シーケンス制御とフィードバック制御から考えてみましょう。

いろいろな制御系

図8-2-1ⓐのように、おもに製造プラントなどで、流体の流量、温度、圧力、pH、質などを対象とする制御を**プロセス制御**と呼びます。図ⓑは、機械の動作を条件や順番で決定する**シーケンス制御**の例です。図ⓒは、おもに機械の位置、姿勢、速度などの機械量や運動を対象とする**フィードバック制御**の例です。本章では、図ⓓに示すシーケンス制御とフィードバック制御について考えます。

いろいろな制御系　図8-2-1

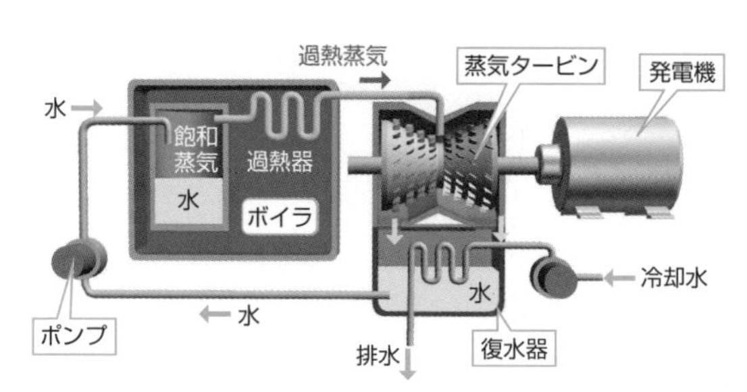

ⓐプロセス制御：蒸気タービン発電

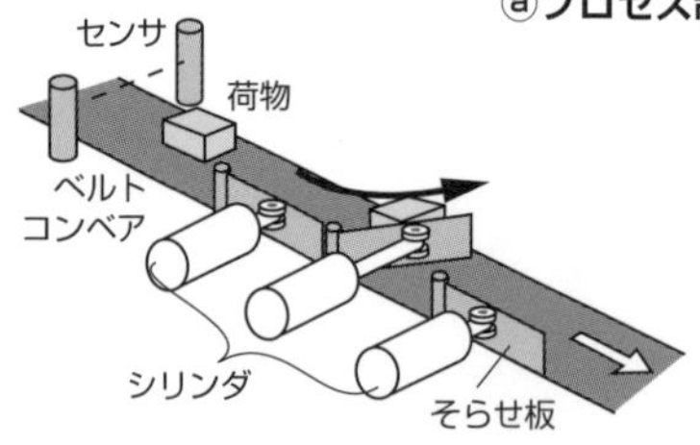

配送先などの荷物の属性をセンサで読み取り、配送先別のシリンダを制御して荷物を分別する。

ⓑシーケンス制御：荷物の仕分け制御

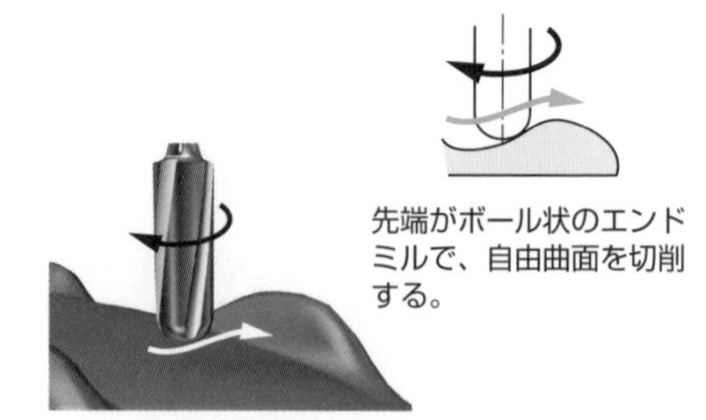

ⓒフィードバック制御：
ボールエンドミル３次元加工

分類	シーケンス制御	フィードバック制御
概略	あらかじめ決められた順序、時限、条件で操作を進める	機械の位置、姿勢、速度などを目標に近付ける
身近な例	全自動洗濯機 自動販売機 信号機、踏切 エレベータの呼び出し階選択	自動車のパワーステアリング 電動アシスト自転車 磁気ディスクドライブ エレベータの速度制御

ⓓシーケンス制御とフィードバック制御

目標値による制御の分類

目標値によって制御を分類すると、図8-2-2のように、**定値制御**と**追値制御**に分けられます。図8-1-1の液面制御は定値制御です。**プログラム制御**は、「あらかじめ決められた」という意味で、電車の運行制御が身近な例です。手のひらに長い棒を乗せて倒れないようにバランスを取るには、棒の傾きに合わせて手を動かすことが必要となります。このような操作を**追従制御**と呼びます。

目標値による制御の分類　図8-2-2

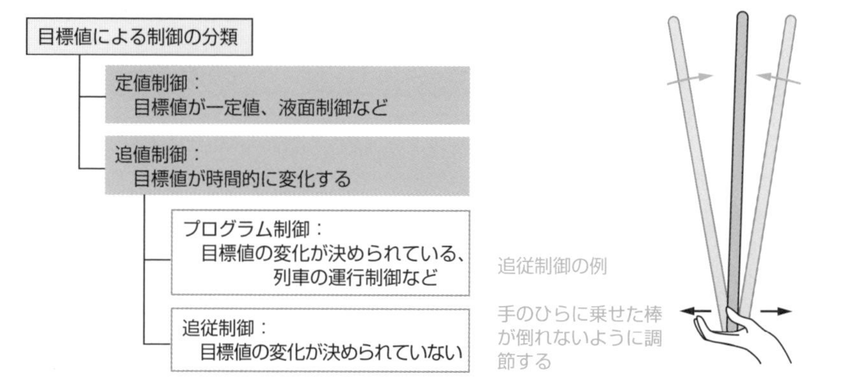

8-3

シーケンス制御

洗濯機や交通信号機のように、あらかじめ決めた順序、時限、条件で操作を逐次進める制御がシーケンス制御です。

3つのシーケンス制御

シーケンス制御は、動作の**開始命令**が与えられると、時間経過とともに制御が段階的に**逐次実行**される制御です。シーケンス（sequence）は、連続、順序、逐次の意味をもちます。図8-3-1のように、**順序制御**は、1つの作業が終了したら次の**作業命令**を実行する動作です。**時限制御**は、タイマで**一定時間の動作**を実行したのち、次の動作を実行します。**条件制御**は、検出器などからの信号を判断し、**条件を満たしていれば**次の作業を実行します。動作の内容によって、これらの制御が組み合わされて実行されます。図ⓐの洗濯機は、現在では内蔵コンピュータによって3つの制御が実行されます。図ⓑの簡便なトースタでは、切替えスイッチとタイマで制御が実行されます。

3つのシーケンス制御　図8-3-1

●洗濯から乾燥まで

順序制御

注水➡洗濯➡排水➡すすぎ➡脱水➡乾燥

時限制御

洗濯、すすぎ、脱水、乾燥などの時間

条件制御

蓋の開閉、水の有無、洗濯物の量など

ⓐ洗濯機

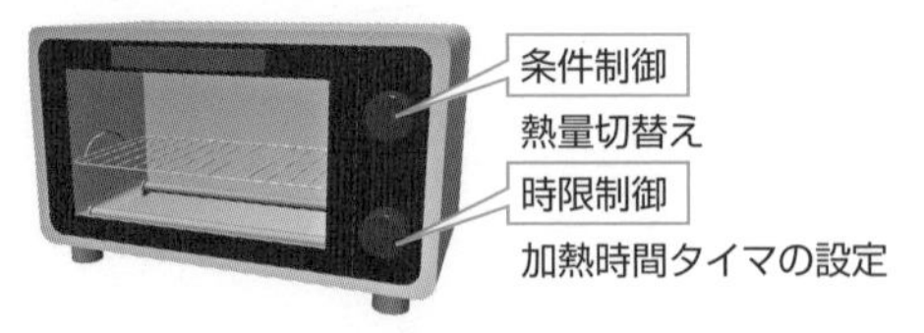

ⓑトースタ

シーケンス制御のブロック線図

制御の内容と信号の流れを描いた図を**ブロック線図**と呼びます。図8-3-2ⓐは、1段階の作業に対するシーケンス制御のブロック線図の例です。制御動作開始の**作業命令**を与えると、**制御装置**は、**制御対象**に対して1段目の操作を実行します。検出器が1段目の制御完了を検出すると、次の制御を実行します。動作の完了は、検出器の出力またはタイマーで判定します。この動作を最終作業まで**逐次実行**するのがシーケンス制御です。検出器には、リミットスイッチ、温度スイッチ、圧力スイッチなど、オンかオフ2つの状態を検出するスイッチが使われます。図ⓑは、物体がレバーに触れると接点の接続がc-bからc-aに切り替わり、物体の有無を検出する**リミットスイッチ**です。図ⓒは、家庭用トースタでピザトーストを240℃で5分間加熱する制御のシミュレーションです。

○温度240℃、タイマー5分にセットし、加熱を開始。　開始命令
○目標値240℃で、ヒーターON/OFFを繰り返す。　条件制御
○5分経過後、ヒーターON/OFに関係なく作業終了。　時限制御

シーケンス動作の信号を処理するものが**シーケンス回路**で、配線回路、基板回路、半導体回路、コンピュータプログラムなど、いろいろな方法があり、シーケンス制御に特化した制御装置を**シーケンサ**と呼びます。

シーケンス制御のブロック線図　図8-3-2

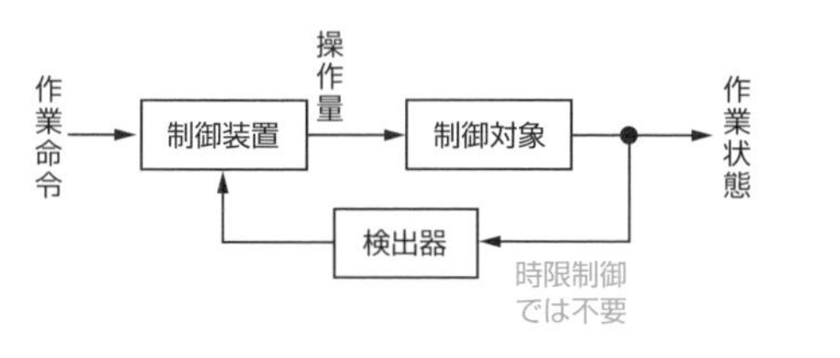

ⓐブロック線図とその動き

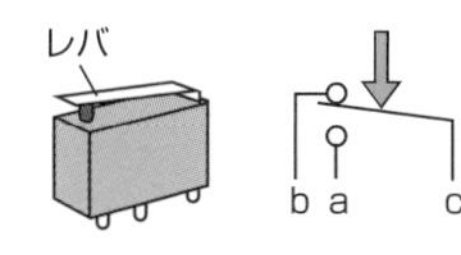

ⓑリミットスイッチ

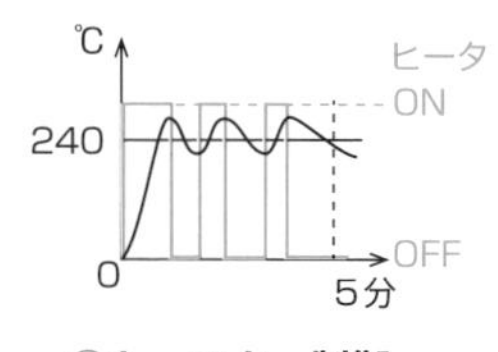

ⓒトースター制御

8-4

フィードバック制御

現在の状態を常に目標値に送り返し、その偏差から操作量を決定して、状態を制御する方法をフィードバック制御と呼びます。

定値制御と追従制御

図8-4-1ⓐの冷蔵庫やエアコンは、設定された目標値を常に維持しようとする**定値制御**を実行する機械です。図ⓑの電動アシスト付き自転車は、どのような走行状態でも、脚力とタイヤの抵抗力から生まれるトルクの差を最小にするようにモータを制御しています。自動車の運転では、周囲の状況によって運転の目標値が常に変化します。一定の目標値をもたず、変化に合わせる制御方式が**追従制御**です。

定値制御と追従制御　図8-4-1

冷蔵庫やエアコンは、庫内や室内の状態を常に設定された目標値に保つよう制御される。

ⓐ定値制御の例

電動アシスト付き自転車は、どのようなときでも脚力を補助するように、モータが制御されている

自動車の運転者は、刻々と変化する目標値を常に追っている

ⓑ追従制御の例

フィードバック制御のブロック線図

制御結果を指示側に戻す操作を**フィードバック**（feedback）＝**帰還**と呼びます。冷蔵庫やエアコン、電動アシスト付き自転車の構造や自動車の運転などは、常に変化する状況に対応するように操作する**フィードバック制御**です。図8-4-2で、フィードバック制御の**検出器出力**を**フィードバック信号**と呼び、**偏差**を小さくするように働かせるため、**比較部**へマイナス（負）で戻すようにします。これを**負帰還制御**と呼びます。制御系を構成する制御信号は、**ループ**を描いています。制御系の外部から制御を邪魔するように入ってくる信号を**外乱**といいます。フィードバック制御では、外乱も含めて制御ループを構成しています。

フィードバック制御のブロック線図　図8-4-2

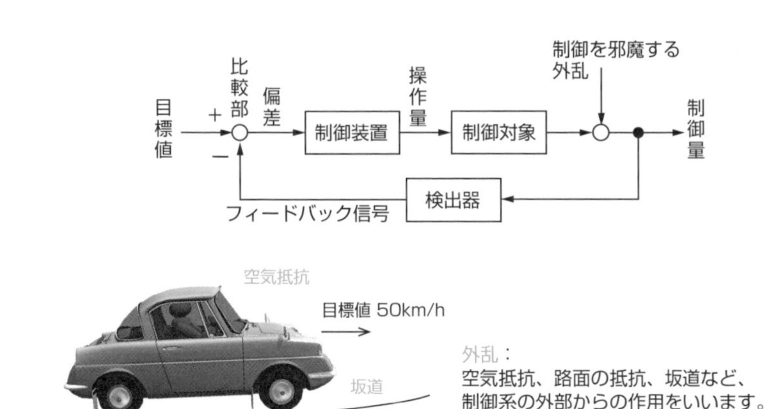

自動車を目標値50km/hで走行させることを考えてみましょう。

・現状が45km/hならば、偏差は50-45=5［km/h］……操作量は加速。

・現状が55km/hならば、偏差は50-55=－5［km/h］……操作量は減速。

フィードバック信号を負帰還させることで、偏差を小さくして目標値に近付けることができます。

このフィードバック操作を運転者が行えば**手動制御**、オートクルーズ装置が行えば**自動制御**となります。

8-5

フィードバック制御の特性

フィードバック制御系にステップ入力を与えると、出力は行ったり来たりしてから落ち着きます。このような出力のふるまいには、制御系の応答性と安定性が影響します。

オンオフ制御とサーボ制御

図8-5-1ⓐは、目標値の上下にON/OFFの目標値を設定して、この**二値間**で信号や動力のON/OFFを行う制御で、**バンバン制御**とも呼びます。図ⓑは、機械制御の中で多く使われる**サーボ制御**です。追従性の高いモータがサーボモータだともいえますが、現在では、回転角センサを内蔵した**ACサーボモータ**が多く使われています。

オンオフ制御とサーボ制御　図8-5-1

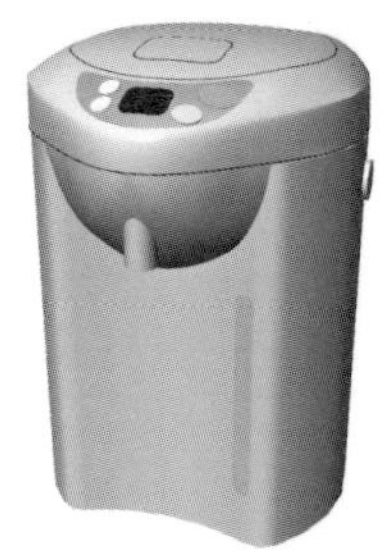

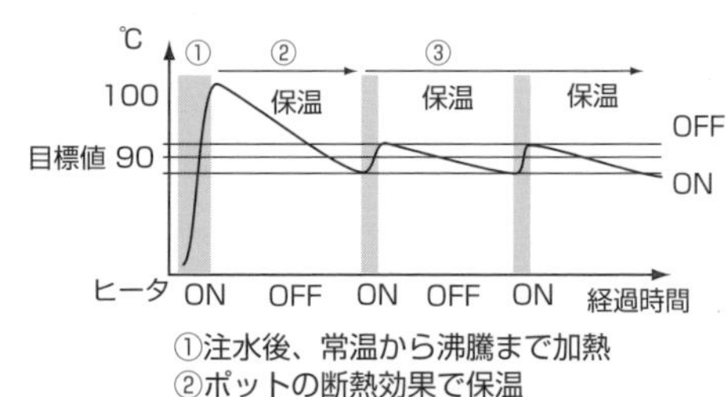

①注水後、常温から沸騰まで加熱
②ポットの断熱効果で保温
③保温設定温度の周囲でON/OFF継続

ⓐマイコン電気ポットのオンオフ制御

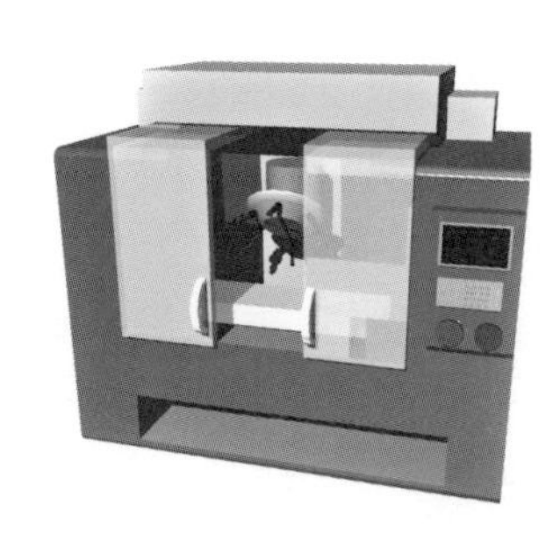

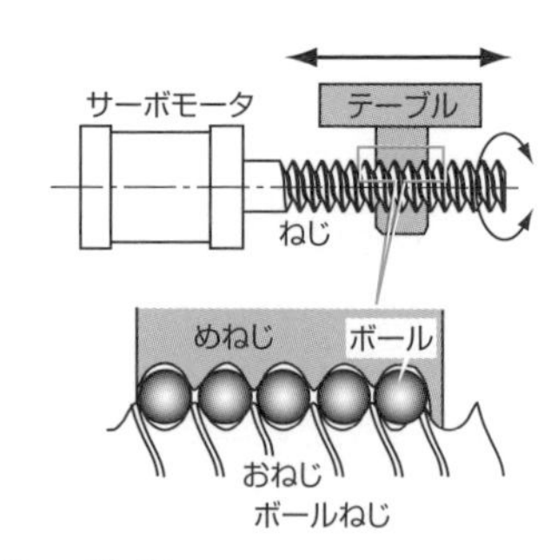

ⓑ工作機械のサーボ制御

サーボモータは、入力信号へのサーボ（servo：追従）特性が高く、回転角精度の高いモータです。サーボ機構を使った機械制御をサーボ制御と呼びます。ボールねじを使った機構は、モータ回転角とテーブル並進量に高精度の比例関係を作ります。

フィードバック制御の特性

図8-5-2ⓐは、フィードバック系に**ステップ入力**を与えたときの**応答性**を見るグラフです。図ⓑの電動アシスト付き自転車で考えましょう。ステップ入力は、**最初のこぎ出し**です。「グッ」と踏み込んだ力にすぐに**比例**させると、自転車は**飛び出してしまう**と思います。そこで、ほんの**少しゆっくり**とモータに信号を送り、モータの動力を**増します**。そこで、**強すぎ**たら動力を弱くして最適なアシスト力に調整します。**行きすぎたり、戻りすぎたり**を短時間で繰り返して、最適なアシスト制御が行われます。脚力とアシスト力は、**トルクセンサ**で検出します。

フィードバック制御の特性　図8-5-2

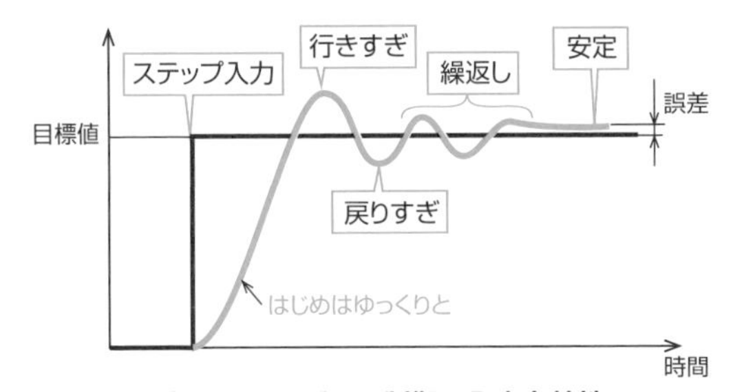

ⓐフィードバック制御の入出力特性

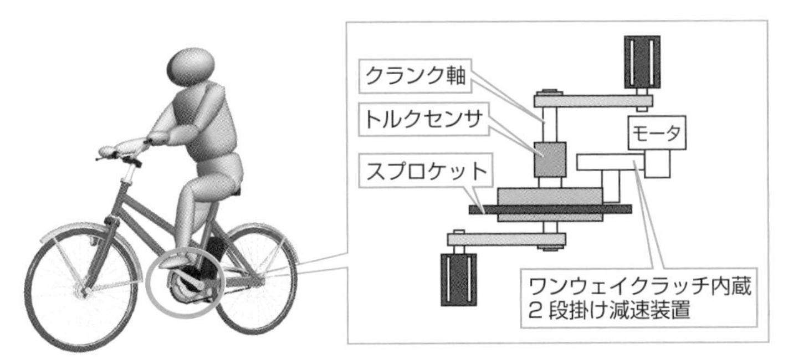

ⓑ電動アシスト付き自転車のパワー部分

8-6

閉回路制御

制御対象の実際の制御量を検出してフィードバック制御を実行します。信号回路が閉じたフィードバック制御をクローズドループ制御（閉回路制御）といいます。

クローズドループ制御

図8-6-1ⓐのように、工作機械の座標は**右手直交座標系**で表し、材料から工具（主軸台）が離れる方向をZ軸＋とします。工作機械で、X、Y、Zの３次元の加工を行うには、それぞれの方向に送り軸をもたなければなりません。送り軸の速度と移動量を制御量とする工作機械の**テーブル制御**は、代表的な**サーボ系フィードバック制御**です。図ⓑの**クローズドループ制御**は、テーブルに**直動型検出器**を取り付けて、**実際の制御量**をフィードバック信号とした**高精度**のフィードバック制御です。図ⓒは、**回転型検出器**をサーボモータの出力軸に取り付けて、モータの**回転量**をフィードバック信号とした低コストの**簡易型クローズドループ制御**です。必要とする制御の精度、コストなどに適した制御方式が選ばれます。

クローズドループ制御　図8-6-1

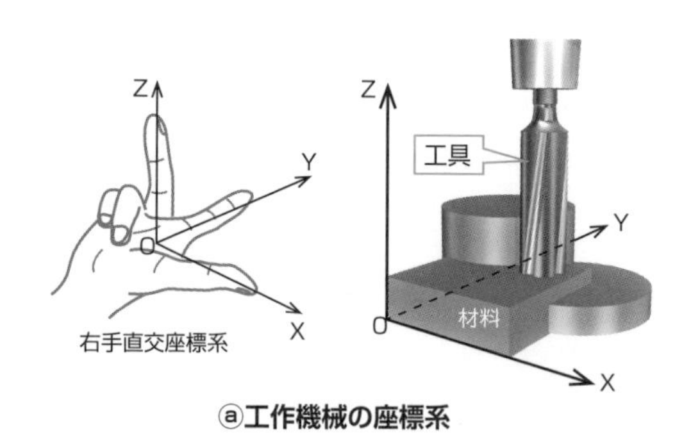

ⓐ工作機械の座標系

クローズドループ制御（closed loop control）：信号が輪のように閉じて帰還する閉回路制御

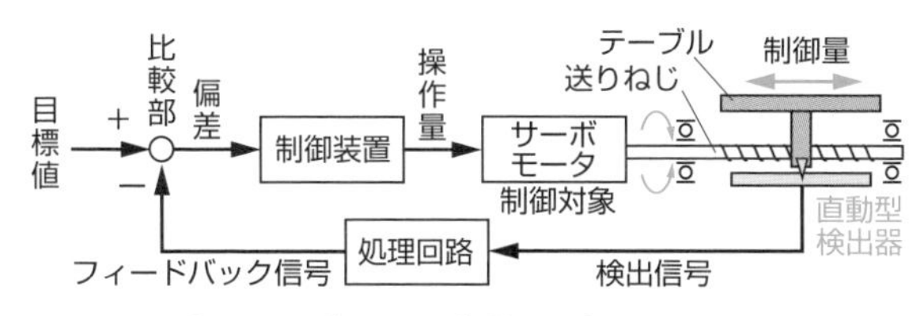

ⓑクローズドループ制御のブロック線図

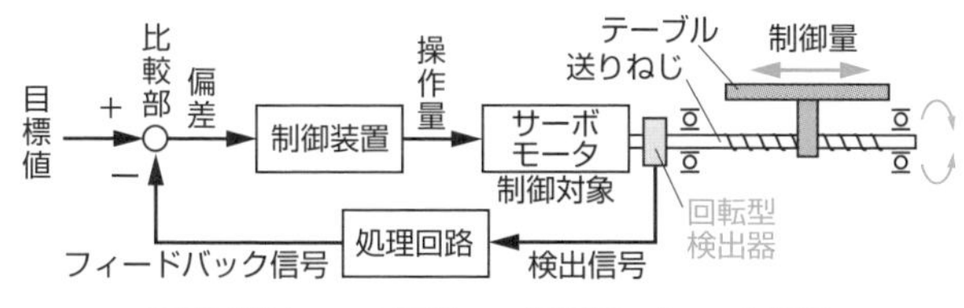

ⓒ簡易型クローズドループ制御のブロック線図

位置の検出器

図8-6-2に、光電式と磁気式の直動型・回転型検出器の例を挙げました。回転型の制御量は、回転量に比例することが前提となるので、送りねじの精度が必要です。

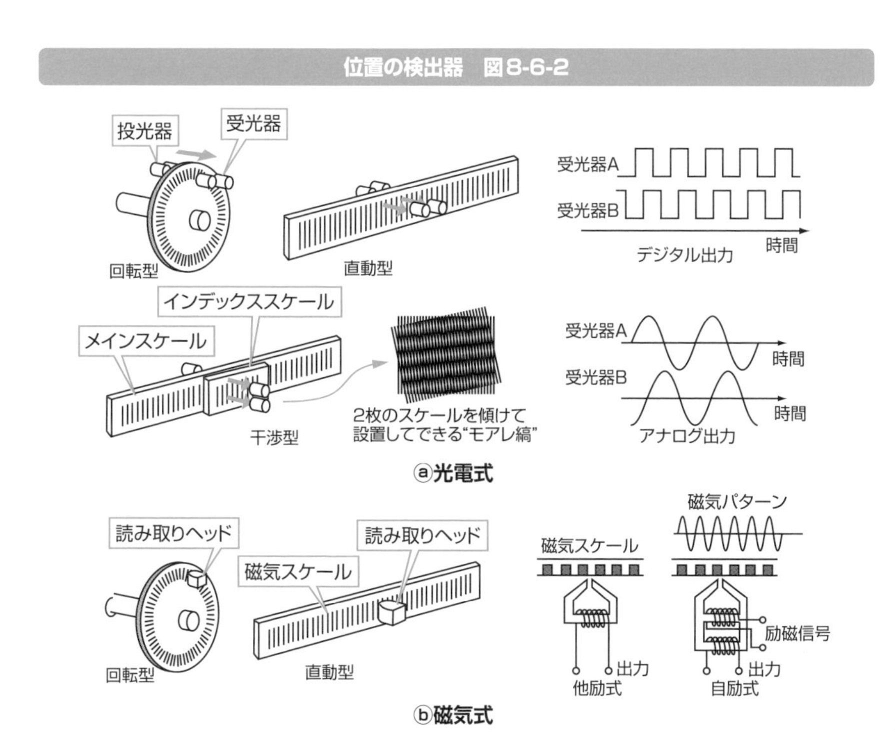

8-7

開回路制御

指令値を与えたあとは制御系を信頼して結果を任せる、フィードバックのないオープンループ制御（開回路制御）。デジタル制御機器の組合せで高い精度が保証されます。

オープンループ制御

図8-7-1ⓐのように、指令値を与えるだけでフィードバックを取らない制御方式が**オープンループ制御**です。図ⓑのデジタル信号で処理した**パルス電力**で駆動する**ステップモータ**と、図ⓒの**バックラッシュ**を無視できる**ボールねじ**を組み合わせた機構が、多くの分野で活躍しています。ステップモータは、ステップ状の動作から付いた呼称で、**パルスモータ**とも呼ばれます。図ⓒのバックラッシュのあるねじが逆転するとき、バックラッシュ分だけおねじが**空転**して、誤差を生む原因となります。

オープンループ制御　図8-7-1

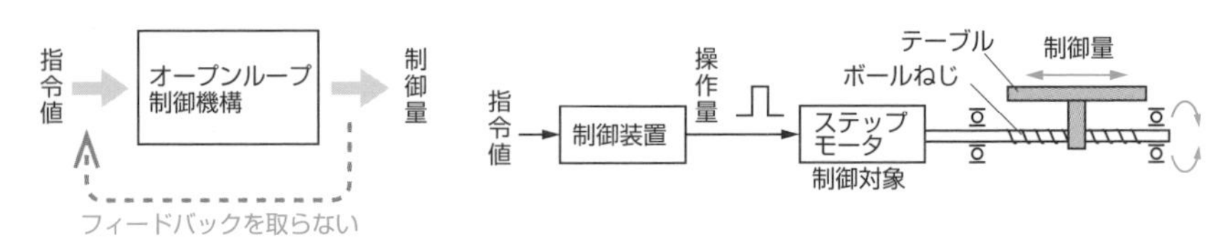

・ステップモータは、与えられたパルス数に比例した回転量を作る。
・ボールねじは、おねじの回転量に比例しためねじの並進運動量を作る。
・指令値だけで制御量を満足する制御がオープンループ制御。

ⓐオープンループ制御

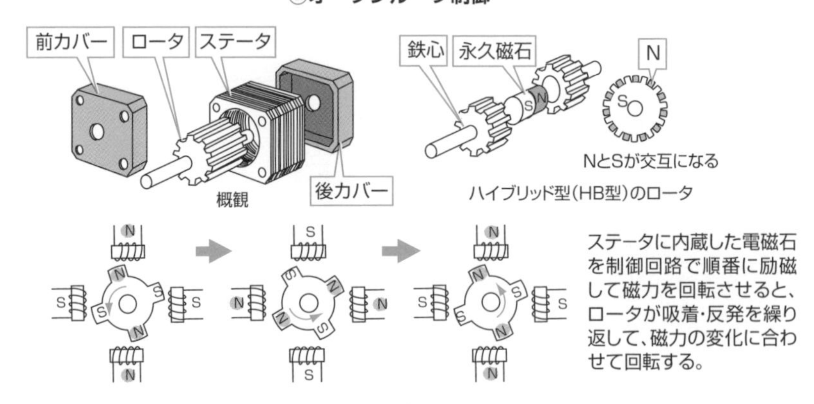

ⓑステップモータ

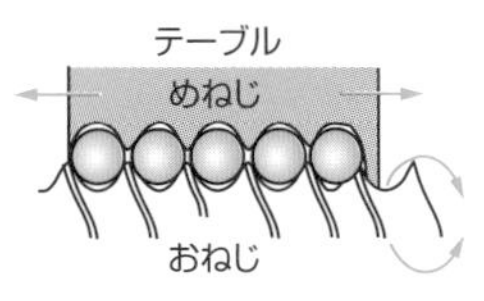

ボールねじは、バックラッシュを無視できるので、回転と並進運動を正確に変換する。

めねじ(テーブル)

バックラッシュ

めねじ(テーブル)

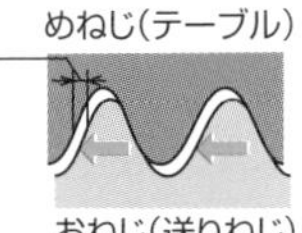

おねじ(送りねじ)　おねじ(送りねじ)

通常のねじでは、送りねじが逆転するとき、めねじと接触する前に、少し空転する。

ⓒボールねじの効果

身近なオープンループ制御

図8-7-2のインクジェットプリンタ・スキャナで、インクカートリッジの交換や、スキャン原稿のセットなどの際に、ステップモータとタイミングベルトの機構を見ることができます。これらの制御系は、完全なオープンループですが、目視の範囲内では、ズレのないきれいな印刷やスキャンが実行されています。

身近なオープンループ制御の例　図8-7-2

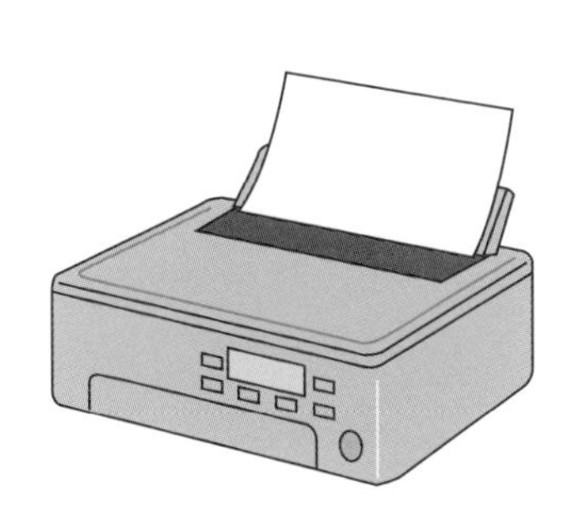

インクジェットプリンタ・スキャナ

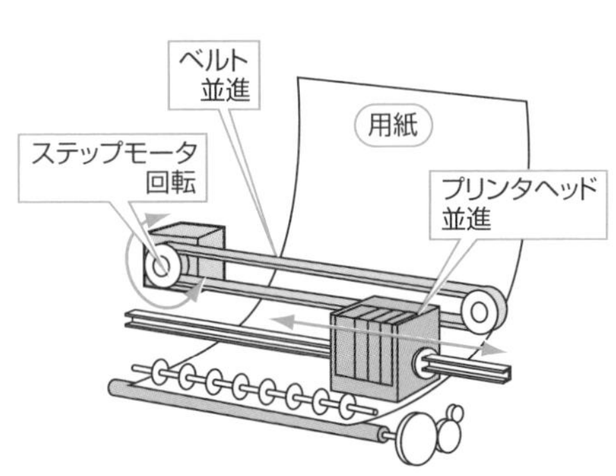

プリンタヘッドの機構

8-8

センサ

純粋に機械的な制御を行う装置もありますが、多くの制御装置は電子回路です。制御量を電気信号として制御回路へ与える検出器がセンサです。

センサの例

図8-8に、物体の有無、力、熱、流量、圧力、変位などを検出して、電気信号として出力する基本的なセンサの例を挙げます。

・リミットスイッチ　物体の**接触**による接点出力の切り替わりから、物体を検出する。
・リードスイッチ　磁石が**接近**すると、接点が切り替わるスイッチ。
・磁歪（じわい）式トルクセンサ　原動軸と従動軸の電磁誘導の差異から**ねじれ量**を測定し、トルクを検出する。
・熱電対温度計　ループ状に接続した２種の金属の接点間に温度差を与えると**熱起電力**が発生する、という**ゼーベック効果**を利用した温度測定法。
・バイメタル　線膨張率の異なる２種の金属（bimetal：２つの金属）を貼り合わせて、温度変化による**たわみ変形**を利用してスイッチ操作やメータ表示を行う。
・ピトー管流量計　流体の総圧と静圧の差となる動圧から、流量を検出する。
・カルマン渦流量計　渦発生器のあとにできる渦の数から、流体の流量を検出する。
・ひずみゲージ圧力計　抵抗線の変形による抵抗値変化をブリッジ回路で処理し、圧力を検出する。
・圧電素子圧力計　圧力を受ける圧電素子の起電力変化から、流体の圧力を検出する。
・差動変圧器　鉄心の移動による、２つのトランス出力の差から、変位を検出する。

センサの例　図8-8

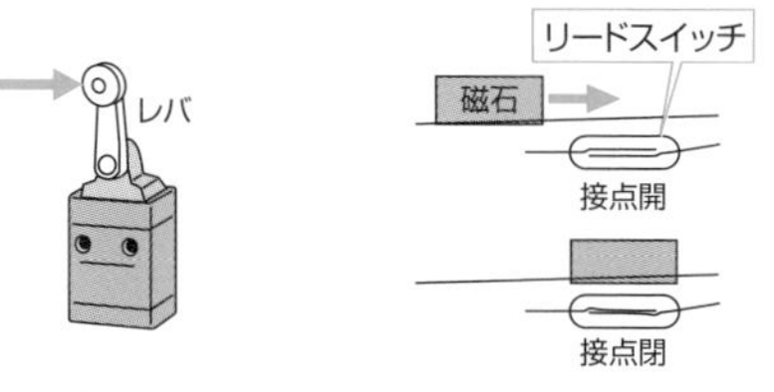

リミットスイッチ　　リードスイッチ

磁性体
検出コイル
原動軸
従動軸

磁歪式トルクセンサ

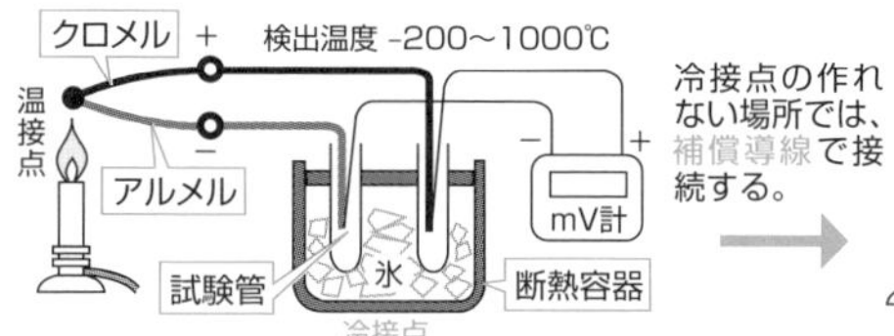

冷接点の作れない場所では、補償導線で接続する。

+
−
補償導線
mV計

熱電対温度計

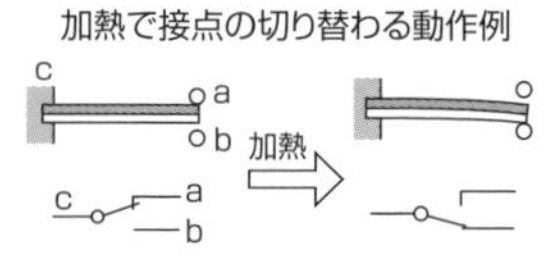

バイメタルスイッチ

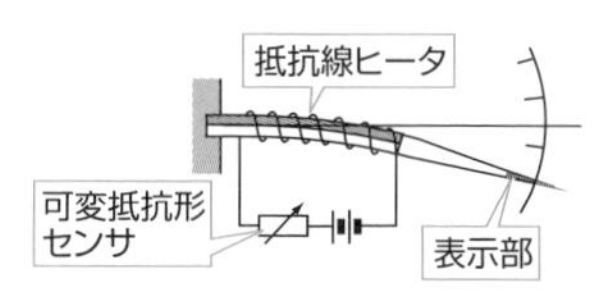

バイメタル式メータ

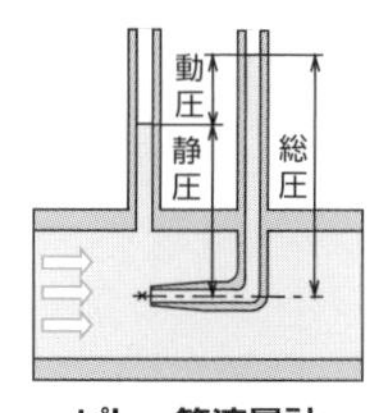

ピトー管流量計

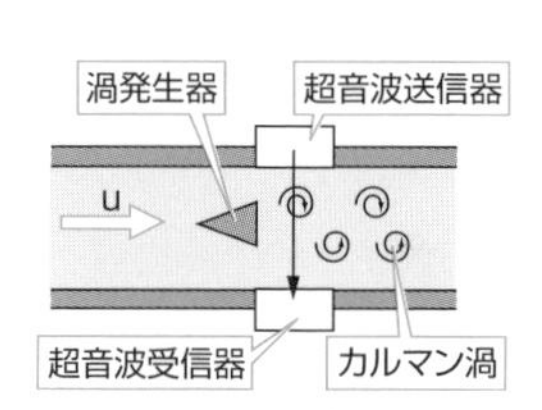

カルマン渦流量計

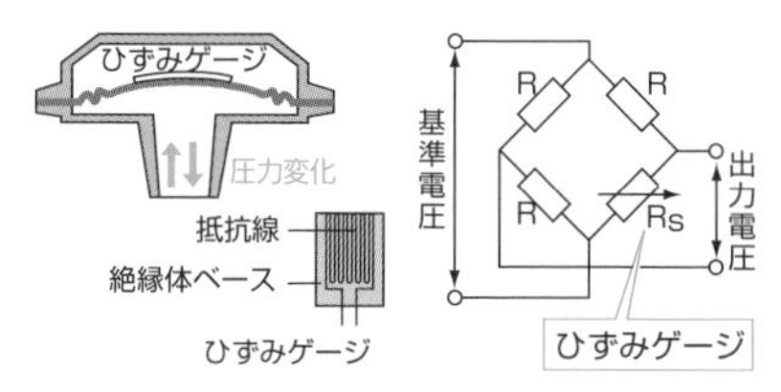

ひずみゲージ圧力計

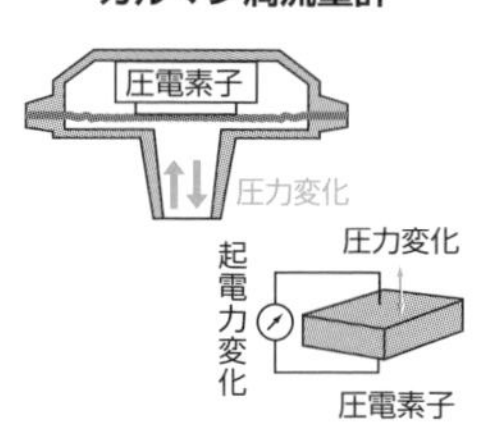

圧電素子圧力計

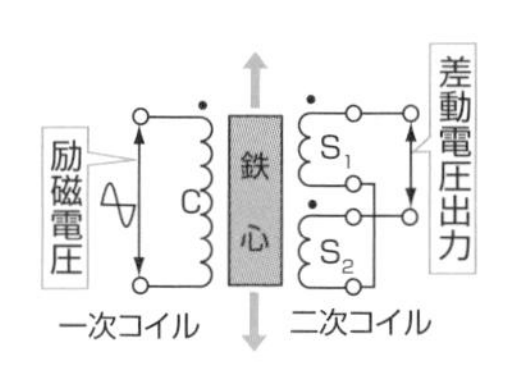

鉄心の変位と S_1、S_2 トランス出力の差が比例することから、接触子の変位を測定する。

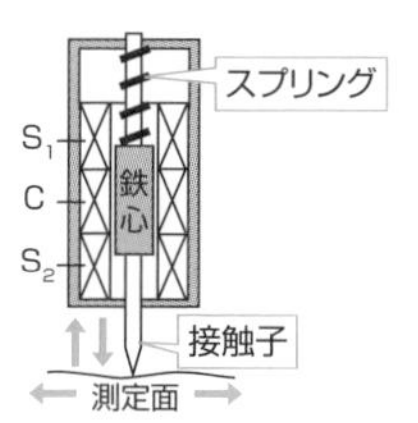

差動変圧器の原理と微小変位の測定

第8章　機械と制御

8-9

制御回路

制御に必要な回路全般が制御回路です。ハードウェアだけでなく、ソフトウェアとも調和した制御回路を考えましょう。

フィードバック制御回路の動き

図8-9ⓐのフィードバック制御モデルを**一軸のテーブル制御**、信号処理は**デジタル信号**とします。目標値は、加工プログラムから**デジタル値で与え**られ、比較部でデジタル値の**フィードバック信号**と比較して**デジタル値で偏差**を決めます。制御対象の**ACサーボモータ**に与える操作量は、**アナログ電力**とします。センサ出力は、テーブルの**変位量と向き**を測定する**2相デジタル出力**、テーブル移動の向きを**方向判別回路**で処理し、**比較部**の**アップダウンカウンタ**へフィードバック信号として戻します。

図ⓑのセンサは、移動の向きを検出するため、位相のズレた2相信号を必要とします。図ⓒの方向判別回路は、説明上**ハードウェア**で示していますが、次段の図ⓓでアップダウンカウンタとした比較部とともに、**プログラムで実行可能**です。

アップダウンカウンタ回路は、目標値データをセットし、加算入力があればデータを加算し、減算入力があればデータを減算する機能をもちます。図ⓐのフィードバック信号は負帰還で入力されるので、方向判別回路の出力がUpのときは減算され、Downのときは加算されるように働きます。

目標値が+5パルスで、Up入力が3パルス入れば、偏差に+2パルスが出力され、制御対象が+2パルス分移動します。ここで、行きすぎがあり、Up入力に4パルスが帰還されると、減算された目標値+2−4=−2パルスで、制御対象を2パルス分戻す偏差が出力されます。この戻し動作が行われると、方向判別回路はDown信号を出力し、フィードバック制御が行われます。

図ⓔの**制御装置**は、モータが必要とする電力を供給するため、装置出口では、**パワーエレクトロニクス**と呼ばれる**電力用ハードウェア**を必要とします。工作機械に限らず、現在の機械には、ソフトウェア回路とパワーエレクトロニクスの調和が必要とされます。

　デジタル信号処理を行い、最終の制御対象がアナログ機器のACサーボモータであれば、操作量をアナログ交流電力で与えるために、デジタル偏差をアナログ電力に変換しなければなりません。**D/A変換器**で、デジタル信号偏差入力をアナログ電力操作量へ変換して出力します。

図8-9　フィードバック制御回路の動き

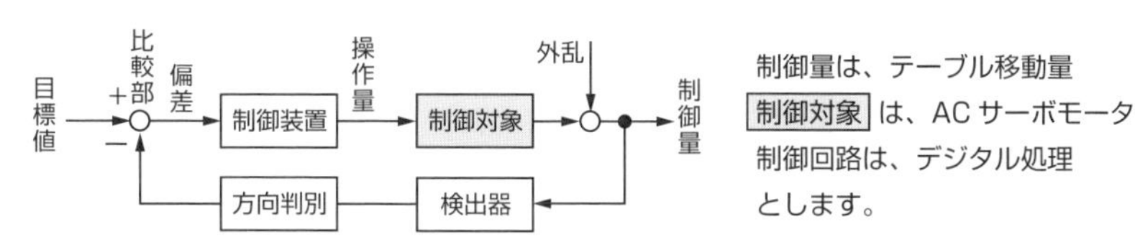

ⓐフィードバック制御モデル

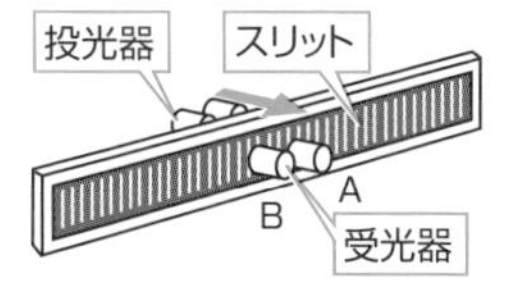

検出器
デジタル 2 相出力信号
　変位型位置センサは、移動方向を判別するために、位相のずれた 2 相信号を出力します。

ⓑデジタル 2 相出力センサ

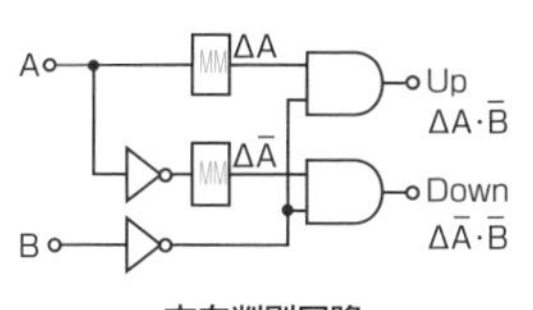

MM：Monostable Multivibrator（単安定マルチバイブレータ）は、入力信号P_{in}の立ち上がりをきっかけに、短時間だけ、微分信号$P_{out}=\Delta P_{in}$を出力します。

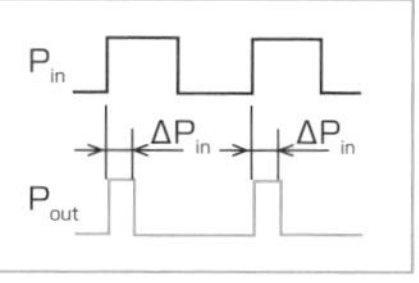

図ⓒの方向判別回路にセンサ出力A、Bを入力すると、
Aが先行のとき、Up
Bが先行のとき、Dowm
に微分信号が出力されます。

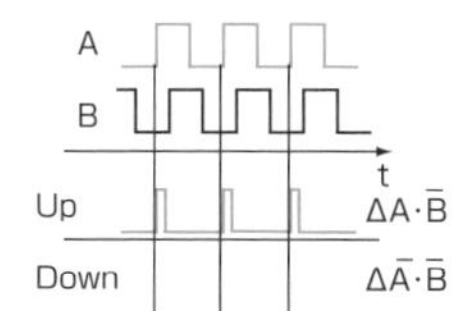

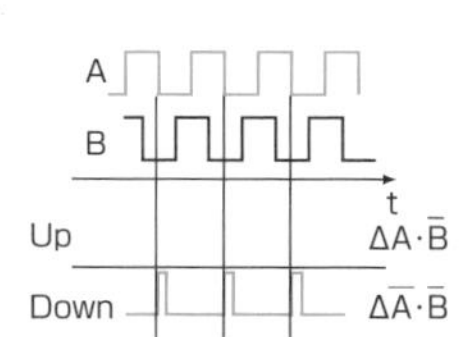

ⓒ方向判別回路と入出力信号

ⓓ比較部（アップダウンカウンタ）の動作

ⓔ制御装置の動作

8-10

工作機械の位置制御

工作機械の制御項目には、位置、速度、主軸回転数、工具交換、切削油などがあります。サーボ系フィードバック制御のおもな対象となる位置制御を考えます。

機械の送り軸制御

図8-10-1で、機械の送り軸制御を、点をとらえる**位置決め制御**（図ⓐ）と形状を追う**輪郭制御**（図ⓑ）に大別しました。輪郭制御のポイントは、**補間制御**にあります。制御軸の本数や同時に制御できる軸の数、座標軸の取り方は、図ⓒ、ⓓのように工作機械によって異なります。

機械の送り軸制御　図8-10-1

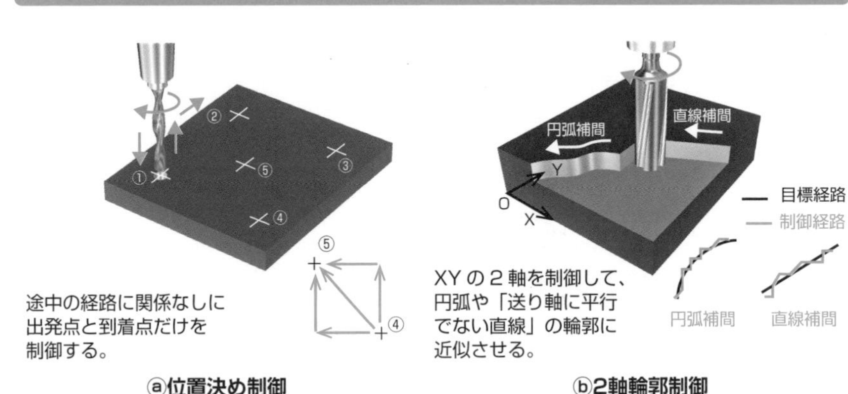

ⓐ位置決め制御

ⓑ2軸輪郭制御

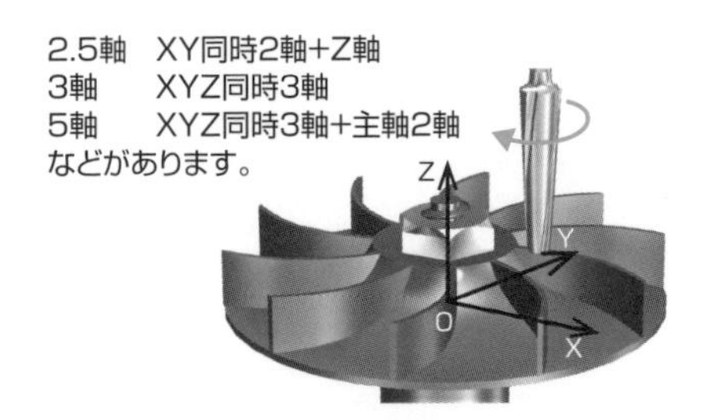

ⓒ多軸輪郭制御

Z　Y　X　立フライス盤系

X　Y　Z　普通旋盤系

ⓓ右手直交座標系

実際の制御量

　今日では工作機械の多くがCNC*化され、デジタル制御が主流です。図8-10-2は、製品の図面と実際の制御量が異なることを示します。製品は、図ⓐ、ⓑのように**ワーク座標系**で考えます。図ⓒの**補間制御**は、機械によって異なる方式が採られます。加工には工具を使用し、**工具寸法**により、図ⓓのように製品輪郭とは異なる経路を通ります。図ⓔは、工具の停止位置によって、経路の異なることを示しています。

実際の制御量　図8-10-2

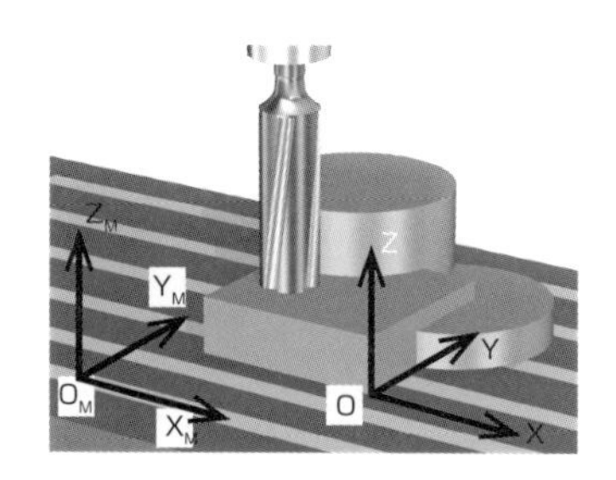

・機械座標系 $X_MY_MZ_M$：機械に設定されている座標系。
・ワーク座標系 XYZ：加工物に設定する座標系。

ⓐ原点補正

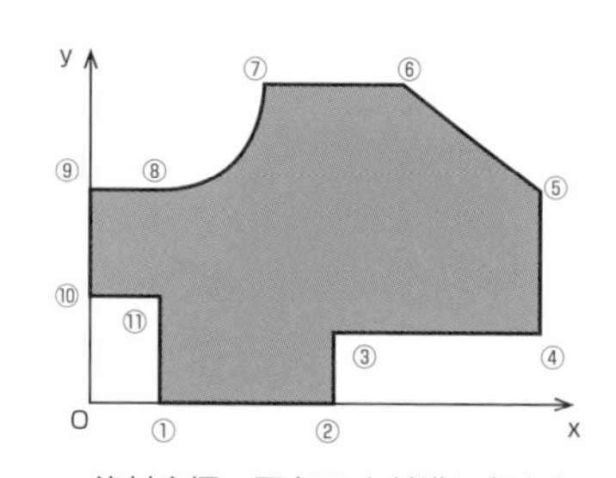

・絶対座標：原点 O を基準に各点を座標値で示す。
・相対座標：加工順に O➡①、①➡②…を変位 dx、dy で示す。

ⓑワーク座標系の絶対座標と相対座標

ハードウェアあるいはソフトウェアによって補間経路が異なる。

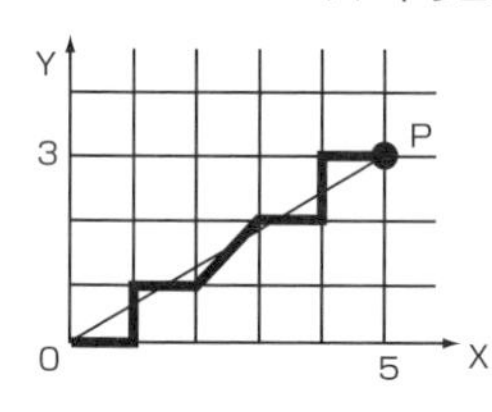

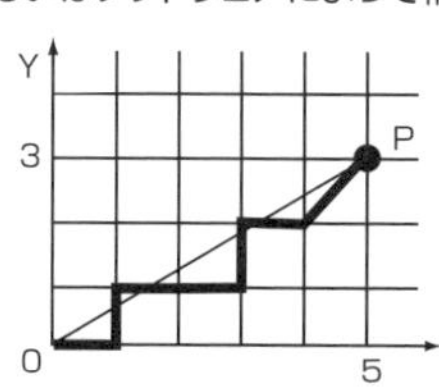

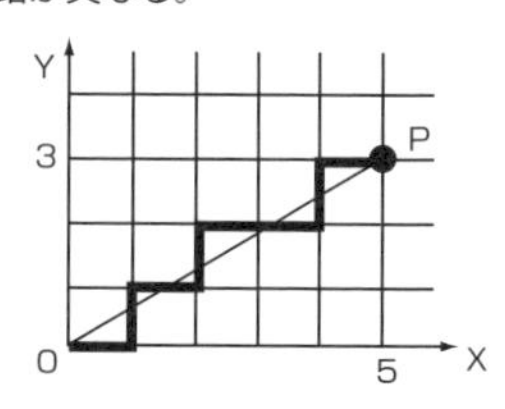

ⓒ原点からP(5,3)までの直線補間例

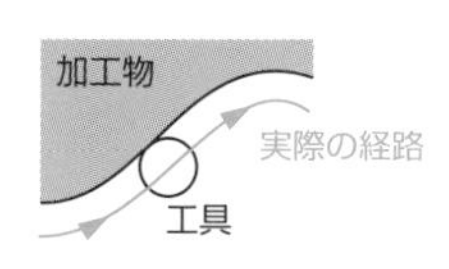

工具の直径、加工物に対する工具の位置で、制御経路が補正される。

ⓓ工具径補正

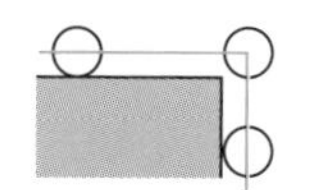

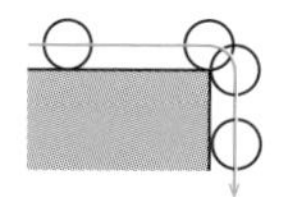

工具の停止位置により制御経路が異なる。

ⓔ工具停止位置

* CNC　Computerized Numerical Controlの略。

8-11

空気圧制御

生産システムでは、形状加工だけでなく、搬送やハンドリングなどが必要になります。これらの作業を安全に行う方法として、空気圧制御が用いられます。

シリンダとバルブ

図8-11-1に、ⓐ、ⓑ空気圧制御のアクチュエータとなるシリンダ。ⓒシリンダを制御するバルブ。ⓓ装置の基本的な動作を示します。

シリンダとバルブ　図8-11-1

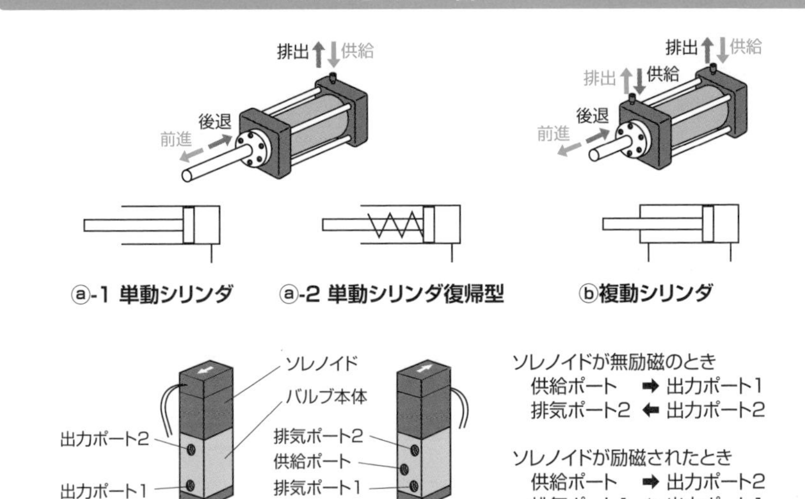

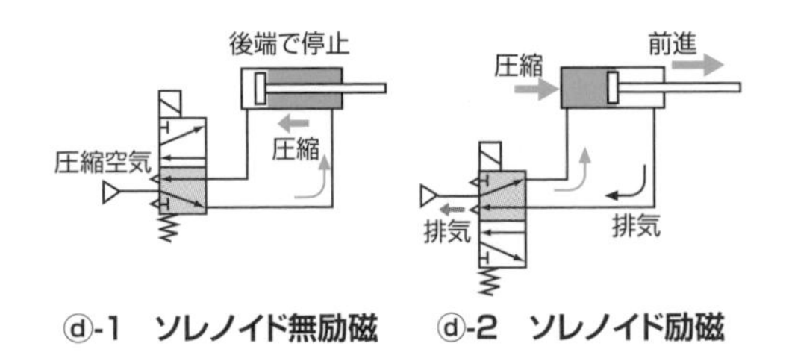

空気圧シリンダは、基本的に端点動作。負荷などで中間停止しなければ、ピストンは、シリンダの前端・後端まで移動して停止する。

シリンダ制御の例

図8-11-2は、2本のシリンダによる**シリンダ制御**の例です。シリンダ制御は、**端点制御**で、**シーケンス制御**を基本とします。通常、**端点検出**には、8-8節で見た**リミットスイッチ**や**リードスイッチ**が使われます。図ⓐ、ⓑでシリンダの動きを表した図を**タイムチャート**と呼びます。この描き方では、右上がり直線が**前進**、水平線が**停止**、右下がり直線が**後退**を表します。シリンダ1本ごとに、図8-11-1ⓒの**単動ソレノイドバルブ**を接続して、各シリンダの**前進**と**前端停止**の間だけ励磁をすれば、この動作が可能です。このシーケンス回路を実現する方法としては、配線回路、基板回路、半導体回路、コンピュータプログラム、シーケンサなどが考えられます。

シリンダ制御の例　図8-11-2

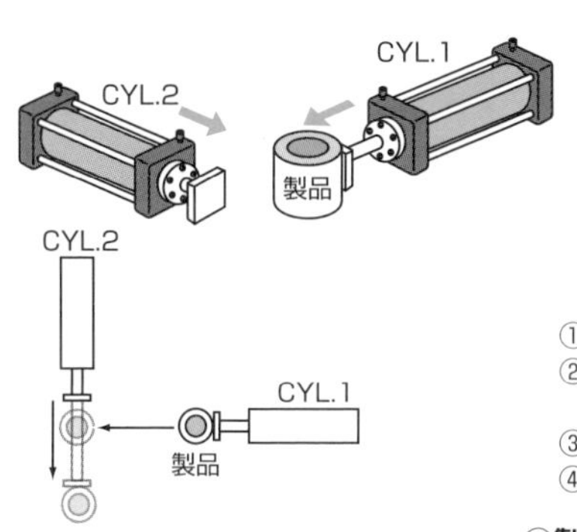

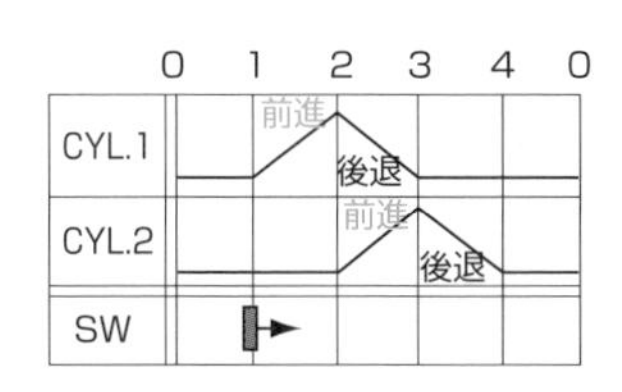

① SWを押すと、CYL.1が製品を押し出す。
② CYL.1が前端まで行くと、CYL.1が戻ると同時に、CYL.2が前進する。
③ CYL.2は製品を押し出すと、すぐに戻る。
④ CYL.2が後端へ戻って1サイクル終了。

ⓐ製品の押出し

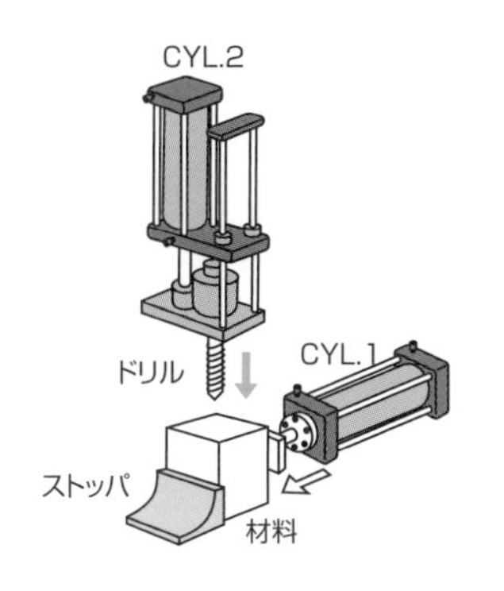

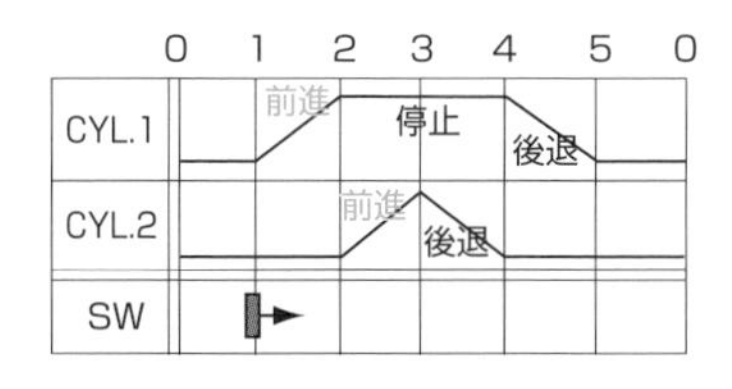

① SWを押すと、CYL.1が製品を固定する。
② CYL.1は、製品の固定を続ける。CYL.2がドリルを回転させて下降。
③ CYL.2は、穴あけ加工が終わり、すぐに戻る。
④ CYL.2が後端へ戻り、CYl.1が製品を解除する。
⑤ CYL.1が後端へ戻り、1サイクル終了。

ⓑドリル穴あけ

空気圧シリンダの速度制御

　空気圧シリンダの速度制御は、シリンダに出入りする空気流量で制御します。流量の制御には、ⓐ空気入り口で制御する**メータイン**とⓑ出口で制御する**メータアウト**の2つの方法があります。メータインは、シリンダ内で圧縮空気の拡散による減衰やビビリなどの原因になります。通常は、ⓒのように、**絞り弁**と**逆止弁**を組み合わせた**スピードコントローラ**をシリンダ両端のポートに接続したⓓの**両方向メータアウト**が用いられます。

空気圧シリンダの速度制御　図8-11-3

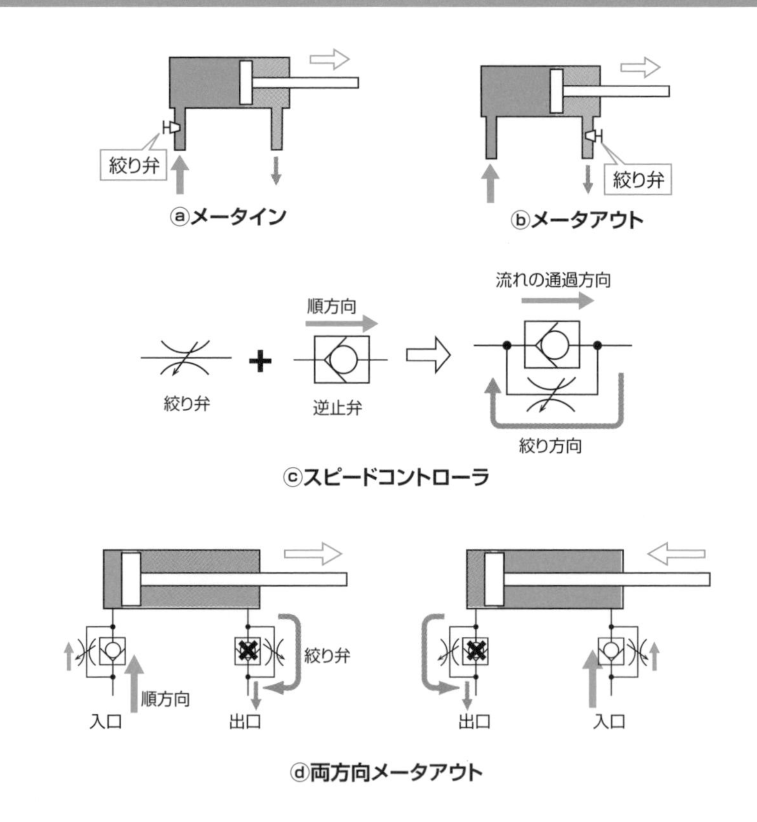

第9章 流れと機械

水などの液体や空気などの気体を流体と呼び、流体の性質や流体のもつエネルギーを扱う分野を「流れ学」、「流体力学」と呼びます。水車や風車、ポンプといった流体を扱う「流体機械」から、飛行機や船、ゴルフボールの飛び筋や野球の変化球に至るまで、空気や水など流体のあるところでは必ず流体に関係する実例を見ることができます。

9-1

流体の性質

私たちにとって身近な流体である水と空気は、同じような性質も、まったく異なる性質ももっています。ここでは、これらの流体の特徴を考えます。

流体の性質

全ての流体に共通することは、流動性を持つ「流動体」であるということです。場合によっては、人の動線や自動車の流れまでも、連続流動体として扱われます。図9-1に、圧縮性、粘性、体積膨張などの身近な例を挙げます。

流体の性質　図9-1

ⓐ流動性をもつ物体が流体

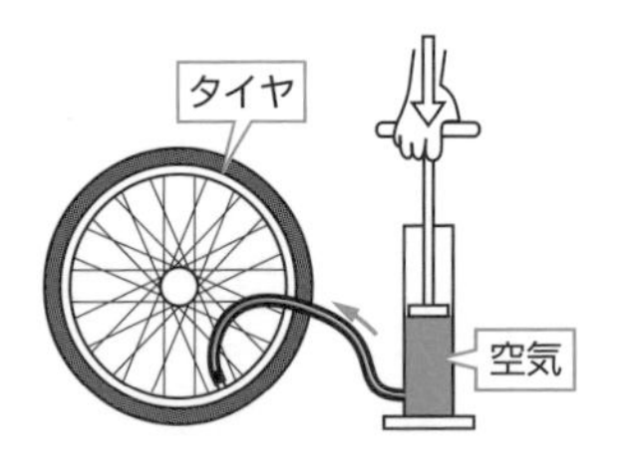

気体は簡単に圧縮できる。

ⓑ気体は圧縮性流体

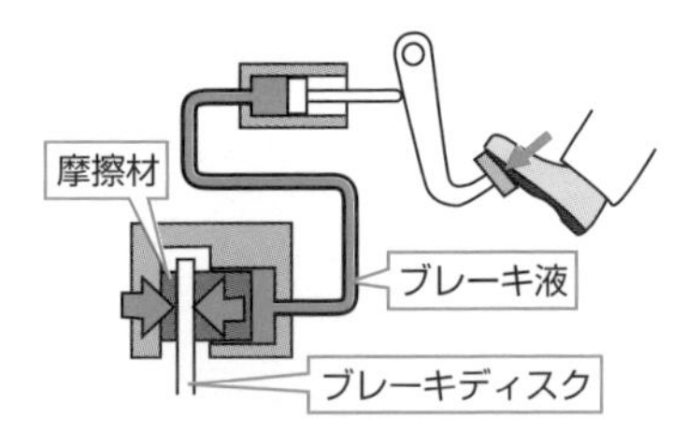

液体はほとんど圧縮できない。

ⓒ液体は非圧縮性流体

液体は粘性が高い。

エアコンのルーバは、空気の粘性を使って、空調効果を高めている。

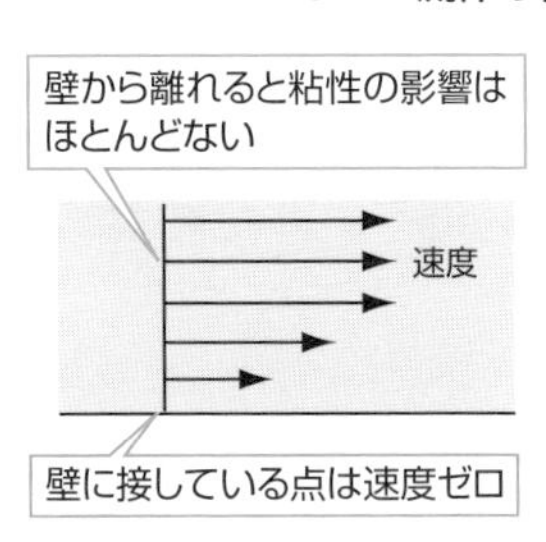

ⓓ液体の粘性は高く、気体の粘性は低い

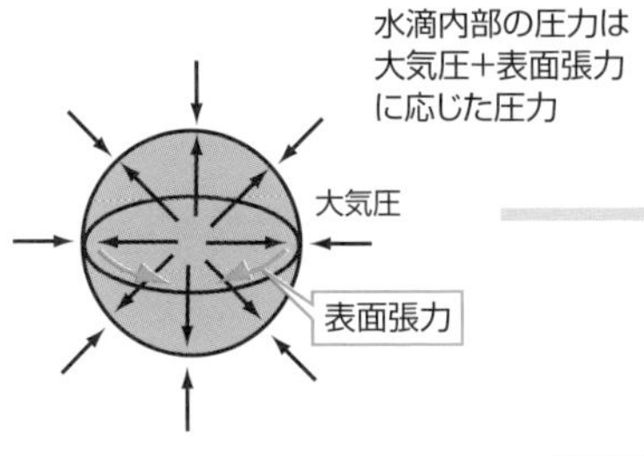

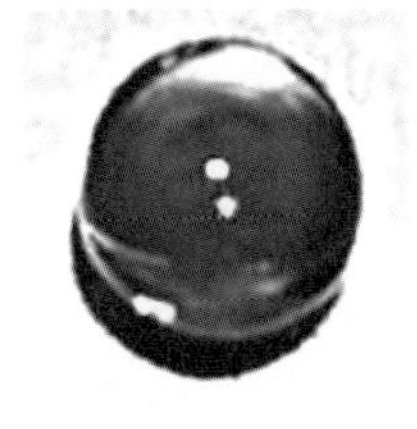

空気中できれいな球体を見るのは、なかなか難しいです。

水道蛇口から垂れた直径2mm程度の水滴

ⓔ球体水滴の表面張力

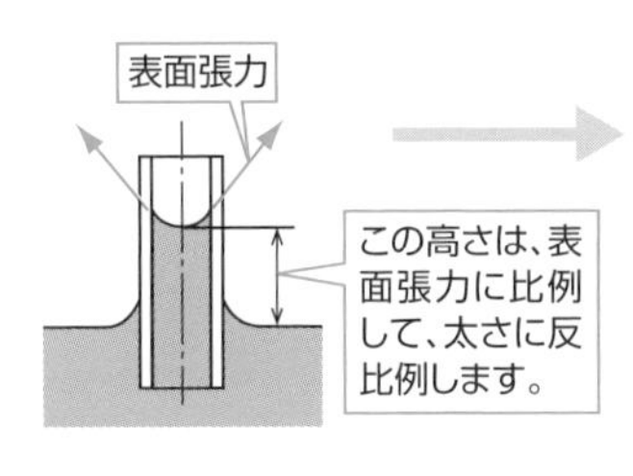

ストローと水面の毛細管現象

ⓕ毛細管現象

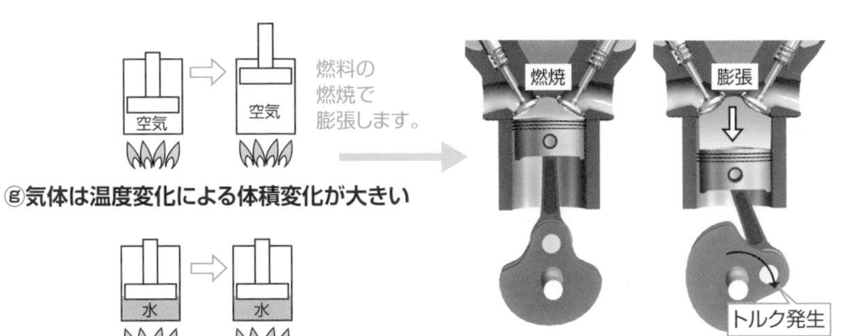

ⓖ気体は温度変化による体積変化が大きい

ⓗ液体は温度変化による体積変化が少ない

内燃機関の膨張仕事

9-2 流体の流動性と圧力

流れる物体だからこその流体であり、流れようとする流体の動きを抑えてしまうと圧力が生まれます。ここでは流動性と圧力の関係を見ます。

流体の圧力

図9-2ⓐの①で、出口が開いているポンプを押すと、ポンプを押すと同時に内部の流体は外部へ流れてしまいます。②で出口を閉じてポンプを押すと、手は流体から押し返され、**圧力**が生まれたことを感じます。圧力は、流体の流れを抑えることで生まれます。流体は、容器に合わせてどのような形にもなるという**流動性**をもちながら、歯車やチェーンなどのように**力を伝える**働きをもっています。図ⓑのように、圧力は「流体と接する面に常に垂直」、「容器内のすべての点で大きさが等しい」、「任意の1点ですべての方向の大きさが等しい」という特徴をもち、流体は、管路さえあれば、距離や位置に関わりなく圧力の伝動を可能とします。私たちの周りを囲む大気は、空気の重さによる**大気圧**をもちます。図ⓒのように、ポンプなどで作る圧力は、その場の大気圧を基準とした**ゲージ圧**と呼ばれ、ゲージ圧に大気圧を加えた圧力を**絶対圧**と呼びます。図ⓓスクリューコンベアは、9-1節で、流動性をもつ微小な物体も工業的には流体と同様に扱えるとした、ねじのらせん運動を利用した例です。

流体の圧力　図9-2

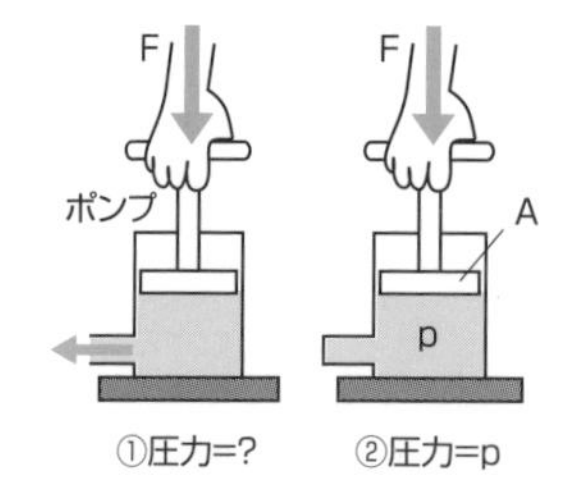

① ポンプの出口が開いていると流体は外部へ流れて、ポンプ内部に大きな圧力は生まれない。

② ポンプの出口を閉じると、ポンプ内部に圧力が生まれる。

力 F[N]
面積 A[m^2]
圧力 p[Pa]

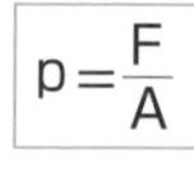

ⓐ圧力は流れを抑えると生まれる

流体の流動性を利用して、離れた場所にあるポンプとタンクをつないで流体を密閉し、ポンプを押せば、圧力が生まれます。このとき、ポンプとタンク、管路には、「流体と接する面に常に垂直」、「容器内のすべての点で大きさが等しい」、「任意の１点ですべての方向の大きさが等しい」圧力が作用します。容器内の流体の圧力は、流体と容器内面の作用・反作用で、流体が面に与える圧力を容器内に描くのが一般的です。

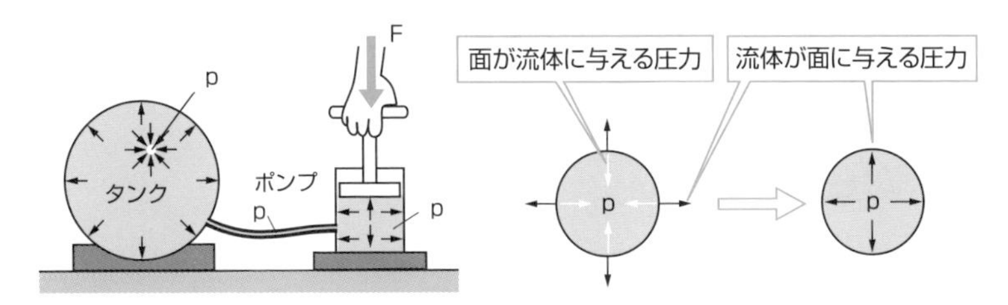

ⓑ流動性と圧力

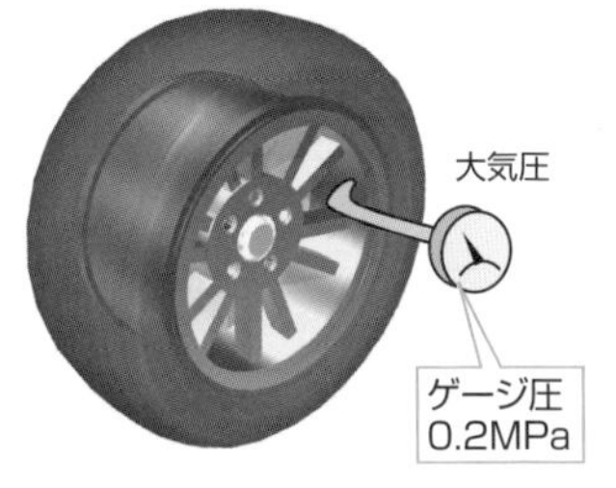

ポンプで作る圧力やタイヤの圧力は、周囲の大気の大気圧を基準とした圧力で、ゲージ圧と呼びます。その場の大気圧にゲージ圧を加えた圧力を絶対圧と呼びます。

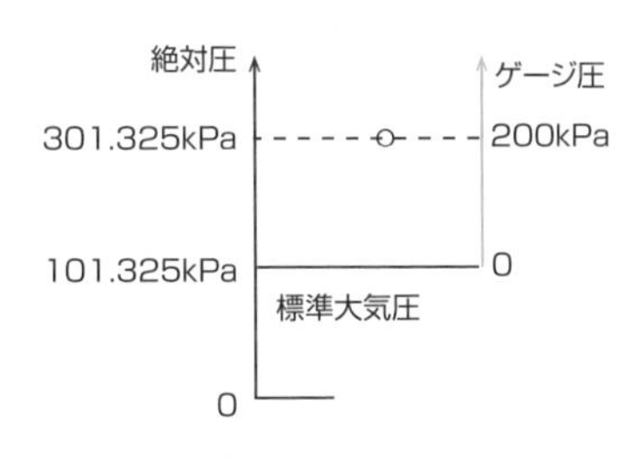

ⓒ絶対圧とゲージ圧

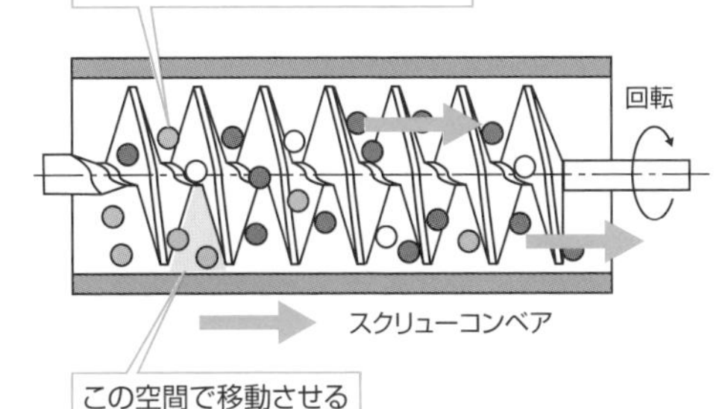

スクリューコンベア
固定したチューブ内部でらせん面をもった軸を回転させて、隙間に入った流動物を移動させる。

ⓓ液体、気体以外でも流体として扱える

9-3

パスカルの原理

自転車のタイヤと空気入れのように密閉された装置で、任意の1点の圧力を変化させると、流体内のすべての点の圧力は同じ大きさだけ変化します。

静止流体の圧力

図9-3-1①で、静止している流体の任意の1点には、すべての方向から等しい圧力が作用する、という流体の圧力の性質を以下のように考えます。②のように流体中に置いた微小三角柱の断面を考えると、各面に作用する全圧力は、面の長さ（面積）に比例し、異なります（③）。1点に集まる3つの全圧力はつり合うことから、微小三角柱は静止します（④）。

静止流体の圧力　図9-3-1

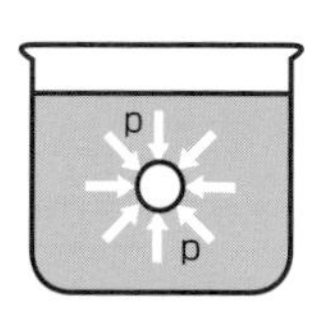

① 流体の任意の1点に作用する圧力を考えます。

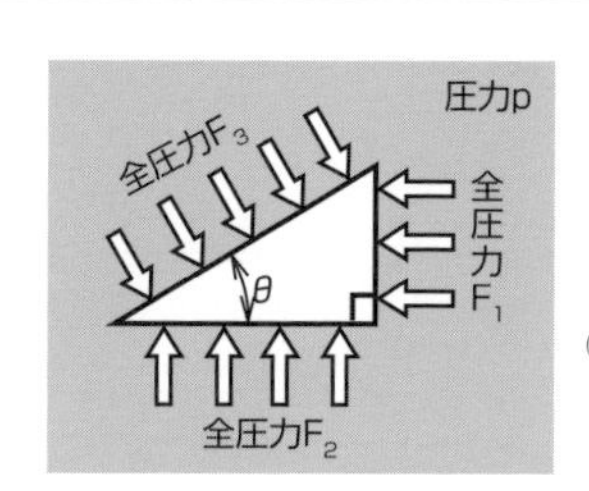

② わかりやすいように、微小三角断面の面の長さの比を3：4：5とします。

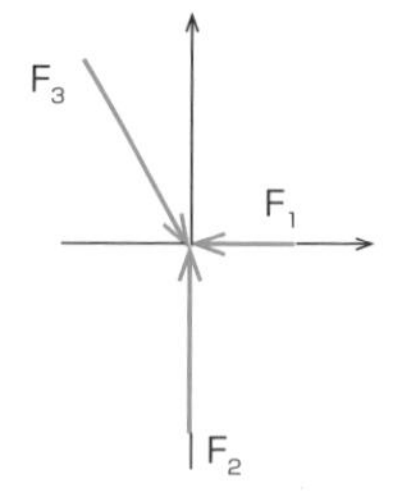

③ 圧力pが一定なので、全圧力F_1、F_2、F_3の大きさも3：4：5です。

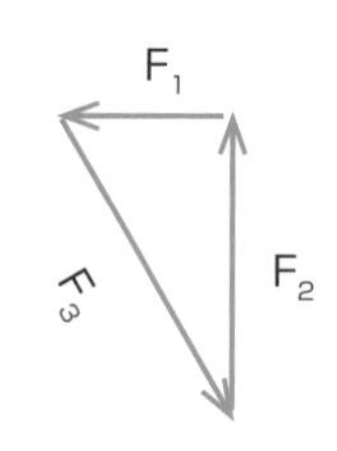

④ F_1、F_2、F_3の大きさから、力の三角形が閉じるので、微小三角柱は、静止します。

パスカルの原理

図9-3-2ⓐで、密閉容器内の静止流体は、容器の形に関係なく、すべての任意の点で等しい圧力を持ち、1点に生じた圧力変化は、図ⓑのように容器内の流体のすべての点に伝えられます（図ⓑ）。

「密閉容器内のすべての任意の点で圧力は等しく、ある点における圧力変化は容器内のすべての点に伝えられる」を**パスカルの原理**と言います。

パスカルの原理　図9-3-2

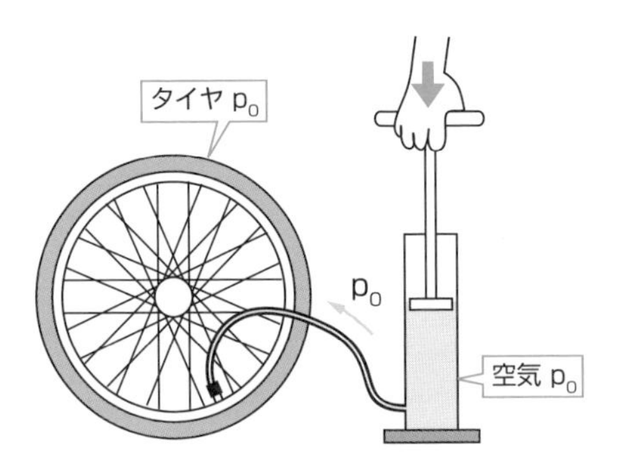

ⓐ任意の点で圧力は等しい

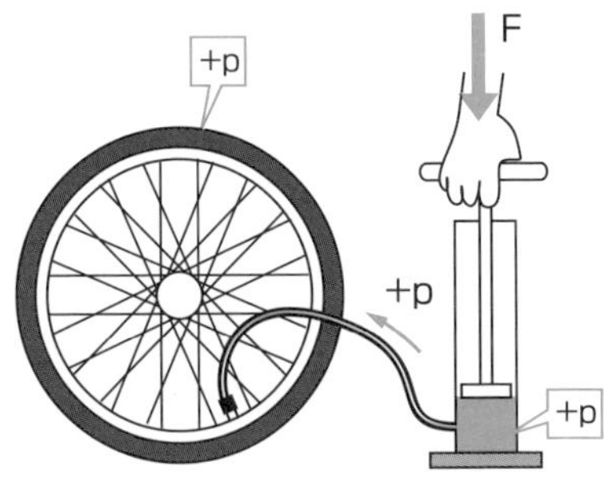

ⓑ圧力変化はすべての点に伝えられる

パスカルの原理の応用：倍力装置

図9-3-3ⓐは、パスカルの原理を応用する**倍力装置**で、**力を増大**できても**移動量が減少**することから、**仕事は不変**であることがわかります。図ⓑとⓒのように、実際の機器では、倍力装置の送り側はシリンダ径が小さくてストロークが大きく、受け側はシリンダ径が大きくてストロークが小さくなります。

パスカルの原理の応用：倍力装置　図9-3-3

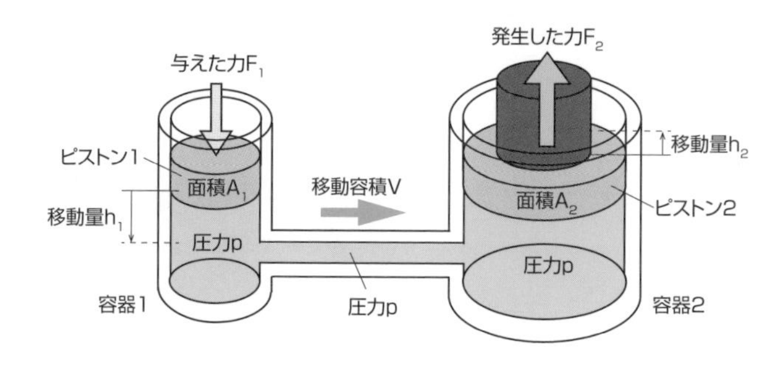

圧力pは一定なので　$p=\frac{F_1}{A_1}=\frac{F_2}{A_2}$　∴ $F_2=F_1\frac{A_2}{A_1}$

力は増大する

移動流体の容積をVとする

$A_1\cdot h_1$　V →　$A_2\cdot h_2$

容器1　容器2

$V=A_1\cdot h_1=A_2\cdot h_2$　∴ $h_2=h_1\frac{A_1}{A_2}$

移動量は減少する

ⓐ倍力装置

ⓑオートバイブレーキの小径シリンダ

ⓒオートバイブレーキの大径シリンダ

ブレーキの放熱とベーパーロック

ローカルな話で恐縮ですが、神奈川県の旧称・箱根ターンパイクを下ると、コーナーのほぼ接線方向前方に「緊急退避所」の看板と、砂利を敷き詰めた逆勾配のスキーシャンツェのような凹凸路があります。自動車の走行に異常を生じた緊急時に飛び込んで停止させる設備です。筆者は遥か以前に、その退避所の数段の凹凸に飛び込んでいる車を一度だけ目撃したことがあります。

ディスクブレーキ装置は、図ⓐのように、ブレーキディスクとパッドに摩擦熱を発生させ、ディスクやホイールやタイヤから放熱してブレーキ効果を生みます。現在の車で実際には起きないと思いますが、長い下り坂でブレーキを踏みすぎてブレーキ装置が過熱すると、ⓑのように、パッドを支えるキャリパが高温になり、パッドを押出すシリンダ内の液体の温度が上昇してシリンダやパイプ内に気泡が生じ、マスタシリンダが作り出した圧力は、気泡を収縮させるだけになり、パッドを押し付ける圧力が減少し、ブレーキ効果を得ることができなくなります。これを**ベーパーロック**と呼びます。ブレーキフルードの沸点は200℃以上ですが、ブレーキフルードは吸湿性が高く、水分を含むと沸点が150℃程度まで下がるため、ブレーキフルードの定期的な交換が必要とされるのです。

ブレーキの放熱とベーパーロック　図9-3-4

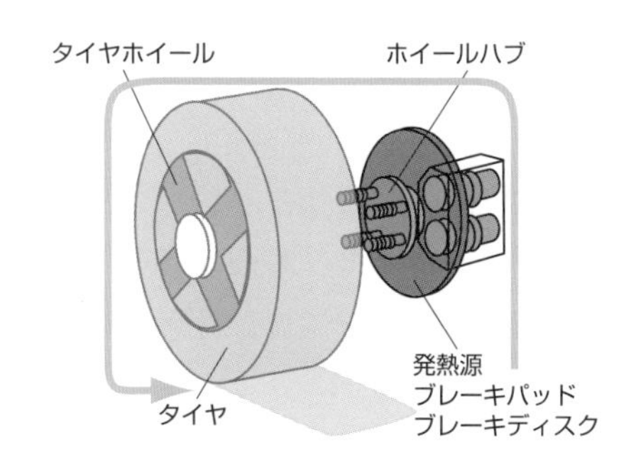

ⓐブレーキの放熱経路

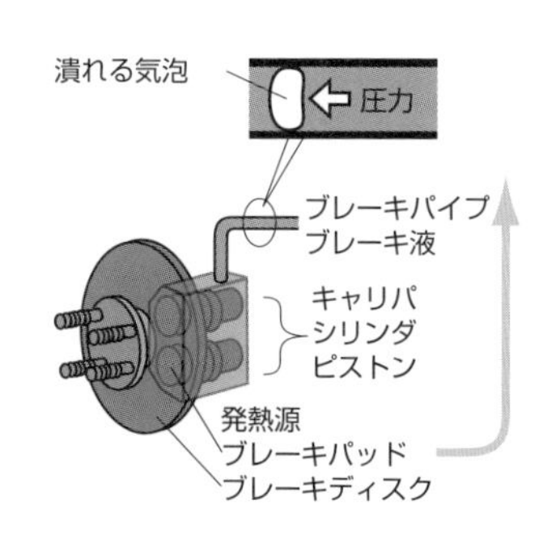

ⓑベーパーロック

9-4

大気圧と水圧

ポンプや装置を使わなくとも、空気と水は自然の中で圧力を作り出しています。流体圧について考えます。

圧力は面に垂直

図9-4-1ⓑのように、斜めに働く力は移動させる力を生みます。流体が静止するためには、図ⓐのように、面に垂直な力だけが作用しなければなりません。すべての方向で圧力が等しいことを、**等方性**と呼びます。

圧力は面に垂直　図9-4-1

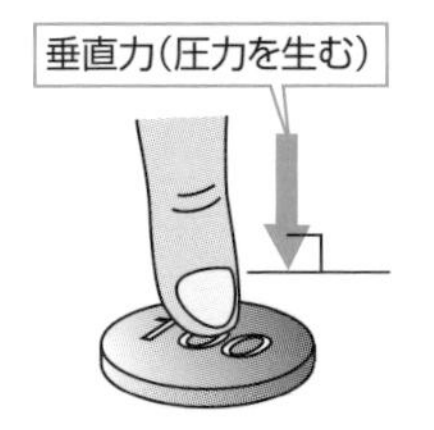

ⓐ垂直な力は、圧力を生む

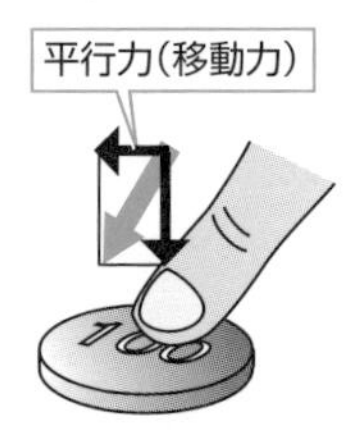

ⓑ斜めの力は、移動力を生む

トリチェリの真空と圧力の取り方

図9-4-2ⓐでは、試験管内の水銀の重量と大気圧による力がつり合う高さまで水銀が落ちて、試験管上部に**真空**の空間ができます。これを**トリチェリの真空**と呼び、水銀柱の垂直高さが760mmになる大気の圧力を**標準気圧**（1気圧）として、水銀の化学記号を用いて760mmHgと表します。工学系のSI単位では、101.325kPa、気象分野では1013.250hPaとします。工学で扱う圧力には、図ⓑのように、絶対真空を基準圧力として考えた**絶対圧**と、測定する場所の大気圧を基準圧力とした**ゲージ圧**があります。絶対真空は実際には存在しない理論的概念で、実際に測定できるタイヤの空気圧などは、大気圧との差を測るゲージ圧です。**正圧・負圧・真空**という言葉の意味を理解しておきましょう。

トリチェリの真空と圧力の取り方　図9-4-2

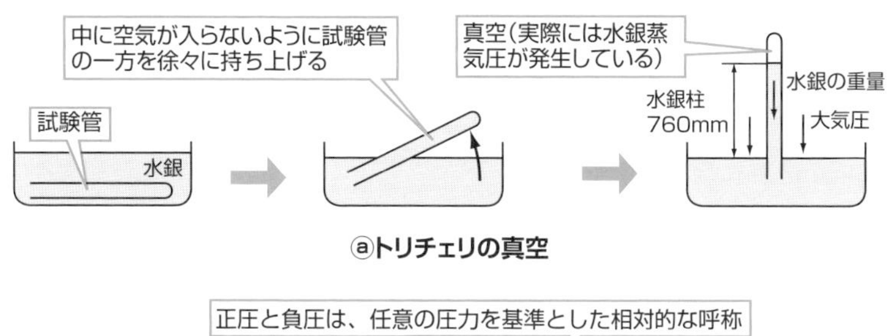

ⓐトリチェリの真空

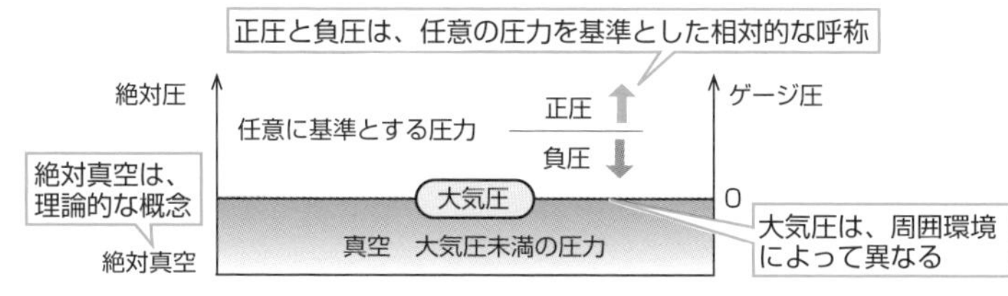

ⓑ圧力の取り方

大気圧と水圧

図9-4-3のように、**大気圧**は「その場所から上部にある単位面積あたりの空気の重さ」、**水圧**は「その場所から水面までの単位面積あたりの水の重さ」です。

大気圧と水圧　図9-4-3

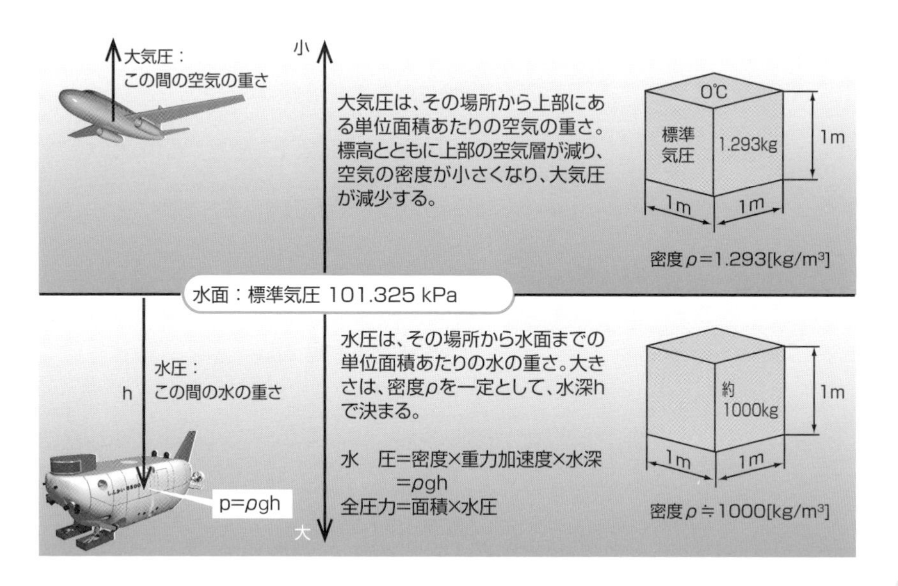

9-5

アルキメデスの原理

流体中のすべての物体に働く浮力は、水に浮かんだ木片や船などだけでなく、水中に沈んでいる石にも作用しています。

アルキメデスの原理

図9-5-1ⓐのように、流体中のすべての物体には、浮いていても沈んでいても**浮力**が働きます。図ⓑで、流体中に置いた円筒に働く力を考えます。結果として、「流体中の物体には、位置によらず、物体が押しのけた流体の重さと等しい、鉛直上向きの浮力が働く」ことがわかります。これが、「水の中の物体は、物体が押しのけた体積の水の重さと同じだけ軽くなる」という**アルキメデスの原理**です。

アルキメデスの原理　図9-5-1

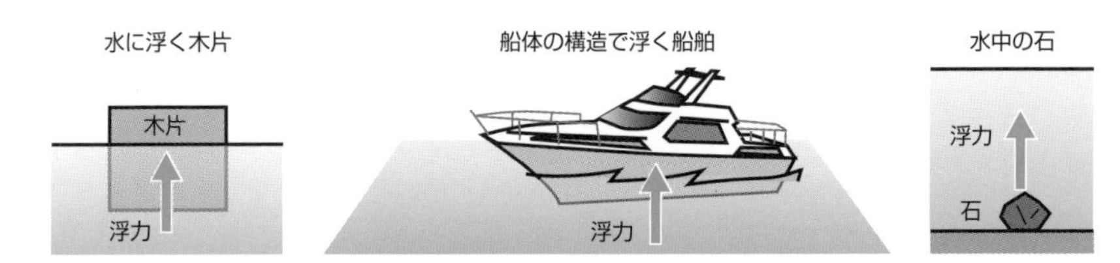

ⓐ浮力は流体中のすべての物体に働く

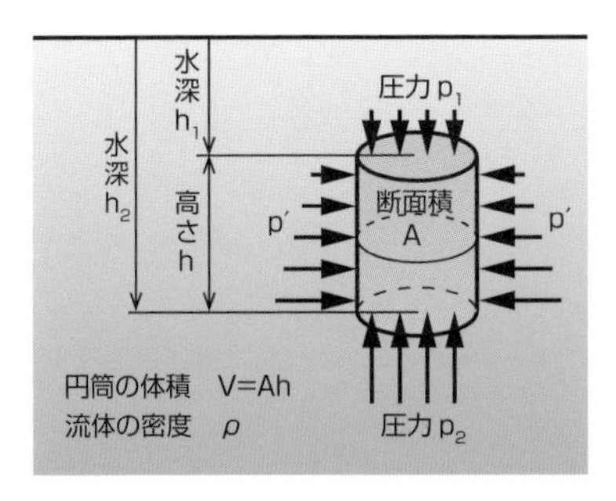

断面積A、高さhの円筒の軸線を鉛直線に合わせて密度ρの水中に置く。
水平方向の圧力p′は、どの位置でもつり合い、打ち消し合う。
p_2はp_1よりも高さh分だけ圧力が高く、圧力差をpとして、
$p=p_2-p_1=\rho gh$
pは面積Aに働くので、全圧力Fは上向きに
$F=Ap=A\rho gh$
ここで、Ahは円筒の体積Vだから
$F=A\rho gh=\rho gV$　…　円筒が押しのけた水の重さ

流体中の物体には、位置によらず、物体が押しのけた流体の重さと等しく、鉛直上向きの力が働く。この力を浮力と呼ぶ。

ⓑアルキメデスの原理（浮力の考え方）

浮体の浮力

図9-5-2ⓐは、水中にある物体が、**上向きの浮力**と**下向きの重量**のつり合いで、浮かんだり沈んだりすることを表しています。図ⓑは、物体の浮力>重量で浮き上がる様子です。①の物体全体が水中にあるときの浮力は一定です。②のように、物体の一部が水上に出ると、物体の水中の体積が減るため**浮力は減少**しますが、浮力>重量の間は浮上を続けます。③で浮力が重量と等しくなると、物体は安定して水面に浮かびます。③までは、浮力>重量の状態です。図ⓒは、図ⓑの③の、物体が水面で安定している状態の詳細です。点Gは物体の重心で、重量Wの作用線上にあります。点Cは、浮力を生む、物体の水中部分）の重心で、**浮心**と呼び、浮力の作用線上にあります。物体が水面で安定しているとき、浮力と重量の作用線は等しく、浮心と重心も共通の作用線上にあります。図は、WとFが同一線上で重なってしまうので、2力をずらしています。

浮体の浮力　図9-5-2

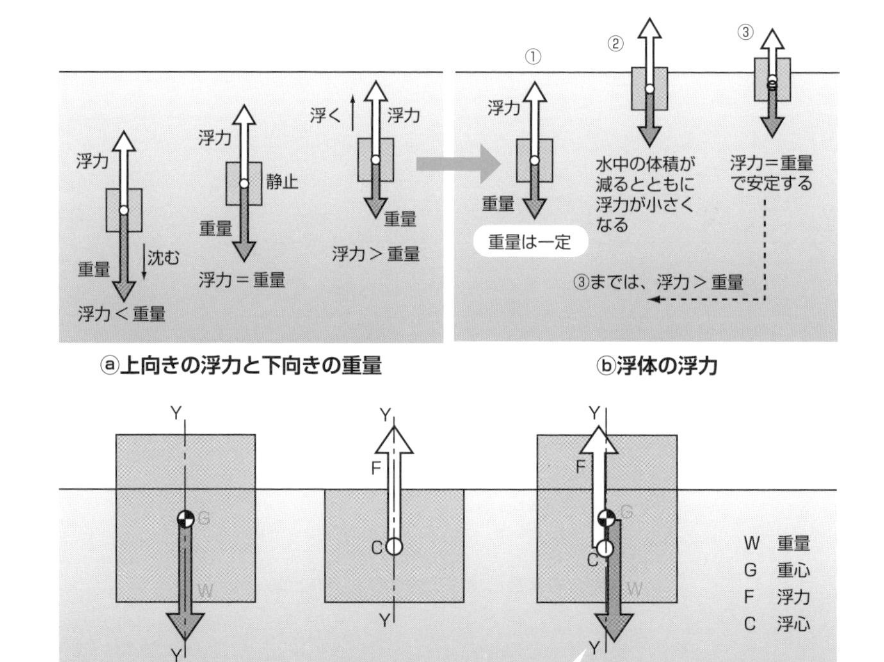

ⓐ上向きの浮力と下向きの重量

ⓑ浮体の浮力

ⓒ水面での力のつり合い

9-6

浮力と復原力

物体の密度を水や空気の密度と比べた値が比重。物体の比重が1未満ならば浮いて、1を超えれば沈みます。

比重と浮力

図9-6-1ⓐのように、水中の物体の浮き沈みは、水との**比重**で決まります。②の比重0.7では、物体の70%が水中に沈みます。氷の比重を0.9とすると「氷山の一角」は、見えている部分が10%で、90%が見えないということになります。図ⓑの飛行船で、ヘリウムガスの空気に対する比重は約0.14と小さいので、前後の空気房の空気量で浮力を調整して飛行します。熱気球の例題は**質量**で考えています。

図ⓒは、潜水艦の艦体内壁のバラストタンクと艦前後のトリムタンクで浮力制御を行うモデルです。全てのタンクに空気が満たされて浮上していた艦体が、バラストタンクと前トリムタンクの空気を圧縮タンクへ移して海水で満たし、艦首を下げて潜航する様子です。

比重と浮力　図9-6-1

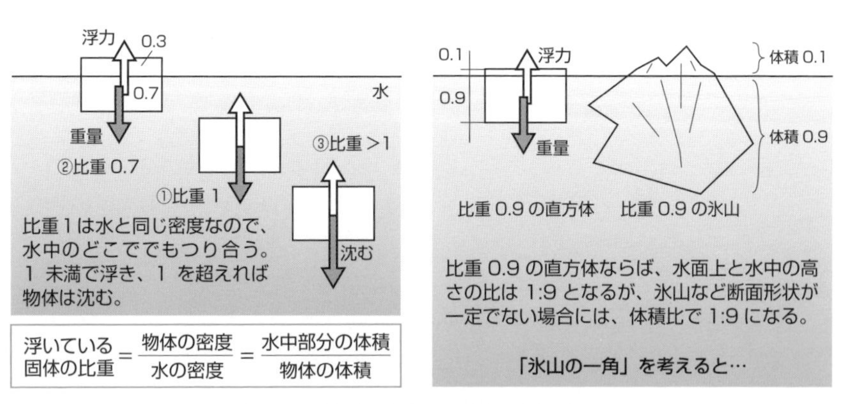

ⓐ固体の比重と水中での物体の浮き沈み

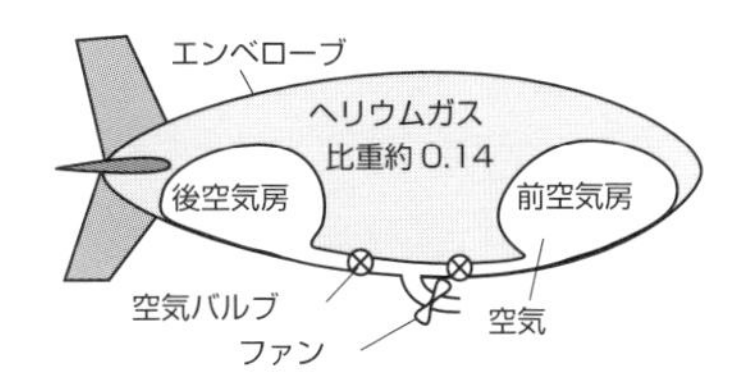

飛行船は、前後空気房の容積で、ヘリウムガスの容積と重心を調整し、浮力を調整する。

$$\text{気体の比重} = \frac{\text{気体の密度}}{\text{空気の密度}}$$

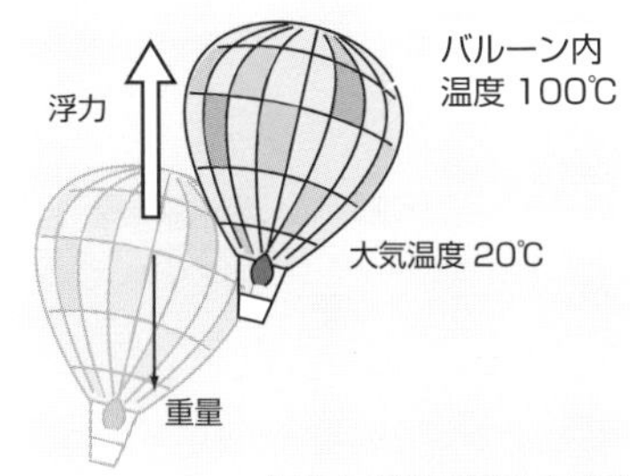

浮力＞重量で浮き上がる

熱気球に搭乗・搭載可能な質量の試算

バルーン容積 $V=2000\text{m}^3$、
熱気球一式の質量 300kg
20℃の空気の密度　$\rho_{20}=1.205\text{kg/m}^3$
100℃の空気の密度 $\rho_{100}=0.946\text{kg/m}^3$ として
バルーンに着目して、質量で考えると、
浮力 $F=\rho_{20}V$、バルーンの質量 $M=\rho_{100}V$
浮上可能な質量

$$m=F-M=(\rho_{20}-\rho_{100})V$$
$$=(1.205-0.946)\times2000=518[\text{kg}]$$

搭載可能な質量は、518−300= 218[kg]

ⓑ気体の比重と飛行船・熱気球

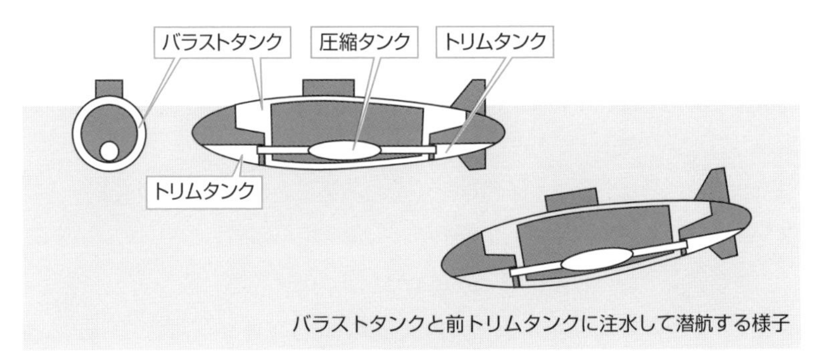

ⓒ潜水艦の浮力制御

メタセンタと復原力

図9-6-2ⓐで、水上に浮かぶ船を考えます。①の直立状態で、重量Wと浮力Fの大きさが等しく、重心Gと浮心Cが一本の鉛直線上にあるとき、2つの力WとFが打ち消し合い、船は安定しています。ここで、②のように船が少し傾くと、船の重心は、船と一緒に位置を変え、浮心は、船の水中部分の形状が変わるため、水中部分の重心となる位置に移動します。このとき、船の中心線と浮力との交点Mを**メタセンタ**（**傾心**）と呼び、船の傾きの中心点となります。メタセンタが重心より高いとき、③のように、浮力と重量の作用線のずれを腕の長さとする**偶力のモーメント**が生まれ、船を安定させる向きに働きます。これを**復原力**と呼びます。

図ⓑで、空のタンカーや鉱石運搬船などの大型貨物船について考えます。①の空荷のときは、船体の重量が軽いため**喫水が浅い**状態です。重心も高いので、②のように船体が少し傾くと、メタセンタが重心の下になることがあります。すると偶力のモーメントが傾きを増大させてしまう危険があります。また、大型船のプロペラは大きいので、浅い喫水では、プロペラが水上に出てしまい、推進力を得ることができない場合もあります。これらの対策として③のように、船体の内郭に**バラストタンク**を設け、積荷の軽い時にはバラストタンクに注水して、喫水を深くし、メタセンタを調整して復原力を作り、船のバランスを調整します。

余談ですが、バラストには、砂利などが使われることがあり、バラストから転じた**バラス**が、砂利や砕石の呼称として使われています。

更に、地球環境にとって重大な問題があります。異なる港でバラスト水を給水、排水することで、多国間での水生生物の大量移動が行われ、地球規模での生態系撹乱の恐れが考えられます。現在では、この問題を防ぐために、一部の船舶を除き、全ての船舶に**バラスト水処理システム**を搭載することが義務付けられています。

メタセンタと復原力　図9-6-2

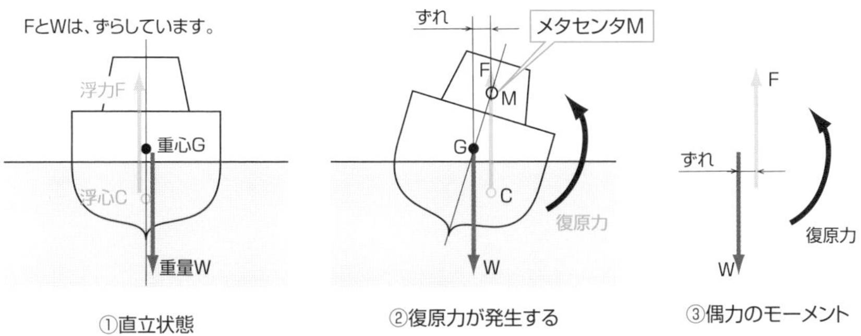

ⓐ復原力で安定する船体

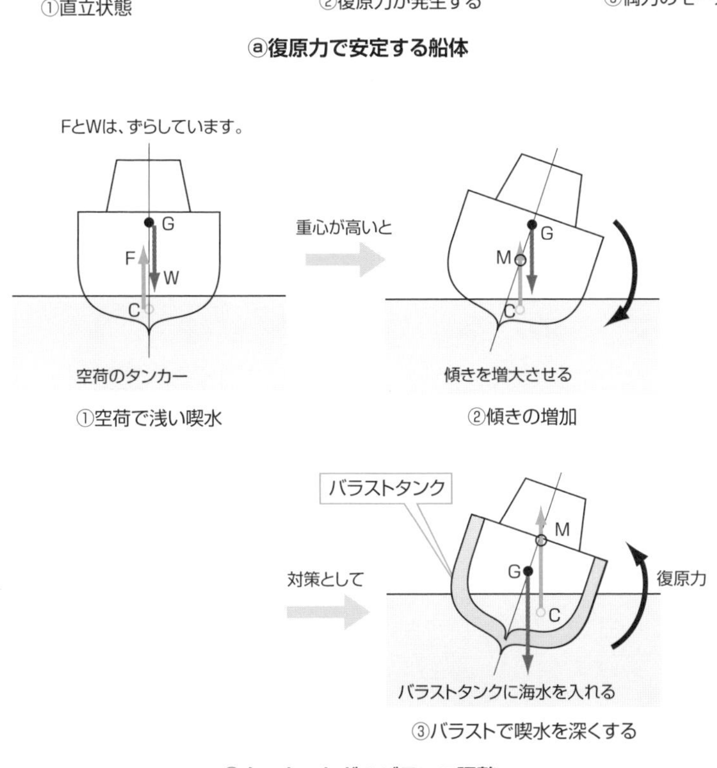

ⓑタンカーなどのバランス調整

9-7

渦とその利用

バスタブの排水やスプーンで回したカップの渦を眺めていると、いつも同じような流れができています。渦の規則性を考えます。

自由渦と強制渦

図9-7-1ⓐは、自由落下する水が作る**自由渦**で、中央付近の圧力は外周部よりも低くなります。図ⓑは、水全体を同じ角速度で回転させてできる**強制渦**で、中央部がくぼみます。質点1、2、3について、図ⓒのように、水平・垂直の力のつり合いが取れるため、凹面は安定しています。

自由渦と強制渦　図9-7-1

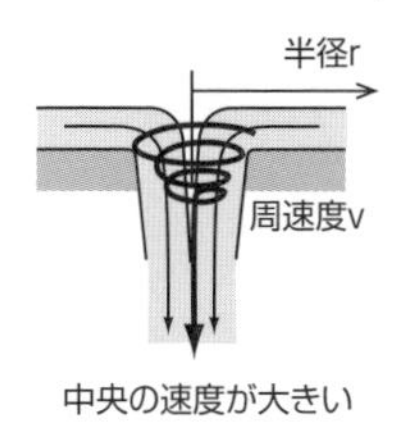

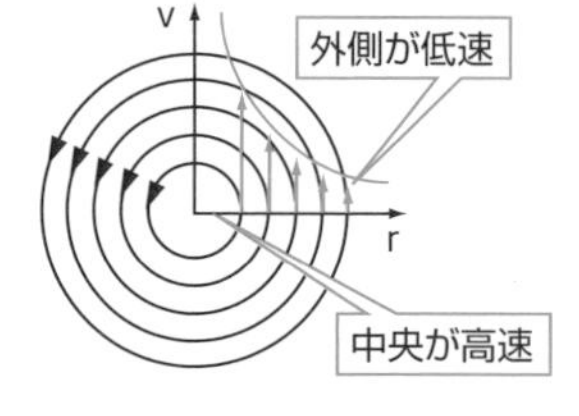

自由落下する水のエネルギーで作られる渦を自由渦と呼び、周速度は、半径に反比例するので、周速度分布は双曲線になる。

$v=\dfrac{C}{r}$　v：周速度　r：半径　C：定数

ⓐ排水口の自由渦

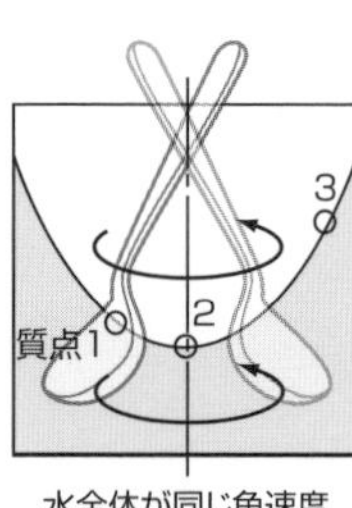

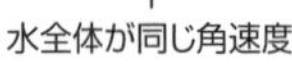

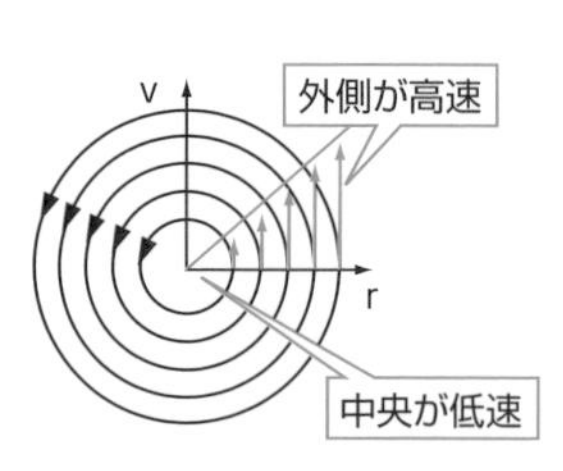

全体を同じ角速度で回転させてできる渦を強制渦と呼び、周速度は、半径に比例した直線分布になる。

$v=rC$
$v=r\omega$

v：周速度　r：半径　C：定数　ω：角速度

ⓑスプーンで作った強制渦

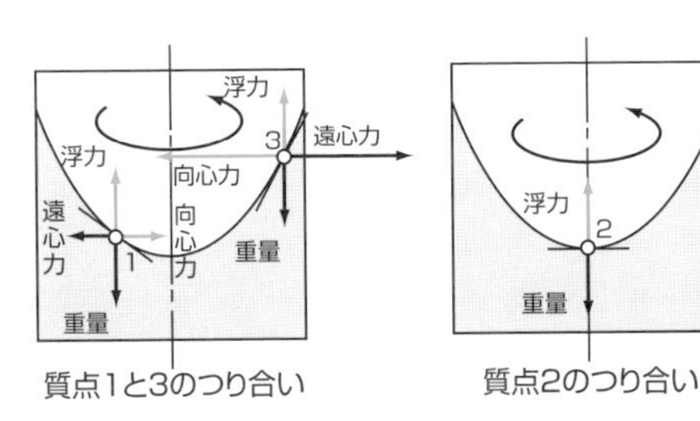

質点1と3のつり合い　質点2のつり合い

・重量と浮力は、すべての任意の質点でつり合う。
・半径方向の遠心力と向心力は、すべての任意の質点でつり合う。
・質点 2 では、回転半径がゼロなので遠心力は発生しない。
・すべての点で、遠心力と向心力、重量と浮力が打ち消し合うので、水面は安定する。

ⓒ渦凹面の安定について

ランキンの組合せ渦

図9-7-2ⓐのように、自由渦と強制渦からなる渦を**ランキンの組合せ渦**と呼びます。ⓑは台風のモデルです。ⓒの粉体分離機・サイクロン掃除機は、外筒に沿って流れ込んだ流入空気が自由渦を作り、混在物は外筒の内壁に衝突して容器底に落下します。混在物の除去された空気は、自由渦の内側で自由渦に引張られてできた強制渦となり、中央の内筒から排出されます。

ランキンの組合せ渦　図9-7-2

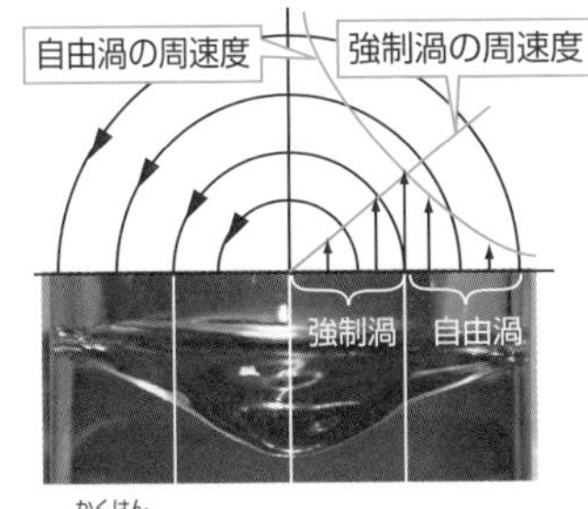

ⓐ攪拌(かくはん)したコップの水に見る、強制渦と自由渦からなるランキンの組合せ渦

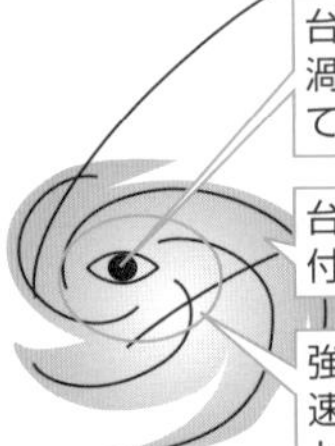

ⓑ台風のモデル

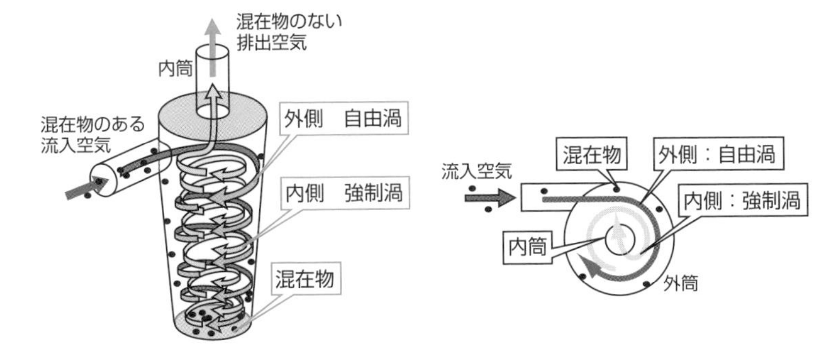

ⓒ粉体分離機・サイクロン掃除機

9-8

流体の定理

外部との出入りのない理想的な流体流路では、任意の点で流量は一定であり、流体のもつエネルギーの総和は常に保存されます。

連続の式とベルヌーイの定理

図9-8-1に示す理想的な流体の流れでは、流路の任意の位置で、流路の断面積と速度の積から求めた**体積流量は一定**です。これを図ⓐ**連続の式**と呼びます。流れる流体のもつエネルギーは、運動する物体のもつ力学的エネルギーに液体の圧力エネルギーを加えたもので、**エネルギーの総和が保存**されます。これを図ⓑ**ベルヌーイの定理**と呼びます。液体のエネルギーは、押し上げることのできる流体の高さに換算して表し、**水頭**と呼びます。私たちは、図9-8-2のようにホース先端をつぶすと、水の速度が速くなることを経験しています。連続の式から、断面積の減少が速度を増加させます。

連続の式とベルヌーイの定理　図9-8-1

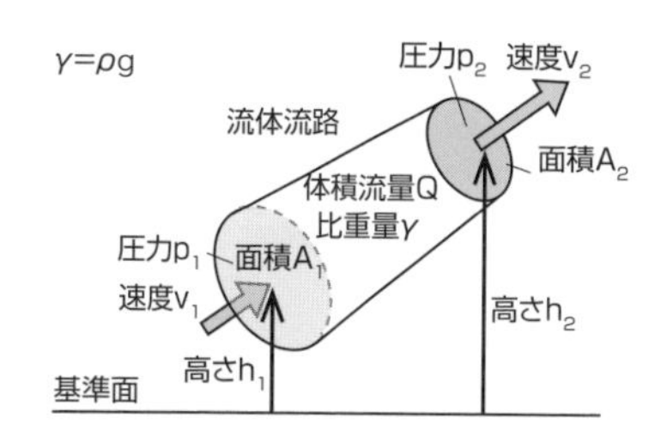

流体のもつ速度、圧力、位置のエネルギーは、流体の高さに換算した水頭で表す。

- 速度エネルギー ➡ 速度水頭
- 圧力エネルギー ➡ 圧力水頭
- 位置エネルギー ➡ 位置水頭

ⓐ連続の式

出入りのない流路の任意の位置で、流量は等しい。

$$Q=A\cdot v[m^3/s]=一定$$

$Q[m^3/s]$
$A[m^2]$
$v[m/s]$

ⓑベルヌーイの定理

流体のもつエネルギーの総和は保存される。
エネルギーの総和を全水頭H[m]と呼ぶ。

$$H=\frac{v^2}{2g}+\frac{p}{\gamma}+h=一定\quad\cdots(1)$$

上式の両辺にγを乗じると

$$P=\frac{\gamma v^2}{2g}+p+\gamma h=一定\quad\cdots(2)$$

となり、圧力での表現ができます。

$v\ [m/s]$
$p\ [Pa]$
$\gamma[N/m^3]$
$\gamma=\rho g$
$\rho[kg/m^3]$
$h\ [m]$

ホース先端の速度　図9-8-2

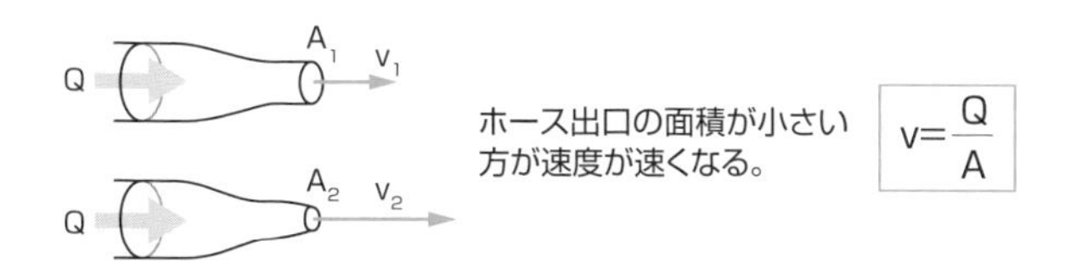

ベルヌーイ効果

ベルヌーイの定理は、**理想流体**、**定常流**を条件とし、図9-8-3ⓐのように**連続の式と組み合わせ**て考えます。このような理想状態は実際には難しいですが、多くの場面でベルヌーイの定理に似た「**速度の高い場所では圧力が低い**」という現象が見られます。厳密に、ベルヌーイの定理の応用と言いがたいときの技術的な説明には、**ベルヌーイ効果**という表現が使わます。

ベルヌーイ効果　図9-8-3

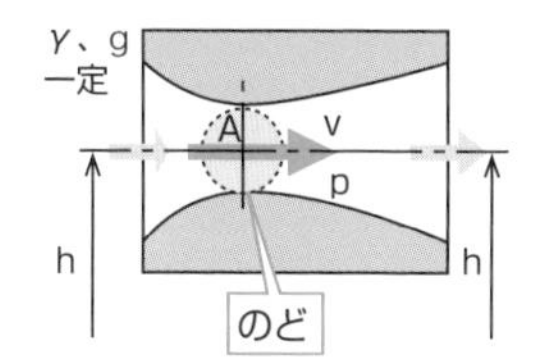

ⓐ連続の式とベルヌーイの定理が成立する

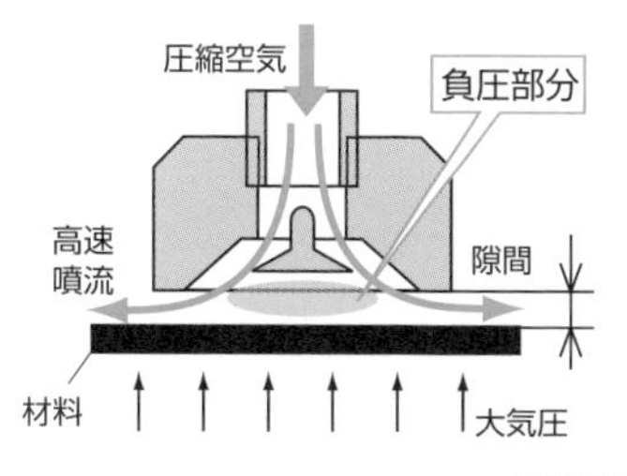

ⓑ非接触搬送器

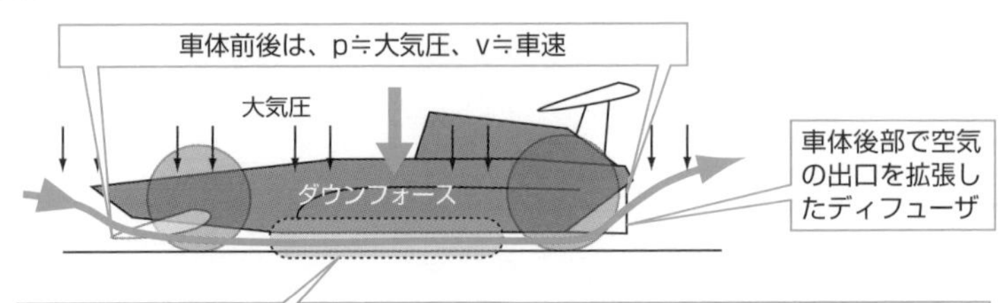

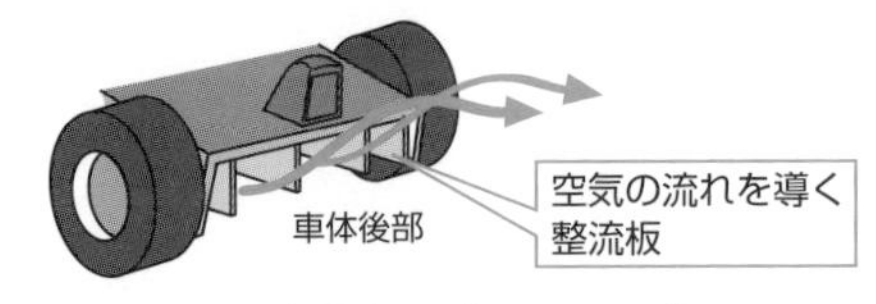

ⓒ自動車のディフューザ

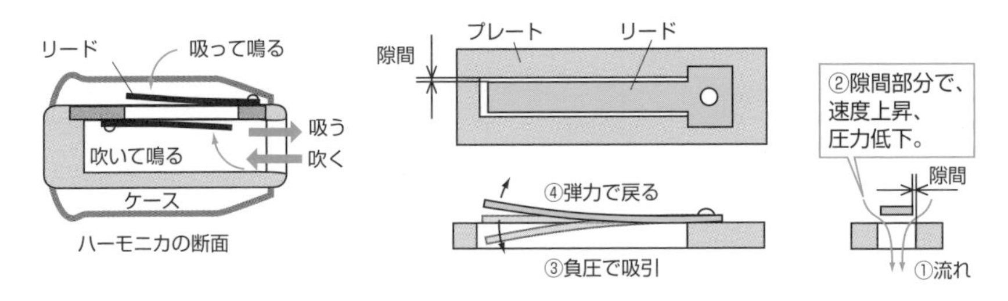

ハーモニカを吸ったとき、①プレートとリードの隙間を空気が流れる➡②隙間部分で空気の速度が上昇し、圧力が低下する➡③負圧でリードが吸引される➡④吸い寄せられたリードが弾力で戻る➡①〜④の吸引と戻りが繰り返され、リードが振動して音を出す。

ⓓハーモニカリードのベルヌーイ効果

9-9

流体の粘性

実際の流体は粘性をもち、流体中の物体にいろいろな働きかけを行います。こういった粘性による振る舞いを考えます。

粘性による現象

図9-9-1ⓐのように、一様に流れる粘性流体中に置いた物体の後方に、回転の向きが異なり、2列で規則的に交互に発生する渦を**カルマン渦列**（うずれつ）と呼びます。図ⓑの**コアンダ効果**では、流線に曲率が付くので、図ⓒの**流線曲率の定理**から、表面に沿った部分に低圧部が発生します。

粘性による現象　図9-9-1

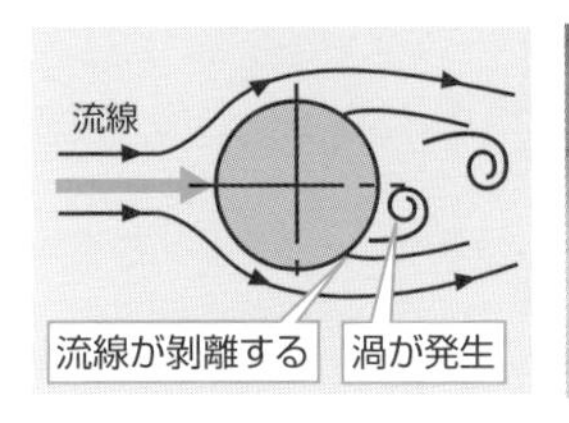

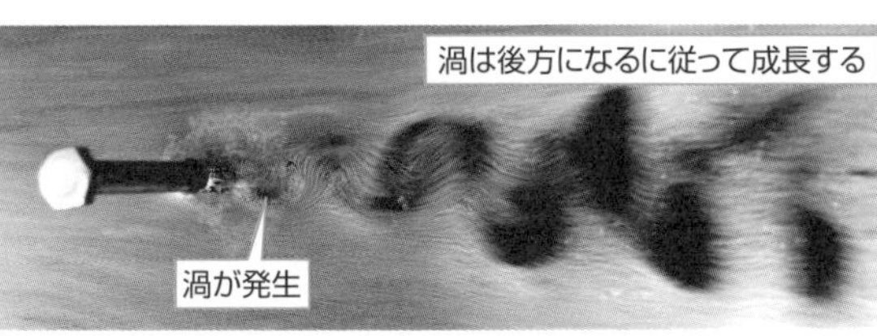

ⓐカルマン渦列

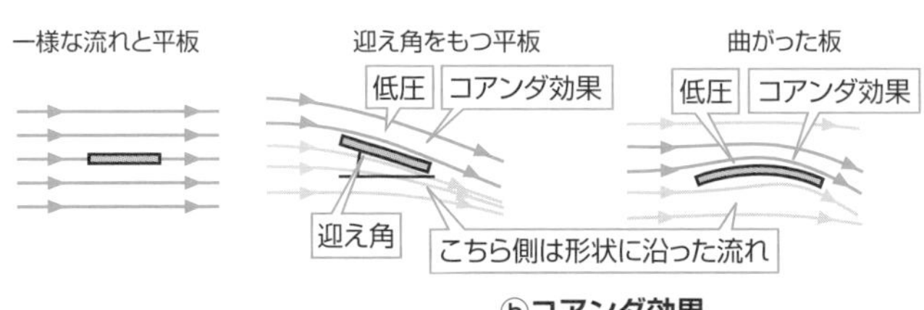

コアンダ効果
流れの中に置いた物体の凸面で、粘性のために流体の流線が形状表面に沿って変化する現象。

ⓑコアンダ効果

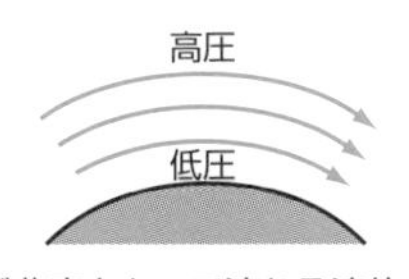

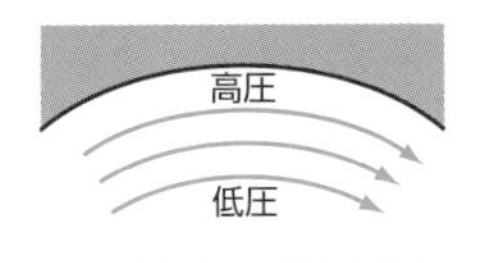

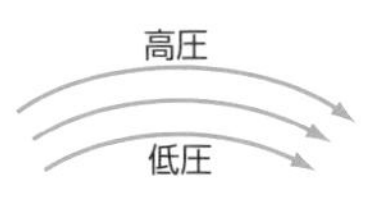

流線が曲率をもって流れる流体の圧力は、カーブの中心側が外側よりも低くなり、圧力差は速度が高く、曲率が大きいほど大きい。

ⓒ流線曲率の定理

身近な現象

図9-9-2ⓐは、風による**電線の振動**などにも見られる現象です。図ⓑは**産業用機器**ですが、「羽根のない扇風機」として家庭でも利用されています。図ⓒは、最近のエアコンで大型フラップを使用する例です。図ⓓは、変化球に働く**マグヌス効果**の例で、運動方向と垂直に作用する力を**揚力**と呼びます。

身近な現象　図9-9-2

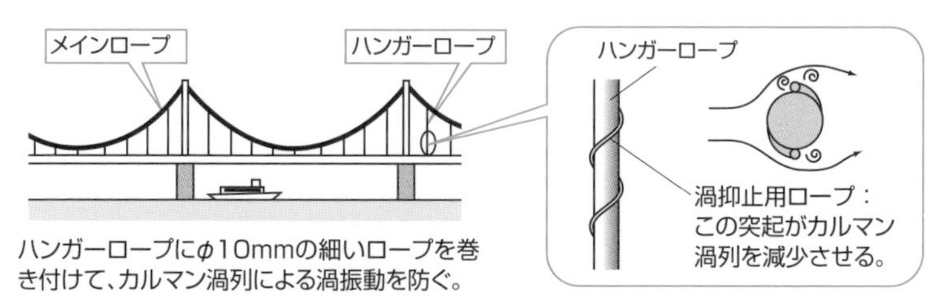

ⓐ長大橋の渦振動防止対策

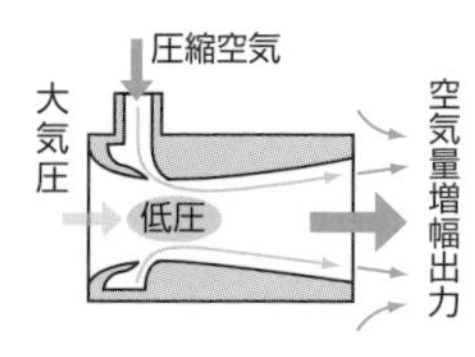

ⓑ空気流量増幅器

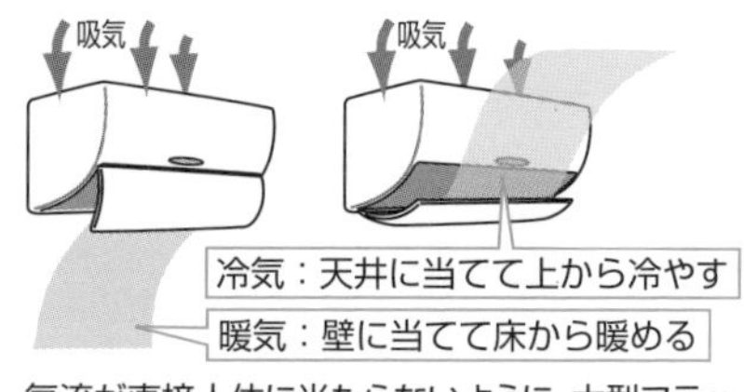

ⓒエアコンのコアンダ効果

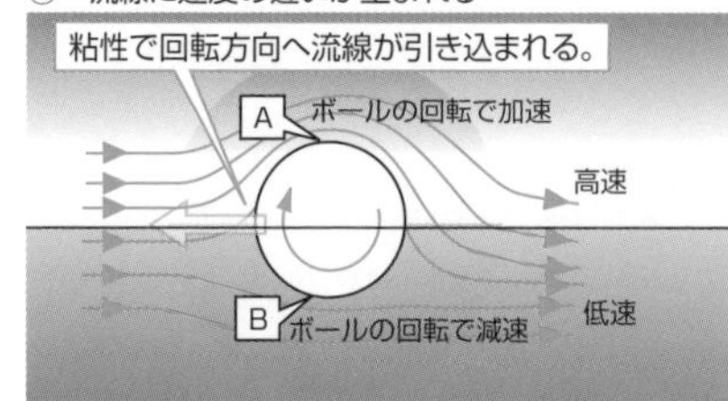

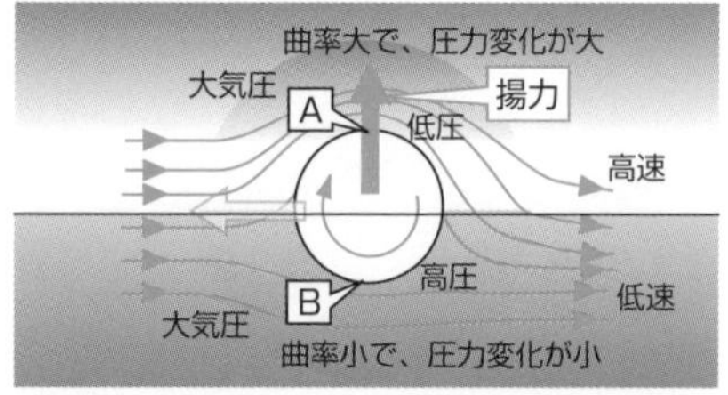

ⓓマグヌス効果による変化球

9-10

揚力

流体中を運動する物体の運動方向と垂直な向きに働く力が揚力です。飛行機の揚力には、複合的な環境条件が考えられ、飛ぶ理由は確定されていません。

飛行機に働く４つの力

図9-10-1のように飛行中の飛行機には４つの力が働き、飛行機が飛ぶのは、推力があるからです。飛行のテーマとされる揚力は、推力で飛行機が前進して生まれます。飛行機の翼は独特な形状を持ち、その周辺にいろいろな流体現象が発生します。

飛行機に作用する４つの力と翼周辺の流れ　図9-10-1

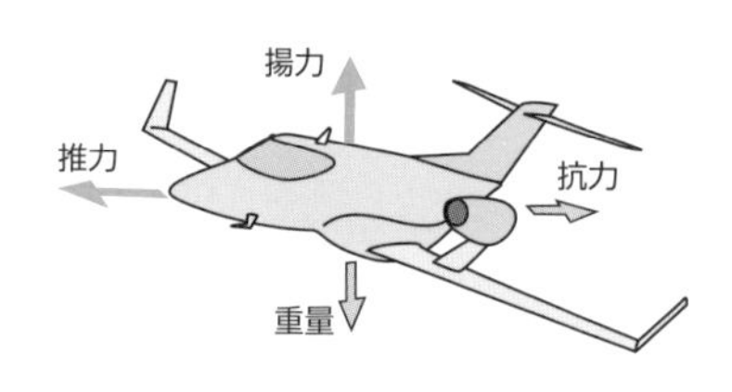

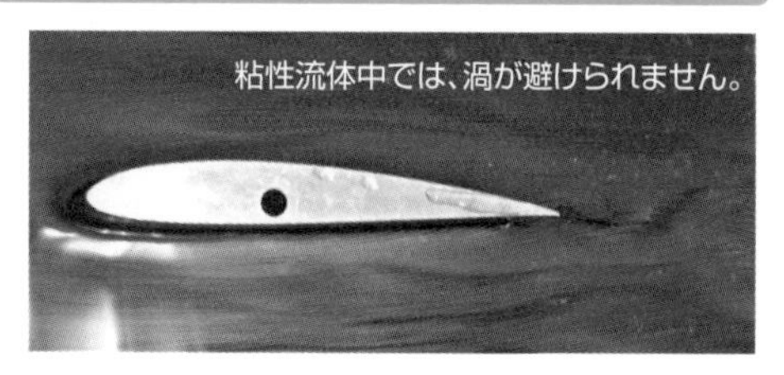

ベルヌーイの定理は適切でない

「翼の上面が下面よりも速度が高く、圧力が低くなるので、ベルヌーイの定理から揚力が生まれる」という説明は、現在では、**適切でない**とされます。図9-8-1のベルヌーイの定理は、閉じられた流路内での**理想流体に関するもの**で、流体中の物体についての定理ではなく、速度差の根拠とする翼後端での**同時到着**は、実際の粘性流体では起きない――などの点から、現在では積極的には使われません。

現在では適切でないとされる「ベルヌーイの定理」による揚力　図9-10-2

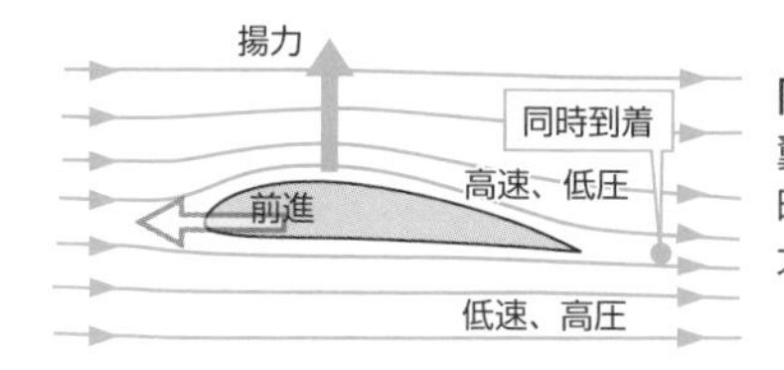

同時到着性
翼前端で上下に分かれた空気が、翼後端で同時に到着するため、上下の空気に速度差と圧力差が生まれるという仮定。

作用・反作用による揚力

図ⓐで、流れの中に**迎え角θ**だけの平板を置き、流体が入口で板の表面に力F_1で当たり、板に曲げられて力F_2で流出したと考えると、流体にはF_1をF_2に変化させる力dFが作用します。流体にはdFの反作用となる力Rが発生し、揚力として板に作用します。図ⓑのF1カーや扇風機、ヘリコプタなどによる流体の振る舞いです。

作用・反作用による応力　図9-10-3

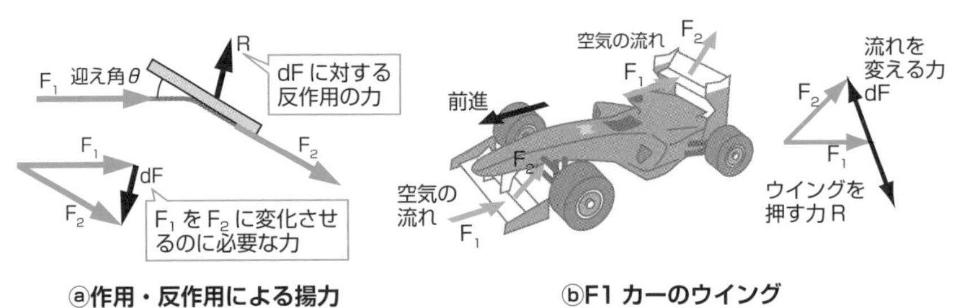

ⓐ作用・反作用による揚力　　ⓑF1 カーのウイング

コアンダ効果と流線曲率の定理による揚力

パラグライダーの風をはらんだ薄い翼は、流線曲率の定理から、翼上部の翼から離れた点は大気圧に近く、翼面近傍は大気圧以下になります。翼下部の翼から離れた点は大気圧に近く、翼面近傍は大気圧以上になります。その結果、翼を上向きに押し上げる揚力が発生します。翼の凸部の流線は、**コアンダ効果**で翼面に沿って流れます。

パラグライダーの薄い翼に働く揚力　図9-10-4

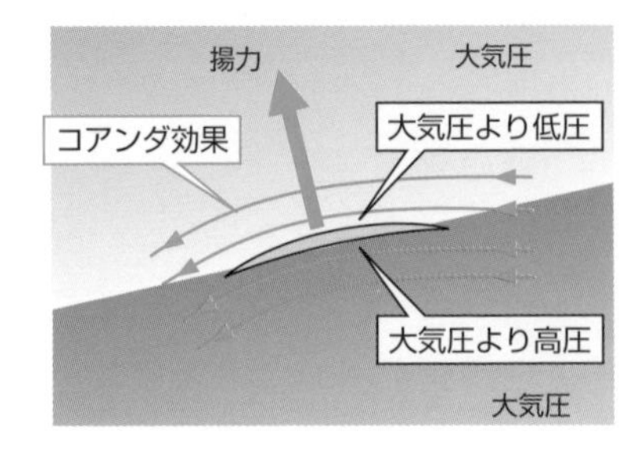

循環流れによる揚力

図9-10-5で、流体中の翼表面には、粘性によるずれで、小さな渦ができます。翼上下の面積比から上面の渦の数が多いので、翼周囲に右回りの**循環流れ**ができ、図9-9-2ⓓのマグヌス効果のように、流線に曲率を与えて、揚力を生みます。渦は、逆向きのペアになって発生する性質をもつので、翼後端に循環流れとペアの渦ができます。これを**クッタ・ジューコフスキーの循環理論**といいます。

渦流れによる応力　図9-10-5

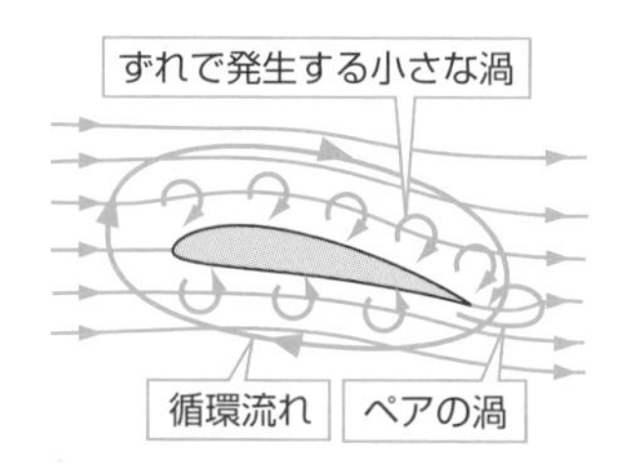

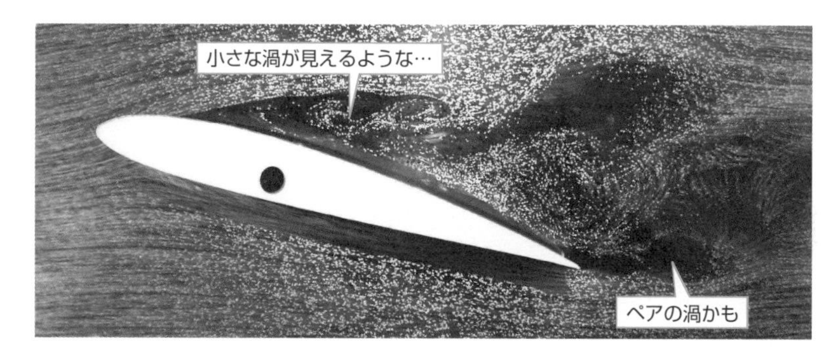

9-11

流れと形

流体の振る舞いは、機械や装置の性能に大きく影響することがあります。粘性の影響を積極的に抑止する方法と、渦による影響を減少させるなどの工夫を考えます。

ボルテックスジェネレータ

図9-11-1は、空気中の物体に凹凸を付け、凹凸の周辺に小さな渦を強制的に作ることで、空気の粘性によって空気が物体に粘着するのを防ぎ、振動や騒音などを軽減する**ボルテックスジェネレータ**（渦発生器）の例です。

ボルテックスジェネレータ　図9-11-1

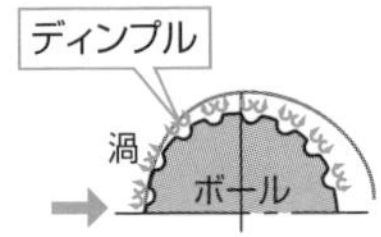

ゴルフボール表面のディンプルが作る小さな渦が、空気の粘着を防止する。

ⓐゴルフボールのディンプル

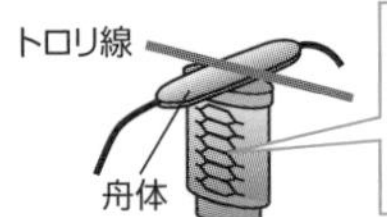

トロリ線から集電する舟体を支える支柱に付けた凹凸で、支柱周りの空気の粘着を防止する。

ⓑ新幹線の集電装置支柱

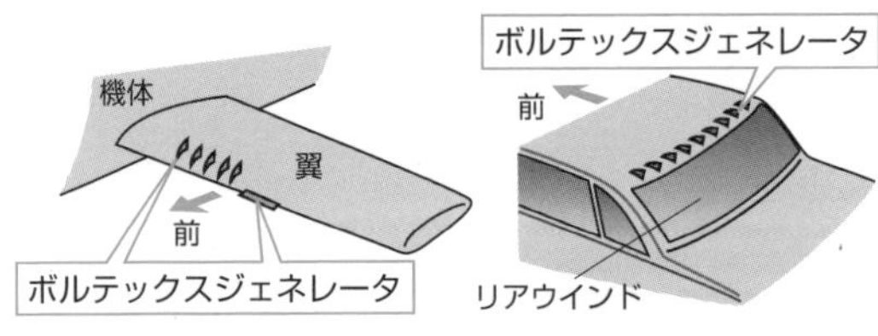

ⓒ航空機

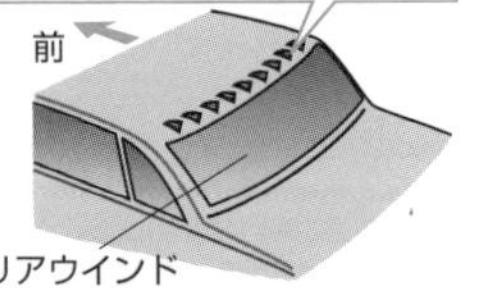

ⓓ自動車

飛行機の翼表面、自動車の屋根後部などに付けた小さな突起で、空気の流れを乱し、空気の粘着を防止する。最近の自動車では、レンズカバーやドアミラー、車体側面などに、細い小さな突起がボルテックスジェネレータとして配置されている車種が見られる。

渦振動対策

流体中に発生する渦は、物体に振動・騒音を与えます。渦は、カルマン渦列のように、ペアを組んでつり合いを保っています。図9-11-2ⓑは、カルマン渦対策の貫通孔です。図ⓒを**翼端渦**と呼び、翼振動の原因となります。航空機の翼の両端に設けた**ウイングレット**と呼ぶ縦翼で、渦を軽減します。

渦振動対策　図9-11-2

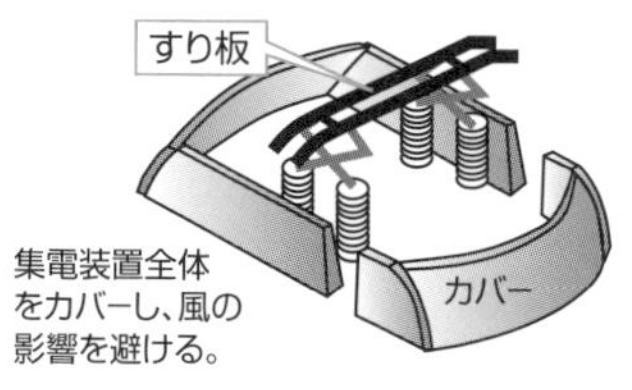

ⓐ新幹線集電装置付近のカバー

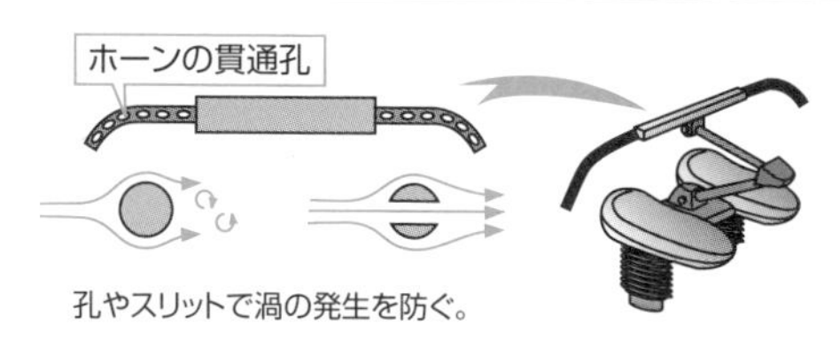

ⓑ新幹線のアーム型集電装置周辺

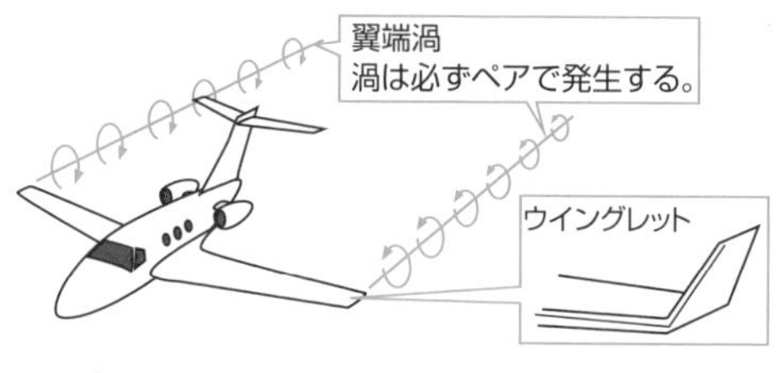

飛行機雲のもとにもなる翼端渦は、翼の振動を誘発する。
ウイングレットは、翼端渦を減少させる。

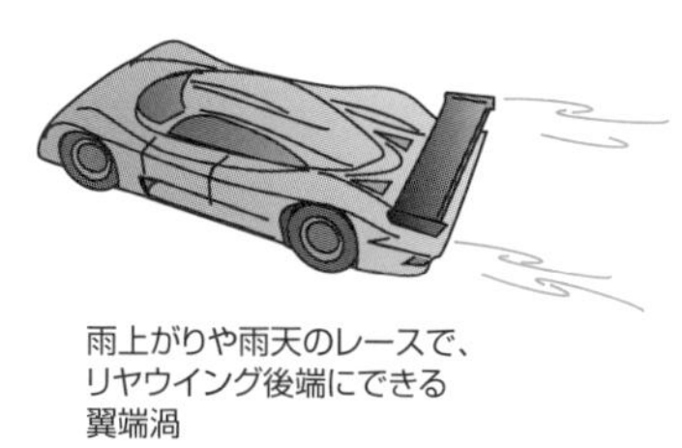

ⓒ翼の振動対策のウイングレット

造波抗力

船が航行するときにできる波は、エネルギー損失につながる**造波抗力**です。小型船舶では、船首を刃のようにして、水面からの抵抗力を避けて波を作りにくくしています。

大型船の船首に付けられた**バルバス・バウ（球状船首）**は、船体から発生する波と球体から発生する波をぶつけ合って波を減衰させ、造波抗力を小さくします。

造波抗力の低減策　図9-11-3

ⓐ小型プレジャーボートの船首

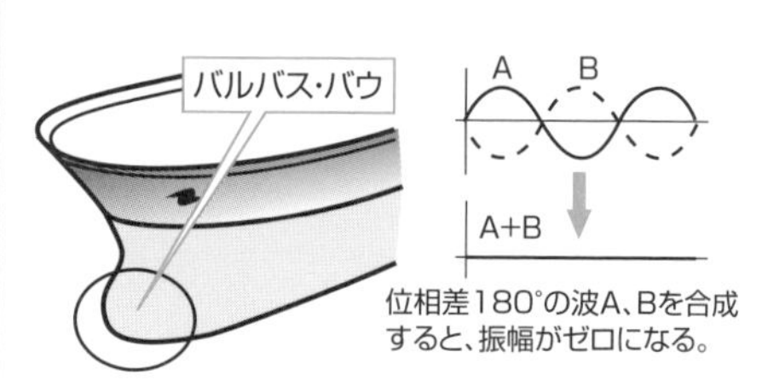

ⓑ大型船のバルバス・バウ

9-12

流体機械

流体のエネルギーを加工・変換する流体機械。身近な例では掃除機、電気ポットのポンプなど、見えない例では送水所のポンプ、発電所の水車などいろいろあります。

ポンプと水車

水を扱う流体機械を例とします。**ポンプ**は、羽根などの回転やピストンなどの往復運動で水へ圧力や速度を与え、機械の仕事を水のエネルギーに換えます。**水車**は水の圧力や速度を出力軸の回転運動へ変換し、水のエネルギーを機械の仕事に換えます。回転型のポンプや水車には、**両用**のものがあります。ポンプはおもに液体を扱い、気体の場合は圧力によって、**真空ポンプ**、**送風機**、**圧縮機**などに分類されます。気体の場合、水車に相当するものは**タービン**と呼びます。

ポンプと水車　図9-12-1

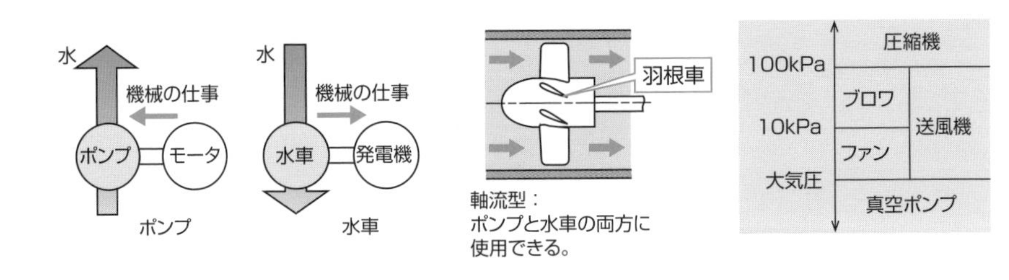

ポンプ

ⓐ歯車ポンプ

回転する歯車の歯とケーシングの内壁との隙間で、高圧になった流体を連続的に送り出す容積型ポンプ。圧油用ポンプとして古くから使われています。

ⓑ渦巻きポンプ

わん曲した多数の羽根を放射状に取り付けた羽根車を回転させ、羽根車の中心から吸い込んだ流体に遠心力による**圧力と速度の**エネルギーを与えて送り出します。高圧で大流量の流体を作り出すことができ、最も多く使用されています。渦巻き室に案内羽根をもつものを**タービンポンプ**または**ディフューザポンプ**と呼び、図ⓑのような案内羽根のないものを**ボリュートポンプ**と呼びます。

ⓒルーツ型ポンプ

2つのまゆ形ロータを回転させて、ケーシングとロータの隙間に吸い込んだ流体を送り出す容積型のポンプです。

ポンプ①　図9-12-2

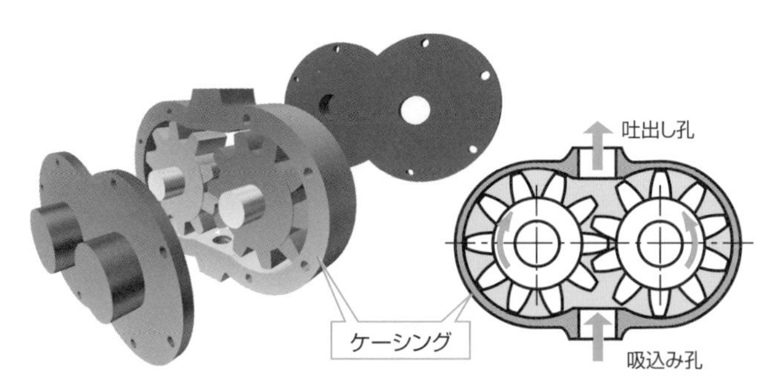

ⓐ歯車ポンプ

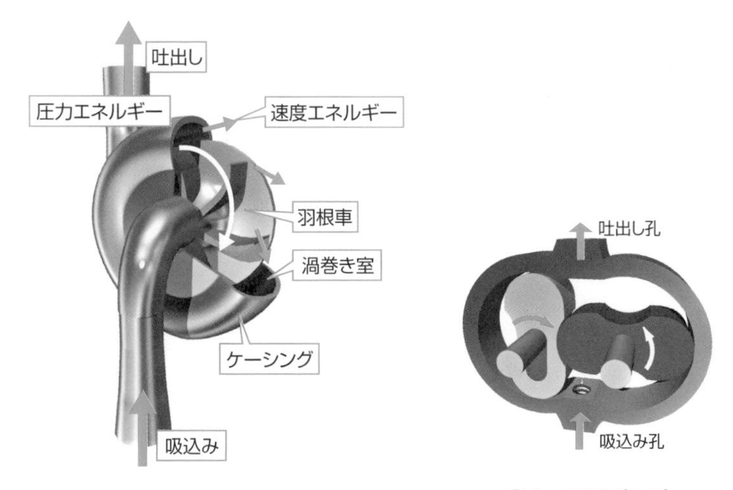

ⓑ渦巻きポンプ

ⓒルーツ型ポンプ

ⓓ軸流プロペラポンプ

羽根車の回転軸方向に入った流体は、羽根車の翼面を通過するときに発生する圧力差からエネルギーを受けて、羽根車の後部へ押し出されます。圧力は低いですが、連続した流量が得られます。

ⓔアキシャルピストンポンプ

回転するシリンダブロックにピストンを組み付け、スプリングなどでピストンを**斜板**に押し付けておきます。シリンダブロックが回転するとシリンダ容積が変化するので、シリンダ容積の増減に合わせて、ポートプレートに開けたポートから流体の吸込みと吐出しが行われます。

ⓕベーンポンプ水車

ケーシングと偏心したロータに溝を切り、スプリングなどでケーシングに押し付けた**ベーン**（仕切り羽根）を溝に取り付けます。ロータを回転させて、ケーシングとベーンの間にできる容積変化で流体の吸込みと吐出しを行います。

ポンプ②　図9-12-3

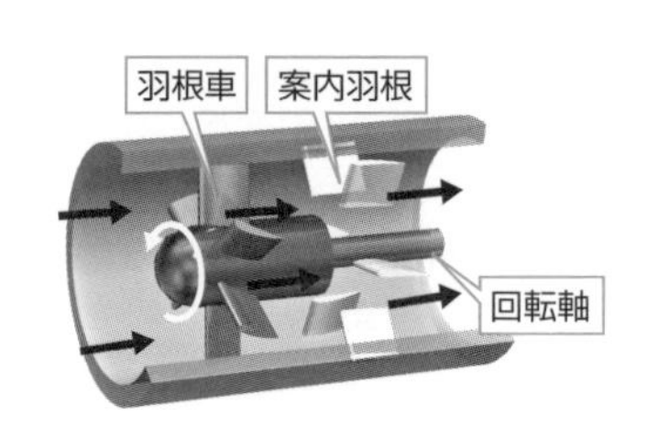

ⓓ軸流プロペラポンプ

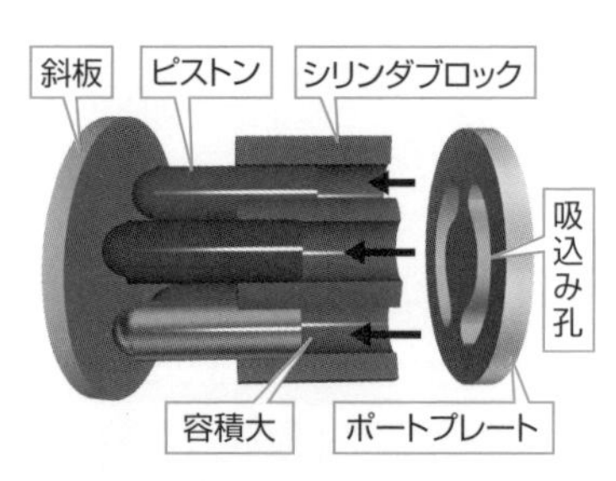

ⓔアキシャルピストンポンプ

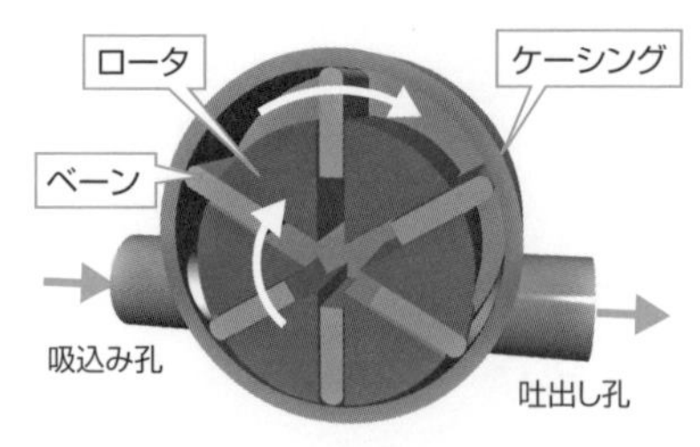

ⓕベーンポンプ水車

水車

前述のとおり、水車とポンプには、同じ構造をもつものが多数あり、1つの機械で、流体エネルギーと機械エネルギーを相互に変換できます。

水車　図9-12-4

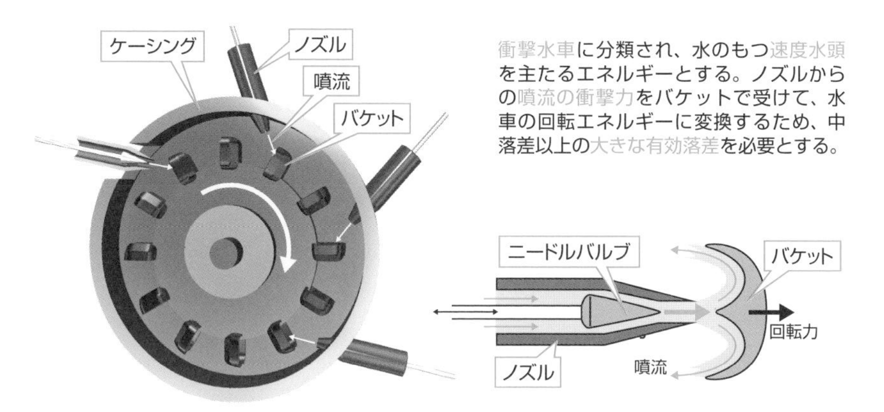

衝撃水車に分類され、水のもつ速度水頭を主たるエネルギーとする。ノズルからの噴流の衝撃力をバケットで受けて、水車の回転エネルギーに変換するため、中落差以上の大きな有効落差を必要とする。

ⓐペルトン水車

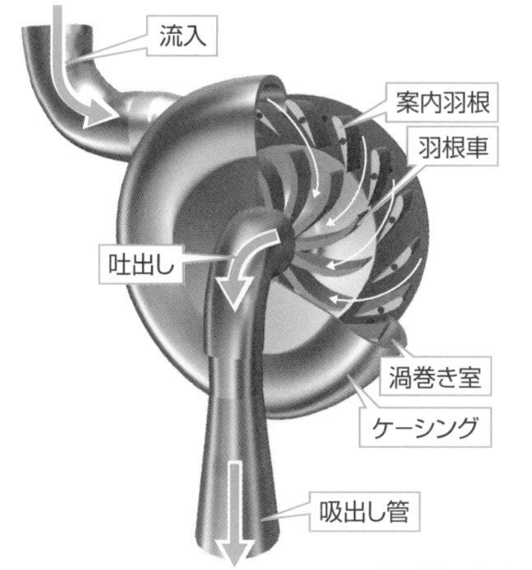

有効落差数十メートルから高落差まで使用でき、最も多く用いられている。水の速度水頭と圧力水頭を利用する。流入管から渦巻き室へ流れ込んだ水は、案内羽根に導かれて羽根車を回転させ、速度と圧力を減じて吐出される。羽根車は羽根の受けたエネルギーの反作用によって回転するので、反動水車に分類される。渦巻きポンプのタービンポンプ（ディフューザポンプ）と同一の構造なので、ポンプ水車としてそのまま利用できる。

ⓑフランシス水車

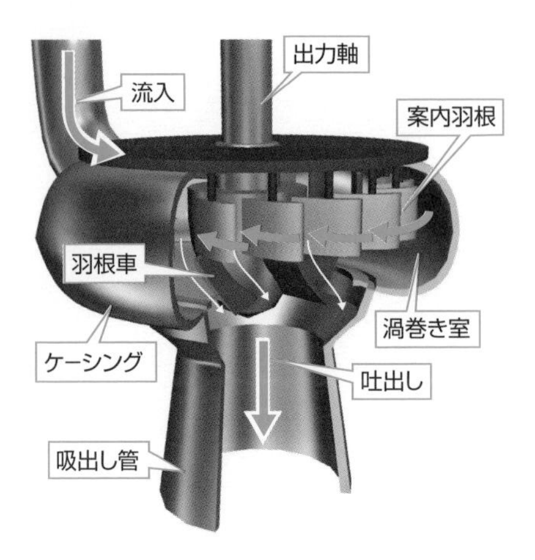

数十メートルの低落差に向く水車で、速度水頭と圧力水頭を利用する反動水車に分類される。図 9-12-2ⓓ軸流プロペラポンプと同じ構造をもち、ポンプ水車として両用できる。

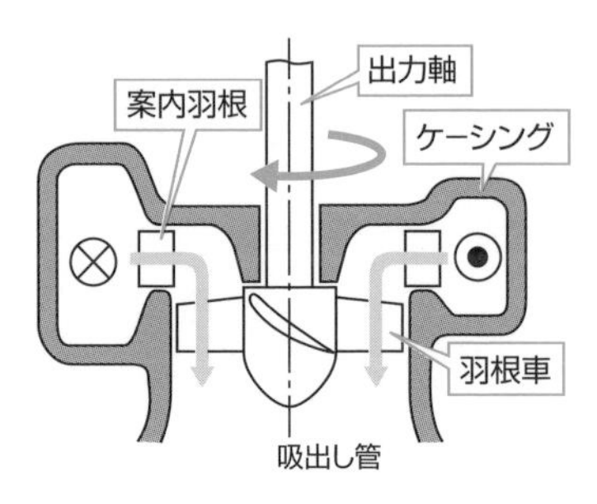

ⓒプロペラ水車

吸出し管

上述の反動水車の吐出し口には、**吸出し管**と呼ばれる**広がり管**が付いています。吸出し管入口①と吸出し管出口②について、水の動きを見ると、

①は、②よりも明らかに高いので、$h_1>h_2$

①は、②よりも明らかに細いので、$A_1<A_2$

連続の式から$v_1>v_2$、**ベルヌーイの定理**から①と②の全圧力Pは一定なので、$p_1<p_2$となります。

①の圧力p_1は②の圧力p_2に対して**負圧**になり、①の水は②に**吸い出される**ことになります。

吸出し管は、水をただ捨てるのではなく、羽根車を通過した水を吸い出す効果を生むので、吸出し管（**ドラフトチューブ**）と呼ばれます。

吸出し管　図9-12-5

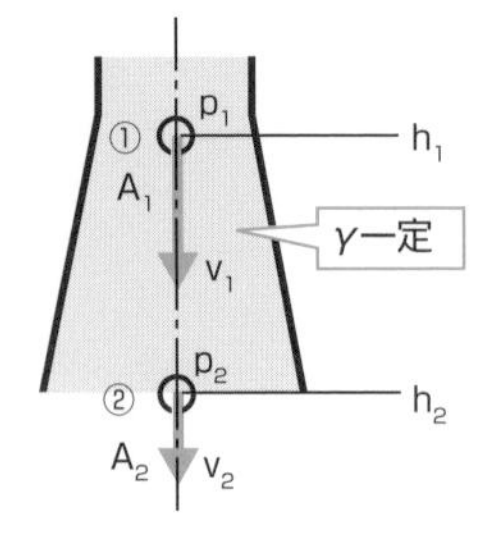

吸出し管（広がり管）に水が充満しているものとする

A ：断面積
v ：速度
p ：圧力
h ：高さ
γ ：比重量

連続の式

$Q=A\cdot v=$一定

ベルヌーイの定理

$P=\frac{\gamma v^2}{2g}+p+\gamma h=$一定

第10章

熱と機械

熱エネルギーは、他の多くのエネルギーから容易に変化しますが、熱エネルギーを他のエネルギーに変化させるには多くの制約がある、という特徴をもちます。この章では熱の性質を観察して、熱を利用する熱力学という分野の基礎を考えます。

10-1

熱の性質

熱はエネルギーの一形態で、外部と仕事をやり取りします。熱の動きは物体の温度の変化から知ることができます。ここでは熱の性質を考えます。

温度の単位系

温度は熱運動の様子を知るための尺度で、SI単位では**ケルビン絶対温度**を使います。単位は[K]で、[°]は付けません。すべての運動が停止する**絶対零度**を0K、**水の三重点**を273.16Kとします。図10-1-1に、温度の単位系を示します。摂氏温度は定義が変更され、水の融点0℃と沸点100℃も厳密には変更されています。

温度の単位系　図10-1-1

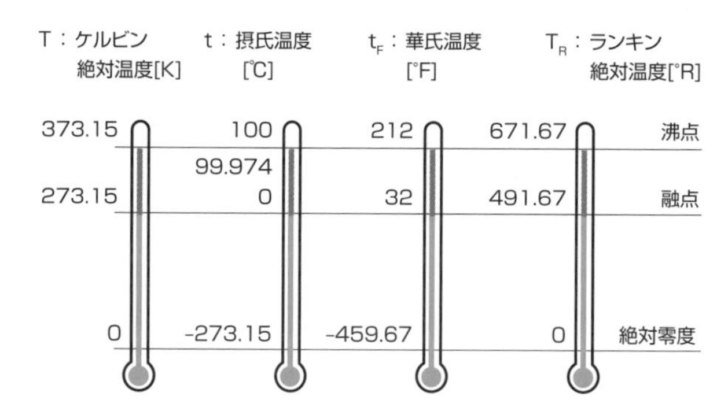

絶対温度 K(ケルビン)
理論的に熱運動が完全に停止する絶対零度を基準とした温度。熱力学温度、熱力学的温度とも呼ぶ。[°]は付けない。

$T = 273.15 + t ≒ 273 + t$
$t_F = 1.8 \times t + 32$
$T_R = 1.8 \times T$
$T_R = t_F + 459.67$

熱力学第0法則

図10-1-2ⓐで、温度差のある2つの物体を接触させると、高温物体から低温物体へ**熱が移動**し、その状態を長時間保つと熱の移動が終わり、物体の温度が等しくなります。この状態を**熱平衡**と呼びます。図ⓑのように、大気の温度と異なり、異なる温度をもつ2つの物体を大気中に放置しておくと、十分な時間の経過後に2つの物体は大気と同じ温度になります。**直接接触しない物体でも温度が等し**ければ、熱平衡の状態にあり、これを**熱力学第0法則**といいます。

熱力学第0法則　図10-1-2

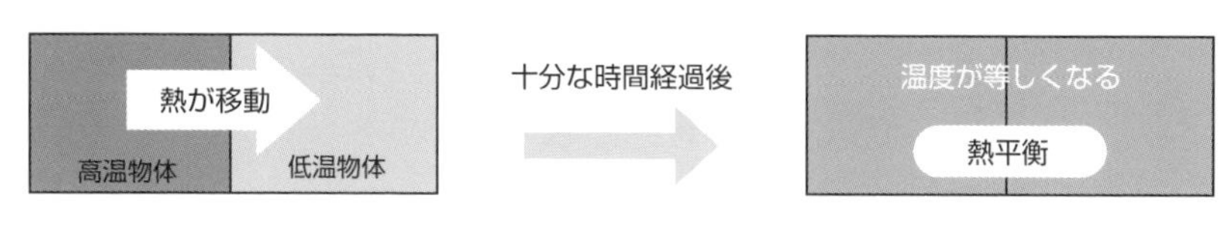

ⓐ熱平衡：物体間で熱が移動しない、温度差のない状態

ⓑ熱力学第0法則：直接接触しなくても、温度が等しければ熱平衡

熱容量

質量1kgの物体の温度を1Kだけ上昇させるのに必要な**熱量**を**比熱**と呼びます。物体に温度変化を与えるのに必要な**熱の総量を熱量**[J]として、物体の質量[kg]、比熱[J/kg・K]、物体の温度差[K]と、必要な熱量との間には、次のような関係があります。

熱量＝質量×比熱×温度差

ここで、温度差を1Kとした、単位温度差あたりの熱量を、

質量×比熱＝熱容量[J/k]

と呼びます。熱容量が大きいほど温度が変わりにくくなります。

ケルビン絶対温度と摂氏温度の**1度の間隔は等しい**ので、温度差だけを扱う場合には、次のように、K単位でも℃単位でも同じです。

$T_1-T_2=(273.15+t_1)-(273.15+t_2)\quad \therefore T_1-T_2=t_1-t_2$

したがって、温度差だけを使う場合は、℃からKへの換算を省略できます。

熱容量　図10-1-3

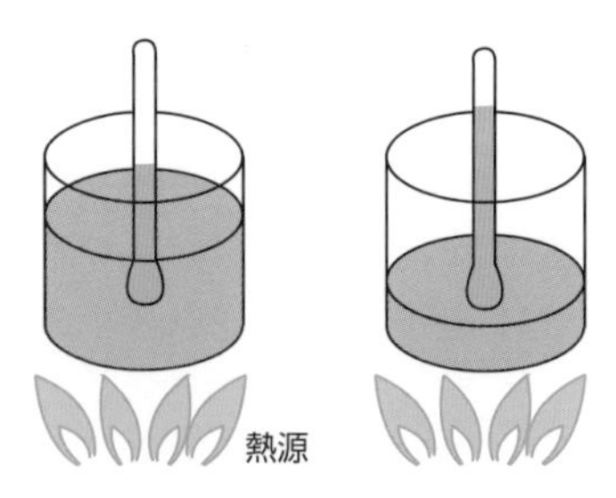

ⓐ同じ種類の物質なら、質量の小さいほうが早く温度が上昇する

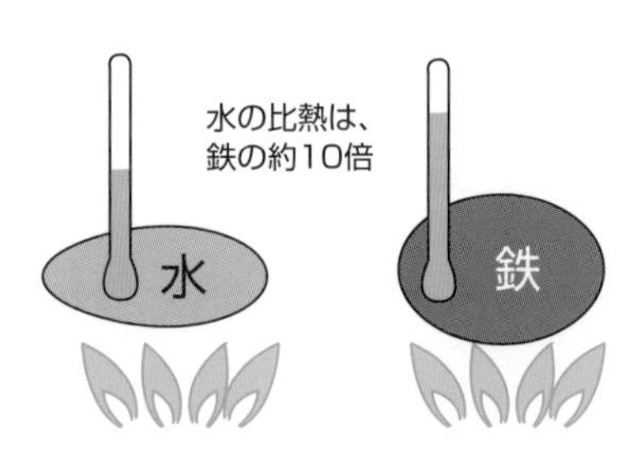

ⓑ物質の種類と質量が違う場合には、熱容量の小さいほうが早く温度が上昇する

10-2

熱と仕事

熱はエネルギーをもち、熱量は熱エネルギーの大きさを表します。物体に熱を与えると物体の温度が変化するのは、熱がエネルギーの運び役をするからです。

熱エネルギー

物質の分子運動は熱量を受けて活発になり、分子の**内部エネルギー**を増加させ、物体の温度を上昇させます。図10-2-1のように、熱量は熱が移動させるエネルギーの量を表す値で、機械工学では熱に関係する内部エネルギーを**熱エネルギー**と呼びます。

熱と熱量　図10-2-1

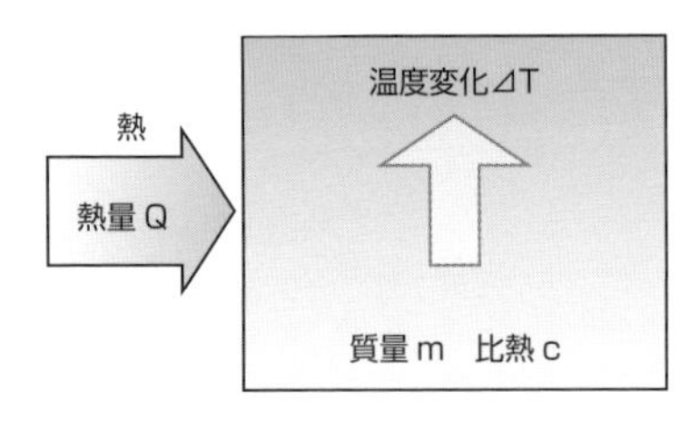

熱は熱量を移動させる。
熱量は移動する熱エネルギーの大きさ。

$$Q = m \cdot c \cdot \Delta T$$

Q：熱量 [J]　　c　：比熱 [J/(kg·K)]
m：質量 [kg]　⊿T：温度変化 [K]

熱量保存の法則

図10-2-2のように、温度差のある2つの物体を、外部との熱の出入りを遮断した**閉じた系**で接触させると、高温物体から低温物体に熱が移動して熱平衡に達します。このとき、高温物体が失った熱量と低温物体が得た熱量は等しく、閉じた系全体として熱量が保存されます。これを**熱量保存の法則**といいます。

熱量保存の法則　図10-2-2

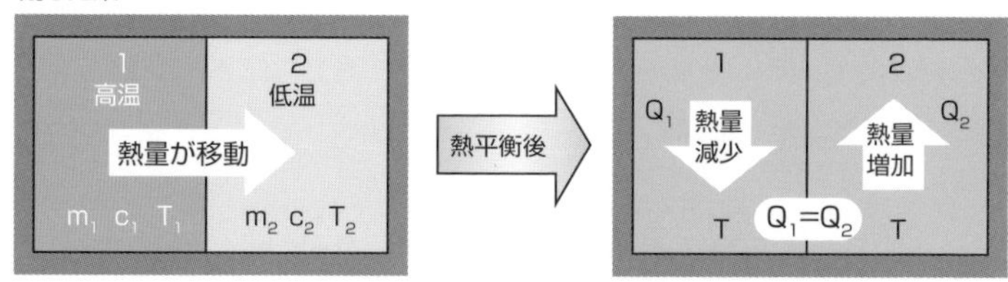

物体1の失った熱量
$Q_1=m_1 \cdot c_1 \cdot (T_1-T)$

物体2の得た熱量
$Q_2=m_2 \cdot c_2 \cdot (T-T_2)$

熱量保存の法則　$Q_1=Q_2$

熱量保存の法則の計算例

2kg、20℃の水に0.5kg、200℃の物体を沈めたとき、熱平衡後の温度を求めます。
水の比熱を物体の比熱の10倍とします。

平行後の温度を t※1 とすれば、

物体の失った熱量　$Q_1=m_1 \cdot c_1 \cdot (t_1-t)=0.5\times \boxed{c_1}^{※2} \times(200-t)$

水の得た熱量　$Q_2=m_2 \cdot c_2 \cdot (t-t_2)=2\times \boxed{10c_1} \times(t-20)$

熱量保存の法則から　$Q_1=Q_2$ なので　$20.5t=500$　$\therefore \boxed{t=24.4[℃]}$

※1　温度差だけなので℃のまま
※2　水の比熱が10倍

熱量と仕事

「1Nの力を加えた方向に1m動いた」ときが**機械仕事**1Jです。熱量[J]は、熱エネルギーの大きさを表し、装置を工夫すれば、機械仕事との交換ができます。図10-2-3ⓐは、日常で経験できる、機械仕事から熱エネルギーへの変換例で、図ⓑは、熱エネルギーが機械仕事に変換される例です。SI単位以前に熱量の単位に使われていたカロリー[cal]は、1gの水を14.5℃から15.5℃まで上げるのに要する熱量を1calとしていました。1calの熱量に相当する仕事量は、1cal=4.186J ≒ 4.2Jとして、これを**熱の仕事当量**と呼びます。図ⓒは、熱の仕事当量の測定に使用したとされる**ジュールの実験**の模式図です。

熱量と仕事　図10-2-3

自転車後輪のローラーブレーキ。ブレーキで減少させた運動エネルギーは、熱エネルギー増加に変化する。必ず、「高温注意」のラベルが貼られている。

ⓐ機械仕事から熱へ：ローラブレーキ
※画像は、株式会社シマノ製「ローラーブレーキ」

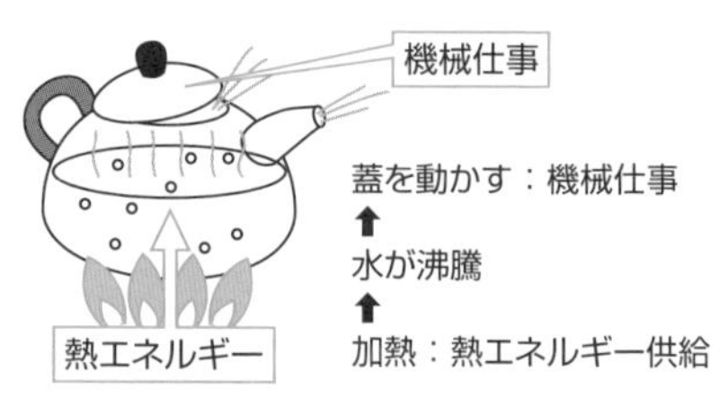

ⓑ熱エネルギーから機械仕事

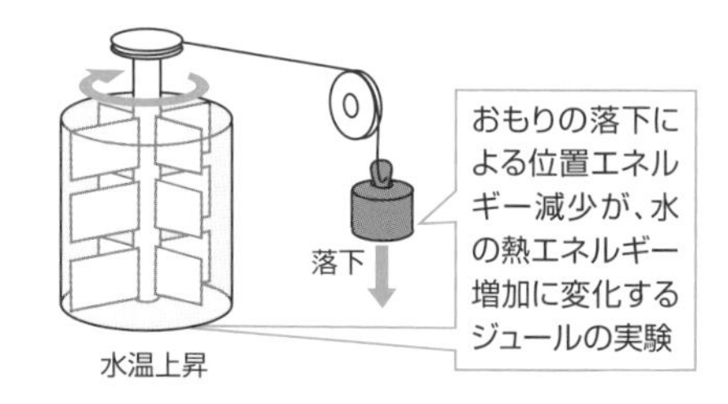

ⓒ熱の仕事当量：ジュールの実験

10-3

熱力学第一法則

熱は本質的に、機械などの仕事と同じエネルギーの一形態です。仕事を熱に換えることもでき、その逆も可能です。熱のエネルギー保存の法則が、熱力学第一法則です。

熱力学第一法則の式

物体が内部にもつエネルギーを**内部エネルギー**と呼び、その大きさは系の熱状態変化にともなって変化します。図10-3-1のように、シリンダとピストンで気体を密閉し、**熱量変化**+dQを与えます。与えた熱量がすべて有効に気体に伝達され、気体の体積変化がピストンを移動させるとき、**内部エネルギー変化**+dU、**機械仕事変化**+dLとして、

$$+dQ=+dU+dL$$

となります。

これは、「外部と遮断された閉じた系では、エネルギーは創造もなく消滅もしない。すべてのエネルギーは形を変えて、総量が保存される」という**エネルギーの保存法則**を表した、**熱力学第一法則の式**と呼びます。熱力学第一法則の式は、**与える熱量**を基準として、対象物体の**相対的なエネルギー変化**を示すもので、符号を次のように考えます。

(a) 対象を加熱する熱量を+dQ、冷却する熱量を-dQとする。
(b) 対象が外部に行う仕事量を+dL、外部から得る仕事量を-dLとする。
(c) 対象の内部エネルギーの増加を+dU、内部エネルギーの減少を-dUとする。

熱力学第一法則の式は、熱エネルギーの**収支だけ**を考え、内部エネルギーUの絶対値には関係しません。

熱力学第一法則の式　図10-3-1

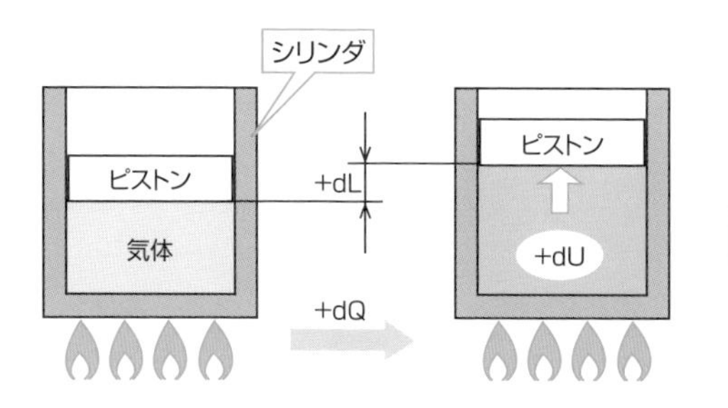

気体の熱変化と仕事

シリンダに封入した気体に熱を与えて、ピストンが左端1から右端2まで自由に移動するとき、縦軸に圧力p、横軸に容積Vを示した線図を**p-V線図**と呼びます。気体が熱膨張してピストンに**微小変位**が生じると、微小な容積変化dVが発生します。このとき、気体は熱変化を受けて、ピストンに**圧力×容積変化の機械仕事dL=p·dV**をしたことになります。ピストンが左端から右端まで、近似的に圧力**p＝一定**で移動したとすると、全仕事量Lは、**$L=p(V_2-V_1)$**となります。この全仕事量を**絶対仕事**と呼びます。気体の膨張が機械仕事を生むのです。圧力一定で膨張すると仮定したので、**等圧変化**と呼びます。

気体の熱変化と仕事　図10-3-2

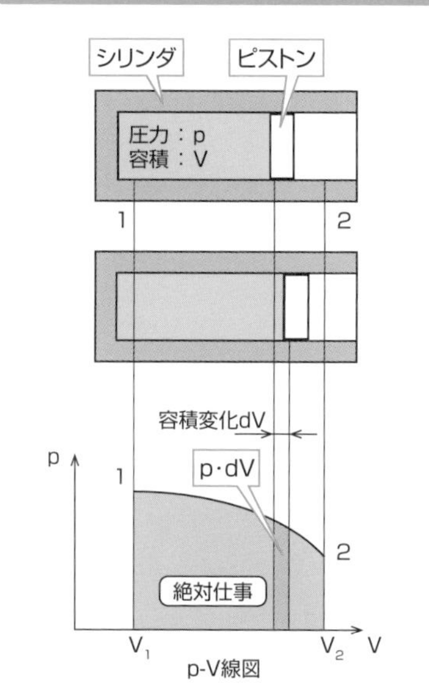

熱収支の例

図10-3-3の装置で、熱力学第一法則の式を考えましょう。

①気体に外部から200Jの熱量が与えられ、気体の内部エネルギーが150J増加した。このときの未知数は、外部に行う機械仕事dLなので、

dQ=dU+dL　から　dL=dQ−dU=200−150=50[J]

dLが+なので、外部に対して**50Jのエネルギーを放出**した。

②外部から200Jの熱量を得た気体が、外部に対して150Jの仕事をしたとき、

dQ=dU+dL　から　dU=dQ−dL=200−150=50[J]

となり、**内部エネルギーが増加**するので**気体の温度が上昇**する。

熱収支の例　図10-3-3

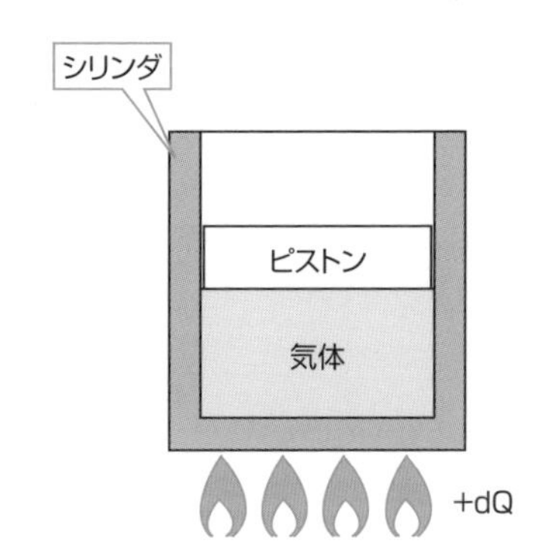

10-4

エンタルピー

タービンなどの開いた系では、作動流体が流入し、流出します。開いた系における熱力学第一法則を考えることのできる状態量がエンタルピーです。

熱エネルギーの総量：エンタルピー

図10-4-1ⓐのように、作動流体がもつ**エンタルピー**をH[J]とし、内部エネルギーUに流体の圧力pと体積Vの積p·Vを加えた大きさで表します。p·Vは、外部に対して機械仕事を行うことのできる**流動エネルギー**です。エンタルピーHを流体の質量mで除したh=H/m[J/kg]を**比エンタルピー**と呼びます。

図ⓑの閉じた系にある作動流体が、圧力一定の等圧変化で状態1から状態2に変化するとき、流体に与えた熱量変化+dQは、流体のエンタルピー変化になります。このとき、作動流体の内部エネルギーの増加（温度上昇）と体積膨張による機械仕事は同時に起こるので、エンタルピー変化の式は、熱力学第一法則の式と仕事量の式を合わせたものと同じ結果になります。

エンタルピー　図10-4-1

$H=U+p \cdot V$
$h=H/m$

H ：エンタルピー [J]
h ：比エンタルピー [J/kg]
U ：内部エネルギー [J]
p ：圧力 [Pa]
V ：体積 [m³]
m ：質量 [kg]

ⓐエンタルピー

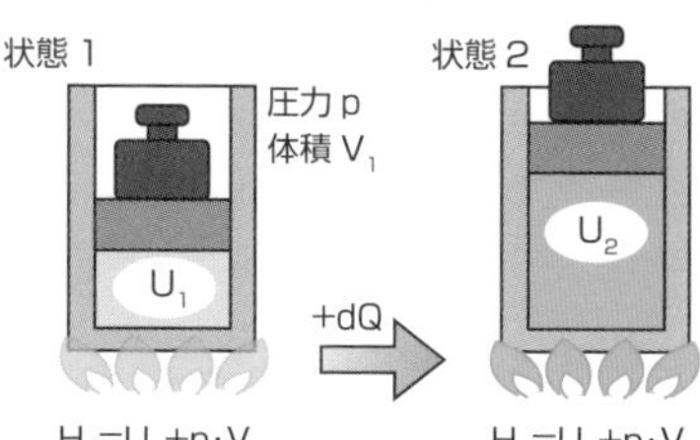

状態1から状態2へ等圧変化した場合の内部エネルギーの変化を求める。

$H_1=U_1+p \cdot V_1$　　$H_2=U_2+p \cdot V_2$

熱量変化 +dQ は、エンタルピーの変化になる。圧力を一定として、

$dQ=H_2-H_1$
$=U_2+p \cdot V_2-(U_1+p \cdot V_1)$
$=(U_2-U_1)+p(V_2-V_1)$
$\therefore dU=dQ-p(V_2-V_1)$
$=dQ-p \cdot dV$

この結果は、
$dQ=dU+dL$ …熱力学第一法則の式
$dL=p \cdot dV$ …仕事量の式
$\therefore dQ=dU+p \cdot dV=dH$
$\therefore dU=dQ-p \cdot dV$ と同じ

ⓑ等圧変化のエンタルピーを考える

等積変化のエンタルピー

図10-4-2で、容積変化を拘束した容器内の流体に、熱量変化+dQを与えると、容積が一定のため機械仕事はゼロになり、与えた熱量変化はすべて内部エネルギーの変化となり、流体の温度が上昇します。

等積変化のエンタルピー 図10-4-2

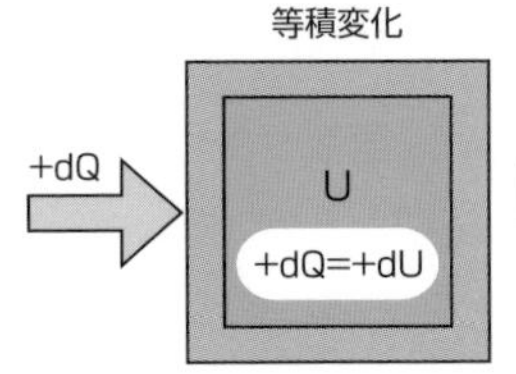

dQ=dU+dL
等積変化では、機械仕事 dL は 0 だから
+dQ=+dU となり、
内部エネルギーが増加して、
流体が温度上昇する。

エンタルピーの計算例

①タービン入口蒸気の比エンタルピー3000kJ/kg、タービン出口で2000kJ/kg、タービン熱損失30kJ/kgのとき、蒸気1kgあたりのタービン仕事を求めます。

タービンの得た比エンタルピー：

$dh=h_1-h_2-h_t=3000-2000-30=970$[kJ/kg]

$L=m \cdot dh=1\times 970=970$[kJ]

②15ton/hの蒸気を発生するボイラへ供給する水の比エンタルピー500kJ/kg、発生する蒸気の比エンタルピー3000kJ/kgとして、供給する熱量を求めます。

$dQ=m \cdot dh=15\times 10^3\times (3000-500)=3.75\times 10^7$[kJ/h]

③質量5kg、温度350℃、圧力7MPa、容積0.18m^3、内部エネルギー1.5×10^{4}kJの状態の蒸気がもつエンタルピーを求めます。

$H=U+p \cdot V=1.5\times 10^4+7\times 10^6\times 0.18\times 10^{-3}=16260$[kJ]

エンタルピーの計算例　図10-4-3

①

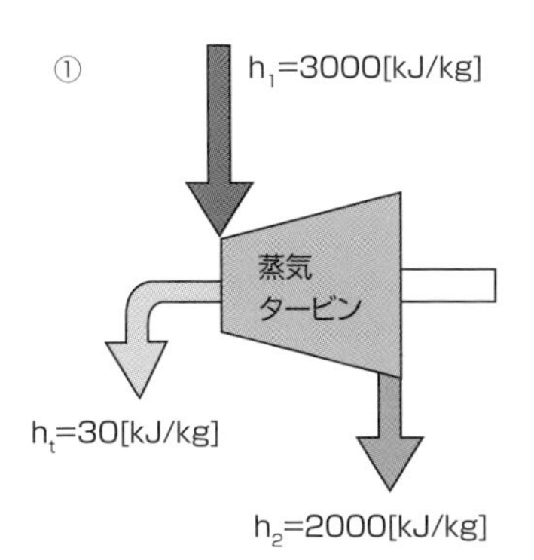

②

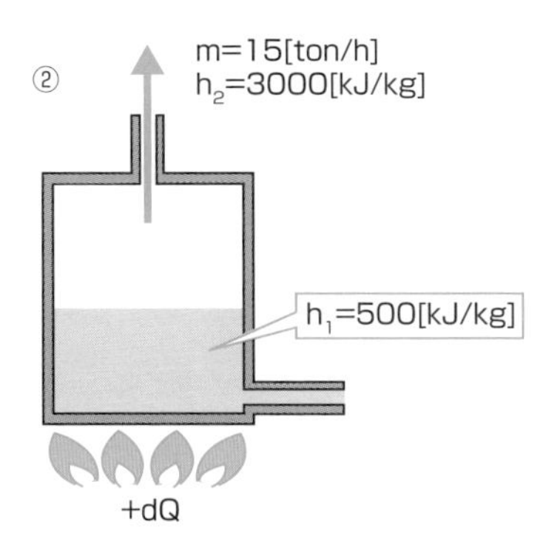

③

m=5[kg]
t=350[℃]
p=7[MPa]
V=0.18[m^3]
U=1.5×10^4[kJ]

10-5

カルノーサイクル

作動流体を利用して熱エネルギーを仕事に変換するとき、最も効率のよい理想的な可逆サイクルがカルノーサイクルです。

熱機関のサイクル

図10-5-1は、熱エネルギーから機械仕事を取り出す代表的な状態変化です。

熱機関のサイクル　図10-5-1

dL：機械仕事　dQ：熱量変化

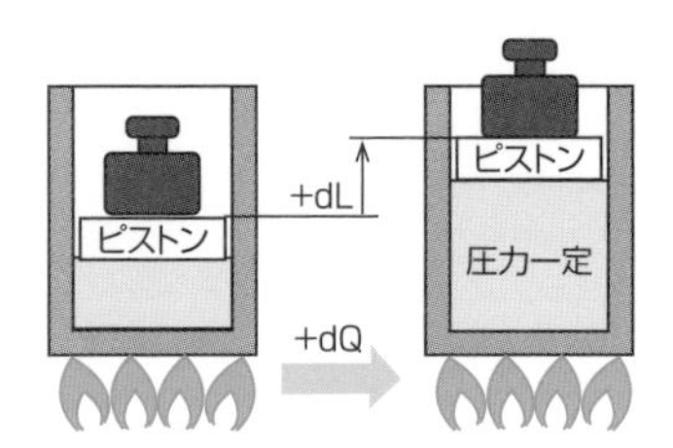

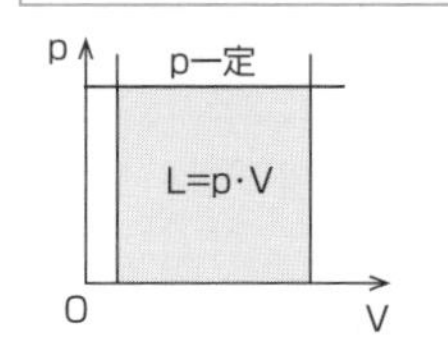

ⓐ等圧変化
圧力一定で、容積変化自由。機械仕事は容積に比例し、p-V線図は長方形になる。

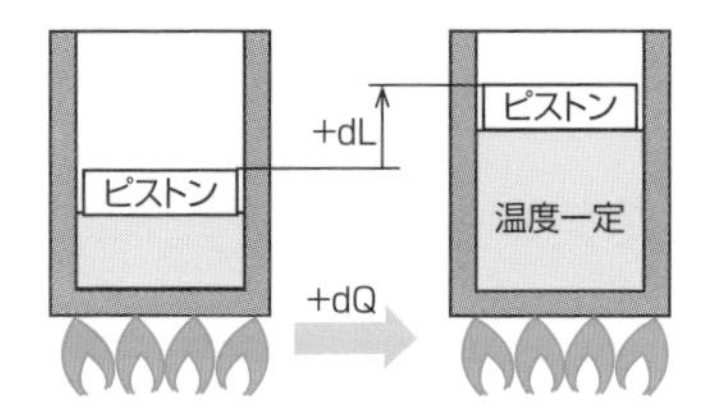

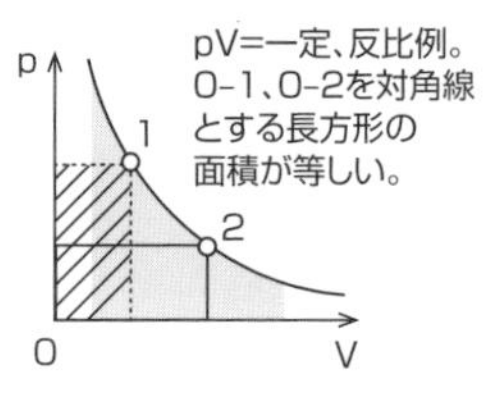

ⓑ等温変化
温度一定で、内部エネルギーの変化はゼロ。+dQ=+dL=p·V となり、p-v 線図は直角双曲線になる。

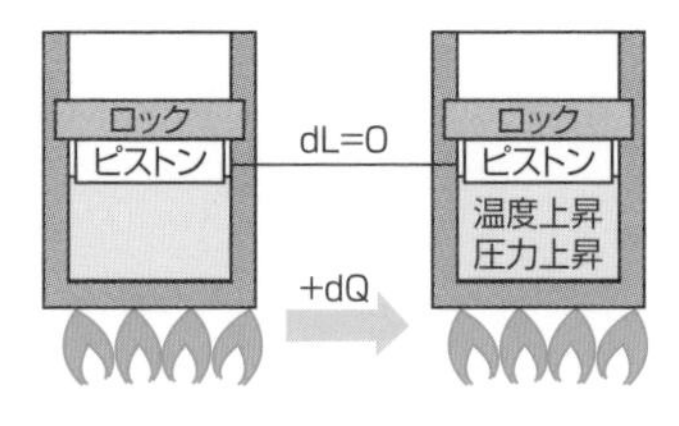

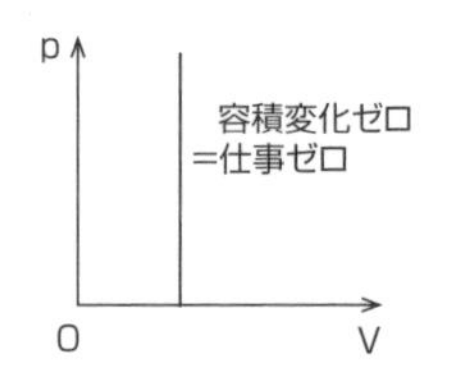

ⓒ等容変化
容積変化がないので仕事はゼロ。加えた熱量はすべて内部エネルギーの増加分となって、作動流体の温度と圧力が上昇する。

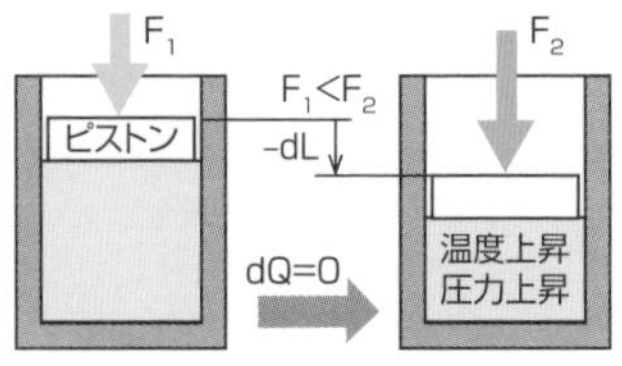

外部との熱のやり取りをしない

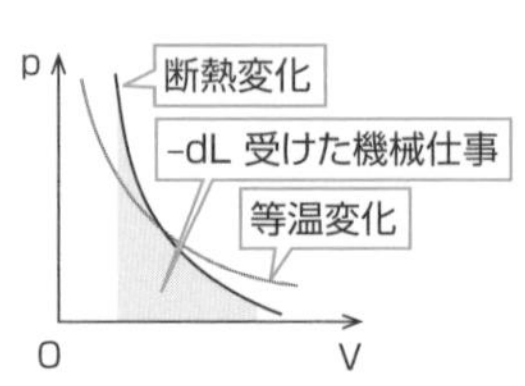

ⓓ断熱変化
作動流体を断熱圧縮すると、内部エネルギーが増大し温度が上昇する。p-V 線図は、等温変化の場合よりも急になる。

カルノーサイクル

図10-5-2は、熱力学的に理想とする**理想気体**について、高温熱源と低温熱源の間で両方向へ熱を移動できる理想的な**可逆サイクル**で、**熱機関**の基本となる**カルノーサイクル**の図です。図は、1➡2➡3➡4➡1…の順に高温熱源から低温熱源へ熱を移動し、機械仕事を取り出す例で、**順カルノーサイクル**とも呼びます。1➡2➡3で気体が膨張し、容積Vが増加するときにピストンを押し出す機械仕事を行い、3➡4➡1は、次の**機械仕事**のために外力を受けて戻る行程です。

系の**効率**η（イータ）は、温度差を大きくすると効率が高くなることと同時に、効率を1にはできないことを表しています。効率を1とするには**T_2=0**でなければなりませんが、定義上、**絶対零度では機械の運動も停止**するからです。

カルノーサイクル　図10-5-2

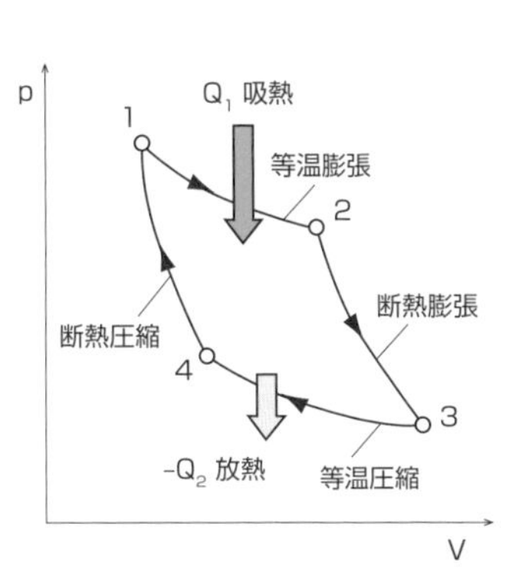

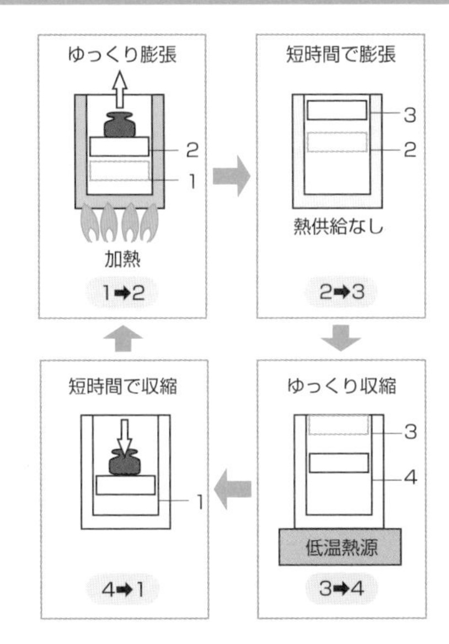

1➡2 熱を受けて等温膨張して仕事を行う
2➡3 熱源と負荷を除いて短時間に膨張
3➡4 低温熱源に放熱して収縮
4➡1 外力により体積を短時間で収縮

作動流体について　熱量：Q、質量：m、比熱：c、温度：T　として、吸熱量と放熱量から

系の吸熱量 $Q_1=m \cdot c \cdot T_1$
系の放熱量 $Q_2=m \cdot c \cdot T_2$

$$\frac{Q_1}{Q_2}=\frac{m \cdot c \cdot T_1}{m \cdot c \cdot T_2}=\frac{T_1}{T_2}$$

$$系の効率\ \eta=\frac{吸熱量-放熱量}{吸熱量}=\frac{Q_1-Q_2}{Q_1}=1-\frac{Q_2}{Q_1}=\boxed{1-\frac{T_2}{T_1}}$$

10-6

熱力学第二法則

「効率1の熱機関は存在せず、エネルギーの変換は定められた向きにのみ成立し、可逆的ではない」――これが、熱力学第二法則の一部です。

熱力学第二法則

図10-6-1ⓐのように、2つの木材をこすり合わせる**仕事**をすると**熱**が発生します。しかし、図ⓑのように、接触させた2つの木材に熱を加えても、木材は**自然には運動しません**。機械仕事を熱エネルギーに変換するのは簡単ですが、熱エネルギーを機械仕事に変換するには工夫が必要、ということです。また、図ⓒで、木材をこすり合わせるのに使ったエネルギーは、一部が大気中に消滅するなどの**損失**となり、機械仕事のすべてが木材の加熱に変換されてはいません。図ⓓから、熱機関の効率は必ず1未満になります。これを「効率1の熱機関は存在せず、エネルギーの変換は定められた向きにのみ成立し、**可逆的ではない**」と表し、**熱力学第二法則**と呼びます。

熱力学第二法則　図10-6-1

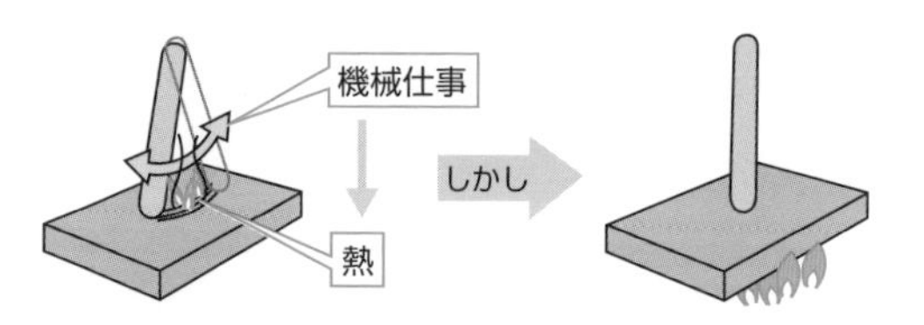

ⓐ木をこすれば熱が生まれる。機械仕事から熱への変換は容易

ⓑ熱を加えても木は動かない。熱から機械仕事への変換は工夫が必要

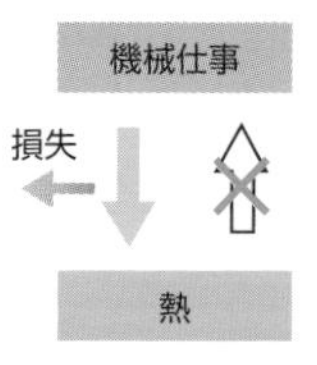

ⓒエネルギの変換には損失があり、自然のままでは一方通行

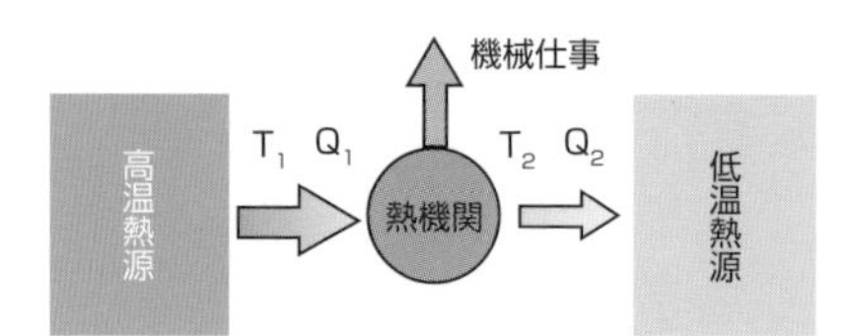

効率 η（イータ）

$$\eta=1-\frac{Q_2}{Q_1} \qquad \eta=1-\frac{T_2}{T_1}$$

T_2 は0にならないので、効率は1未満

ⓓ熱機関の機械仕事と効率

エントロピー

図 10-6-2ⓐの飲み忘れてしまったコーヒーは、自然と冷めて、何もしなければ温かくなることはありません。熱力学第二法則は、私たちが日常で体験する**非可逆性**を法則としました。これを図ⓑの、外部と熱の出入りのない閉じた系のモデルで、図ⓒ、ⓓのように考えます。**エントロピー**という熱の動きを観察する状態量を使うと、ⓓから、「自然に変化する系のエントロピーは増大する」という**エントロピー増大の原理**が生まれます。

エントロピー 図 10-6-2

ⓐ自然に冷めるコーヒー

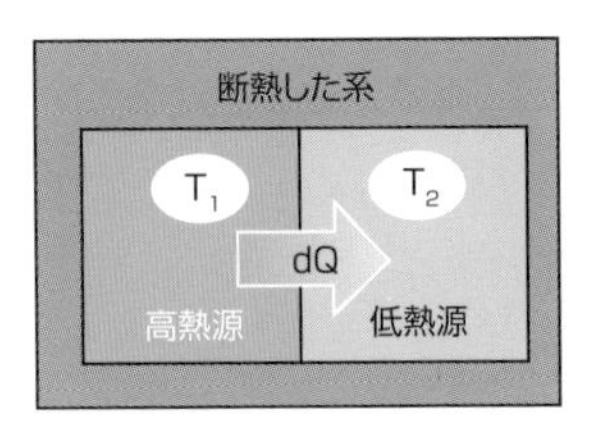

ⓑ自然な変化のモデル

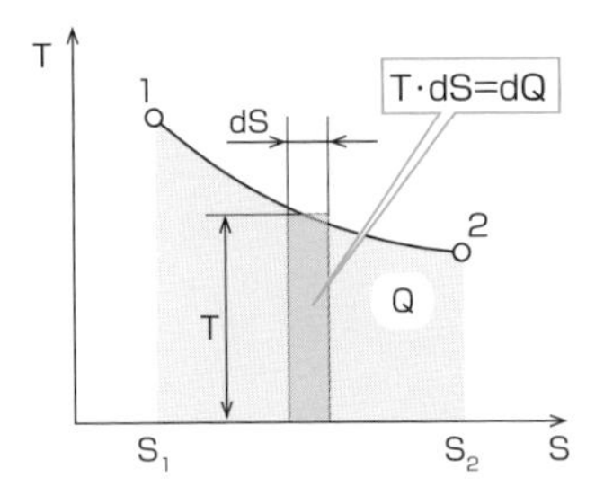

図ⓑの系の様子を見るために、

エントロピー S[J/K]

という状態量を考える。
刻々の系の変化を見るために、図ⓓのように、

エントロピー変化　$dS=\dfrac{dQ}{T}$

を考える。

ⓒ図ⓑの T-S 線図

高温源は、熱量を失うので、　$dS_1=-\dfrac{dQ}{T_1}$

低温源は、熱量を得るので、　$dS_2=\dfrac{dQ}{T_2}$

系全体のエントロピー変化は、　$dS=dS_1+dS_2=-\dfrac{dQ}{T_1}+\dfrac{dQ}{T_2}=dQ\left(\dfrac{1}{T_2}-\dfrac{1}{T_1}\right)$

$T_1>T_2$ だから $\left(\dfrac{1}{T_2}-\dfrac{1}{T_1}\right)>0$　$\therefore \boxed{dS>0}$

自然に変化する系のエントロピーは増大する：エントロピー増大の原理

ⓓ図ⓑの変化の様子を考える

10-7

ガソリンエンジン

現在、化石燃料に頼るガソリンエンジンが、どのような方向へ進むのか、大きな課題とされています。熱機関の代表といえるガソリンエンジンを知りましょう。

オットーサイクル

図10-7-1の**オットーサイクル**は、作動流体が**容積一定**のもとで熱の出し入れを行うので、**等積サイクル**と呼ばれ、火花点火による自動車用エンジンの原理となります。シリンダ容積が最大になるピストンの**下死点**から最小になる**上死点**に向けて流体を圧縮し、最小容積になった流体は受熱して、下死点まで断熱膨張する行程で外部に対して仕事を行い、下死点で残りの熱量を捨て、再びサイクルを繰り返します。理論的な**熱効率**η_0は、受熱時の温度差と放熱時の温度差から、次の（1）のように決定されます。

$$\eta_0 = 1 - \frac{T_4 - T_1}{T_3 - T_2} \quad \cdots (1)$$

$$\eta_0 = 1 - \left(\frac{1}{\varepsilon}\right)^{\kappa - 1} \quad \cdots (2)$$

また、下死点のシリンダ容積 V_{14} と上死点のシリンダ容積 V_{23} から、

圧縮比 $\varepsilon = \dfrac{V_{14}}{V_{23}}$　　比熱比 $\kappa = \dfrac{\text{定圧比熱}}{\text{定容比熱}}$

とすると、（2）のようになります。

オットーサイクル　図10-7-1

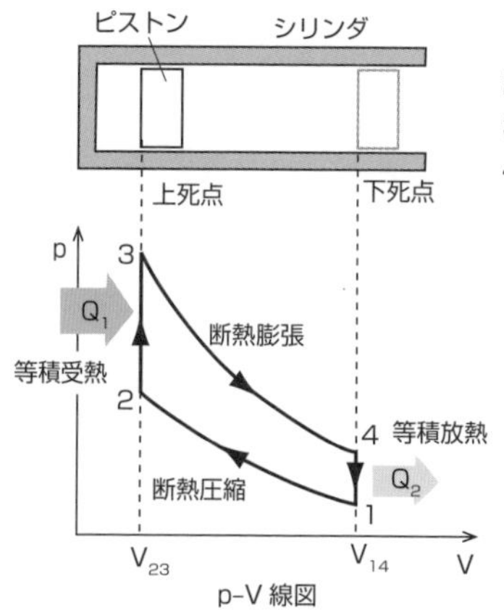

p-V 線図

1➡2 断熱圧縮：外力を受けて気体を圧縮する。
2➡3 等積受熱：熱を受けて圧力が上昇する。
3➡4 断熱膨張：体積膨張が外部に仕事を行う。
4➡1 等積放熱：仕事をした残りの熱量を放熱する。

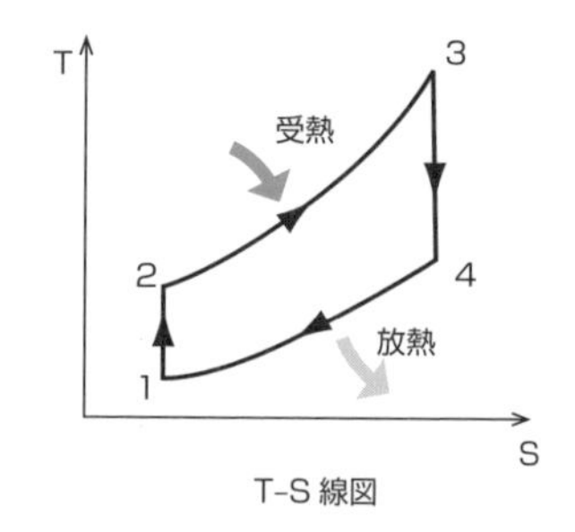

T-S 線図

4サイクルガソリンエンジン

圧縮と**膨張**を繰り返す**ガソリンエンジン**は、等積サイクルのオットーサイクルを基本とした代表的な実用の**熱機関**です。図10-7-2ⓐの理想的なオットーサイクルでは、**作動流体は密閉**されて受熱・放熱を繰り返します。図ⓑの**4サイクルガソリンエンジン**は、シリンダ・ピストン内部の**作動流体自体を熱源**とする**内燃機関**であるため、**燃焼流体の交換**を行う**排気行程**と**吸気行程**を必要とします。この役目を行う**吸気弁**と**排気弁**の駆動方法により、いろいろなエンジン構成が作られています。

4サイクルガソリンエンジン　図10-7-2

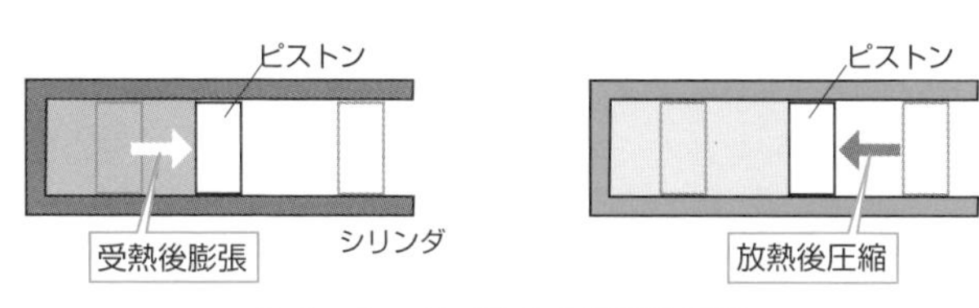

ⓐオットーサイクルの膨張と圧縮

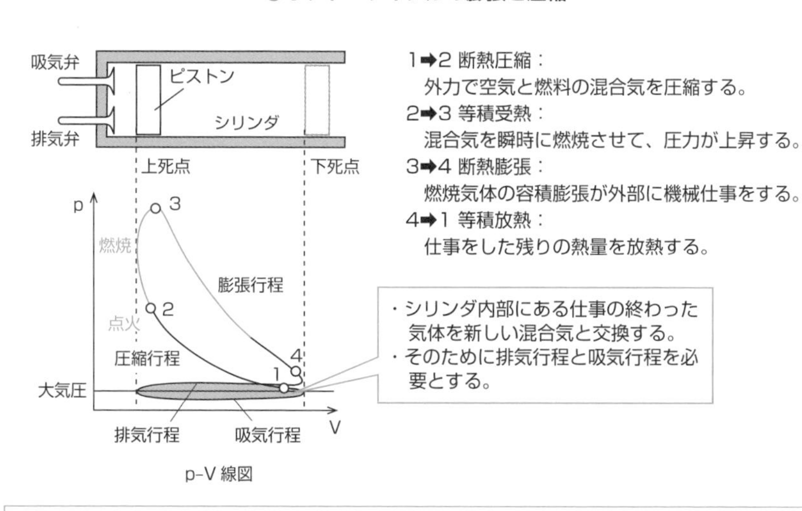

4サイクルガソリンエンジンは、圧縮行程➡膨張行程➡排気行程➡吸気行程の4行程で、オットーサイクルを実現するので、4サイクルと呼ばれる。

ⓑ4サイクルガソリンエンジンの行程

10-8

ディーゼルサイクル

ディーゼルエンジンは、ガソリンエンジンと同様、代表的な実用内燃機関です。基本となるディーゼルサイクルを見ます。

ディーゼルサイクル

図10-8は、**ディーゼルエンジン**の動作原理となる**ディーゼルサイクル**です。シリンダ内に吸入した**空気を断熱圧縮**して、高温高圧にしたのちに**燃料を噴射**すると、火花がなくても燃料が**自然発火**して、**一定圧力下**での燃焼が行われます。一定圧で受熱するので、**等圧サイクル**と呼ばれます。ディーゼルエンジンは空気だけを吸入して圧縮するので、高い圧縮比を作り高効率を得ることが可能です。ただし、異常燃焼や騒音などを避けるために、実際のエンジンでは15～20程度の圧縮比としています。

ディーゼルサイクルの理論熱効率η_Dは、受熱・放熱時の温度差とピストンの各位置におけるシリンダ容積V_1、V_2、V_3から、次のように求めることができます。

$$\eta_D = 1 - \frac{T_4 - T_1}{\kappa (T_3 - T_2)}$$

$$\eta_D = 1 - \frac{1}{\varepsilon^{\kappa-1}} \frac{\sigma^{\kappa} - 1}{\kappa(\sigma - 1)}$$

$$\varepsilon = \frac{V_1}{V_2}$$

噴射締切比 $\sigma = \dfrac{V_3}{V_2}$

ディーゼルサイクル　図10-8

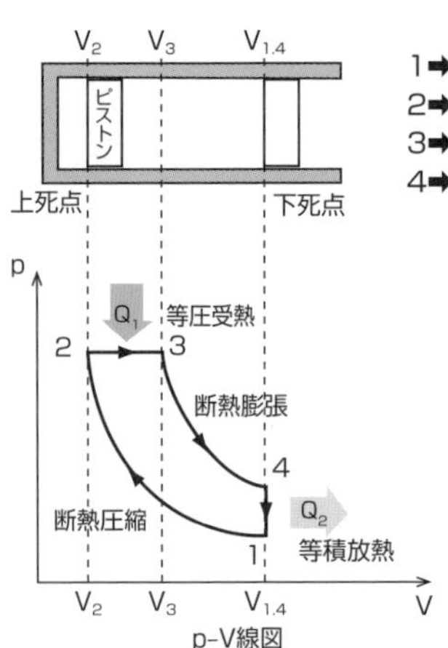

1➡2 断熱圧縮：空気だけを圧縮する。
2➡3 等圧受熱：噴射燃料の自然発火からエネルギーを吸収する。
3➡4 断熱膨張：燃焼ガスの膨張で外部に仕事を与える。
4➡1 等積放熱：容積一定のもとで熱量を放熱する。

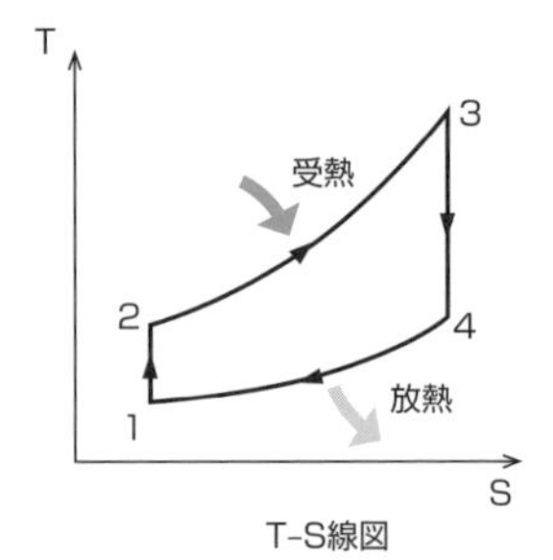

p-V線図

T-S線図

これまでの例題

以下に、熱機関サイクルの例題を示します。

【例題1：カルノーサイクル】

高熱源600℃、低熱源120℃の間で10kWの動力を発生するカルノーサイクル熱機関がある。この機関で消費される動力を求めなさい。

【正解例】

はじめにカルノーサイクルの熱効率を求める。

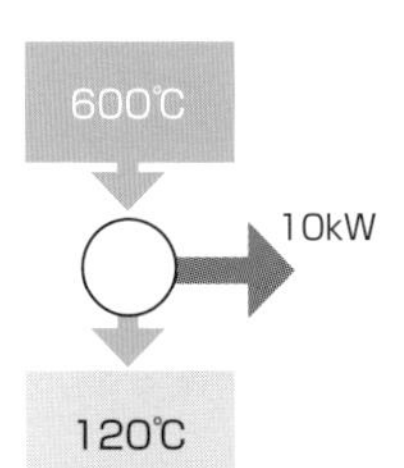

$$\eta=1-\frac{T_2}{T_1}=1-\frac{273+120}{273+600}=0.55$$

$$\eta=\frac{出力}{入力}\ から\ 入力=\frac{出力}{\eta}=\frac{10}{0.55}=18.2$$

消費される動力は　入力-出力＝18.2-10＝$\boxed{8.2[kW]}$

【例題2：オットーサイクル】

次の条件におけるオットーサイクル機関の熱効率を求めなさい。

①$\kappa=1.3$、$\varepsilon=5$、②$\kappa=1.3$、$\varepsilon=10$

【正解例】

$$①\eta_0=1-\left(\frac{1}{\varepsilon}\right)^{\kappa-1}=1-\left(\frac{1}{5}\right)^{1.3-1}=\boxed{0.38}$$

$$②\eta_0=1-\left(\frac{1}{\varepsilon}\right)^{\kappa-1}=1-\left(\frac{1}{10}\right)^{1.3-1}=\boxed{0.50}$$

【例題3：ディーゼルサイクル】

ディーゼルサイクルの圧縮比17.5、噴射締切比1.8とする。$\kappa=1.3$として、このサイクルの理論熱効率を求めなさい。

【正解例】

$$\eta_D=1-\frac{1}{\varepsilon^{\kappa-1}}\ \frac{\sigma^{\kappa}-1}{\kappa(\sigma-1)}=1-\frac{1}{17.5^{1.3-1}}\ \frac{1.8^{1.3}-1}{1.3(1.8-1)}=\boxed{0.53}$$

10-9

ブレイトンサイクル

発電用ガスタービンやジェットエンジンなど、燃焼ガスを羽根に吹き付けて回転仕事を作るサイクルがブレイトンサイクルです。

ブレイトンサイクル

図10-9-1の**ブレイトンサイクル**は、回転軸に取り付けた羽根に高温・高速の燃焼ガスを噴射し、軸の回転から動力を発生させる熱機関です。**等圧燃焼サイクル**とも呼ばれ、作動流体を排気する**内燃機関**の**開放サイクル**と、作動流体を循環させる**外燃機関**の**密閉サイクル**に大別されます。密閉サイクルは、過去にいくつかの実用例がありますが、現在では開放型が主流です。理論熱効率η_Bは、次のようになります。

$$\eta_B = 1 - \frac{T_4 - T_1}{T_3 - T_2} = 1 - \frac{1}{\gamma^{(\kappa-1)/\kappa}} \qquad 圧力比\ \gamma = \frac{p_2}{p_1}$$

ブレイトンサイクル　図10-9-1

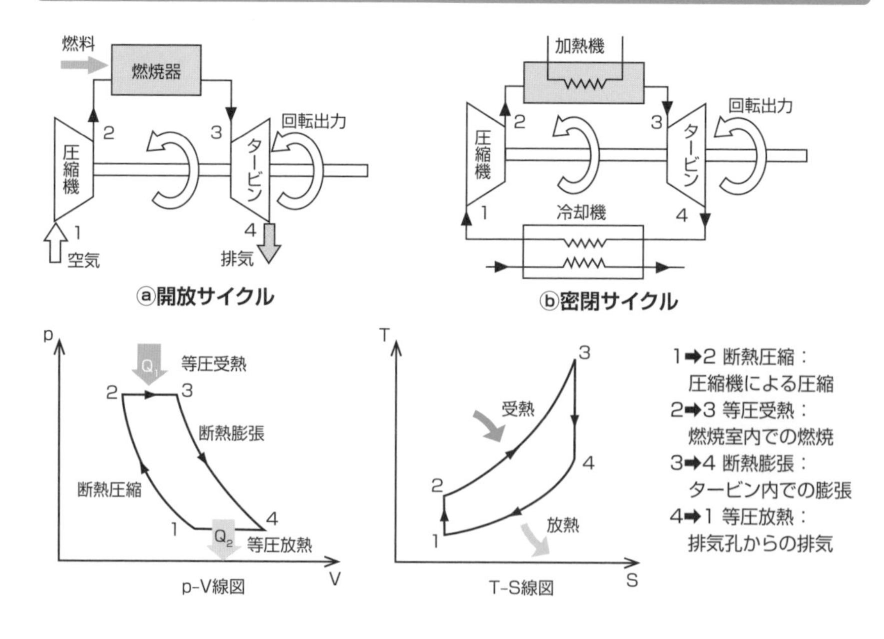

ガスタービンとジェットエンジン

図10-9-2ⓐの**ガスタービン**は、**開放型のブレイトンサイクル**を行う内燃機関で、**燃焼器**で作った燃焼ガスを**タービン**に噴射して、タービンと同軸の**圧縮機**を回転させ、吸入空気を圧縮して燃焼器に送り込みます。**航空機用ジェットエンジン**では、タービンを通過した燃焼ガスを**ノズル**から噴出させ、噴出の反作用により**推進力**を生み出します。図ⓑは、航空機用ジェットエンジンで現在主流の**ターボファンエンジン**です。ノズルの推進力に加え、圧縮機の前に取り付けた大径の**ファン**が空気を後方へ送る反作用によって作る推進力も利用しています。

ガスタービンとジェットエンジン　図10-9-2

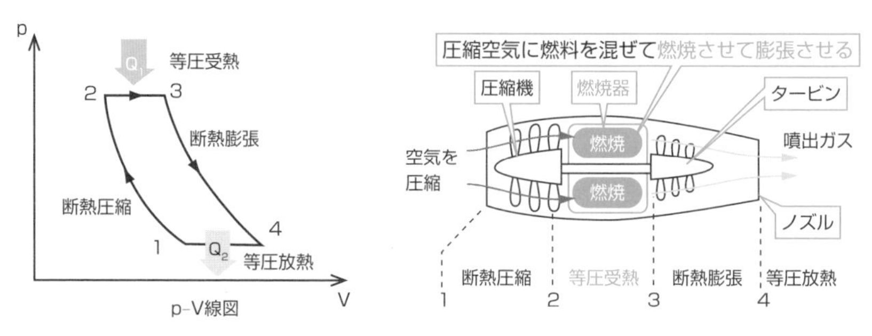

ⓐガスタービン

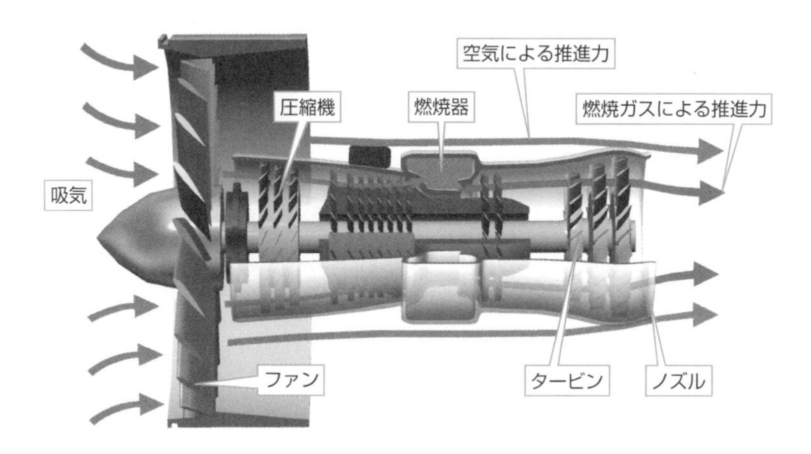

ⓑターボファンエンジン

第10章　熱と機械

10-10

ランキンサイクル

蒸気タービンを用いて発電する蒸気発電（汽力発電）の作動流体は、ランキンサイクルと呼ばれる状態変化をします。

ランキンサイクル

図10-10-1ⓐの**ランキンサイクル**で、**ポンプ**Pから**ボイラ**Bに送られた水は、加熱されて**蒸気**となります。この蒸気は湿り度の高い**湿り蒸気**であり、**過熱器**で加熱することで、乾いた高温・高圧の**過熱蒸気**になります。**蒸気タービン**に入った過熱蒸気は、タービンの羽根にエネルギーを与えて低圧の蒸気となり、**復水器**で冷却されて水に戻ることで**容積が収縮**し、タービンの入口と出口の**圧力差を大きく**します。蒸気から水に戻された**復水**は、再びポンプに戻されて循環します。図ⓑの**再生サイクル**は、ランキンサイクルのタービン中の蒸気の一部を抽出して、ボイラへの給水を予熱し、ボイラへ与える熱量を小さくしてサイクル全体の効率を向上させるものです。図ⓒの**再熱サイクル**は、初段の**高圧タービン**を通過した蒸気を**再度加熱**して**低圧タービン**へ送ることにより、少ない供給エネルギーで**大量の過熱蒸気**を作り出すシステムです。

ランキンサイクル　図10-10-1

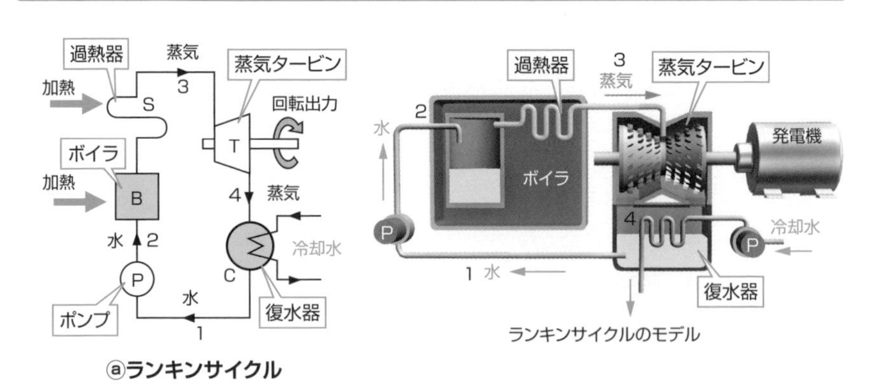

ⓐランキンサイクル

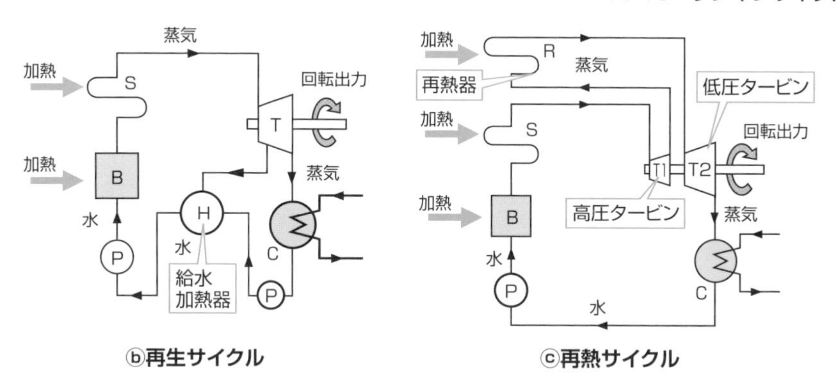

ⓑ再生サイクル　ⓒ再熱サイクル

コンバインドサイクルと蒸気機関車のボイラ

図10-10-2ⓐは、**ガスタービン**と**蒸気タービン**を組み合わせた、**コンバインドサイクル発電**の概略です。蒸気タービンへ供給する蒸気を作るボイラ熱源として、**ガスタービンの排気**を利用します。圧縮機、ガスタービン、蒸気タービン、発電機を**同軸に接続**しており、高効率の発電システムとして採用されています。

図ⓑは、**過熱蒸気機関車**（加熱蒸気を利用した高効率の蒸気機関車）のボイラ部分の概略です。熱源である**火室**から出て**煙管**を通る高温の空気が、**ボイラ胴**内の水を加熱し、**飽和蒸気**を作ります。飽和蒸気は、**乾燥管**から**過熱管**へ導かれ、エネルギーを得た**過熱蒸気**は、**主蒸気管**から**シリンダバルブ**へ送られ、リンク装置の動輪を駆動します。

コンバインドサイクルと蒸気機関車のボイラ　図10-10-2

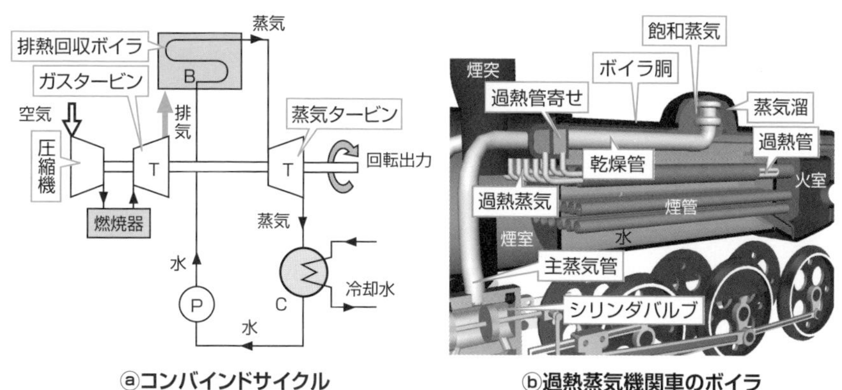

ⓐコンバインドサイクル　ⓑ過熱蒸気機関車のボイラ

10-11

家庭の中の過熱蒸気

汽力発電や蒸気機関車で必要とされる過熱蒸気、この高いエネルギーを持つ水蒸気が、家庭の台所で活躍しています。スチームオーブンレンジです。

飽和蒸気と過熱蒸気

図ⓐのように、日常の大気圧下で水を加熱すると100℃の**飽和蒸気**ができます。飽和蒸気は気液平衡で、凝縮と蒸発が同時に行われています。飽和蒸気を加熱すると乾いた凝縮しにくい高温の**過熱蒸気**になりますⓑのスチームオーブンレンジは、水をヒータで加熱し、飽和蒸気を作り、更に過熱ヒータで加熱して作った過熱蒸気を密閉度の高いレンジ内へ送風し、300℃以上の熱風で調理を行います。

家庭の中の過熱蒸気　図10-11

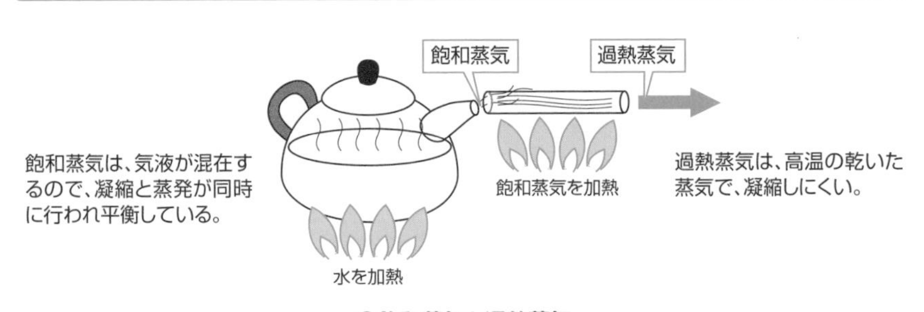

ⓐ飽和蒸気と過熱蒸気

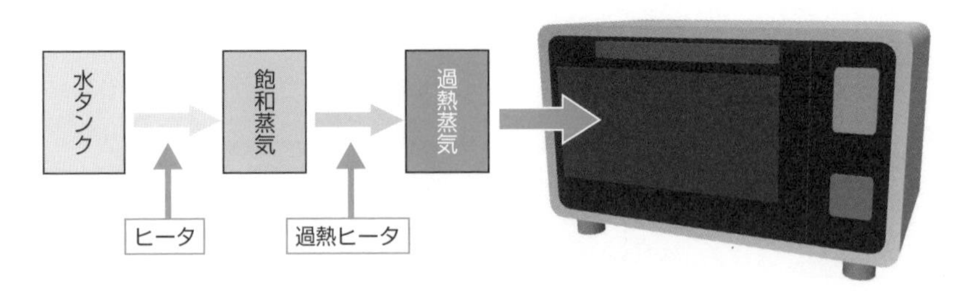

ⓑスチームオーブンレンジ

索　引
INDEX

あ行

か行

さ行

た行

な行

は行

ま行

や行

ら行

索引

わ行

アルファベット

記号

数字

●著者紹介

小峯　龍男（こみね　たつお）

1977年東京電機大学工学部機械工学科卒業。

工学入門書、児童学習書監修など

図解入門 よくわかる最新 機械工学の基本と仕組み

発行日　2021年10月10日　第1版第1刷
　　　　2022年12月20日　第1版第2刷

著　者　小峯　龍男

発行者　斉藤　和邦
発行所　株式会社　秀和システム
〒135-0016
東京都江東区東陽2-4-2　新宮ビル2F
Tel 03-6264-3105（販売）Fax 03-6264-3094
印刷所　三松堂印刷株式会社　Printed in Japan

ISBN978-4-7980-6530-4 C0053